批评理论与文学研究丛书

张旭东 蔡翔 主编

社会主义与"自然"
SOCIALISM AND "NATURE"

1950—1960年代
中国美学论争与文艺实践研究

朱羽 著

图书在版编目(CIP)数据

社会主义与"自然":1950—1960年代中国美学论争与文艺实践研究/朱羽著.—北京:北京大学出版社,2018.10

(批评理论与文学研究丛书)

ISBN 978-7-301-29895-4

Ⅰ.①社… Ⅱ.①朱… Ⅲ.①美学史—研究—中国—1950—1960 Ⅳ.①B83-092

中国版本图书馆 CIP 数据核字(2018)第 213617 号

书　　　名	社会主义与"自然":1950—1960年代中国美学论争与文艺实践研究 SHEHUI ZHUYI YU "ZIRAN":1950—1960 NIANDAI ZHONGGUO MEIXUE LUNZHENG YU WENYI SHIJIAN YANJIU
著作责任者	朱　羽　著
责 任 编 辑	延城城
标 准 书 号	ISBN 978-7-301-29895-4
出 版 发 行	北京大学出版社
地　　　址	北京市海淀区成府路 205 号　100871
网　　　址	http://www.pup.cn　新浪微博:@北京大学出版社
电 子 信 箱	pkuwsz@126.com
电　　　话	邮购部 010-62752015　发行部 010-62750672 编辑部 010-62756467
印 刷 者	北京中科印刷有限公司
经 销 者	新华书店
	965 毫米×1300 毫米　16 开本　29.25 印张　432 千字 2018 年 10 月第 1 版　2018 年 10 月第 1 次印刷
定　　　价	88.00 元

未经许可,不得以任何方式复制或抄袭本书之部分或全部内容。
版权所有,侵权必究
举报电话:010-62752024　电子信箱:fd@pup.pku.edu.cn
图书如有印装质量问题,请与出版部联系,电话:010-62756370

目 录

导 论 ··· 1

第一章 "自然"与新世界：围绕社会主义"山水"及"风景"的考察 ······ 27
    第一节 新山水、新国家与新主体
        ——以国画改造话语为中心 ·· 27
    第二节 "社会主义风景"的文学表征及其历史意味
        ——从《山乡巨变》谈起 ·· 60
    第三节 青年，"栓心"与人化的自然
        ——以《朝阳沟》为例 ·· 83
    第四节 "民族形式""多元一体"与"风景" ······························· 93

第二章 中国美学大讨论中的"自然" ·· 110
    第一节 客观美与"自然"问题 ··· 111
    第二节 自然美：常识与教养的争执及其他 ································ 126
    第三节 劳动、美与人的"自然性" ·· 159

第三章 叩问"自然"的界限："大跃进"中的劳动与文艺 ··············· 181
    第一节 作为"文化革命"的群众文艺实践 ································· 182
    第二节 新民歌和新壁画中的劳动、自然与主体 ·························· 203

第四章 社会主义喜剧与"内在自然"的改造 ······························· 244
    第一节 笑的批判：旧喜剧与新喜剧 ·· 245
    第二节 喜剧主体与"新人" ·· 268
    第三节 "革命"与"分心"
        ——以1950—1960年代新相声为例 ·································· 288

第五章 激进时代的"心"与"物" ……………………………… 313
　　第一节 激进时代与"心"的线索 …………………………… 322
　　第二节 激进时代与"物"的线索 …………………………… 372
结　语 …………………………………………………………… 430

图例来源 ………………………………………………………… 437
参考文献 ………………………………………………………… 438
后　记 …………………………………………………………… 460

导 论

马克思曾将人类社会的经济形态发展视为一种"自然历史过程"①。在他看来,"一个社会即使探索到了本身运动的自然规律","它还是既不能跳过也不能用法令取消自然的发展阶段",然而"它能缩短和减轻分娩的痛苦"②。马克思并不认为人类历史将终结于"自然历史"——资本主义阶段是其最后的表现;毋宁说从"必然王国"向"自由王国"的迈进,正是马克思主义最为根本的历史冲动。③恰当的革命实践则是缩短"分娩痛苦",催化历史转型的必由之路。这里无疑包含着"历史"与"自然"之间的辩证法;两者相互中介又无法相互取消。④ 在世界历史的展开过程中,"十月革命"催生

---

① 马克思:《资本论》第一卷,中共中央马克思恩格斯列宁斯大林著作编译局译,北京:人民出版社,1975年,第12页。在柄谷行人看来,所谓"自然历史"指向的是人类社会始终无法走出资本的"本能"——比如"技术革新"表面上是为了使人类获得幸福或世界变得更为文明,但实质却是服务于资本主义,即获得(相对)剩余价值,进行自我增殖。另一方面,柄谷也提醒我们,"资本"有其"外部"——广义的"自然"(环境)和"劳动力商品"(人类)。这恰恰对应着"外在自然"和"内在自然"。由此,"国家"和"民族"发生了关联,介入自然和人的再生产,构成其所谓"资本—国家—民族"三位一体的"圆环"。参看柄谷行人:《跨越性批判——康德与马克思》,赵京华译,北京:中央编译出版社,2011年,第208、247页。

② 马克思:《资本论》第一卷,第11页。

③ 马克思:《资本论》第三卷,中共中央马克思恩格斯列宁斯大林著作编译局译,北京:人民出版社,1975年,第925—927页。而恩格斯所撰"马克思主义的百科全书"——《反杜林论》,则进一步系统化了"必然王国"转向"自由王国"的诸种条件。参看《马克思恩格斯选集》第三卷,中共中央马克思恩格斯列宁斯大林著作编译局译,北京:人民出版社,1995年,第630、633—634页。

④ 马克思所谓"这个自然必然性的王国会随着人的发展而扩大"以及"这个自由王国只有建立在必然王国的基础上",尤需注意。在《马克思的自然概念》中,施密特(Alfred Schmidt)强调,马克思与恩格斯对于"必然王国"向"自由王国"转换的看法有所不同:在恩格斯(转下页)

出世界上第一个社会主义国家,中国革命则建成了社会主义新中国。新中国追求"新"的人和生活方式的历史冲动落实在了具体的政治、经济和文艺实践之中,同时将"自然"议题的复杂性与重要性凸显了出来。我们不妨从几段牵涉不同领域历史经验的引文说起,来切入中国社会主义革命及建设同"自然"之间的多重缠绕关系。

一 自然界、"自然状态"、自发性与客观性:从历史经验出发

首先是毛泽东在《关于正确处理人民内部矛盾的问题》(1957年)中的一段经典表述:

> 我们的社会主义制度还需要有一个继续建立和巩固的过程,人民群众对于这个新制度还需要有一个习惯的过程,国家工作人员也需要有一个学习和取得经验的过程。在这个时候,我们提出划分敌我和人民内部两类矛盾的界限,提出正确处理人民内部矛盾的问题,以便团结全国各族人民进行一场新的战争——向自然界开战,发展我们的经济,发展我们的文化,使全体人民比较顺利地走过目前的过渡时期,巩固我们的新制度,建设我们的新国家,就是十分必要的了。①

在中国社会主义改造已经基本完成的语境中,毛泽东提出了"向自然界开战"这一命题。"与自然斗争"的说法其实早已出现在马克思主义经典作家著作当中,它强调的是劳动主体与对象世界之间的"物质变换"过程,其中显然包含着以"生产"为核心的现代性态度。当然,也有学者将此种态度追溯为更加古老的"普罗米修斯态度"——"用技术手段夺取自然的'秘密',

---

(接上页)看来,随着生产资料的社会化,就会从必然王国向自由王国转变。但马克思认为:自由王国不只是代替必然王国,同时它又把必然王国作为不可抹杀的要素保存在自己里面。建立更理性的生活,诚然要缩短再生产的必要劳动时间,但是决不能完全废除劳动。马克思使自由与必然在必然的基础上相互调和。参看施密特:《马克思的自然概念》,吴仲昉译,北京:商务印书馆,1988年,第145页。

① 毛泽东:《关于正确处理人民内部矛盾的问题》,《建国以来毛泽东文稿》第六册,北京:中央文献出版社,1992年,第329页。着重号为引用者所加(下同)。

以便统治和利用自然"①。不过,需要在此预先说明的是,无论是马克思还是毛泽东,都强调改造自然的同时改造人自身。②

关于"人"的改造,王蒙对于《组织部新来的青年人》的一段自我批评(发表于1957年5月)十分耐人寻味:

> 半悬空中的生活真实是没有的,有的只是被社会的一定的阶级或集团的思想情绪所理解、感受的"生活真实"。(当然,对于生活的理解和感受,也还取决于个人的心理、性格、趣味方面的因素。)当自觉的、强有力的马列主义的思想武器被解除了之后,自发的、隐藏着的小资产阶级(或其他错误的)思想情绪就要起作用了,这种作用,恰恰可悲地损害了生活的真实。③

王蒙这段话点出了"十七年"时期"自发"与"自觉"的一般构造④:任何看似自然、天然的情感,自发的情绪,事实上都源于特定的阶级关系。因此"自发"是不可信任的,也不构成任何"基础",相反需要引入马列主义世界观,不断改造自身,以"自觉"的态度遏制"自发性"。此种"去自然化"的激进

---

① 皮埃尔·阿多(Pierre Hadot):《伊西斯的面纱——自然的观念史随笔》,张卜天译,上海:华东师范大学出版社,2015年,第115页。阿多将西方观念史上针对自然的基本态度总结为两种:"普罗米修斯态度"与"俄耳甫斯态度"。前者希望通过诡计和强迫来发现自然的秘密或神的秘密,自然表现为必须加以开发利用为生活所必需的资源。后者来自于在自然的神秘面前的敬畏与无私欲,自然既是令我们着迷的奇观(尽管会使我们恐惧),又是我们周围的一个过程。见《伊西斯的面纱》,第107—111页。

② 马克思认为,人类在摆脱了资本主义这一剥削制度之后,作为"社会化的人""联合起来的生产者",将变得更为理性、更加自由,甚至可能达成一种全新的人与自然的关系。福斯特(John Bellamy Foster)指出,将马克思对于自然的态度归为"普罗米修斯主义"是一种误解,并且提请我们重视马克思所使用的"物质变换"(Stoffwechsel/metabolism)概念。在他看来,"物质变换"强调了自然与社会之间的平衡,恰恰是资本主义生产方式破坏了这一平衡。见 John Bellamy Foster, *Marx's Ecology: Materialism and Nature*(New York: Monthly Review Press, 2000)。在毛泽东的思路中,关键在于改变生产过程中劳动者与管理、决策者之间的关系,诸如"两参一改"等实践,都源自于毛泽东对于生产中的民主、平等关系的强调。

③ 王蒙:《关于"组织部新来的青年人"》,《人民日报》1957年5月8日第7版。

④ 这一构造源于列宁的论说,见苏联哲学家罗森塔尔、尤金合编《简明哲学辞典》中的"自发性和自觉性"词条,罗森塔尔、尤金编:《简明哲学辞典》,中共中央马克思恩格斯列宁斯大林著作编译局译,北京:三联书店,1958年,第179—180页。

指向,构成革命文化的另一重要面向。

接着是心理学家唐钺 1960 年批判弗洛伊德思想时谈到"人性"改造问题:

> 至于人性难变,只是资产阶级的自欺欺人的谎话。只看社会主义国家人民的集体主义、大公无私精神的实际表现,就可知弗洛伊德的谬论是不攻自破的了。①

也就是说,中国社会主义实践渴望着一种新的人性的生成,新的"心物"关系的塑成。这不仅涉及新的道德与伦理,也涉及新的审美,甚至是不一样的心理机制。

关于"革命"与"自然"的关系问题,作家赵树理在 1954 年谈戏曲改革时所讲的话颇值得细究:

> 正确的革命办法,应该是用人工缩短旧剧在自然状态下发展、变化时要占去的年代。要本着这个精神做,就得照顾到旧剧的特点、发展的规律、当前的缺点、各剧种的差别等等,否则仍会粗暴。②

"人工缩短旧剧在自然状态下的发展"一语,与马克思所谓"缩短和减轻分娩的痛苦"形成富有意味的呼应。赵树理虽然谈的是"戏曲艺术改革",所引出的"革命与自然"问题却不限于这一领域,而是涉及更普遍的"改造"运动。这里仿佛存在两种"时间性":一种是革命性的,一种则是相对"自然"的、"自发"的、固有的。关键在于,两者并不必然构成对抗关系。"革命"未必是"粗暴"的,甚至有时必须抵制"粗暴"。这就意味着"革命"需要正确地认识"自然状态"以及更深地渗透进"自然状态"。③

最后是经济学家薛暮桥写在 1959 年的一段话,谈的是"价值规律":

---

① 唐钺:《批判弗洛伊德的思想》,《北京大学学报》1960 年第 1 期,第 120 页。
② 赵树理:《我对戏曲艺术改革的看法》(1954 年 12 月号《戏剧报》),《赵树理全集》第四卷,太原:北岳文艺出版社,1990 年,第 270 页。
③ 张炼红在讨论新中国戏曲改造时提出"细腻革命"这一说法,颇有启发性。见张炼红:《历炼精魂——新中国戏曲改造考论》,上海:上海人民出版社,2013 年,第 357 页。

> 价值规律是客观规律。既然是客观规律，它就不能由人们的意志来改变。人们按照自己的意图，有意识地运用客观规律，是完全可能的，但必须以遵守客观规律为条件。在社会主义制度下，人们有可能自觉地利用价值规律，而不使其自发地调节生产，发生破坏作用。但从可能变为现实，还必须认识它、掌握它。假使你违反了客观规律，它就仍然要自发地起作用。天空中的闪电是自发地起作用的，电灯里的电就是听从人的指挥发生作用的。但如果你违反了电的自然规律，就是已被掌握的电，仍然会违反人的意志，烧死人，烧掉房子。价值规律也是如此。①

薛暮桥强调，"价值规律"（商品生产的经济规律）具有一种准"自然规律"的特征，它是客观规律，不以意志为转移。此种类比揭示出社会主义社会里依旧存在着"异己"的"自发"力量，可以认识，可加利用，可以限制，却无法完全取消。

以上征引当然无法穷尽中国社会主义实践中"自然"议题的全貌，然而也已为我们勾勒出了基本的经验"地形图"。简言之，作为自然界的"自然"首先是劳动的对象，但在自觉的"革命"之前，生产、生活进程必定已经处在某种"自然状态"之中。它规定着已有的"人性"，具有一定的"自发"特征，同时受到如同"自然规律"一般的经济规律的决定。中国社会主义实践并非只是改造其中某一个方面，而是一种总体性的改造。因此可以说，改造"自然"始终贯穿于毛泽东所谓"三大革命运动"——阶级斗争、生产斗争、科学实验。②此种经验上的说明仅仅是进入问题的第一步。显然，"自然"

---

① 薛暮桥：《社会主义制度下的商品生产和价值规律》，《红旗》1959年第10期，第19—20页。
② 关于"三大革命运动"的提出，可参考中共中央文献研究室编：《毛泽东年谱：一九四九——九七六》第五卷，北京：中央文献出版社，2013年，第221、222—223页。另，根据1964年第17、18期《红旗》刊载的安子文所著《培养革命接班人是党的一项战略任务》以及1965年第1期《红旗》刊载的龚育之所著《试论科学实验》中对于毛泽东的话的征引来看，用的都是"阶级斗争、生产斗争和科学实验"这一表述顺序。龚育之所注明的正式文献出处是："第二届全国人民代表大会第四次会议新闻公报"（《人民日报》1963年12月4日）。

的所指在这里并不一致,因此就需要在概念上进行辨析,并且结合中国革命实践对于概念的脉络展开梳理。

二 辩证唯物论的"自然"、观念史中的"自然"与批判理论的自然观

现代中国的革命进程决定了"自然"概念必然呈现出"中西古今之争"的面貌。因此,囿于某一领域来讨论自然概念,一定是不充分的。从中国社会主义实践来看,至少有三种理路值得讨论。①

首先是继承自苏联的辩证唯物论的"自然"概念。"自然"在此种脉络中是"自然物"或天然物的整体,亦被称为"自然界":

> 自然界(世界)的统一性就在于它的物质性。对各种自然现象做科学的解释时,根本用不着任何外部的精神的、神的原因以及诸如此类的原因。"唯物主义的世界观不过是对自然界本来面目的了解,而并不附加任何外来的成分……"(恩格斯语)唯心主义者则宣称自然界是意识的现象。……事实上,自然界是在意识以外、不依赖于意识而存在着的客观实在。自然界是永恒地发展的,在时间和空间上无始无终。有机体生命、物质的感觉能力都是从无机物质产生的。人是自然界的一部分,是自然界的高级产物。人在认识自然界的客观规律后,就用他所创造的生产工具去作用于自然界,改变自然界,迫使自然力为人类的目的服务。从 16 世纪到 18 世纪,科学中占统治地位的是自然界绝对不变的观念。辩证唯物主义把自然界看做是运动的和发展的,它确立了对自然界的历史观点。②

与此紧密相关的范畴是"自然辩证法",其旨在整合马列主义哲学与自

---

① 当然,这几种理路自有其谱系。辩证唯物论是马恩经典著述一直到苏联官方哲学教科书的核心之一。它的知识构造植根于西方近代唯物主义与德国古典哲学。观念史或思想史研究在很大程度上是一项现代工程,是西方知识学科分化后的结果,但又相对保留了一种处理古代文明时的宏观视野,与古典语文学有一定关联,也触及政治哲学的基本问题。批判理论与西方马克思主义渊源甚深,其知识取向旨在反抗官方马克思主义的教条化以及西方主流社会科学的实证主义化,强调重新阐释马恩原著,以之为批判变动中的资本主义社会的资源。

② 罗森塔尔、尤金编:《简明哲学辞典》,第 174 页。

然科学。1956年底,在"向科学进军"的语境中,中科院哲学所创办了《自然辩证法研究通讯》,借此推动哲学研究与自然科学研究之间的互动。杂志创刊号上刊登的《自然辩证法(数学和自然科学中的哲学问题)十二年(1956—1967)研究规划草案》列出了九大类研究课题:"数学和自然科学的基本概念与辩证唯物主义的范畴""科学方法论""自然界各种运动形态与科学分类问题""数学和自然科学思想的发展""对于唯心主义在数学和自然科学中的歪曲的批判""数学中的哲学问题""物理学、化学、天文学中的哲学问题""生物学、心理学中的哲学问题""作为社会现象的自然科学"。①论题几乎覆盖了整个科学研究领域。当然,在社会主义语境中,研究自然与改造自然有着极为紧密且直接的联系,更关键的是,"改造社会是有效改造自然的一个根本条件"②。在1970年代,《自然辩证法杂志》则展现出科学批判与改造自然相结合的更为激进的面貌:杂志不仅刊载讨论"基因学说"等前沿科学的艰深论文,也有工农兵作者结合自己的生产经验写成的科学随笔。③ 这一刊物无疑继承了"大跃进"以来"工农知识化、知识分子工农化"这一"文化革命"主调,而且鲜明地体现了将自然科学哲学问题研究同阶级斗争、生产斗争与科学实验结合起来的"革命"要求。值得注意的是,左倾的唯物主义自然观同样强调与当代前沿科学研究实践相结合——"向自然界的深度和广度进军"④。它一方面诉诸对于"自然本身"

---

① 《自然辩证法研究通讯》编辑部:《自然辩证法(数学和自然科学中的哲学问题)十二年(1956—1967)研究规划草案》,《自然辩证法通讯》创刊号(1956年),第1—4页。
② 于光远:《谈谈改造自然的问题》,《哲学研究》1958年第4期,第41页。
③ 比如《自然辩证法杂志》1975年第3期(总第9期)的栏目设计为:一、"从实践中学习自然辩证法"(刊载《谁说"秕芝麻"榨不出"油"来——兼谈挖掘生产潜力要打破洋框框》等文);二、"自然史话"(连载《人类的继往开来》);三、"遗传学问题"(刊载《谈生物进化的内因和外因》等文);四、"广阔天地、大有作为"(刊载《"赤脚"红心干革命》等);五、关于微分问题的讨论(刊载《微分的二重性》等文);六、"自然辩证法史料"(刊载《〈墨经〉注》);七、"外论选译"(刊载法国学者雅克·莫诺的《偶然性和必然性》节选)。
④ "编者的话",《自然辩证法杂志》1973年第1期(创刊号)。

的真实把握,另一方面也指出有史以来任何"自然观"都有着阶级根源。①特别是在 1970 年代"儒法斗争"的语境中,通过批判儒家"唯心主义天命论的自然观",激进思想触及了"自然的政治"问题——虽然是以一种相当简化乃至粗暴的方式。② 这一思路通过强调法家朴素的唯物主义有着"还自然界本来面目"的倾向,在古代思想内部开启了一种高度政治化的"古今之争"——不仅是以生产力发展为标准,而且以是否解放"劳动人民的聪明才智"为标准。因此,这里存在着围绕"自然界及其规律"展开的多重矛盾交织与博弈。

除了辩证唯物论的"自然界"概念外,马列主义中还有"自然经济"概念值得讨论。经过苏联政治经济学教科书与中国知识界重新阐释的马恩的"自然经济"概念,成为论证历史阶段论与目的论的重要中介。在这里,"自然经济"以小农生产为基础,是自给自足型的消费经济;产品不带商品性质,货币不占重要地位,"存在于宗法式农民家庭(即家族公社)、原始村社(即农村公社)和封建领地"③。这里"自然"的含义通过与"商品"对照得到规定,有基于"自然"条件(土地、性别)、静止循环、自给自足、脱离于历史动力等意味。因此,"商品经济代替自然经济、产品经济代替商品经济,是一个否定之否定的辩证发展过程"④。也就是说,社会主义计划经济是对资本

---

① 这种对于"自然观"阶级根源的揭示,在 1973 年以后的"儒法斗争"语境中尤为明显。参看《儒法对立的自然观》"前言",见上钢五厂二车间铸钢工段理论组、复旦大学哲学系自然辩证法专业编写:《儒法斗争的自然观》,上海:上海人民出版社,1976 年,第 1—2 页。

② "自然的政治"一语,取自法国哲学家拉图尔(Bruno Latour)。在他看来,大写的"自然"仿佛从事物本身获得权威,总能让争论终结。因此,"自然"是未被标记的,是世俗时代难以被"世俗化"的概念。参见 Bruno Latour, *Politics of Nature: How to Bring the Science into Democracy*, trans. Catherine Porter (Harvard: Harvard University Press, 2004)。在我看来,"儒法斗争的自然观"则将"自然"与"政治"粗暴地联结在一起,从而开启了世俗化"自然"的程序。当然,革命性的辩证唯物论将客观"自然界"作为依据,同样也在生产一种终极的"真理"权威。不过,这种"客观主义"联系着对于"人民群众"政治主体性的确认,从而给集体性的进步实践留下了空间。

③ 徐中舒:《论自然经济、阶级和等级》(遗稿,作于 1962 年 12 月 2 日),《中华文化论坛》1988 年第 1 期,第 49 页。

④ 田光:《从自然经济、商品经济到社会主义"产品经济"的辩证发展》,《经济研究》1964 年第 1 期,第 43 页。

主义市场经济的克服,同时也在内部扬弃了"自然经济"①。如果说辩证唯物论的"自然"是一个中性的概念,那么这里的"自然"则带有某种"落后"的意味。

观念史或思想史对于"自然"的讨论,则有助于厘清这一概念在中国古典文化肌体中的基本定位。而且作为语词,"自然"所携带的原初意义存留至今,也在一定意义上影响着新中国前三十年对于这一语词的用法。根据日本汉学家池田知久的考察,中文"自然"最古的意涵指向的是"自身",即"不借助外力,依靠自身内在的能量运动,是怎样就怎样"②。在先秦道家那里,"道"、圣人"无为"与"自然"(自身怎样就怎样)相互接近,逐渐衍生出"自然而然"含义。③ 郭象谓之"万物以自然为正,自然者不为而自然者也","不为而自能,所以为正也"。理解古典自然的关键之一,是将"自然"视为形容句式来理解,即"自而然"。沟口雄三认为此种"自然"概念:

> 指万物不假于造物主和人类之手,各自按其自然存在状态,从宇宙运行的角度看,这是正确的存在方式。而最为重要的是,在这里,人作为万物之一,也被视为一种自然的存在。……这一贯通着自然界与人类世界的"条理—伦理",进而催生了共同包括着人类世界和自然世界的"自然的天理"和"天理的自然"这样的观念,在这里,人类社会与自然界被视为相互连接的世界。④

---

① 改革初期围绕社会主义计划经济是不是另一种形态的"自然经济"曾有过争论。某些评论者通过将1950—1970年代的社会主义经济指认为阻碍商品生产、无视价值规律的"自然经济",从而为改革确立了合法性。当然,某些更为"严格"的评论者虽然坚持改革路向,却对此种粗糙无根的学术解释感到不满。参看刘国光:《彻底破除自然经济论影响,创立具有中国特色的经济体制模式》(《经济研究》1985年第8期)。王琢的不同意见,见《自然经济论还是有计划的产品经济论》(《经济研究》1985年第8期)。在某种程度上,这一将社会主义经济解释为"自然经济"的倾向,与"新启蒙"将中国社会主义归于"封建主义",是有着内在联系的。
② 池田知久:《中国思想史中"自然"概念的诞生》,见沟口雄三编:《中国的思维世界》,孙歌等校译,南京:江苏人民出版社,2006年,第16页。
③ 同上书,第32页。
④ 沟口雄三:《〈中国的思维世界〉题解》,《中国的思维世界》,第5页。

由此观之,"自然"概念就与中国古代思想史中的"天""气""道""性""理"等概念结合在了一起。西方的"nature"概念——更确切地说,在西方近代被实验科学化与机械化的"nature",则是在近代日本才被翻译为"自然"这个词的。随着进化论以及马克思主义传入中国,古典的"天理自然"观逐渐为西方的现代"自然"概念所取代。① 然而,"自而然"或者说不借助外力、是如何就如何的语义并未完全消失。更关键的是,"万物必以自然为正"的思路也没有消失殆尽。如果说,唯物辩证法名词化的"自然"概念彰显了"自然"的"客观性"与"外在性",那么中国古典文献中形容词化的"自然"概念则突出了内因性、自发性,而且这一"自然"蕴含着伦理与政治的褒义。这与西方古典的"自然"概念(φυσις/phusis)反而能形成更值得玩味的对比。在西方古典脉络里,自然的原初意义指的是生长以及生长的结果。此词的用法有着从相对到绝对的转化轨迹:"本来指一个事件、一个过程或某物之实现的 phusis,开始意指实现这一事件的无形力量。"②而且早在公元1世纪,自然已经开始被人格化了。③ 正如柯林伍德指出的那样,"自然"的原义"不是一个集合而是一种原则,它是一个 principium 或者说本源。……即'本性'"④。沟口雄三曾认为,以亚里士多德的自然观为代表的西方古典自然概念,强调的是生长与运动的基础或事物的本源性质料,从而体现着欧洲人追溯事物根源这一逆向性的分析性思维特征。它排除一切价值和伦理判断。⑤ 虽然沟口旨在凸显中西思维的根基性差别,然而这一看法有其偏颇之处,似乎有将后起的"价值"与"事实"二分倒推回西方古典世界的倾向。特别是,若坚持此种思路,就无法确切地理解西方政治哲学脉络中的

---

① 参看李华兴:《西学东渐和近代中国自然观的演进》,《上海社会科学院学术季刊》1989 年第 1 期。
② 皮埃尔·阿多:《伊西斯的面纱——自然的观念史随笔》,第 32 页。
③ 同上书,第 33 页。
④ 柯林伍德(Robin George Collingwood):《自然的观念》,吴国盛、柯映红译,北京:华夏出版社,1999 年,第 47 页。
⑤ 沟口雄三:"《中国的思维世界》题解",《中国的思维世界》,第 4 页。

"自然正当"与"自然法"传统①,也无法把握中西传统中"自然与习俗""自然与技艺""性与伪""生生与造作"等命题持久的政治潜能。② 换言之,无论是在中国还是西方,无论是"phusis"还是"天"等范畴,都关联着对于万物的秩序与本源的理解,都贯通着宇宙与人世,只不过各自与政治、伦理联结方式以及"等级"有所差别③,而且随着历史中所发生的"断裂与延续"的展开而愈发不同。如今的中西比较则往往陷入"不对称"的状态④,无力将中国社会主义革命与建设放置在更为宏阔的语境中进行探讨。虽说在"显白"教诲中,中国社会主义实践采用的是辩证唯物主义历史唯物主义框架中的"自然"观,然而在具体的运作中,它无法回避甚至是主动吸纳了这一具有深厚伦理与政治内涵的"自然"概念——自发、自因、根源、本性——及

---

① 关于西方古典"自然正当"到近代"自然法"的简明梳理,可参看施特劳斯(Leo Strauss):《论自然法》,《柏拉图式的政治哲学研究》,张缨等译,北京:华夏出版社,2012年。李猛的《自然社会——自然法与现代道德世界的形成》一书则有着更为细致的梳理,可注意他关于亚里士多德区分"自然必然性"与"自然目的性"的讨论,见李猛:《自然社会——自然法与现代道德世界的形成》,北京:三联书店,2015年,第50页。

② 关于"自然与习俗",参看施特劳斯:《柏拉图式的政治哲学研究》,第183页。关于"技艺",可参考施蒂格勒(Bernard Stiegler)的分析:哲学在其历史的开端就分离了 technē 与 ēpistēmē,这一区分在荷马时代则尚未产生。这一分离有其政治语境,即哲人责备智术师(Sophist)将 logos 工具化为修辞术和逻各斯的记录法,也就是说,将它变作权力的工具而放弃了真知。"技艺"缺乏"自因"的形式来激活其存在。见 Bernard Stiegler, *Technics and Time I: The Fault of Epimetheus*, trans. Richard Bearsworth and Georges Collins (Stanford: Stanford University Press, 1998), p.1. 关于"性""道"等范畴,可参看刘师培:《理学字义通释》,刘梦溪主编:《中国现代学术经典·黄侃 刘师培卷》,石家庄:河北教育出版社,1996年,第616—651页。关于"生生与造作"的讨论,参看丁耘:《生生与造作——论哲学在中国思想中重新开始的可能性》,《中国之道——政治·哲学论集》,福州:福建教育出版社,2015年。

③ 比如,丁耘就指出,亚里士多德虽以目的之实现贯穿在宇宙与道德两个领域中,但他既不像德国唯心论那样将道德所属的精神领域看得高于宇宙,也不像牟宗三所解的《易》《庸》传统以天摄人,融贯天人。在亚里士多德那里,伦理的事情低于宇宙和本体的事情。而伦理的成立也并不需要宇宙作为"天命之谓性"那样的保证,而只需要人类灵魂中较高贵部分的德性。见丁耘:《生生与造化》,《中国之道——政治·哲学论集》,第257页。

④ 甘阳认为,近百年来的中西比较,基本上是不对称的比较,即以近现代的西方来比较传统的中国。近现代西方本身和西方古典的关系是什么?是断裂的还是延续的关系?西方所谓现代化和工业化道路是从西方文明源头上就已经规定如此,还是它是和西方传统本身的断裂所造成?这些问题都没有得到重视和研究。见甘阳等:《古典西学在中国(之一)》,《开放时代》2009年第1期,第6页。

其所指向的问题领域。

第三种理路关联于带有马克思主义旨趣的西方批判理论。这一理论脉络里的"自然观"力图用历史唯物主义(当然是重新阐释后的马克思版历史唯物主义)整合观念史。雷蒙·威廉斯的《自然的观念》一文就充分彰显了此种特点。他从西方自然人格化形象的更迭中——中世纪上帝的代理人到绝对的君主,17、18世纪立法者,19世纪进化论中选择性的哺育者——见出了"自然"观念的社会史根源;在英国资产阶级对待自然的"分裂"态度中——一方面是物质资源,另一方面是审美来源——见出了生产者与消费者的分离:

> 人与自然的分离实际上是一种更深程度的交互作用所致。……重要的是,许多我们在描述人与自然关系时所使用的词汇——征服自然,支配自然,开发自然——来自真实的人类实践:即人与人之间的[生产]关系。①

威廉斯的要义是,改变人与自然的关系归根到底关联着社会生产关系的改造。由此,真正的社会主义实践成为自然与人相互和解的前提。注目于"自然"议题的批判理论普遍带有反资本主义体系的冲动。与德国观念论传统有着千丝万缕关系的法兰克福学派可谓是严格意义上的批判理论的代表者。此派的两位后继者莱斯(Williams Leiss,马尔库塞的学生)和施密特(阿多诺的学生)在1960—1970年代针对马克思的"自然"概念做出了令人印象深刻的学术探索。两者都强调必须在"资本主义生产方式"的前提下来历史地理解人与自然的关系,并且努力将马克思自然观的"辩证"一面阐释出来。特别是在后者那里,辩证的自然概念抵制任何神秘主义、形而上学化与本体论化。在他看来,马克思既非单纯从客体(恩格斯)也并非从主体(黑格尔)来对待现实,而是"坚持主客体环节的不可分性"②。阿多诺激进

---

① Raymond Williams, "The Idea of Nature", in his *Culture and Materialism* (London and New York: Verso, 1980), p. 83.
② Alfred Schmidt, *The Concept of Nature*, trans. Ben Fowkes (London: NLB, 1971), pp. 79-80.

的"非同一性"思路在此成为"唯物主义"的重要参照。① 由此,一种"自然—历史辩证法"得以呈现:

> 自然的概念无法分离于——不管在哲学还是在自然科学的意义上——任何特定时代通过社会实践施加于自然之上的权力。……自然是劳动的主体—客体[两者无法全然同一]。其辩证法在于:人类在不断征服外在自然之陌生性与外在性的过程中,改变了自身的自然,因为人类经由自身与自然相中介,也因为他们使自然服务于自己的目的。②

在这个意义上,作为自然界的"第一自然"已经内含于"第二自然"。后者是由施密特引出的一个核心概念,他用这个概念勾联了黑格尔与马克思:

> 黑格尔把存在于人之外的物质世界这个第一自然,说成是一种盲目的无概念性的东西。在黑格尔那里,当人的世界在国家、法律、社会与经济中形成的时候,是"第二自然",是理性和客观精神的体现。马克思的看法与之相反:倒不如说黑格尔的"第二自然"本身具有适用于第一自然的概念,即应把它作为无概念性的领域来叙述,在这无概念性的领域里,盲目的必然性和盲目的偶然性相一致;黑格尔的"第二自

---

① 阿多诺关于"自然美"的讨论充分展示了此种"非同一性"思路,在他看来,自然美是处在同一性符咒之下事物中的非同一性的痕迹。黑格尔所认为的自然美的不足——逃避固定概念的特征,反而是自然美的实质。见 T. W. Adorno, *Aesthetic Theory*, trans. Robert Hullot Kentor (Minneapolis: University of Minnesota Press,1997), pp. 73, 76. 此外,柄谷行人的"解构"思路提出了另一种富有意味的"自然"概念:即"自然"并不意味着非人工。它是人类制造的,但最终其制造方法不甚了了,或许更像制造了"人类"的某种东西。见柄谷行人:《作为隐喻的建筑》,应杰译,北京:中央文献出版社,2011年,第51页。此外,柄谷在此重新解释了马克思的"自然历史"概念,尤其关键的是,他将马克思所用的 Naturwüchsigkeit(自然形成性)与卢森堡所使用的自发性(spontaneität)区别开来。他指认后者是一个具有神学起源的概念,与亚当·斯密所谓"看不见的手""自发秩序"有着紧密的关联,即"具有各人的 spontaneous 意志通过神的恩宠最终归于和谐秩序的含义"。诸多无政府主义者也分享了这一概念。而马克思则用"自然形成性"这一概念指认了一种"二律背反"概念加以说明的,是"存在于自发秩序以及建筑秩序这个二元对立基础上的分裂生成"。(《作为隐喻的建筑》,第73页)柄谷在这里无疑发挥了"非同一性"的批判潜能,将"自然"视为解构"自发、自我组织"与"被建构"对立的概念。

② Alfred Schmidt, *The Concept of Nature in Marx*, pp. 60-61. 中译见《马克思的自然概念》,第57—58页。

然"本身是第一自然,人类尚未超脱出自然历史。①

关于"第二自然"的评价史是值得玩味的。首先在黑格尔那里,"自然"概念就已产生奇怪的"分裂":一方面,他在《自然哲学》中强调"自然"的"外在性"②;另一方面,我们又在《法哲学原理》中看到:"第二自然"是"实现了自由的王国,是从精神自身产生出来的"③。而到了青年卢卡奇(也写作"卢卡契")那里,"第二自然"已经完全变成了"散文性的"资产阶级文化—法律结构,成了"没有意义的必然性化身"。④ 施密特显然是站在马克思的"自然历史"脉络里阐释"第二自然",在这一点上他与卢卡奇一致。然而,他没有能提出的问题是:革命政治是否需要一种积极意义上的"第二自然",一种能够和革命运动形成辩证关系的"第二自然"或"第二天性"的养成?平卡德(Terry Pinkard)对于黑格尔的重读在此有其不可忽略的切关性:

> 在黑格尔看来,一个人依据自然/本性来行动,即依据自身以及根据某人自己的本性来行动(实践理性嵌入其中)。他理解一种关于"特殊性之权利"的不灵活性(inflexibility/Eigensinnigkeit)在社会和历史上的成就——这是一种第二自然/天性,它实现了凭借自身之本性的法则来行动的观念,因此,也就是实现了卢梭之自然性的理想,但这不是实现某些自然的倾向。⑤

因此,施密特将黑格尔的"第二自然"归于马克思的"自然历史",遮蔽了某个对于社会主义实践来说非常重要的维度。我更愿意在这里把批判理论的自然观再往前推进一步。一方面,自然与社会相互中介的辩证法,将一切"自然"先行置入关于社会历史构造的历史唯物论思考,无疑是特别重要

---

① 施密特:《马克思的自然概念》,第34—35页。
② 参看黑格尔:《自然哲学》,梁志学等译,北京:商务印书馆,1980年,第20—21、24页。
③ 黑格尔:《法哲学原理》,张企泰、范扬译,北京:商务印书馆,1961年,第10页。
④ Georg Lukács, *The Theory of Novel*, trans. Anna Bostock (Cambridge, Massachusetts: The MIT Press, 1971), pp. 62-63.
⑤ Terry Pinkard, *Hegel's Naturalism: Mind, Nature and Final End of Life* (Oxford: Oxford University Press, 2012), p. 184.

的批判性反思。另一方面,一种渴望将自然历史化与相对化的激进反思,同时必须考虑到具体革命实践的肯定性创造与历史现实脉络。激活黑格尔的"第二自然"概念,与恰当地把握中国社会主义革命与建设的创造性,有着相当微妙的联系。①

三 三元框架中的历史实践与"自然"

从整体上来把握新中国前三十年的社会主义革命与社会主义建设,显然需要一种比传统马克思主义以及其他种种理论更为复杂的解释框架,同时要求这一框架能够整合革命实践所带出的纷繁的"自然"议题。

我们已经看到,"改造""移风易俗""新人"等,指向的正是原本被视为"自然""天然"的观念、制度和生活方式的转型与超越。然而这里存在一种矛盾状态:一方面,社会主义实践不断将看似"自然"的事物"去自然化";另一方面又须依托"自然状态"来改造"自然"与"人性",甚至也需要将自身奠基为"自然"正当。我们需要进一步追问此种"革命与自然"关系的真实根源。在此我想引入林春关于中国社会主义实践的分析:

> 中国革命之后的社会主义现代化方案可以在社会(主义)—国家民族—发展框架中来分析。这一框架在根本上既解释了中华人民共和国的社会凝聚力和政治共识的维持,也解释了其断裂。民族主义意味着国家统一、主权完整、独立自主,社会主义代表着平等和社会正义,发展主义意味着对于落后的克服——对应着国家尊严、社会主义雄心和

---

① 法国女哲学家马拉布(Catherine Malabou)通过重读黑格尔的《精神哲学》,给出了一种全新的辩证法理解。这可以帮助我们将"革命"把握为"偶然生成本质"的过程,即生成某种"第二自然"的辩证法。她认为,"可塑的个体"具有一种将类的完整性和本体论的持久性施加给偶然性的力量。这一力量就是习惯的力量。任何开端都仅仅是一种偶然事实,但通过同一种姿态的重复、通过实践,这种事实就实现了"理式"(eidos)的完整性。"可塑个体"的独一性凭借习惯的作用,成了后天的本质(essence a posteriori)。进言之,"可塑个体性"带出了黑格尔实体理论最根本的方面:对于本事事后地位的承认。人类的形塑力量可以将逻辑过程转化为感性形式。由此,逻辑过程就是偶然成为本质的途径。见 Catherine Malabou, *The Future of Hegel: Plasticity, Temporality and Dialectic*, trans. Lisabeth During (London: Routledge, 2005), pp.73-74。

经济动力。①

"民族主义""社会主义"和"发展主义"三要素的交织、互动与冲突,构成中国社会主义实践的整体性。三者并非静态的并置,而是生成一种高度缠绕的、动态性的三元框架。当然,该三元框架的提出,或许来自于"后见之明",即见证了这三个要素相互脱离,甚至某一要素有所弱化,才能将三者从原来的整体性中"分析"出来。因此,该三元框架在很大程度上是一种分析性的框架或者说一种理想型,从而并不完全等同于历史中具体的实践。更需重视的,毋宁说是三要素的种种"结合"状态。比如,中国的国家建设带有极强的"革命性"。它以阶级政治的名义解放了无数劳苦大众,使之"翻身"又"翻心"②,而且在最高的意义上,社会主义中国还承担了"世界革命"的使命,敢于扬弃自身。正如毛泽东在《论人民民主专政》(1949年)中所说:"我们和资产阶级政党相反。他们怕说阶级的消灭,国家权力的消灭和党的消灭。我们则公开声明,恰是为着促使这些东西的消灭而创设条件。"③当然,"社会主义"乃至"共产主义"理想又必须在"中国"这一政治伦理实体中生成,必然继承了几千年绵延不断的语言、风俗与心性结构。诸如"民族形式"这类问题由此凸显。

另一方面,"发展"必然同时与国家建设以及反对资本主义体系这两个要素相联结,为两者的实现提供着必不可少的物质基础。中国早在1964年就明确提出了实现"四个现代(化)"的口号。④虽然当时的"发展"思路在一定程度上受制于冷战结构,但它确实又与国家的正当性基础密不可分。然而,发展也可以带有"社会主义革命"的特征,譬如1950年代以来中国共产党对于"生产关系"问题的高度敏感,"鞍钢宪法"的诞生,以及在自然科学研究领域强调"政治",都是"革命式发展"的体现。中国社会主义实践最

---

① Lin Chun, *The Transformation of Chinese Socialism* (Durham: Duke University, 2006), p.60.
② 参看邹谠:《二十世纪中国政治》,香港:牛津大学出版社,1994年,第4页。
③ 毛泽东:《论人民民主专政——纪念中国共产党二十八周年》(1946年6月30日),《毛泽东选集》第四卷,北京:人民出版社,1991年,第1468页。
④ 参看钱痒理:《中华人民共和国史第五卷(1962—1965):历史的变局——从挽救危机到反修防修》,香港:香港中文大学出版社,2008年,第485—486页。

强劲有力的时刻,正是这三个要素形成良好互动的时刻;而某些危机的产生,则关乎三者的相互干扰、压制与冲突。当然,三要素会互相渗透、修正,但并不能完全取消对方,即三者都具有相对的自主性,都有自己的"边界"。在这一点上,我想略加拓宽林春的定义。首先,"民族主义"不仅关联着近代中国的挫折经验与富强独立渴求,而且还联通着"中国"这一历史悠久的文明实体。它的主导原则是"政治性",即捍卫一个共同体整全性的生存及其生活方式。其次,"社会主义"旨在创造一个没有剥削、压迫的世界,归根到底指向全面发展的自由人的联合体。其主导原则是反对资本主义霸权。最后,"发展主义"关联着某种核心现代经验,即对于新变、对于生产性、对于积累的渴望,以及对于倒退、复辟与原始化的恐惧。其核心原则正是生产、积累与进步。虽然三者之间有交集,但是严格说来,这三个要素各自有着不同的来源。中国社会主义实践则将之转化为共时性的要素。

社会主义实践中的"自然"议题之所以显得缠绕、繁复,就是源自中国社会主义实践的这一动态性三元构造。最简单地说,每一个要素对于"自然"都有着自己的理解与界定,各自有着对待"自然"的方式,同时每一个要素对于"人性"都有具体规定。在"发展(主义)—生产与进步"这一环节,征服自然、支配自然与改造自然成为主导逻辑,同时也伴有一种以科学实证化的方式来把握客观"自然界"及其规律的倾向。从"民族(主义)—政治"这一环节来看,"自然"在很大程度上是指习俗、制度、礼法这些"第二自然",同时也涉及"治理"所需依赖的诸"自然"要素。最后,"社会主义"环节旨在走出资本主义社会这一"自然历史"。一方面批判资产阶级的"自然观",批判所有已然"自然化"的资本主义制度(包括商品与法权);另一方面引入"自然的人化""新人"等范畴,表达了对于新的社会关系以及建立在此一基础之上的人与自然关系的追求。我们所要做的,并不是对号入座式地构造种种"自然"经验的序列,而是具体地呈现诸序列的交织、渗透与冲突。由此,这些矛盾本身才真正指向着难题性。举一个很值得讨论的例子,1974年第1期《自然辩证法杂志》发表了一篇题为《自然科学和阶级斗争——读马克思恩格斯关于达尔文进化论的书信》,文章非常谨慎地处理"进化论"与"阶级斗争"之间的关系。作者一方面肯定"进化论",把它和斗争哲学联结在一起:"生存斗争学说和生物进化论,就从自然科学上支持了马克思主义的斗争哲学、发展哲学,成为阶级斗争学说的自然科学根据。"[1]另一方面,却看到了社会进化论所具有的"人性"规定与"社会主义"所坚持的平等互助有着巨大冲突:"[社会达尔文主义]把人降低到一般动物的水平,否认了人的社会性、阶级性,人类社会也就成了互相残杀、吞食的生物界。这样一来,弱肉强食是自然规律,强权即公理,强凌弱、富压贫,就成了天理人情。"[2]要知道,进化论是晚清以来对中国影响甚巨的"科学理论",不啻是最显著的"自然的政治"。中国 1970 年代的社会主义实践一方面试图征用"进化论"的"自然"(所谓"阶级斗争学说的自然科学根据");另一方面又必须批判、修正这一"自然"("达尔文戴上了马尔萨斯的眼镜去看生物界")。归根到底,这里的"难题"在于如何为"阶级斗争"提供更深的正当性。而参与到这一讨论中的,不仅有努力将自己"中性化"的科学思维——本身已内在于"发展—进步"框架中,更有"社会主义"的要素及其独特的 1970 年代激进版本。由此可见,每一个特殊的"社会主义与自然"议题,必然表现为一个矛盾体。进言之,"自然"更为尖锐地展示了中国社会主义实践的创造性与难题性。围绕"自然"的争执联结着生产与政治、常态与革命、延续传统与求新创造等矛盾。

四 文艺实践与形塑"自然"

1950—1960 年代中国的文艺实践以生产形象与叙事的方式,全面介入了三元框架中的"自然"议题;它以感性的方式形塑了"革命与自然"的辩证法。我是在一种辩证的意义上来使用"形塑"这一概念的。"形塑性"(plasticity)概念将破坏、毁灭、否定的环节与构型、创造、肯定的环节整合在一起。此一见解受益于马拉布(Catherine Malabou)对于黑格尔辩证法的重读:

> 辩证过程的基础是自我规定运动。……辩证进程是"可塑的",是

---

[1] 袁明:《自然科学和阶级斗争——读马克思恩格斯关于达尔文进化论的书信》,《自然辩证法杂志》1974 年第 1 期,第 55 页。

[2] 同上书,第 59 页。

因为,辩证法使对立的环节——不动的(固定的)和空洞的(瓦解的)环节——联系在一起,将两者都联结在整体的活性之中。这一整体使各极端相和解,它自身是抵抗和流动性的统一。可塑进程是辩证的,是因为建构可塑性的操作,抓住形式和毁灭所有形式的活动,[比如]出现与爆裂,它是矛盾性的。①

在某种意义上可以说,中国社会主义革命中的"改造"即辩证的"形塑"。文艺实践则是更具字面意义的"形塑"过程,即在形式、形象与诸感性材料的继承、重组、破坏中锻造出新的审美形态。同时,这一新形态自身也远非完成了的"作品",而是内含着矛盾运动,向新的重组与破坏运动敞开。"自然"在这里并不代表"无可争辩的、源于事物本身的权威"②。另一方面,在社会主义革命相对化任何源于事物自身的权威性时,文艺实践的辩证运动绝非"无形式",而是需要一个个"可塑"的环节,在审美上创造出相对稳定的感性存在,因此与美学意义上可感的"自然"直接相关。③ 文艺实践对于"自然"的形塑,往往会同时带入社会主义实践的难题,见证三元框架中的"自然"议题的交织状态。以"大跃进"时期的新民歌为例:"一根扁担三尺三,修塘筑堰把土担,高山也能挑起走,大河也能扳得弯。"④显然,这里能清晰捕捉到征服自然的"发展"措辞。然而,这首简单的歌谣同时也展示出超强的劳动意志与劳动者的主体性,这一修辞运作嵌入在向共产主义"跃进"的时代氛围中。新民歌的"抒情"始终联结着诸多无名劳动者"对象化"自身劳动的历史冲动。同时需要看到的是,此种抒情又带出了新的反思,即此种劳动主体性是否可能成为"常态"。1960 年代初期美学讨论围绕劳动的"自然限度"的争执,就赋形了此种反思。因此,任何单一的分析视角无法穷尽这样一首看似极为简单的作品所蕴含的历史经验。反过来也证明了,

---

① Catherine Malabou, *The Future of Hegel: Plasticity, Temporality and Dialectic*, p.11.
② Bruno Latour, *Politics of Nature: How to Bring the Science into Democracy*, p.14.
③ 黑格尔:"这里所说的外在因素及其形状构造是和我们一般称为'自然'的东西密切相关的。"见黑格尔:《美学》第一卷,朱光潜译,北京:商务印书馆,1979 年,第 206 页。
④ 《大河也能扳得弯》(贵州),郭沫若、周扬编:《红旗歌谣》,北京:红旗杂志社,1960 年,第 94 页。

中国社会主义审美形塑过程中所诞生的经验,正可谓社会主义现代性矛盾运动的媒介化。

文艺实践生成矛盾中的审美性"自然"经验。就1950—1960年代新中国历史来看,此种经验尤其关涉三大领域。首先是"自然"表象的形塑与重新赋义。这看似是最为直接的针对"自然景物"的审美经验,实际上却受到诸种艺术媒介的中介;它不仅关联着历史悠久的传统,也关联着历史唯物主义重构"自然"的冲动。因此这一领域涉及"山水"与"风景"的历史构造、国家建设与阶级政治的互动、汉文化的自我更新与少数民族文化的整合、传统文化的继承与新文化领导权的确立等议题。

其次是人的"内在自然"①在诸种革命实践与改造运动中得到"形塑"。在各种文艺样式中,情感、意志、欲望与理性态度被媒介化。人的形象的生产与流通,是社会主义文艺体制最为核心的环节。② 文艺作品中的"新人"形象往往被辨识为或希望被辨识为可实现的人的类型。同时,文艺媒介还需生产作为新人的对手或对照物的"落后者"与"敌人"。虽然文艺实践是以一种批判与压抑的方式呈现这些落后者的情感、欲望与心性,然而某种

---

① "内在自然"这一概念首先源于马克思的论述。参看马克思:《资本论》第一卷,第202页。明确提及"外在自然/内在自然"区分的是哈贝马斯,在《合法化危机》中,他认为社会系统的环境可分为三个部分:外部自然或非人类环境中的物质资源;社会所涉及的其他社会系统;内在自然或社会成员的有机基础。外部自然是在生产过程中被占有的,内在自然则是在社会化过程中被占有的。参看哈贝马斯:《合法化危机》,曹卫东译,上海:上海人民出版社,2000年,第13—14页。这里的"内在自然"概念应该是指人的能力整体,包括体力、心理特质等。

② 在这样一种"体制"中,焦点可以说是双重的——同时这也是"批评"始终依据的尺度:首先是"文艺"有着反映"本质"的要求,这与"典型性"(普遍性)相关。这是一种指向"真理"的模式,或者用巴迪乌(Alain Badiou)的话说,这是一种"教育图式"(didactic schema):艺术自身不是真理,但服务于真理。任何冗余、琐碎、无意义的细节都会得到问询。因此,如何"观察""认识"(这里包含着政治要求、"世界观"要求)成为基本前提。值得注意的是,由于每一位作者都是有待改造的、有缺陷的主体,都带有"旧世界"的痕迹,因此任何"自发"流露都是要杜绝的。其次,"社会主义文艺"是一种形象流通机制和"政教"体系,作者、读者与批评构成一个循环。每一方都是有待"重塑"的。由于文学艺术具有相对的感性杂多性和歧义性,因此每一个环节都要避免"误认"或者需要快速纠正"误认"。杜绝歧义、暧昧和晦涩是基本要求。巴迪乌的相关讨论,可参考 Alain Badiou, *Inaesthetics*, trans. Alberto Toscano (Stanford, CA: Stanford University Press, 2005)。

"赋形"运动是必不可少的。其中,自然性与社会性、人性与阶级性、自发与自觉、劳动与休息、个体与集体(国家)、被动性与能动性、服从的习惯与首创精神等诸多矛盾构造,得到了表述。

最后一个领域,或可用费孝通的一段话来引入:"乡土社会中的欲望经了文化的陶冶可以作为行为的指导,结果是印合于生存的条件。但是这种印合并不是自觉的,并不是计划的,乡土社会中微妙的配搭可以说是天工,而非人力,虽则文化是人为的。"① "人为"而并不"自觉",仿佛是"天工"即"自然",正是对于"第二自然"相当准确的描述。费孝通谈的是传统乡土社会的运作逻辑,然而正如上文所说,新中国充分展开了一种"革命与自然"的辩证法,因此,诸多固有的"第二自然"一定会遭到破坏,而新的"第二自然"则需要逐步建构起来。这样一个"百姓日用而不知"的日常习惯领域,既是革命文化的"他者",却又需成为它的"内部"。或许"移风易俗"的真正达成,就是此种"第二自然"的成功重构。这第三个领域与前两个领域有着千丝万缕的关系,既关联于外部"自然"环境——实际上是"人化的自然"——的意义充实化,又关联于人的"内在自然"的更新,同时需将自身塑造为行动者无须每时每刻提升到"自觉"状态与反思状态的"习惯"世界与生活世界。这样的"自然"维度是最难改造的,甚至是最具惰性的,然而也是联通着无数普通民众,真正具有"大众性"与"日常性"的。② 文艺实践往往无需也未必完全能"主题化"或"前景化"这一领域。然而这一领域渗透在所有文艺实践当中,或是成为叙事的背景,或是成为无须加以检讨的前

---

① 费孝通:《乡土社会 生育制度》,北京:北京大学出版社,1998 年,第 85 页。
② 赫勒(Agnes Heller)将"日常生活"界定为"那些同时使社会再生产成为可能的个体再生产要素的集合"。在她看来,对于日常来说,"塑造"是一个过强的术语,毋宁说日常生活是"长入"一个"既成"世界的过程。日常生活总是与个人的直接环境相关。日常思维的变化较为缓慢,其内容在很大程度上植根于实用与经济结构。"日常生活"最基本的部分是"自在的"类本质对象化活动,其要素即工具和产品、习惯,最后是语言。日常生活和日常思维必不可少的基础结构为:重复、规则—特征和规范性、符号系统、经济、情境性。而日常生活的行为与知识的一般图式——占有"自在的"对象化领域的方式为:实用主义、可能性、模仿、类比、过分一般化、单一性事例的粗略处理。赫勒认为,日常生活领域中的转型是塑造社会主义生活的关键。一方面需要以自在的类本质对象化为基础,另一方面要努力从自在向自为转型。参看赫勒:《日常生活》,衣俊卿译,重庆:重庆出版社,1990 年。

提,或是作为被自然化的"形式",本身包含着极为丰富的历史信息。当然,文艺实践也可能明确地主题化这一领域中的某些要素,尤其是当更为激进的革命实践对于所谓"自发势力"与"资本主义倾向"日益警觉之时。不过,完全地使这一领域凸显到前景,使之剥离于背景,则是相当困难的。特别是革命实践自身同样包含着这一无需前景化的"自然"维度。我们也因此需要具备一种或多种新的读法,来充分地解放出对于"革命与自然"辩证法进行审美形塑的历史经验。这一经验无疑是指向未来的。

五　本书章节安排

本书将围绕这三个领域展开讨论,虽然各章节会侧重于其中的某一领域,但在具体讨论中,各领域会有交织。第一章重在考察"自然"表象的形塑与重新赋义。首先我将目光聚焦于1950年代国画改造脉络里的"新山水画"实践。"山水"表象负载着厚重的文化积淀,传递出独特的"世界"观,因此也表征着一种固有的文化领导权。改造山水画,与新中国"改天换地"的实践相关。民族形式、科学写实主义、国家形象、阶级政治汇聚在"山水"这一焦点之上,并将之转化为一个矛盾的文化场域。我在这里尤其关心的是,新国家如何在山水媒介中确立自身的"形"与"神"？古典资源与革命内容能否成功结合？第一节正是在这一系列问题中追踪新的政治含义如何渗入自然表象,追问劳动群众的翻身、新中国的建成与"山水画"改造之间,有着何种关联以及此种审美形塑的难度何在。

第二节尝试批判性地提出"社会主义风景"问题,侧重于考察文学语言对于风景的叙述;具体以周立波《山乡巨变》(1959年、续篇1960年)为核心考察对象,分析这部以描绘美景、民俗见长的农业合作化小说中的"风景"呈现机制,及其对于生活世界的思考。如果说"风景"必然牵涉到观景之人的"内面"构造,那么"社会主义风景"所传递出的人的形象究竟为何？又负载着何种历史矛盾？这是我关心的要点之一。

第三节讨论《朝阳沟》(初创于1958年)所表现的乡村自然、伦理世界与知识青年落户农村之间的缠绕关系。我将此剧视为某种症候——1950年代中后期青年就业与城乡关系问题的表征,同时又将其视为一种修辞——承担说服功能的艺术形式。其中，戏曲主人公如何将"自然"转化为"自身之物"是分析的重点所在。《朝阳沟》是"人化的自然"的具现，实质上则指向一种伦理世界的构筑。我们需要追问其所内含的封闭性与开放性的矛盾。

在整个1950年代文艺实践中，将少数民族纳入新中国的文化政治谱系是极为关键的一个环节。在此，1930—1940年代关于"民族形式"的论争获得了新的生机。第四节关心的是，新中国文艺实践如何回应所谓中华民族的"多元一体格局"，所选取的线索依旧是"社会主义风景"。一方面，"风景"与"民族主义"有着紧密的联系，"风景"的生产对应着民族意识与认同的生产。然而，在"中国"这一多元一体格局中，"风景"—"民族"问题呈现出更为繁复的面貌。对于第一部反映少数民族题材的电影《内蒙人民的胜利》（1951年上映，即《内蒙春光》的修订版，后者于1950年公映一个月后即停映）而言，阶级矛盾与民族矛盾之间的缠绕是其重要的影像"语法"；而塑造草原民族特征的"风景"，则塑成一种本真性场景。本片的影像处理了内与外、敌与我、真与伪、自然与反自然等多重主题。电影所表现的蒙古的"民族形式"与"受苦人"的"共鸣"有着紧密联系；正是劳苦大众的情感共振赋予了"本真性"以崇高感。当然，历史的运动并不会仅仅停留于这一瞬间，复杂的矛盾将以前所未有的形式来展开。

如果说第一章围绕自然表象形塑的讨论主要以"社会主义风景"的线索展开，那么第二章就是在追问"社会主义风景"在社会主义美学中是如何得到规定的。这就从对于自然表象的聚焦，转向了当时的美学话语——其对于整个审美过程及其历史机制的讨论。当然首先就涉及"社会主义风景"所引出的"观看主体"问题，这正是1950—1960年代美学讨论之"自然美"论争的关键潜台词。如果说第一章呈现的是自然表象如何在具体历史情境和形式媒介中被赋予意义，那么第二章则试图回答：美学讨论对于自然美的理论化及其分歧，指向何种历史张力。

美学讨论中各派对于自然美问题的论述呈现出不同的关切。一方面蔡仪坚守超历史的自然美，引出了"唯物主义"与"常识"问题。他的讨论指向内在于社会的自然面向。另一方面，朱光潜在自我改造过程中通过美学话语保留了对于审美主体性的坚持,这尤其体现在他对待自然以及自然美的态度上。朱光潜所谓意识形态化的自然美实际上指向的是文化或教养。李泽厚则以马克思主义政治经济学话语为依托,构筑了自然与历史的辩证关系。由此,"自然"与社会主义实践获得了更为动态与内在的联系。同时李泽厚也回应了教养的问题。在他看来,自然美关乎劳动群众的解放,最终关乎劳动时间结构的改造。从而李泽厚将"自然美"与共产主义理想联结了起来。不过,李泽厚的"自然美"关联着长时段的沉淀,因此难以回应革命实践在当下改造内在自然的迫切要求。因而"新"与"美"的关系问题被提了出来,姚文元对于美学讨论的介入即呈现出此种诉求。在"大跃进"语境中,姚文元将无私劳动纳入审美领域。新、美与新的劳动主体建立了关联。在 1960 年代初,朱光潜则尝试在更为严格的美学脉络中,对于劳动作为人的"自然"需要进行论证,并引发了客观论者的猛烈批评。争论焦点在于劳动分工以及劳动主体的自然性限度。李泽厚与姚文元的进一步交锋更是凸显了别样的文化政治考虑:李在姚那里看到了一种"内容美"的压力。他所把握到的要害问题是:新的生活世界创设之后,内容美需要进一步转为形式美,后者才更为稳定且更具有统合力。正是在这儿,李泽厚的"自然美"论说进一步显现了其寓意。

在美学讨论中,我们已然看到"大跃进"的在场,特别是李泽厚的"自然美"论述与"大跃进"群众文艺实践形成了隐匿的对话关系。第三章将直接触碰这一时期颇具代表性的群众文艺实践——新民歌与新壁画。干劲冲天的劳动主体同自然斗争的场景在这里有着集中表现。然而,正如上文"三元框架"所示,征服自然的措辞需要放在更加复杂的历史脉络中来理解。我尝试从"文化革命"克服劳动群众臣属性的角度切入:在朝向共产主义社会过渡的历史氛围中,劳动群众通过参与同劳动紧密相关的文艺实践,构造出了突破劳动分工和劳动等级的历史瞬间。"大跃进"群众文艺实践的"浮夸"特征与其征服自然、进而克服"必然性"的修辞有关。在新民歌、新壁画中,现实与幻想、愿望的"拼贴"确实带来了一种幻象,但是修辞性的夸张也带来了一种突破幻象的可能性。工农群众在想象性地克服"自然"与"必然"的过程中,打开了一个主体生成的瞬间:"我"与"我们"的到来。通过对于新民歌和新壁画的可视觉化以及难以视觉化特征的分析,我们可以看到一种不稳定的、瞬间性的新的内在自然的生产。"大跃进"群众文艺实践的真正困难,毋宁说在其"不稳定性",在于缺乏将"例外"转向"常态"的历史中介。在这里,"群众性"所指向的"第二自然"问题凸显了出来。归根到底,"大跃进"群众文艺所召唤的依旧是聚精会神的革命"主人"与劳动主体,那一含混的、模糊的"分心"地带却未得到真正的处理。

第四章的讨论重心进一步聚焦于人的"内在自然"形塑。笑与自发性,与放松、"分心"之间有着紧密的联系,因此,"笑"的现象指向社会主义改造尤其是人的改造的某个重要维度。尤其是"笑"的经验提示出:"自觉"与"自发"之间存在着微妙的模糊地带。本章主要处理两种喜剧实践。首先是诞生在"大跃进"语境中的"歌颂性喜剧电影"——以《今天我休息》(1959年)与《五朵金花》(1959年)为代表。在"大跃进"高潮将要退去之时,中国社会主义实践依然试图保留"大跃进"的乐观主义能量,希望能够持续地生产出无私的新人形象;然而文艺表达却经由喜剧这一媒介,转入到更少"斗争"氛围的生活领域。这里的核心议题是:"新人"成为喜剧主体及其所引发的关于全新的笑的争论。在歌颂性喜剧中,新人的道德表现具有喜剧形式,其喜感源于一种自足的生命的"裂隙",来自新人"不仅仅是人"的部分,来自新人"天真"却不触犯"禁忌"的状态。不过,新人所引发的笑是否是全新的笑,依旧是可以争辩的。这一难题凸显出一种复杂的情形:喜剧本身有其界限,即喜剧氛围依托于矛盾的弱化以及"分心"的机制。在这个意义上,歌颂性喜剧表征出一个独特的历史瞬间。在更为激进的历史运动中,喜剧所暗示出的"裂隙"会向"矛盾"转化。"人性"的改造也将呈现出另一种面貌。

本章讨论的第二种文艺实践是"新相声",目光继续聚焦于上文所引出的"革命/分心"机制。这正是新人之"形塑"首先需要回应的问题。1950—1960年代的"新相声"以"大跃进"为界,同样呈现出从"讽刺"到"歌颂"的转变轨迹。1950年代早中期的"新相声"运作于一个"弱"政治领域,往往指向社会主义条件下的工作伦理以及更广泛的"社会主义公德"议题;"落后性"是得到着力表现的议题,"先进"或毋宁说"正常"的形象与力量则主要作为背景存在。另一方面,"大跃进"时期兴起的"歌颂性"相声同样嵌入某种喜剧机制之中,此种歌颂形态亦包含着"分心"的运作。从1960年代着力表现部队与工厂题材的新相声作品来看,"革命与分心"的问题依然一以贯之地存在,只不过比例有所调整:"革命"部分愈发明确,对于政论言说的"引用"更加直白。如果新相声只是围绕"塑造工农兵英雄人物"这一轴心展开,其自身的喜剧式教育经验就会相应减弱。

第五章尝试初步开启形塑"第二自然"及其困难的讨论。我尤其将它放在"革命"日益凸显的1960年代,即1962年"八届十中全会"重提"千万不要忘记阶级斗争"之后。"革命与自然"的辩证法在此进一步激进化。在"反修防修"的语境中,毛泽东对于"合二而一"的批判以及以"一分为二"为革命辩证法,成为理解"自觉性"的一条核心线索。换言之,随着1960年代重启"哲学"以及其他思想文化问题的讨论与批判,阶级斗争获得了具体的认知模式与感知模式。不过,让我感兴趣的是"心理学"和"政治经济学"这两个抵制"阶级性"完全渗透的学科。前者为人的生理自然性保留了一个位置。后者虽然本身有着鲜明的阶级根源,却以"价值规律"等范畴划出了一个"政治"无法简单"介入"的"准自然"领域。本章所讨论的"心""物"线索,将建立在1960年代心理学话语批判与政治经济学话语批判基础之上。如果说"心"与"物"的"自发性"由"心理"与"经济"这两个现代性霸权领域指示出来,那么,新中国文艺实践则需通过叙事与形象构筑,呈现别样的"心物"转换。如果说"共产主义道德"的提倡赋予此种新的心性以明确的规定,那么文艺实践则在"主题化"某些历史矛盾的同时,展示出自身与他者的感性"边界",以及社会主义生活必不可少的"第二自然"的特征。最终,我想重新开启前后两个三十年的"断裂"与"连续"的问题。简言之,两个时代的争执,在很大程度上是围绕"自然"的争执,由此涉及经济与常态、欲望与人性、情感、自我等概念的界定。十分有趣的正是,1980年代的话题在1950—1960年代几乎都可以找到对应物。或许这里略有"后见之明"的倾向。但如今如何站在一个更高的位置,看待革命与改革经验之间的关系,以及在新的历史认知基础之上,为未来争取更多的思想资源,正是本书讨论"社会主义与自然"议题的旨归所在。

第一章 "自然"与新世界：
围绕社会主义"山水"及"风景"的考察

　　本章将在中国社会主义文化实践的脉络中来考察关于"自然"的感性经验及其文艺表征方式。关于"自然"的感性经验当然是在具体历史过程中塑成的，尤其是必然经由文学艺术的中介或更为广泛的媒介化。日本学者柄谷行人所谓风景的发现即暗示此一"认识装置"的存在。① 在接下来的讨论中，"风景"并不简单指向自然实存及其表象，亦可包含自然化的人的世界或某种"自然—历史"形象。因此，我的策略并非仅仅是将这一"颠倒"倒置回来，而是力图分析其生成过程所依托的历史脉络与机制。本章尝试初步考察中国社会主义文艺实践与自然感性形象的重新赋义之间的关系。

第一节 新山水、新国家与新主体
——以国画改造话语为中心

一 "真实"的"山水"②与"世界(观)"的改造

（一）

　　1950 年，追求进步的国画家李可染面对"解放后中国画突然降临的沉寂"，提出了改造国画的呼声。在他看来，这一沉寂"正可以说明中国画在

---

① 参看柄谷行人：《日本现代文学的起源》，赵京华译，北京：三联书店，2003 年，第 12 页。
② "山水"一词，本指山水地势，如《三国志·魏·贾诩传》："吴、蜀蕞尔小国，依阻山水。"魏晋时期则多指自然景物，如南朝宋谢灵运《石壁精舍还湖中作诗》："昏旦变气候，山水含清晖。"这一自然形象显然包含玄学意趣和隐逸理想。"风景"原是风和光影之组合，(转下页)

近百年来,封建势力及帝国主义交相蹂躏之下,所产生的种种弱点,在这澄明的新社会里一下子完全暴露出来"①。然而,由于坚信不可能"在清洁的土地上建立起新的东西"(李引用苏联作家西蒙诺夫语)②,李可染认为国画的力量或许还能为今所用,但需要改变中国画弱于表现"社会"而重于表现"自然"的倾向。③其实早在1949年5月,蔡若虹等就在《人民日报》上撰文评论国画改革的问题,要求"将从来是与现实生活游离的国画艺术拉到与现实生活结合的道路上来"④。其逻辑显然是希望国画在自身材质(主要取决于国画工具)允许的前提下,承担"年连宣"类似的功能。这也就不难解释,为何在新中国成立初期国画创作更重人物而非山水。⑤但是山水画的问题却并没有被取消。1953年,诗人艾青在"上海美术工作者政治讲习班"上做了《谈中国画》的报告,特别提到了山水画:

> 山水可不可以画呢?我以为也可以画。中国这么大,好山好水到处都有,假如画得好,也会叫人产生对自己国土的一种强烈的爱。但是我们所看见的山水画是怎样的呢?这些山水画,大都是从古人的画本中,经过了长期的临摹所凭空臆造出来的。勉强的拼凑和堆砌成了风气。甲画了五个山峰,乙就画六个,丙画七个,甚至画了几十个山峰,画得要塌下来了也不管,还要在那最高的山峰上,用火柴杆子搭了一个小

(接上页)后亦指景物。《世说新语》中有一例子同时提及"风景"和"山河":"过江诸人,每至美日,辄相邀新亭,藉卉饮宴。周侯(颛)中坐而叹曰:风景不殊,正自有山河之异。"(《世说新语·言语》)其中山河显然有政治意味,其实山河原为高山大河,指地区形势而已。《左传·僖二十八年》:"子犯曰:战也。战而捷,必得诸侯。若其不捷。表里山河,必无害也。"这里山河指晋国背靠太行山,面对黄河,地势优越。而"风景"则相对中性。此处取例皆见《辞源》(北京:商务印书馆,1998年)。明末清初之际,遗民所谓"残山剩水"的哀叹显然亦是"山水"政治化的形态之一。

① 李可染:《谈中国画的改造》,《美术》1950年第1期,第38页。
② 同上书,第37页。
③ 同上书,第36页。
④ 蔡若虹:《关于国画改革问题——看了新国画预展以后》,《人民日报》1949年5月22日第4版。
⑤ 关于国画家学习新年画风格,参看蔡青、潘宏艳、马新月:《20世纪中国学术论辩书系·中国美术论辩》下,南昌:百花洲文艺出版社,2009年,第463页。

亭,画家的意思叫看画的人能爬上去玩,至于他自己却是在上海的柏油马路上散步的。这也是说谎。①

艾青的这一评述虽然带有讥讽意味,却点出了山水画在新中国成立以后的基本困境。"柏油马路上散步"一语暗示,大部分从旧社会过来的国画家依旧习惯于旧的创作方法。艾青称此种作画法为"说谎"。说谎的山水画是古人范本无灵魂的复制,更糟糕者就如同批量生产的商品一样。② 画家面临的新要求是,"画人必须画活人,画山水必须画真的山河"③。这里的"改造"尤指改造传统的国画创作方式,新的方法诉诸再现实物而非临摹旧作。尤其值得注意的是,这首先意味着"科学"的"现实主义"或"写实主义"原则对于国画的渗透。艾青进一步提到:

> 我以为必须以对实物的描写来代替临摹,作为中国画学习的基本课程。画人物的必需学习画人体,画速写。画风景的必需到野外写生;画花鸟鱼虫的也必须写生。对人,对自然,都必须有比较深刻的观察。对古画的研究,也必须以新的眼光来进行。我们要以科学的写实主义作为我们批评与衡量我们的艺术的标尺。一幅画的好坏,必须首先看它是否符合社会的真实和自然的真实。④

艾青诉诸了一种新的评判标准,即是否符合"社会的真实和自然的真实"。这一话语的理论根基无疑是列宁的反映论;而强调"科学的写实主义",也与1952年以后中国美术界对于"苏联模式"的全面接受有关。⑤ 可是如果

---

① 艾青:《谈中国画》,《文艺报》1953年第15期,第8页。
② 关于国画家在新中国成立前受市场"束缚"以及国画作品皆为商品,可参看黄均:《从创作实践谈接受遗产问题》,《美术》1955年第7期,第47页。以及刘桐良:"过去看画买画的人大都是有闲阶级,这些人有的只重技巧,不管内容,有的是附庸风雅,随便买几张挂挂,不懂好坏。"(刘桐良:《国画杂谈》,《文艺报》1956年12月期,第28页。)
③ 艾青:《谈中国画》,《文艺报》1953年第15期,第8页。
④ 同上书,第9页。
⑤ 参看郑工:"1952年—1957年,是社会主义现实主义艺术理论的深化时期,也是主题性美术创作的第一高峰期,是苏联模式'正规化'建设时期。"(郑工:《演进与运动——中国美术的现代化(1875—1976)》,南宁:广西美术出版社,2002年,第267—268页。)1958年之后,中苏关系日趋紧张,中国美术界才逐渐摆脱"苏联模式"的全面笼罩。

仔细玩味艾青之语,就会发现其中更加耐人寻味的是"对于真实的激情"①。这一"真实"正是山水画之所以"好"的基础,也是唤起对国土强烈的爱的根基。

然而,追问以下一系列问题或许并非多余:这一"真实"难道是简单地对于客观自然事物的再现、摹写么?"科学的写实主义"模式是否足以把握"山水"与新的国家之间的关联?"中国画"这一传统艺术形态在呈现"真实"方面到底有何独到之处?进言之,横亘在我们面前的是这样一个问题:何谓"社会主义山水画"的"真实"?简单停留在镜像式的"反映"或实证主义式的"客观性"之上,似乎并不解决问题。这首先是因为,"科学的写实主义"或一般而言的"社会主义现实主义"美学的重心与其说落在"客体"身上,毋宁说落在主客体的"关系"上。就美术实践而言,这一被苏联奉为正统的美学机制"体现在以素描为基础的理性原则上,体现在经验层面上对事物的客观分析和主体性的把握"②。也就是说,"科学的写实主义"对于"真实"的呈现,同样是以一系列"理念"为前提的。其次,"山水"这一独特的媒介又在一定程度上不断"改写"着"科学的写实主义"的诸种规定,从而曲折地传递出关于"真实"的独特理解。或许这反过来可以帮助我们把握中国社会主义文化实践所理解的"真实"。中肯地说,我们永远无法非历史地回到一种"客观"的关系——无论是通过观察、再现或是描绘,而只能具体地回到一个"世界"。海德格尔关于"世界"的"现象学式"理解于此颇具启发意义,即"世界不是一个存在者,世界应当归属于此在……作为此在之

---

① 巴迪乌(Alain Badiou)在《世纪》一书中认为,"对于真实的激情"是 20 世纪的核心主题,其中包括斯大林的苏联革命实践及其恐怖的"大清洗"。巴迪乌所谓的"真实"取源于拉康的"实在界"(the Real),而非实证主义意义上的"现实"。而用马克思主义的语汇来说,真实即是所谓历史真理或社会现实的本质。求"真"与克服资本主义、开创"新"世界的冲动相关。在巴迪乌看来,这一激情所带来的"净化"冲动企图使真实和外观相同一。摆脱这一"坏的无限性"的方式则是将真实把握为"裂隙"本身。参见 Alain Baidou, *The Century*, trans. Alberto Toscano(Cambridge: Polity, 2007)。身处"后革命"世界的巴迪乌企图在哲学内部保留革命激情,而艾青那一代显然有信心在革命实践内部抵达"真实"、摆脱"谎言"(意识形态外观)。但这一激情可谓是相类似的。

② 郑工:《演进与运动——中国美术的现代化(1875—1976)》,第 285 页。

缘故的当下整体性"①。因此,"山水"只能从这一"世界"出发来确认自身的意义。

我尝试先将"山水"把握为现代"风景"生产的一个组成部分,而由"风景"牵扯出的首要理论问题,就是它与"政治"的关联方式。简言之,所谓"风景"(譬如山河大地)的发现与界定,和现代民族国家以及国民主体建构有着隐秘的联系。沿用柄谷行人的说法,风景的发现或者山川国土的视觉化、文字化或广义的"书写",包含一种"想象"的成分。② 这是"特殊"(在地的风景)与"普遍"(共同体概念)之间的想象性结合。这一结合很大程度上倚赖于现代教育等体制性力量,背后则是范围更为广阔的现代国家建设,乃至关系到新的社会关系的生成。而相比于单纯的血缘关系、共同利益以及直接的现实生活形象,"风景"指向一种更深的、更普遍的现代认同,一种审美性的承认/认同机制,有时亦是一种"区隔"机制。比如,在18世纪的英国,"英格兰、苏格兰和爱尔兰风光雕版画集,完全没有文字。它的沉默表明存在一个鉴赏风景者的共同体,对于风景的认识,他们已有共同话语"③。可见风景绝非单纯是一种审美对象。然而,就"风景"的发现而言,中国与西方的不同之处在于:"山水"早已作为一种独特的"自然"形象存在于中国传统高级文化之中,并表征出一种前现代的世界观——山水画在南北朝的兴起受道家观点所激发,已是学界常识。④ 不过,与其先行引入"文化主义"或"文明论"式的分析,倒不如从中西视觉机制的不同入手。我们很快就会看到,"视觉性"内部的矛盾体现着"中西古今之争"。

关于"山水"所表征的视觉空间同近代西方透视法空间之不同,柄谷行

---

① 参看海德格尔:《论根据的本质》,见《路标》,孙周兴译,北京:商务印书馆,2007年,第185页。
② 参看《日本现代文学的起源》,第3—5页。当然,柄谷在后来的著作《跨越性批判——康德与马克思》中,强调了民族—国家绝非本·安德森所谓"想象的共同体"那么简单,而是有其"经济"—交换的根由,即农业或传统共同体互酬制的"交换"关系。因此,这里的"想象"不能单纯视为观念性的存在。参看《跨越性批判——康德与马克思》,第242页。
③ 温迪·J.达比:《风景与认同:英国民族与阶级地理》,张箭飞、赵红英译,南京:译林出版社,2011年,第40页。
④ 参看高居翰:《中国绘画史》,李渝译,台北:雄狮图书股份有限公司,1989年,第27页。

人所引宇佐见圭司的分析颇具启发性：

> 透视法的位置乃是由一个持有固定视角的人综合把握的结果。在某一瞬间对应于此视角的所有东西将投射到坐标的网眼上其相互关系得到客观的决定。而我们现在的视觉亦在默默地进行这种透视法式的对象把握。
>
> 与此相对，山水画的场不具有个人对事物的关系，那是一种作为先验的形而上学的模式而存在着的东西。①

且不管"先验的形而上学模式"是否能够指称中国山水画的意义场域，宇佐见圭司所见出的东西方在"视觉性"上的差异，无疑是继续展开讨论的形式前提之一。概言之，两种视觉实践所建构的主体—对象关系迥然有异，其中尤为关键的是山水画内在于一种有别于线性透视法的观看方式与意义生成方式，这彰显出两种"视觉世界"的差异。② 当然，中国画并非不存在"透视"，而是其视觉机制与西方近代"透视法"有所不同：

> 与西方绘画采取单一、混合视点的笛卡儿式透视体系相反，中国山水画使用移动的或平行的视点，故又称作平行透视。早期中国画鉴定时常有不确定性，导致现代观众体验上的困难，因为那是用平行结构而不是视觉的（或者"观察的"）视点理解空间的后退。……不同于用"单点透视法"看风景，从画框里看就像墙上的一扇窗。谢赫的"六法"之第五法，就是"经营位置"，古代中国画家构图位置中的自然要素都是附加的，他用开阔的视野以动态的有力聚焦，突破画框的限制，将山水作为心印去演绎象征性的形象。中国古代山水画作为再现或者观看的一种方式，用诺曼·布莱松的话来说，是遵循"瞥视的逻辑"（the logic

---

① 柄谷行人：《日本现代文学的起源》，第11页。
② 吉布森（James J. Gibson）曾区分了"视觉世界"（the visual world）和"视觉场域"（the visual field）。前者是指视觉生态性地同其他感官交织在一起，生产出"深度形态"的经验；而后者是说视觉由固定的"眼光"区分开来，生产出"投射性的形态"。比如，一个圆盘在视觉世界中会被经验为圆，而在视觉场域中会被经验为椭圆。在后者那里，透视性的表象规则占据主导地位。参见 Martin Jay, *Downcast Eyes: The Denigration of Vision in Twentieth Century French Thought* (Berkley, Los Angels and London: University of California Press, 1993), p.4。

of glance)而不是"凝视的(gaze)逻辑"。①

中国画的意义生成方式呈现为一个独特的"视觉世界",并没有后来海德格尔所谓"世界图像的时代"之特征——世界成为图像,同时人成为主体。②但必须同时注意的是,在国画改造脉络里,海德格尔所谓"世界图像的时代"或许以一种特殊的方式到场。"科学的写实主义"对于山水范畴的渗透,以及后者通过"形式"所展开的斡旋,对应着新的自然形象的生成过程。甚至可以说,新中国的山水画改造表征出某种"风景之发现"的"现场"。③更确切地说,这里的问题不仅在于"发现",更在于"改造",即不得不凸显破坏与重建的整个进程。这一矛盾直接表现为1950年代中国美术界围绕"西化""苏联化"与"民族化"问题而展开的诸多论争与批判。④

新旧转型意味着"旧"始终没有完全缺席。中国革命的独特性即在于此。因此,那一曾经嵌入文明体内部的"山水"世界虽已脱嵌,但只有先了解其固有的脉络,才谈得上"改造"。因此,我试图追问:在转化为现代"风景"之前,中国旧山水画里的"山水"自然表象的意义脉络(包括其"政治"意味)应该如何把握?如果追溯中国传统,会发现古代文人画中"残山剩水"主题的出现,也与山河家国相关,尤其与古典的"夷夏"观有关。如杨念群就颇为直接地指出:"在明末清初的一些士人眼里,鼎革前后的山水风景

---

① 方闻:《心印:中国书画风格与结构分析研究》,西安:陕西人民美术出版社,2004年,第259—260页。

② 参考海德格尔:《世界图像的时代》,《林中路》,孙周兴译,上海:上海译文出版社,2004年。

③ "风景"在柄谷行人那里是主导现代性建制(有内在"深度"的主体/个人——"文言一致"——现代民族国家)的"隐喻"。而"'风景之发现'的现场"则是柄谷用以揭示夏目漱石的书写之"位置"的用语。在他看来,"与要阐明西欧思想的历史性必须追溯到早期希腊的尼采不同,夏目漱石还保持着'现代文学'或'风景'以前的存在感觉"。从而,他用这一构型揭示出"日本"现代之路的悖谬性结构。某种程度上,中国亦处在一种压缩性的现代转型之中,但与之不同的是,新中国成立以及一系列革命实践又冲击着"经典"的现代建制,追求着新的普遍性。"山水画"在这一焦点上尤为耐人寻味,民族国家认同(不是单一民族国家,而是"多元一体"的多民族统一政体)与革命政治、高级文化与工农主体性、传统与现代之间多重交织的关系,构成这一艺术形式的真正历史内容。本章接下来的几节内容,将围绕这一系列问题展开具体讨论。

④ 参看郑工:《演进与运动——中国美术的现代化(1875—1976)》,第239页。

可谓是发生了天翻地覆的变化,原来他们引以为骄傲的江南明山秀水,在满人铁骑的蹂躏下变得面目全非。'蛮气'南下污染山水,成为士子痛心疾首的话题。"①从艺术形式来看,"残山剩水"的诞生亦与南宋后的山水画构图法有关,即南宋舍弃了北宋时期的中轴线而改用"对角线"构图。② 这一形式的转换,无疑是一种富有文化政治意味的象征行为。

传统山水画的政治寓意往往取决于具体的历史情境及其特殊的风格图式。比如宋代北派山水与后来几朝"文人画"中的山水题材对应着截然不同的政治取向。石守谦曾提到:"以《早春图》为代表的郭熙山水画,其巨大的自然山水景观所显示的是综合诸多复杂形象的恢弘秩序,以及其中所散发出来的充沛生机,这种视觉及心象的效果,正与由北宋神宗变法所代表之追求伟大帝国王朝的气度相辅相成。而郭熙本人在创作之时,在心理上也确由如此的意象来驱动其想象力。"③而根据高居翰的分析,山水画的功能和类型极为多样,包括庆生、离别、隐居等类型,比如雨前云山图和渔夫山水画等指向性质迥异的寓意。④ 更为关键的是,正如上文所示,明清易代时文人画中的"山水"所呈现的政治意识并非现代民族国家架构内的认同,而多内在于夷夏之辨、文野之分这一文明框架。

在这个意义上,山水画这一范畴在新中国的延续,本身就包含了值得玩味的张力。它既对应着——但并不契合于——现代性脉络中"风景"的生产这一面向,尤其与新的集体认同相关;又在一定程度上保留了自身独特的形式特征和意义生成方式。原本山水画所呈现的并非是单一的意义而是多元的功能取向,而"山水"的"现代化"无疑意味着一种"整合"与"重塑"。

但要激活古代山水之"政治",我们还需再进一步。考察与"山水"表象关系紧密的"隐逸"话语,或许可以打开别一种理解路径。这也是一条更加

---

① 参看杨念群:《何处是"江南"——清朝正统观的确立与士林精神世界的变异》,北京:三联书店,2010年,第32页。
② 参看李霖灿:《中国名画研究》,杭州:浙江大学出版社,2014年,第358—360页。
③ 参看石守谦:《风格与世变:中国绘画十论》,北京:北京大学出版社,2008年,第145—146页。
④ 参看高居翰:《中国山水画的意义和功能上》,杨振国译,《艺术探索》2006年第1期。

依托中国自身传统的考察路径。从隐逸话语的起源处来看,它与中国古典政治世界的构造有着微妙的甚至是颇具张力的关联。日本京都学派学者谷川道雄曾敏锐地指出,在中国"中世","村""坞"这样的聚落形式在动荡混乱的历史情势中曾大量出现。他征引陈寅恪的考证,认为《桃花源记》即是以当时的"坞"为原型写就的。而"坞"内的人际关系,又具有很强的"共同体"特征,即"当时的坞集团,决不仅仅是难民的群体,而是一种以高尚道德的统率者为中心的共同体集团"①。正如后汉时代的"逸民"在"宦官与清流"的对立结构中作为"第三项"而产生,并且与民众相结合而有可能产生新的共同体世界②,"坞"的世界作为理想之"桃源"的原型,正是六朝"教养贵族"在古代国家的"间隙"中所塑造的共同体世界。这是否可以视为后世"山水"之"意境"的集体无意识内容呢?有趣的是,唐长孺的研究与此种思路形成富有生产性的对话关系。唐质疑陈寅恪过分坐实"桃花源"的做法,认为陈的看法其实"缺乏足够的证据"。他通过更为细致的考证,提出"桃花源的故事本是南方的一种传说,这种传说晋、宋之间流行于荆湘,陶渊明根据所闻加以理想化,写成了《桃花源记》,但闻而记之者不止渊明一人"③。唐长孺所提出的"桃源"之历史实质,实则更令人惊叹——其原型是南方蛮族人民逃避战乱的"山林"之地:

> 山林川泽一直被认为是王有的,那里不发生土地私有的问题,特别是深险之处,人迹罕至,除了空洞的王有之外更谈不上归谁所有。因而当逃亡人民迁入山中时,不难设想,在土地方面只能是作为公有的土地,计口配给份地。我们也不难设想,按照当时条件,在山林湖沼地带垦荒是一种极端艰苦的工作。逃亡人民很难有足够的农具和牛马,生产配给非常薄弱,剩余生产品必然也不会多。为了保证生存,就只有最大限度地采取通力合作,彼此互助的办法。④

---

① 谷川道雄:《中国中世社会与共同体》,马彪译,北京:中华书局,2002年,第91页。
② 同上。
③ 唐长孺:《读〈桃花源记旁证〉质疑》,《唐长孺文存》,上海:上海古籍出版社,2006年,第220页。
④ 同上书,第227页。

唐长孺以为，《桃花源记》所描绘的"太古之风"的历史基础正在于此种"公社"生产方式。虽说"山水"的意义受到多重因素的决定，但"隐逸"的叙事原型确实是非常重要的一条线索。上述考证为"隐逸"话语提供了别种历史内容，也为把握"山水"这一表象增补了更加激进的想象空间与历史唯物论的维度。"隐逸"作为一种感觉结构有着特殊的政治意味，联结着共同体问题——不仅是教养贵族所统治的共同体，而且是具有"公社"性质的更加平等的共同体。在这个脉络里，山水画的"意义"世界的形成，就能与此种"政治无意识"产生联系，虽然这一关系可能是极为曲折甚至是被遗忘、被压抑的。

从上述脉络来看，中国社会主义文化实践征用这一传统媒介就显得意味深长了。这里有着多重对话关系：历史语境的变迁使"山水"的功能发生剧变，而新中国的成立其实赋予了"山水"重生的契机。当然，这首先以其自我批判为前提。正如石守谦所说，中国画的自我调整到了近代开始遭遇新的危机，一种"脱离"或"无关"的倾向开始主导。[①] 那么，新中国又是如何在这一更大的历史脉络里进行"接续"与"改造"的呢？"山水"表象的重新赋义关联着新的政治体的生成。此一过程所蕴含的历史冲动即：一、使高度风格化的自然形象摆脱特殊利益和趣味的束缚，使之同普遍的历史主体产生联系。二、使山水画从虚无的艺术市场中解放出来，使之服务于新的集体认同的塑造。国画改造意味着：改造这一视觉中介的同时，以之来抵达新的"真实"。而这一"真实"又与古老的政治无意识之间形成微妙的呼应。

山水画这一媒介可以超越既定的分析框架（譬如对于阶级文化的僵化区分），展开社会主义文化政治讨论的新思路。这需要将其放在更加具体的历史脉络里予以讨论，因此接下来需要追问的是："民族形式"问题在1950年代中期的再度兴起引出了哪些关键议题？[②] 它与"新山水画"的勃兴有何关系？

---

① 参看石守谦：《风格与世变》，第14页。
② 关于"民族形式"问题的谱系，参考本章第四节的讨论。

(二)

中华人民共和国成立之初,山水画改造的议题就已浮出水面;随着新中国政权的进一步稳固,以及社会主义改造的持续展开,山水画及更广泛意义上的国画问题得到了国家进一步重视。① 比如艾青的"门外画谈"一经发表就引起了国画界的注意,但是《文艺报》直到 1956 年才刊发了针对艾青的回应和批驳文章(有些文章甚至早已写好,如秦仲文的《读艾青"谈中国画"和看中国画展后》就写于 1953 年 9 月)。这说明在"双百"语境中,新中国对于民族绘画甚至更广泛的民族遗产问题的姿态有所调整。② 值得一提的是,毛泽东在 1956 年 8 月的《同音乐工作者的谈话》中再次肯定了"民族形式",还点到了"中国画":

> 艺术的基本原理有其共同性,但表现形式要多样化,要有民族形式和民族风格。……中国的语言、音乐、绘画,都有它自己的规律。过去说中国画不好的,无非是没有把自己的东西研究透,以为必须用西洋的画法。……艺术有形式问题,有民族形式问题。艺术离不开人民习惯、感情以至语言,离不开民族的历史发展。艺术的民族保守性比较强一点,甚至可以保持几千年。古代的艺术,后人还是喜欢它。……十月革命就是俄国革命的民族形式。社会主义的内容,民族的形式,在政治方面是如此,在艺术方面也是如此。③

毛泽东的论述很可能是美术界重新强调"民族遗产"的重要诱因。这一思考不仅指向艺术而且指向政治,即为艺术的民族形式"正名"的同时,也为

---

① 参看邹跃进所提供的史料:"1956 年 6 月,国务会议通过决议,提出在北京和上海分别建立中国画院的建议,并着手筹备。《美术》杂志 1957 年第 6 期以《绘画界的大喜讯,北京中国画院成立》报道了北京中国画院(1965 年改为北京画院)成立的过程。……与此同时,南京江苏画院也于同年筹建,1959 年成立,傅抱石任院长,钱松嵒、亚明为副院长。"(邹跃进:《新中国美术史:1949—2000》,长沙:湖南美术出版社,2011 年,第 61 页。)
② 参看郑工:《演进与运动——中国美术的现代化(1875—1976)》,第 239 页。
③ 毛泽东:《同音乐工作者的谈话》(1956 年 8 月 24 日),《建国以来毛泽东文稿》第六册,第 176—177 页。

中国的社会主义道路正名,强调"民族形式"也肯定了"社会主义"与"传统"之间的血肉关联。这是一国实现社会主义必然面对的问题,譬如 1930 年代苏联社会主义现实主义理论的兴起及其用"民族大众精神"来反对空疏的"世界主义"与狭隘的"民族主义"。① 中苏这样的社会主义国家不可能全然依照过于激进的思路(比如"无产阶级文化派"的诉求)来开展文化实践,势必需将历史的"连续性"问题纳入思考。但是中国与苏联的不同之处在于:中国的"民族形式"话语有着"延安道路"的起源,即表征出一个不断向群众汲取语言和形象的过程,因此"民族形式"也会被阐释为"群众观点"。② 而随着新中国的成立和巩固,改造"高级文化"的议题日益凸显了出来。一般看法是,想要摆脱文艺的"原始、粗糙及发展迟缓"的状态,"批判接受遗产"正是关键。③ 正如陈越通过阐释葛兰西领导权理论所指出的那样,"底层"阶级能否占领曾属于统治阶级的高级文化这一阵地,是鉴别斗争是否上升到领导权阶段的试金石。④ 所谓"社会主义现实主义国画"⑤的提出,实际上在强调是否有可能在传统的"高级文化"(此处所讨论的山水画)中呈现历史"真实"和政治"主体"。它呼应着以下要求:凝结着士大夫趣味和旧文化霸权的"山水"表象(尤其是元明以降的文人画传统)如何为工农兵服务。具体说来,这涉及从视觉特征、功能定位等方面来重新理解新山水画实践所内含的"改造"议题。"山水"在这儿变成了一个富有意味的"焦点":国家—民族认同与革命政治、高级文化领导权与工农主体性、传统

---

① 参见 Leonid Heller, "A World of Prettiness: Socialist Realism and Its Aesthetic Categories", in Thomas Lahusen and Evgeny Dobrenko ed. *Socialist Realism without Shores* (Durham: Duke University Press, 1997), p.53。

② 参看张仃:《关于国画创作继承优良传统问题》,《美术》1955 年第 7 期,第 17 页。另外,关于新中国美术三大"传统"或"模式"——五四时期以"写实"为基础的中西融合性试验、抗战时期在边区发展的革命的"延安美术模式"、社会主义现实主义创作的"苏联模式"——的论述,参看郑工:《演进与运动——中国美术的现代化》,第 238 页。当然,这主要是指共和国成立初期的潮流。

③ 可参看李可染:《谈中国画的改造》,《美术》1950 年第 1 期,第 37 页。

④ 陈越:《领导权与"高级文化"——再读葛兰西》,《文艺理论与批评》2009 年第 5 期,第 36 页。

⑤ 参看方既:《论对待民族绘画遗产的保守观点》,《美术》1955 年第 3 期,第 44 页。

与现代之间多重交织的关系,构成这一艺术形式的历史实质。

在这一脉络里,重新来思考以下问题将变得极为有趣。我们知道,整个社会主义文化改造反复强调的一点是先改造"世界观"。① 毛泽东在1957年3月曾提及,考验知识分子的主要标准是"一条心"还是"半条心"②,即不仅仅是拥护社会主义制度,而且还要接受辩证唯物论,确立新的世界观。其实所谓由"半条心"进而为"一条心",需要知识分子转换整个感觉结构;不仅是在理论意义上接受"辩证唯物论",而且是看待世界的眼光发生改变。卢卡契在《叙述与描写》里对于"世界观"的阐释可以澄清不少问题:"世界观对于作家的意义……就在于它作为正确感受和正确思维的基础,提供了正确写作的基础。"③因此,这里不但要求正确的思维,而且指向正确的"感受"。山水画改造可以说隐约关联着直观意义上的"世界观"改造。世界观其实是一个导源于德国观念论传统的词汇,其字面意思是"世界直观"(Weltanschauung)。根据伽达默尔的考订,"世界观"原本就有其美学根源。④ 在海德格尔看来,"世界观"在19世纪进程中迅疾地转化为日常语言,失去了其形而上学规定性,而仅仅指人们、人群和阶级可能的观看世界的方式。它成了19世纪自由主义通俗哲学的主要用语。另一方面,苏联则宣称辩证唯物主义是无产阶级的世界观或"宇宙观"。⑤ 相比于已经"日常化"的世界观含义(苏联哲学所强调的"世界观"由于固化为一系列"教科

---

① 国画改造如同一般的思想改造和文艺改造一样,首先强调创作者的"世界观改造",参看张仃:《关于国画创作继承优良传统问题》,《美术》1955年第7期。
② 参看中共中央文献研究室编:《毛泽东年谱:一九四九——一九七六》第三卷,北京:中央文献出版社,2013年,第118页。
③ 卢卡契:《叙述与描写——为讨论自然主义和形式主义而作》(1936),刘半九译,《卢卡契文学论文集一》,北京:中国社会科学出版社,1980年,第73页。
④ 参见海德格尔:《谢林论人类自由的本质》,薛华译,沈阳:辽宁教育出版社,1999年,第30页;伽达默尔:《真理与方法》,洪汉鼎译,北京:商务印书馆,2007年,第138页。
⑤ 斯大林:"辩证唯物论式马克思列宁主义底宇宙观。其所以叫作辩证唯物论的,是因为它对于自然界现象的看法,它研究自然界现象的方法,它认识这些现象的方法,是辩证的,而它对自然界现象的解释,它对自然界现象的了解,它的理论,是唯物的。"(转引自斯杰潘宁:《约·维·斯大林的天才著作〈论辩证唯物论与历史唯物论〉解释》,方德厚译,上海:作家书屋,1953年,第12页。)

书"式的条文,其实也已"日常化"①),山水画触及了世界直观的两个要素:一是非实证主义意义上的"世界",或者说一种现象学意义上的"世界";二是并不以一般的概念话语样态存在(但不是无关于"理念")的直观。所谓"新山水画"②之"新"不仅是改变了题材内容、变动了笔墨和构图,也不仅是一时一地的山水或风景的发现,更是"世界"意义的转换,是"变了人间"这一政治赋义的呈现。因此,世界观的改造不仅在于使人信服历史唯物论和辩证唯物论的诸多论点,更是新的生活世界在自然表象上的确立。进言之,世界(直)观的改造(尤其是那另外"半条心"的改造),诉诸新的审美判断力与文化政治眼光的养成。

当然,这一意义上的"改造"首先与"社会主义山水"的发现有关,同时也表征出一种新的创作方式。1950—1960年代,在政府有关部门的支持和鼓励下,诸多新老国画家以高涨的热情投入到写生活动之中。③ 这一新山水与山河的发现从根本上改变了山水画创作的走向,也可以说是对于艾青所谓"真实"的积极回应。后来以创作"红色山水"④闻名的老画家钱松嵒在1960年"壮行"两万三千余里,隔年写下了如下体会:

> 我生长江南,一座家山,朝朝暮暮看了四五十年,故乡当然可爱,但从未全面地看到祖国的更可爱。……我们一行十三人,在江苏美协组织

---

① 齐泽克曾讽刺这种世界观哲学"虽然宣称自己是一种意识形态,但却成不了它所宣称的意识形态"。见Slavoj Žižek, "From *History and Class Consciousness* to *The Dialectic of Enlightenment*... and Back", *New German Critique*, No.81, "Dialectic of Enlightenment"(Autumn, 2000), p.109。

② 新山水画的界定,可参看王先岳:《写生与新山水画图式风格的形成》(中国艺术研究院美术学专业博士论文,2010年)。"新山水画"作为一个成型的概念,较早地出现在当时"新山水画"代表画家钱松嵒、李可染等人的文章里。另,根据邹跃进的研究,新山水画主要有三大题材:一、表现社会主义新农村的山水画,如钱松嵒的《常熟田》;二、毛泽东诗意山水,如李可染的《万山红遍》;三、革命圣地山水,如钱松嵒的《延安颂》。可参看邹跃进:《新中国美术史:1949—2000》,第48—61页。

③ 比如,江苏省在1960年组织了"国画工作团"到全国各地写生,而且其中一项重要内容就是瞻仰各地的革命圣地,如延安、韶山、重庆的红岩等等。参看邹跃进:《新中国美术史:1949—2000》,第61页。

④ 所谓"红色山水"主要是指以革命圣地和以毛泽东诗词为主题的山水画。参看李公明:《论李可染对于新中国画改造的贡献——以山水写生和红色山水为中心》,《美术观察》2009年第1期。

领导之下,扶老携幼,行经八省,阅时三月,边行边学习,边看边画,如进革命大学,上社会主义直观教育的大课,留下许多不可磨灭的印象,……中国是世界大国,东南西北,自然环境不同,社会风俗习惯不同,但是无论在每一个角落里都有一个相同点,即是全国一盘棋,为社会主义建设而共同奋斗,于此只有油然地觉得祖国可爱,社会主义可爱,党可爱。①

这里的关键是从"故乡"扩大到"祖国"。此一"壮游"不仅使画家看到了更多山水景观,更让他们把握到了一种统一的社会主义中国的形象。这一"同一性"或者说"一体性"(可联想到费孝通所谓的"多元一体"说)成为新山水画的根基。另一位画家张文俊在谈及自己创作山水画《梅山水库》(图1)的经验时,则强调了工地上的"劳动场面":

图 1

> 在过去的山水画里,表现雄伟的山川虽有,像这样大规模的劳动场景,却从来也没有。过去任何时代也不可能组织这样多的人,为了建设人民自己的美好生活,自觉地、紧张愉快地进行劳动。这里充分地表现出我们这个新时代的精神。我认为这是中国现代的山水画家最好的创作题材。②

强调劳动的崇高,算不得一个新命题。针对劳动以及生产的崇拜肇始于19

---

① 钱松嵒:《壮游万里话丹青》(1961 年),《壮游万里话丹青》,南京:江苏人民出版社,1962 年,第 23—24 页。
② 张文俊:《学习中国画创作的体会》(1958 年),《壮游万里话丹青》,第 30 页。

世纪的形而上学。① 但是从劳动者身上见出崇高,并且将之作为"风景"发现,进而将之整合进山水形象无疑是一种独特的构造。② 更重要的是,张文俊强调所见到的集体劳动从属于一项未有先例的政治事业。张完成此画(此前已根据写生稿画过几稿)和写作此文的时间正值"大跃进"高潮。画中山的上部和左上的工程景象相衔接,构造出一种"历史—自然"形象。也就是说,这一实践同时修改了"历史"与"自然"的固有含义。对于如何在国画中置入新的"生活现实"曾引发不少争议。③ 虽然画家纷纷认为应将"不入画"的东西——诸如煤都、钢都纳入山水画,但是新山水画的核心却并不在于这些"历史"标记本身,而是山水自然自身的"非历史"取向同"历史事变"结合成一种新的"视觉世界"④。也就是说,经过"科学的写实主义"的改造并指向新的"世界(直)观"的新山水画实践并不是一个"祛魅"的过程,反而是通过"山水"使"当下"摆脱了"历史主义"的时间,为社会主义"内容"赋魅。⑤ 有学者曾指出,新山水画的"写真山水",意在将文人画、特别是明清文人山水画那种荒寒的、无人间烟火味的趣味去除掉,将之转变为"入世的山水画"。⑥ 然而山水媒介也在审美上为社会主义实践和新的政治

---

① 参看 Philippe Lacoue-Labarthe,"Oedipus as Figure",*Radical Philosophy* 118(March/April 2003),p.7,以及洛维特:"劳动和教养在 19 世纪成为市民社会生活的实体。"(卡尔·洛维特:《从黑格尔到尼采》,李秋零译,北京:三联书店,2006 年,第 355 页。)

② 张文俊的"逻辑"其实早在茅盾的《风景谈》(1940 年)里已经有所呈现。茅盾在 1940 年 5 月访问延安,《风景谈》可以说是对于延安革命军民的致敬。在"沙漠驼队"一景中,茅盾感慨道:"这里是大自然的最单调最平板的一面,然而加上了人的活动,就完全改观,难道这不是'风景'吗?自然是伟大的,然而人类更伟大。"(茅盾:《风景谈》,《茅盾全集》第十二卷,北京:人民文学出版社,1986 年,第 14 页。)并不偶然的是,茅盾在文章中提到了"第二自然"。在他看来,自然(或第一自然)的意义总是建筑在"第二自然"(政治与生活世界)之上。

③ 有论者甚至反对将诸如"和平鸽"等显见的象征性因素引入国画革新。参看黄均:《从创作实践谈接受遗产问题》,《美术》1955 年第 7 期,第 49 页。另参看蔡青、潘宏艳、马新月:《20 世纪中国学术论辩书系·中国美术论辩》下,第 543 页。

④ 关于"视觉世界"和"视觉场域"的区别。见 Martin Jay,*Downcast Eyes: The Denigration of Vision in Twentieth Century French Thought*, p.4。

⑤ "历史主义时间"取的是本雅明《历史哲学论纲》里的意思,指向一种空洞的、同质的时间中的"进步"。参看汉娜·阿伦特编:《启迪》,张旭东、王斑译,北京:三联书店,2008 年,第 273 页。

⑥ 参看邹跃进:《新中国美术史:1949—2000》,第 49 页。

共同体提供了某种"自然"样态。这一样态揭示出新的生活世界自我确证的冲动,即新中国可以在"山水"中获得某种存在方式。此种山水表象一方面否弃了传统隐逸山水或退避山水的意识形态"内容",却又通过某种"形式"上的连续性,与埋得更深的"隐逸"的政治无意识("太古之风"所指向的"公社"生产方式)构成微妙的交流。

对于新山水画实践来说,傅抱石、关山月在1959年接受中央任务,为新落成的人民大会堂创作《江山如此多娇》(图2),是极富象征意味的一个事件。纯就画派而言,傅抱石属金陵画派而关山月属岭南画派,两人合作本就有一种"统合"的意味。最后完成的作品高达5.5米、宽9米,化用毛泽东《沁园春·雪》词意,在周恩来、郭沫若等领导人共同商讨下完成构思①,可

图2

---

① 参看傅抱石、关山月:《万方歌舞声中谈谈我们创作"江山如此多娇"的点滴体会》,《美术》1959年第1期。另据邹跃进说,傅抱石可谓是开辟毛泽东诗意山水的先驱,追根溯源,这与傅抱石和郭沫若之私交颇有关系。参看邹跃进:《新中国美术史:1949—2000》,第55页。

谓为新中国建国十周年献礼的画作。而在这一献礼之作中采用山水画样式,也进一步说明"山水"和"国家"之间确实存在关联。此画作非画一时一地之景,而是把东西南北、春夏秋冬概括在一个画面之中。① 这幅画首先以其空间坐落(人民大会堂)标示出自身非同一般的地位,也可以说是开"红色山水"之先河。耐人寻味的是,傅抱石并没有赋予其过多的"膜拜价值",而是强调新山水画将在诸如人民公社等新制度下不断"跃进":

> 毛主席常常教导我们说,我们今天所做的工作都是前人从未有过的。……我们这次创作的大画,目前它在中国绘画史上可说是空前的,可是不久便会成为"家常便饭",人民公社的文化俱乐部或公共场所不是同样可以来上几幅吗?②

《江山如此多娇》是新山水作为新国家形象最直接的呈现,但傅抱石的言语却提示我们,不仅要从"国家"更要从"社会主义"角度来理解新山水画的位置。换句话说,新山水画并非民族国家的神话展示,而是关联着真正的文化民主化。它并非不可剥离于政治—权威空间,而是可"普及"的。傅抱石所构想的新山水画实践旨在渗透进普通群众的生活世界,成为社会主义文化的有机组成部分。进言之,"新山水"试图摆脱旧有文人画的特殊图式及其"意境",或者说改变古典山水画的政治伦理寓意,但却欲保留"山水"独特的教养功能。在谱系学的意义上,这种功能联通着"隐逸"与"山林"这些元叙事的集体性的政治无意识,即"公有"的世界。

值得注意的是,新山水画实践亦可视为一种空间实践。我们知道,中国传统国画的物质形态主要有立轴、长卷与册页三种形式,此种形态与文人之间的社交方式颇有关系,柯律格(Craig Clunas)曾提示我们,画作的"所有者可以控制画作的观赏活动,这一点有异于同时代欧洲的大幅画作的赞助者。在彼处,能进入画作所在场所(即使有着社会身份或性别的差异)就意味着能看到画作。而在中国,画作并非始终置于同一空间,每次观赏都是一种社

---

① 虽然并非完全一致,但这一"模式"甚至在早期山水画中已有先例。见方闻:《心印》,第27页。

② 傅抱石:《北京作画记》,《壮游万里话丹青》,第22页。

交行为"①。可以发现,傅抱石所创作并期待创作的新山水画,在一定程度上打破了传统绘画鉴赏实践所呈现的社交形态,一方面使绘画与政治—象征空间结合在一起,另一方面又期待着新山水画的开放性与可接近性,由此暗示一种美学革命与新的民主政治形态。值得继续追问的是,山水的理念与形象究竟是如何在"科学的写实主义"——更确切地说,一般的"社会主义现实主义"美学规范——规约之下与新的集体性进行沟通的呢?

二 意境、红色山水与革命主体的空间化

（一）

从上述问题脉络出发,我们再回过头来考察国画改造尤其是新山水画实践的争论焦点所在。在艾青的批判引起反响之前,和他的批判一脉相承的是王逊写于1954年的文章《对目前国画创作的几点意见》,正是此文引发了1955年关于国画创作接受遗产的大讨论②,最终导致1957年围绕中国画特点展开的争论③。论争者在诸如学习和加强写生、接近现实自然和生活的原则等一系列"原则性问题"上并无多少分歧,争议的焦点在于:学习西洋画技法尤其是"有助于表象物象真实"的透视、解剖等"自然法则",与保持作为"交际工具"的传统形式技法(诸如笔墨、线、散点透视等等)之间的矛盾。我们需要注意这样一个历史事实,绘画需要采纳光学和几何原则,从而来"复制"出眼睛的现实经验,这起初仅仅是一种历史的、地域性的产

---

① 柯律格:《明代的图像与视觉性》,黄晓鹃译,北京:北京大学出版社,2011年,第129页。
② 从《美术》1954年第8期发表王逊的《对目前国画创作的几点意见》到《美术》1957年第7期刊登杨仁恺的反驳文章,论争断续持续长达三年之久。这一次争论的核心议题有:"写实"与"学古"有无矛盾;用科学的方法整理遗产到底对不对;国画创作的内容、形式和传统的关系如何;关于"笔墨"技法等在国画中的地位;写生与临摹同创作的关系等。参看蔡青、潘宏艳、马新月:《20世纪中国学术论辩书系·中国美术论辩》下,第477—484页。
③ 此次关于国画特点的讨论从《美术》1957年第3期董义方《试论国画的特点》开始,到《美术》1958年第1期孙奇峰《关于中国画的透视问题》和熊纬书《论中国画"计白当黑"与"咫尺万里"两特点》两篇文章结束,历时近一年。论争焦点为:"线"是否是国画的唯一特点;笔墨是否是中国画的重要特点。参看蔡青、潘宏艳、马新月:《20世纪中国学术论辩书系·中国美术论辩》下,第534—539页。

物。正如艾吉尔顿(Samuel Edgerton)所说,"要是没有基督教的光学研究者相信中心视觉发射线和上帝的道德力量之间存在特殊联系,这种[透视法的]视觉——审美关联也不可能实现"①。而且"线性透视法被广为接受,同古腾堡(Gutenberg)发明铅字印刷关系也很大"②。也就是说,关键不在于仅仅道出透视法的特殊起源,而是需要指明其得以普遍化、"自然化"的历史原因。如果说透视法的"自然化"的确和传媒革命,最终是和现代性以及资本主义生产方式关联在一起③,那么山水画的形式要素也可视为一种前现代视觉体制的残留。当然,这并非说它是前现代视觉体制的唯一代表,只是说相比于"年画"等形式,山水画本身关联着更为强大的意义阐释系统(尤其是古诗、书法与国画之间的互文性),因此它是古代中国主导的或者说"霸权性"的视觉文化形式。另一方面,我也无意于构筑焦点透视与非焦点透视之间的意义等级。其实,中国社会主义视觉文化实践尤其是工农兵群众文艺实践也不乏采用透视来确立自身主体性的例证。④

因此,透视法之"争"在这里只是更大的文化政治问题的一种表征。在《关于中国画的透视问题》(1958年)一文中,孙奇峰这样说道:

> 焦点透视……有其优点的一面,也有其缺点的一面;尤其是表现不

---

① Samuel Edgerton, "The 'Symbolic Form' of the Italian Renaissance", *The Renaissance Rediscovery of Linear Perspective* (New York: Basic Books, 1975), p. 165.

② Ibid.

③ 参看杰伊的论述:"将对象置于关系性的视觉场域之中,外在于这些关系则对象没有内在属性,这可以说是与资本主义交换价值可替换性相平行的。"(Martin Jay, *Downcast Eyes: The Denigration of Vision in Twentieth Century French Thought*, p. 59.)

④ 倪伟论述毛泽东时代户县农民画的文章对于理解透视法、现代性与农民新主体之间的关系很有启发性,他抓住了1980年代知识界批判户县农民画引入透视从而丧失"民间特色"这一症候,论辩地指出,透视法作为一种现代视觉制度,与西方现代主体性的建构有着深刻的联系。正因为如此,户县农民画的透视法运用,就不只是一种绘画技法,而与农民主体意识的建构有着紧密的联系。户县农民画在透视视角和构图等方面的这种精心调配,都服从于一个目的,即努力凸现预设观看主体的优势地位。在这个意义上,户县农民画犹如一面镜子,使农民借以憬悟并进而认同镜中的理想自我形象。详见倪伟:《社会主义文化的视觉再现——"户县农民画"再释读》,《江苏行政学院学报》2007年第6期,第38—39页。倪伟的观察提醒我们,不能简单地走入一种"现代与反现代"的对立,而需要具体分析革命主体性与现代建制之间繁复的关联,这也包括对于所谓"风景"与"透视法"的革命性挪用。

受视觉约束的广阔的空间时则无能为力。我们的聪明的古代画家们为了弥补这方面的缺陷,就大胆地突破了焦点透视的限制,巧妙地采用散点透视以至斜投影……所谓散点透视就是它不是从一个视圈内割取的画面……散点透视可以把发生在不同时间和空间的情景巧妙而自然地组到一个画面上……不能因此就得出凡是不合于焦点透视的绘画就不科学的结论。①

一句话,孙奇峰认为"散点透视"指向一种更加不受束缚的视觉。最终他想动摇的是焦点透视排他性的地位。也可以说,孙有意将国画特有的"透视"技法纳入到"科学"脉络之中。更早时候(1956年),洪毅然在其批驳王逊与杨仁恺的文章中,同样强调了重新界定"艺术科学"范围的必要性:

由于有些人曾片面地强调绘画技术中的透视学、光学、色彩、解剖学等本来属于应用自然科学于艺术技法领域的辅助因素,因而一见民族传统画法一般地少采用焦点透视,少见描绘阴影、倒影,少讲究人体比例,及少追求自然的色、光变化等,便一口咬定曰"不科学"。显而易见:除非我们甘愿承认绘画艺术的创作任务,只限于复制自然,否则,凡那样只知其一、不知其二地否定民族传统画法为"不科学"的看法本身,倒正是"不科学"的。②

洪毅然的评论之所以有趣,在于他动摇了"西洋画=科学=真实"的神话。西洋画同样被视为一种"构造"而非"真实"的直接再现,由此就打开了重新探讨"真实"的话语空间。值得注意的是,围绕国画的一系列论争中有一种倾向越来越明显,即将某些古人的国画创作说进"现实主义"这一"传统"。③ 借由反对具有"摄影性"特征或照相式的"自然主义"(这恰恰是部

---

① 孙奇峰:《关于中国画的透视问题》,《美术》1958年第1期,第43页。
② 洪毅然:《论杨仁恺与王逊关于民族绘画问题的分歧意见》,《美术》1956年第8期,第44页。
③ 参看方既:《论对待民族绘画遗产的保守观点》1955年第3期;张仃:《关于国画创作继承优良传统问题》1955年第7期;刘桐良:《国画杂谈》,《文艺报》1956年第12期,第28页。

分挪用了苏联"社会主义现实主义"的原理,但关于生活真实与艺术真实的区分,部分也源自毛泽东的"讲话"),坚持中国画自身特质的论争者强调了"意境"的地位。这一点值得作进一步分析。因为评论者很难去捍卫单纯的形式技巧,或者说很难以某一"形式"特征来确认中国画的"本质"(比如董义芳强调"线"即中国画的根本特点就得不到认同①),"意"或者"意境"的含混性和整全性特征,反而使其成为一个关键的"能指"。② 说山水画需有意境似乎是常识,却也是最少得到反思的问题。鉴于"意境"如今已成为玄虚抽象的文艺理论套话,我们已颇难深入这一范畴在新山水画话语中的结构性位置。因此不妨回到"新山水画"的身体力行者李可染写于1959年的文本《漫谈山水画》,通过细读来切入新山水的意境问题。

李可染在文章开首就探讨了国家和山水的关系:"山水画是对祖国、对家乡的歌颂。……中国人的'江山''河山'一词都是代表祖国的意思。……中国人很喜欢园林,特别爱好山水美。"③这是李可染自己对于"新山水画"的定位,确实也是当时重铸山水画意义的要害所在(比如艾青就断定:"假如画得好,也会叫人产生对自己国土的一种强烈的爱")。他显然在强调山水和祖国之间的"天然"的、无需反思的联结。④ 这一无需追问的前提表明山水已然处于现代国家想象的内部(可对比高居翰所提到的古代中国山水的多重意味)。因此一提"山水"便可涵盖"中国人",仿佛阶级分析法在这里暂时失去了效用。其中究竟包含着何种隐秘的叙事呢?如果横向来看,阶级性依然是新文化建设不可放弃的尺度,至少与之构成一种潜在的"对

---

① 参看董义芳:"西画工具是适合'以光色分面法'的。而中国画的笔、墨、纸则适合于'线'的应用和变化。所以中国画必需用中国工具,但用中国工具,而不是以'线为造型基础',并不能称之为国画。"(董义芳:《试论国画的特点》,《美术》1957年第3期,第4页。)

② 如刘海粟:"我觉得中国画的最大特征,就是一个'意'字,所以古人一谈到作画,便要提到'意在笔先'这句话。"(刘海粟:《谈中国画的特征》,《美术》1957年第6期,第36页。)秦仲文:"中国画的内容,以具有诗的含意,而表现出'诗情画意'互相关联。"(秦仲文:《中国画的特点》,《美术》1957年第5期,第49页。)另一个更为形式性的普遍要素被认为是"笔墨"。

③ 李可染:《漫谈山水画》,《美术》1959年第5期,第15页。

④ 之所以"天然"打上引号是因为这还涉及一系列更为复杂的问题:中国与"中华民族"的关系,少数民族文化及认同与山水画的关系,山水画与大汉族主义的关系等等,这些都不是不证自明的。关于少数民族与自然表象之间的关系,将在本章第四节展开。

话"关系。山水、花鸟画的阶级性问题恰在 1959 年的美学界引发了一场讨论。其回应的症结性问题主要有两个:第一,难以直接见出政治内容和阶级取向的山水画、花鸟画如何为政治服务?第二,为何不同阶级能够欣赏同一幅山水画或花鸟画?这一现象是否证明了这一类艺术的超阶级性?① 从这一论争中可以看出山水画功能的暧昧性,即在山水画中难以见出"阶级斗争"的痕迹,甚至有时"生产斗争"的面目也不甚清楚;它无法像政治宣传画那样直接进行鼓动,但似乎又并非"无用",不甘于被归类为与"政治"全然无关的艺术。② 山水画之所以成为一个难题,恐怕在于其凸显了"自然"或"自然美"问题对于单纯阶级话语的挑战。如何恰当地回应和解释这一问题,关系到社会主义文化领导权的生成。"山水"与其说是一个稳定的能指,毋宁说是多种矛盾汇聚的符码:它一方面成为抵制西洋(包括苏联)文化全盘渗入的"阵地",另一方面又呼应了 1950 年代中期强调情感统合与阶级凝聚的"时势"。同时,对于"保守主义"复归的担心以及对于"去阶级化"从而"去革命化"的忧虑,亦在这一话语场域中反复出现。

在李可染《漫谈山水画》的文章脉络里,回应上述问题的重要线索则是:如何重新来把握"休息"③,即如何理解李可染所谓"山水给人以最好的休息"。值得反复思考的是,"休息"为何在社会主义条件下并不局限于私我的空间,同时又不能还原为直接的政治内容和生产斗争。因此我想着重追问:山水表象如何打开了这一独特的"休息"空间,即非生产劳动的空间。

首先,在李可染笔下,"山水"和"山水画"之间的"滑动"不能轻易放

---

① 参看蔡青、潘宏艳、马新月:《20 世纪中国学术论辩书系·中国美术论辩》下,第 553—555 页。当时应对超阶级与阶级性之间矛盾的范畴是"人民性"这个苏联文艺学的概念。在中国,人民性概念遭遇到危机发生在 1960 年代之后。可参考祝新贻对于张庚观点的批判,见祝新贻:《不要混淆人民性的阶级界线》,《中国戏剧》1960 年第 10 期。

② 参看何溶:"要求绘画反映现实生活斗争,或者说直接地表现阶级斗争,完全是应该的,也是绘画艺术应当做到的。但是,除了直接表现阶级斗争之外,也可以比较曲折地表现阶级斗争,并不能因为肯定前者而否定后者。"(何溶:《山水、花鸟与百花齐放》,《美术》1959 年第 2 期,第 8 页。)

③ 1959 年至 1961 年关于"山水、花鸟画能否为政治服务"的论辩,正对应着"大跃进"从高潮到衰弱的轨迹。"休息"在这里可以视为一种对"劳动"的回应。

过:"山水给人以最好的休息,孕育聪明智慧,所谓'钟灵毓秀',它给人精神以崇高的启示。因此,山水画在今天不是发展不发展的问题,而是如何发展。"①一方面,我们可以按照常识推断说,李可染在"现实主义"的基础上强调了山水和山水画之间的"反映"关系(但需注意山水画与单纯"写实"之间的张力)。另一方面,也可以反过来说,"山水"在这里并不等于真实的风景,相反更近于一种理想的形象,不妨说这一山水已被山水画所形塑。这里涉及一种"画框化"的操作,即任何观看都历史地被"画框化"了,因此不存在单纯的观看。"给人精神以崇高的启示"从形式上说涉及"视点"问题。当时能够"壮行万里"并对山水进行"再现"的,还只是画家和作家而非一般群众,他们并不简单认同照相机或摄影机所中介了的"观视",更不愿意重复常态性的视觉。山水画在理念上是对局限于视觉常态和常识(联系上文孙奇峰的看法)之"观看"的"解放"。(很快我们就会看到,这一新视点也遭遇到了"老"危机,即形式化的、教养化的视觉受到"常态"视觉的质疑。②)

李可染继续说道:"山水画往往要表现几十里的空间,处理复杂的结构和深远层次,表现气氛,表现多种事物的关系。"概言之,山水画内部包含一种"运动"的视点或者说"扫视",方闻称之为"移动的或平行的视点……平行透视"③。而进一步使山水画和一般的"扫视"或"技术化观视"(电影镜头特别擅长此点)区别开来的,对于李可染来说,正是"意境":

> "魂"即有意境;如三峡气势雄伟,振人心魄;太湖烟波浩淼,开阔胸襟;桃花含艳欲滴,荷花出污泥而不染,这里都包含着画家的思想感情在内。没有意境,或意境不鲜明,绝对画不出好的山水画来。我有时讲笑话说,"一些青年学生画画要招魂",原因就是在于缺乏意境,对着一片风景,不假思索,坐下就画,结果画的只是比例、透视、明暗、色彩、

---

① 李可染:《漫谈山水画》,《美术》1959年第5期,第15页。
② 参看阎丽川:"坐在飞机上,或者登上高山之巅,当然也可能出现这种构图。但这不是一般人的生活经验和习惯感觉。……站在峨眉山的金顶,俯视云海,在偶然的空隙之间,会出现为四面云雾所包围的奇特画面,然而这也毕竟不是平稳正常的、较为典型的生活现象。"(阎丽川:《论野、怪、乱、黑——兼谈艺术评论问题》,《美术》1964年第3期,第21页。)
③ 方闻:《心印》,259页。

是用技法画画,不是用思想感情画画。这样,可能画得准,但是画不好,画出来是死的,没有灵魂。①

"魂"是一个不可轻松放过的隐喻(注意"意境"本身往往只能通过隐喻和修辞来把握),它至少提示出一种特异的存在状态:很难说到底是在"内"还是在"外"。在这段话里,我们看到了有无"意境"的对比性描述。首先是修辞性的正面"描写",所谓有意境是指三峡气势雄伟、太湖烟波浩淼、桃花含艳欲滴、荷花出泥不染,但是从这些场面中抽取不出一个统一的意境概念,这些还只是受着诗文中介的特殊的自然形象。更重要的反而是反面或否定性的规定,即意境是比例、透视、明暗、色彩……一句话,所有"技法"的"增补"。这里还有一个关键词,即"思想感情"。它和单纯技法形成对照,也是李可染自己提示我们如何把握意境的重要线索。或许"思想感情"一语与洪毅然所谓"现实主义"需讲求"立意"而非呈现"本来如此的事物"有关,也就是说,与"(社会主义)现实主义"反"自然主义"的姿态相关。② 而在我看来,山水画的意境却不能简单化约为思想感情,或者说,至少也需要在上文所提及的"世界(直)观"的意义上来把握。因为一般所理解的思想感情从属于创作主体,偏向"内心生活",而意境从属于山水画"作品",是"景与情的结合",它所追求的显然不是特殊的思想感情,而是一种表达,一种更普遍的情感的可交流性,即李可染所谓"感动别人"。当我们分析"意境"和山水画作品之间的关系时,有趣的现象发生了,它既不完全内在于作品:在大部分关于"意境"的阐释里,它仿佛是一种作者的"移情"或"投射",在这个意义上,颇类似于朱光潜在美学讨论中提及的"物乙"。只不过意境指向一种空间形象而不是具体的物象。③ 但它也并不完全外在于作品:李可染特别强调意境在作品内的传达需借助"意匠"——"加工手段"——表现出

---

① 李可染:《漫谈山水画》,《美术》1959年第5期,第16页。
② 洪毅然:《论杨仁恺与王逊关于民族绘画问题的分歧意见》,《美术》1956年第8期,第47页。
③ 参看程至的的定义:"意境的特点,主要是依借空间境象来表达作者思想感情的。"(程至的:《关于意境》,《美术》1963年第4期,第25页。)程不满于一般"情景交融"的定义,他提出意境的关键在于"空间境象",显然这是比李可染更为中肯的观察。

来。比如他提到"计白当黑"这类"剪裁"对于营造意境的必要性。这样一来,意境又是在山水画内部被赋形的——尤其需要借助"笔墨"。如果不能呈现为画作上的物质"痕迹",那么意境仅是"主观的",或者说未实现的。但是李可染使用"意匠"一词,其实是非常巧妙地指出,"意境"并不能够仅在作品中存在——那里可把握的是"意匠"。德里达对于康德《判断力批判》第十四小节中"parerga"(附属、装饰)的"解构",对于把握意境的"存在方式"是有启发的:

> 为建立庙宇所选择的自然场所显然不是"附饰"。人工场所也不是:既不是十字路,也不是教堂,也不是博物馆,更不是其他围绕它的作品,而是装饰和圆柱。为什么?并不是因为它们可以被拆开,相反它们是极难被拆分开的。因为如果没有这些,没有这些准可拆离物,作品内部的缺乏就会出现……将它们建构为附属物/附饰的并不简单是其作为剩余物的外在性,而是一种内在的结构性连接,正是这一连接将其固定在作品内在的缺乏之上。①

"意境"当然不可简单视为山水画的"附属物"。如果说德里达所谓的"画框"是画(作品)的"附属"(画框既不内在于画,即跟画的内容无关,但又不外在于画,它确定了画的边界,由此呈现内外关系的可解构性),指向一种"物质性"的剩余,那么"意境"就是一种"精神""想象"的剩余。而在反"个人主义"的社会主义文化语境中,"意境"更多地表现为一种可交流性与可分享性。它永远无法还原为画中任何一种形式因素,甚至也不是画的整体形象本身,但是它又不是创作者的玄思、想象和情感本身,同时也不是观者的主观情绪。"意境"既内于又外于作品。它揭示出山水画总是"是其所不是"。"意境"道出了"精神"真正的存在方式。这正如李可染强调画画本不只限于视觉:不仅画其"所见",还要画其"所知"。② 有意境即是能够在山水画中呈现比"所见"多一点的东西。李泽厚写于1957年的《意境杂谈》用

---

① Jacques Derrida, *The Truth in Painting*, trans. by Geoff Bennington and Ian Mcleod (Chicago and London: The University of Chicago, 1987), p.59.
② 李可染:《漫谈山水画》,《美术》1959年第5期,第17页。

"典型"与意境作类比,说得也是这个意思:

> 似与非似,真与非真,这就真正达到了形似与神似的高度统一了。……会透过这个有限的个性、有限的形象领悟出无穷的"景外之景,象外之象"。①

这种由"有限"到"无限"的运动,对应着从"山水画"所描绘的空间到更广大的政治、社会空间的运动。李泽厚在另一处论及新时代中旧"意境"不得不变迁时,实际上暗示古已有之的"意境"——"一切寂寞、宁静、听雨眠以至渡口的寂寂、人形的疏疏"——内在于某个更大的空间境象之中,这一空间即当下社会主义中国的革命实践空间:

> 画面上可以同样是寂静的渡口,诗题上可以同样是小舟春雨,然而,所造的意境却必须传达出各种不同的社会时代的生活,各种本质不同的思想感情,各种本质不同的历史氛围。今天的小舟春雨不再可能是高士隐逸,今天的渡口寂静不再是凄冷和悲哀,在这一切看来似乎是寂寞宁静的题材里,都仍将能传达出这个时代的大的欢乐和明朗。②

画面既然并无根本不同,而诗题也完全一致,那么"意境"之差异又如何体现呢?只有一种可能性,即"此时此刻"可分享可交流的东西有了区别。或许可以说,这就是"世界直观"之差别。

从"意境"的存在样态来看,山水画中的"自然"表象尚有不能耗尽在主体—客体范式中的"魅力"。这个意义上,"世界"并没有被充分"图像化"。而"意境"指的正是这种潜藏着的"魅"。它暗示出,现代启蒙之后的现代自然观并未耗尽传统山水的能量,也正是山水的"意境"问题揭示出"变了天地"的政治历史环境如何获得自身的存在方式。因此,我们不能从庸俗化的主体层面上去理解"意境",所谓"移情"范式也带有误导性。毋宁说它指向一种"客观"的交流结构(而非简单将情感移入对象),一种连接个体与集

---

① 李泽厚:《意境杂谈》(写于1957年,原载《光明日报》1957年6月9日、16日),《李泽厚美学论集》,上海:上海文艺出版社,1980年,第329页。

② 李泽厚:《意境杂谈》,《李泽厚美学论集》,第338页。

体的感性方式。国家在山水画中的存在表现为"意境"的存在样态。甚至可以说,在社会主义前提下,革命国家的意境化即山水。山水为国家赋魅。但山水却又不是完全重合于传统意义上的国家。"山水"表象所指向的富有意义的"自然",不仅对应着民族实体,也呼应着追求平等、正义的社会主义革命实践。这也是社会主义新山水画实践自身所包含的复杂性。在这个理论意义上,它确实成为了毛泽东所谓并非局限于特殊性的"民族形式"。而用伽达默尔的话说,"魅力"、意境的可交流性,无非就是真正活着的"传统"。

柄谷行人曾用"资本—国家—民族"圆环形的"三位一体"图式来描述"世界史"的基本构造。在他看来,资本—国家所代表的"生产—交换"方式必然会瓦解原有的共同体,因此"民族"作为共同体的想象性恢复,作为情感与想象力的对象,一定会作为"增补"被召唤出来,由此产生了"国家的美学化"问题。① 正是在这样一种理论脉络里,"民族主义"问题、"风景"问题与18世纪的美学话语获得了新的理解。有趣的是,通过反思"社会主义山水"与社会主义中国之间的关系,我们会发现,"资本—国家—民族"三位一体中的每一项都有了被重新探讨的可能:首先是社会主义对于资本主义的超越性尝试;其次是新中国作为国际共产主义运动的一个组成部分,始终保留了超越国家的向度;最后,中国继承了所谓的"帝国"遗产,是多民族统一体。因此,"社会主义山水"及其所带出的"自然"—"政治"议题,始终是在更为复杂、更为矛盾的情境中展开的,因此这一山水表象本身亦需被把握为某种不稳定的、矛盾性的"现场"。

(二)

通过重新阐释新山水画的理论内涵,我们可以重新来审视1958年以来兴起的"革命浪漫主义"问题②,进而切入对于"红色山水"的分析。一般意

---

① 参看柄谷行人:《世界史的构造》,尤其是"第三章:民族",赵京华译,北京:中央编译出版社,2012年。
② 关于"革命的浪漫主义"较早且较为正式的定义,可参看周扬:《新民歌开拓了诗歌新道路》,《红旗》1958年第1期。

义上的西方浪漫派文艺实践确实和重新发现"自然"相关。如韦勒克所说,欧洲浪漫主义有三个极为重要的特征,即诗歌观强调想象、世界观强调自然、诗体风格强调象征与神话。① 特别是"崇高"的野性自然对应着主体"理性"的无限性。沿用康德的说法,不可知识化的实践主体通过观照外在狂野可怖的自然,把握了自身的崇高本质。西方浪漫派虽然批判了近代机械自然观,但是无法根本避免透视法的观视,而后者关联着近代主体性的实质。② 中国"革命浪漫主义"的视觉表现之一则是"红色山水",即将毛泽东诗词转化为山水自然形象。有

图 3

论者以为毛泽东诗词在 1957 年的出版以及第二个五年计划即将开始标志了一个抒情时代的到来。③ 但是不同于诗歌语言的直接抒情和间接拟人化,山水画终究重在表征山水自然,重在以"意境"中介"激情"。无论是李可染的《万山红遍》(图 3)还是钱松嵒的《延安颂》(下页图 4),画中并未出现人的形象,也未过分渲染火车、电线和煤矿的存在。但正是新山水画把握

---

① 韦勒克:《文学史上的浪漫主义概念》,《批判的概念》,张金言译,杭州:中国美术学院出版社,1999 年,第 155 页。

② 当然,也有论者将浪漫主义把握为一种对于现代资本主义社会的文明批判,根据其对于前现代社会有机性的怀旧或是对于未来的乌托邦狂想,可以区分出倒退的浪漫主义和所谓革命或乌托邦浪漫主义。此外,参看拜泽尔(Fredric C. Beiser)对早期浪漫派与启蒙工程之间联系的分析,见詹姆斯·施密特编:《启蒙运动与现代性:18 世纪与 20 世纪的对话》,上海:上海人民出版社,2005 年,第 328—340 页。

③ 参看唐小兵:《抒情时代及其焦虑:试论〈年青的一代〉所展现的社会主义新中国》,张清芳译,《海南师范大学学报》2008 年第 1 期,第 2 页。

到了一种崭新的革命主体性的空间化图像——一种宏大的、集体性的"自然—历史"空间,一个尝试使"起源"始终铭刻在"当下"的"视觉世界"。譬如《万山红遍》试图呈现毛泽东《沁园春·长沙》之"意境"。毛泽东原词作于1925年主持农民运动讲习所时期,此时国共统一战线已然确立,中国革命运动可谓高涨。毛泽东意气风发地写下了:

图 4

> 独立寒秋,湘江北去,橘子洲头。看万山红遍,层林尽染;漫江碧透,万舸争流。鹰击长空,鱼翔浅底,万类霜天竞自由。怅寥廓,问苍茫大地,谁主沉浮?……①

李可染则取"看万山红遍,层林尽染"一句来设景构境。关于此作的特征,一篇1963年的画评是这样来评论的:

> 画中山景,不同于他的以往任何一幅山水写生画,而带有浓厚的理想化的诗意色彩。祖国大自然的生动面貌以崇高不凡的雄姿出现在我们面前,但对我们又是十分熟悉,具体可触……为充分表达爽朗高阔的秋景和强烈的歌颂祖国山川的激情,画家以擅长的积墨法兼用着红和黑两种交相呼应的色彩,点染皴擦,绘景写情,提高了笔力、墨彩的音响,组成画面浑厚刚劲的主调,使物象风貌具有清晰的轮廓和深远的层

---

① 毛泽东:《毛主席诗词十九首》,北京:人民文学出版社,1958年,第1—2页。

次,显得充实、丰富、饱满、厚重。①

评论者用"崇高不凡""激情""红和黑""浑厚刚劲"等词语,道出了李可染此画的基本面貌。而让我印象尤其深刻的是,《万山红遍》近景中火红的树林和中景雄厚暗红的山峰显露出一种涌动的、无法稳定下来的革命能量。此处山水的空间设置并非严格按照焦点透视而来,从而逼使"看"的主体不得不放弃冷静、单一的观察视角,或者说放弃"凝视"的逻辑。甚至有学者认为,从传统文人山水画的脉络出发来观看这样的"红色山水",首先会体味到"刻意"与"强力"。② 在形式引导和语境联想之中,带有非功利性的静观审视转化为确认自身革命激情的观看。红色山水的理想是联结山水和主体,或者说通过山水表象的中介,召唤出一种崇高的革命主体性。然而这一"浪漫"的主体性却不是直接见出"革命功利"的主体性。山水自然对于直接现实生活形象的扬弃,恰恰对应着浪漫的革命主体对于世俗日常形象的扬弃,由此或可以打开围绕"世俗与神圣"的讨论路径(在此提及太平天国的绘画不设人物而多画山水花鸟,或许不算离题。可以说太平天国的这一绘画实践一方面在形式感上内在于传统,然而又试图动摇固有的士大夫文化构造③)。进言之,在理论意义上,作为革命阶级的无产阶级不要求"私有"性的占有,但却将自身的能量和激情现实化于一切地方。依照其概念,他正是在自己不在场之处看到了自己的存在。他的生命与能力外在化,却并不占有具体的对象。革命的无产阶级可以作为一个具体的工人被描绘,但是作为一个工人仍然是特殊的形象;山水之中或许没有人的形象或仅仅勾勒星星点点的微小人形(如李可染的《六盘山》[下页图5]),但却可以是

---

① 孙美兰:《万山红遍层林尽染》,《美术》1963年第6期,第29页。
② 这是台湾淡江大学中文系黄文倩老师对于我的提醒,在此感谢。
③ 关于"太平天国"绘画问题,可参看罗尔纲主编:《太平天国艺术上下》,南京:江苏人民出版社,1994年。罗尔纲为此书所写之序,本作于1959年8月,正值"大跃进"时期。他所提出的太平天国艺术的几个特征,值得注意:一、太平天国艺术不准绘画人物,源于《圣经》里的"十诫"之一——不立偶像。甚至连天国的英雄与劳动人民亦不予描绘。因此其绘画题材局限于山水花鸟和翎毛走兽。二、太平天国艺术在形态上,提倡壁画、彩画与年画,而不采取为地主阶级所喜好的卷轴画。

图 5

无产阶级"理想"的呈现:"一无所有却拥有一切。"或者说,作为"概念"的无产阶级和"理想"的山水之间存在着呼应的可能性。它暗示出一种全新的"拥有",一种归属,一种激情的视觉化。正如西方浪漫派之呈现自然,中国的革命浪漫主体可寄情山水,但两者的视觉机制和政治隐喻却并不相同。"红色山水",尤其是"革命圣地"题材,其"意境"具有一种扩张性的特征,而"作品"本身则成为一种活的纪念碑。正如巫鸿所分析的,"一座有功能的纪念碑,不管其形状和质地如何,总要承担保存记忆、构造历史的功能,总力图使某位人物、某个事件或某种制度不朽,总要巩固某种社会关系或某个共同的纽带,总要成为界定某个政治活动或礼制行为的中心,总要实现生者与死者的交通,或是现在和未来的联系"①。因此,新山水画的"红色化",标示出"世界直观"的进一步变奏,一种在"雅"的脉络里"内爆"的实践,一种浪漫的、抒情的革命主体性不断与"起源"相遇、沟通并汲取自身"存在"本质的交流结构。在这一过程中,山水之"虚"与"空"反而更好地呼应了革命主体性的深层渴望。

---

① 巫鸿:《九鼎传说与中国古代美术中的"纪念碑性"》,见郑岩、王睿编:《礼仪中的美术》,郑岩等译,北京:三联书店,2005 年,第 48 页。

当然,新山水画亦会遭遇危机与难题,首先即视觉常态的反驳。这一反驳的确也有其正当的理由。因为强调非艺术家眼光的优先地位,同样是解放劳动群众的前提,也是剥除萦绕在已经先行被意义化的"自然"之上的各种阶级霸权,进而恢复自然之真实面目的关键所在。这也使我们不得不面对上文所涉及的山水画的"阶级性"问题。当然,这一"阶级性"问题又与"现实主义"问题缠绕在一起。如果从这一视角来看,山水画实践呈现出难以克服的主观性和"理想"性缺陷(山水画实践的相对"小众性"亦是不可忽视的因素,当然,这一"小众性"并不能被绝对化与抽象化,而是需要追问其政治—经济的原因)。诸如李可染被指责为黑,石鲁被指责为怪。虽然有的评论者为新国画实践"野、怪、乱、黑"的特征辩护①,但是不能不看到,"常识"和"教养"始终是社会主义文化实践难以消解的一对矛盾。作为传统高级文化的改造,新山水画所凸显的形式特征与趣味指向虽被赋予了新的意义,但此种诉诸自然形象而非直接的、功利的生活内容的视觉实践,在试图"普遍化"自身时必然会遭遇到困境。另一方面,"意境"是否可以真正普遍化——也就是说一种可分享的交流结构能否真正塑成,依托的也并不是艺术本身而是整体性的社会历史政治实践,因此总是与具体历史情势扭结在一起,从而具有高度不稳定的特征。比如随着整体革命激情的退却,山水画的意境生成又顽强地回到了个人空间。不过,相比于貌似实证的和中性的自然景观,山水画始终包含着一种视觉的剩余;相比于强调生活形象的其他视觉作品,山水画又凸显出一种扬弃"直接性"的特质。通过山水表象这一媒介,新的革命主体性找到了一种可能的视觉表现:无须再现自身形象而是再现其空间化的存在。在这个意义上,古典的形式感及其表征出的"传统"能量——尤其是"隐逸"叙事所指向的集体无意识——同新的集体性获得了"沟通"的可能。虽然这一沟通自身还仅仅处于一种理想的、并不稳定的关系之中。说它是"理想的",是因为这一山水媒介依然无法为绝大多数的劳动群众真正占有,傅抱石那一"人民公社的文化俱乐部或公共场所"挂满山水画的理想也并未实现。然而通过分析围绕"新山水画"所展开的讨论,

---

① 参看阎丽川:《论野、怪、乱、黑——兼谈艺术评论问题》,《美术》1964年第3期。

我们初步廓清了以下几个关键问题:第一,山水画的改造触及了新的政治共同体建立自身"自然"表象的历史冲动,同时也是其确立普遍意义的重要感性中介。在这一脉络里可以来重新把握"世界观"改造的审美维度。第二,作为传统视觉形式的"山水"不但关联于国家认同,更是指向了更为广阔的生活世界的确立。"红色山水"建构了一种独特革命空间形象。第三,新山水画的"意境"不能仅仅理解为一种艺术范畴,它暗示出政治世界在山水画"内外"的独特存在方式,提供了重新探讨"传统"与"革命"之关系的契机。"新山水画"实践带来了一种具有意义深度的"自然—历史"形象,同时也可以说构造出某种新的"视觉世界"。随着新中国生活世界的逐步确立,重建自然的意义变得十分关键。而山水画改造实践提供了一条独特的路径来理解中国社会主义现代性的特质。

第二节 "社会主义风景"的文学表征及其历史意味
——从《山乡巨变》谈起

山水画是显见的传统高级文化[①],其形式特征相对容易辨认,"山水"所建构的视觉世界亦包含了一种似与非似的辩证关系(即上文所强调的"意境"与"世界")。而现代文学语言中的"风景"则比较暧昧和复杂。[②] 某种程度上可以说,文学相比于绘画(尤其是中国画)更深地陷入到现代性建制之中。"现实主义文学"里的"风景"往往处于看似"透明"的关系之中,其"生产"过程自身更难得到反思。然而在中国社会主义小说叙事中,风景问题恰恰呈现出某种历史意味,特别是蔡翔提示我们:"地方"风景在不同叙事脉络里会转喻为"本土""人民"甚或"乡土理想",而随着社会主义改造在乡村的展开,小说中的"地方"风景则往往会呈现出贫瘠与荒凉,比如陈

[①] 但需要注意太平天国的艺术"变体":其实践多以壁画与门板画作为媒介,这究竟是一种"扰乱"还是"进展"值得讨论。

[②] 就中国现代文学中的"风景"表述尤其是揭示"风景"与"历史"关系的书写而言,茅盾的《风景谈》(1940年)可谓是一个关键的文本。

登科《风雷》中的"青草湖"和柳青《创业史》里的"终南山"。① 文学中的"风景"在场(或缺席)以及如何在场,不仅暗示出不同叙事机制的隐含意图,也表征出社会转型内在于"自然"形象的呈现:譬如新的劳动价值论渗入农村改变了传统的价值观念,进而引发了风景形象的变迁或"风景的生产";合作化进程带来了人与土地之间原有情感结构的转换;以及新的政治认同重写乡土自然风景的意义等等。在这一脉络里,周立波的《山乡巨变》无疑是一个值得关注的文本,山乡风光、政治经济学意义上的"土地"甚至新农村的乌托邦形象同时在小说中得以赋形。尤其值得注意的是,《山乡巨变》是农业合作化小说里少见的以描绘美景、民俗见长的小说。在一本旨在总结新中国十年文学成就的书中,它得到了如下评价:"作者饱含着热情,对他故乡的一切都抱有极大的兴趣,并保持一种新鲜感觉。在它里面,那迷人的南方景色、场会上的吵闹,少女们的嬉笑、情侣间的密语,乃至草屋里老家长的貌似威严的斥骂,都带有着诗情画意。"②因此,《山乡巨变》可谓切入"社会主义风景"问题的一条关键线索,同时又是探讨新中国"现实主义"美学肌理的关键文本。

不少研究者都曾指出,美景以及民俗的"发现"内在于某种现代的"观视"机制——尤其是所谓"民族志"方法,1920年代乡土文学或多或少内在于这一机制。相比而言,赵树理1940年代关于乡村主题的写作则从"内部"出发,生成一种别样的叙述方式,用周扬的话说,即"在作叙述描写时也同样是用的群众的语言"③。由此克服了一般现代现实主义文学中"叙述"与"描写"的分化问题。其实,文学叙述方式涉及写作者与所写对象之间的"社会—政治"关系。在这个脉络里再来讨论《山乡巨变》,问题就变得复杂而有趣了。乍一看,《山乡巨变》所描绘的湖南山乡风光、民俗似乎并不全

---

① 蔡翔:《革命/叙述——中国社会主义文学—文化想象(1949—1966)》,北京:北京大学出版社,2010年,第33、36页。
② 中国科学院文学研究所《十年来的新中国文学》编写组:《十年来的新中国文学》(试印本),北京:作家出版社,1963年,第47页。
③ 更完整的表述,可参考周扬:《论赵树理的创作》,见洪子诚编:《中国当代文学史·史料选上》,武汉:长江文艺出版社,2002年,第51页。

然外在于周扬所批判的"分化"模式。然而,此种"对号入座"或许太简单了一些,问题的关键在于揭示"风景"自身的意义、矛盾与难题性,这也是我提出"社会主义风景"这一表述的用心所在:如果"风景"的确如柄谷行人所言,指向一种现代的认识"装置",那么社会主义改造前提下的"风景"与此种"现代"构成何种关系?与文学"现实主义"又有何种关系?这里的关键之处在于,如何将"风景"的书写把握为一种不稳定的、充满矛盾的历史现象。在这里有必要先行说明的是,其实无论《暴风骤雨》还是《山乡巨变》都并非纯文学,而是有意识地嵌入历史运动的产物。在文学日益专业化和体制化的过程中,小说所包含的"知识"或者说"认知"因素越来越被忽略。这在很大程度上源于"现实主义",或者更确切地说"社会主义现实主义"美学机制的解体与衰退。可是我们不能忘记恰恰是此种"现实主义"再现方式提供了关于土改和合作化的可感且"可行"的知识。① 解读《山乡巨变》最为有趣之处即追问此种"形式"的谱系与历史实践之间的互相生产和相互阻碍。

一 "观察"及与自然的和解

"风景"可能是《山乡巨变》中最难说透的对象。当代文学批评不是将此"湘地风景"视为针对"恒常"状态的抒情之作②,就是以之为"异质性因素"的表征③。因此这些批评话语在为小说形式特征重新赋予意义的时候,无不强化了"自然"而"本真"的乡土同社会主义国家,以及文学书写与国家意识形态之间的僵硬对立。④ 另一方面,"十七年"期间的文学批评同样注

---

① 关于文学与历史事件在中国革命进程中的关系问题,值得再作思考。李阳特别提到了周立波的文学生产出农村"对象化知识"这一特征,并强调这一并非完全同一于被观察主体的结合方式创造出一种未命名的知识分子和农民的交流空间。参看李阳:《一种新型的文学及其历史功能》,《枣庄学院学报》2008 年第 1 期,第 7—9 页。
② 参看张勐:《恒常与巨变——〈山乡巨变〉再解读》,《文艺争鸣》2008 年第 7 期,第 111—112 页。
③ 参看毕光明:《〈山乡巨变〉的乡村叙事及其文学价值》,《文艺理论与批评》2010 年第 5 期,第 57 页。
④ 值得注意的是,李猛指出这种"国家与社会"二元对立在很大程度上是一种现代的认识装置,一种社会化的意识形态。参看李猛:《"社会"的构成:自然法与现代社会理论的基础》,《中国社会科学》2012 年第 10 期,第 105 页。

意到《山乡巨变》的风景画和风俗画特征,却呈现出褒贬不一的评价:有人赞扬其为"对自然景物的描写溶化在故事情节中,借此烘托出生活环境的氛围"①,也有人质疑不少"环境"描写缺乏和人物的联系②。在很大程度上,那一时期的批评话语无法摆脱"艺术性/政治性"框架的束缚来深入探讨"风景"的含义;肯定性的评价至多不过视之为"美感享受"的源泉。③ 而否定性的评价与其说提供了批评性的意见,不如说只是进一步凸显了问题本身。实际上,"风景"关联着一种文本内部的"观看"和叙述机制,后者不仅生产出"风景"而且制造出大量看似冗余的细节。这也正是当时的批评普遍注意到的"缺陷",即"作者在力求看得深看得细时站得不够高,因此生活中很多重要的主流的东西没有得到充分描写,而在不重要的琐屑细节上却花费了太多笔墨"④。探讨周立波小说里的"风景"首先必须考察这种风景生产的机制及其历史谱系。这就不能不提到周立波所谙熟的"现实主义"。1928年周立波就跟随同乡周扬来到了上海,成了"亭子间"里的左翼"文人"。1939年末来到延安,1942年在鲁艺讲授"世界名著选读"课程。根据他曾经的学生陈涌的回忆,周立波"有着精致的艺术口味……广博的文学修养"⑤。在转入小说创作之前,周立波曾写过一系列探讨"现实主义"文学理论的文章。在一篇题为《观察》的文章里,他认为巴尔扎克的小说本身就是"观察最好的讲义",而观察则是"现实主义者的门槛"⑥,并意味深长地引用了巴尔扎克的话:

  观察甚至于成了直觉,它不会忽视肉体,而且更进一步,它会迈进

---

① 黄秋耘:《〈山乡巨变〉琐谈》,李华盛、胡光凡编:《周立波研究资料》,长沙:湖南人民出版社,1983年,第420页。
② 方明、杨昭敏:《山乡的巨变、人的巨变——读小说〈山乡巨变〉》,《周立波研究资料》,第255页。
③ 参看黄秋耘:《〈山乡巨变〉琐谈》,《周立波研究资料》,第423页。
④ 王世德:《谈〈山乡巨变〉的艺术表现》,《周立波研究资料》,第236页。
⑤ 陈涌:《我的怀念》,《周立波研究资料》,第153、158页。
⑥ 周立波:《观察》(1935年),《周立波三十年代文学评论集》,上海:上海文艺出版社,1984年,第41页。

> 灵魂……让我自己,化为了观察的对象。①

观察指涉某个主体位置,而且最终这一观察会渗透进"灵魂",指向主体自身。正如安敏成所言,现实主义对观物客观立场的强调恰恰与启蒙观念息息相关,与自信的主体有关。② 值得注意的是,1942年的延安整风与毛泽东《在延安文艺座谈会上的讲话》破坏了此种知识主体的稳固性,重组了"主体"与"对象"的位置。赵树理式的"讲述"方式,或许可以视为这一"位置"改造的文学成果与实绩。③ 然而,我们需要进入周立波具体的创作轨迹来反观这一"改造"过程的曲折与难度。

"整风"之前,周立波自叹"没有到农民那里去过一回",整风之后,他开始"到部队、住农村、下工厂"④,从而"发现了人民的生活"。但耐人寻味的是,他始终没有放弃"观察"这一方法。在1963年的一次谈话中,周立波特别提到古元在延安观察群众的办法,我们不妨视其为周立波现实主义"观察"机制的"视觉化":

> 到了生活里,还要会观察。木刻家古元同志曾经在延安乡下住了一个长时期,一九四一年,我也曾在他居住的村庄住了一个多月。他的观察的方式给我留下了深刻的印象。他的窑洞的前面有一副石磨。天气好时,村里的老太太、半老太太、年轻媳妇和大姑娘们常常坐在磨盘

---

① 周立波:《观察》(1935年),《周立波三十年代文学评论集》,第41页。
② 安敏成:《现实主义的限制:革命时代的中国小说》,姜涛译,南京:江苏人民出版社,2001年,第12页。
③ 某种程度上可以说,《讲话》的"结论"第二部分是整篇《讲话》的精髓所在。所谓"为工农兵"或"从工农兵出发"涉及的正是这一相当复杂的主体生成与重建过程。毛泽东谓之"如何为法"。而文艺运动与政治实践就此而言具有相类似的结构:"从群众中来,到群众中去。"(我们需要注意前后两个"群众"绝非抽象的同一,而是运动中的复归,也就是,这一"方针"必然包含着"普遍启蒙运动"的意涵。)在这个意义上,广义的文艺实践(包括识字运动等)都是工农兵主体这一"绝对基础"自我认识与发展的感性中介。在"普遍的启蒙"中,"我们"(毛泽东指"知识者")与"他们"(有待启蒙者、工农大众)之间产生往复运动,但是毛泽东强调首先需要"在他们里面","做他们的学生";一方面是"他们的改造过程",另一方面是原先似乎作为"标准"或"尺度"的"我们"知识分子自身的改造,即要求"文艺工作者自己的思想情绪与工农兵大众的思想情绪打成一片"。
④ 参见周立波:《纪念、回顾和展望》(1957年5月),《周立波研究资料》,第490页。

上,太阳里,一边纳鞋底,一边聊家常。古元同志房里的窗户是糊了纸的,但中间留了一个洞,上面贴张纸,可以闭上,也可以揭开,像帘子一样。听到外边有人声,古元同志就揭开纸帘子,从那窗格里悄悄观察坐在磨上的妇女。这样,被观察的人没有感觉,谈吐和仪态都十分自然,一点不做作。①

也就是说,必要的"距离"能够使"对象"处在最为"自然"或者说"本真"的状态,这就如同必须透过窗户上的洞才能看得到"真实"的群众生活。周立波虽然说"为了建立深厚的基地。作家必须花一点精力,费一点光阴,顶好是一辈子都在(群众)那里"②,但他终究是为了去创作"文学",因此"观察"作为内在于"现实主义"的机制就始终存在,它也暗示出一种难以得到彻底反思的文学的"生产关系"。这让他始终在内部保留了一种外部位置。就算是与群众闲谈,也始终在心里藏着一双观察的眼睛;后来周立波将文学家与群众接触比喻为"审干"③,这无疑揭示出他从来就没有放弃过这种结构性的"外在"。而认为群众生活处在不被干扰的状态即为本真的生活,恐怕表征出一种柄谷行人所谓的"浪漫派"的冲动。社会主义文学中"风景"的生产因此不能说和这一旨趣完全无关。值得注意的是,这一"观察"内涵了所谓"现实主义"的另一原则——"选择"④或剪裁:"写《山乡巨变》时,考虑了哪些该强调,哪些可以省略。会议不能全不写,但也不能每会都写。……为了写人物,强调要个别串联。因为个别串联最能看出人物的性格。算账是运动中一个很好的发动群众的办法,但光写这个,别人看了就会感到很枯燥,因此书里写得非常少。"⑤如果考虑到柳青的《创业史》将统购统销政策热情洋溢地嵌入在小说的叙述话语之中以及赵树理在《三里湾》里不厌其烦地让人物算这账算那账,那么这一再现过程中的取舍机制就呈现出了

---

① 周立波:《素材积累及其他》,《周立波文集》第五卷,上海:上海文艺出版社,1985年,第629页。
② 周立波:《素材积累及其他》(1963年),《周立波文集》第五卷,第630页。
③ 参看周立波:《关于小说创作的一些问题》(1977年),《周立波文集》第五卷,第642页。
④ 参见周立波:《选择》(1935年),《周立波三十年代文学评论集》,第48页。
⑤ 周立波:《谈创作》(1959年),《周立波研究资料》,第86页。

"特殊性",而所谓"写实主义"实际上亦包含了某种排斥机制。但是问题的复杂性在于,叙事机制总是和具体历史情势结合在一起,因此它并不能被简单还原为某一种意识形态,或者是单纯用所谓现代性批判话语来否定之。其实早在1930年代,周立波就在艾芜的《南行记》中发现了"自然",这为我们理解周立波笔下的"风景"提供了一条重要线索:

> 被外人踩躏了多年的南中国,没有一处不是充满着忧愁……这一切灰暗,如果要靠那对远方福地的凝望来消解,那是过于渺茫了。为了疗救眼前生活的凄苦,他要在近边发现一些明丽的色调,于是它向自然求诉。他在"蔚蓝色的山层"里,在那常常"溅起灿然的银光"的江水里,向星空,向白云和明月,挥动他的画笔。……他一转向自然,就感到一种不能节制的神往。……这里就有一个有趣的对照:灰暗阴郁的人生和怡悦的自然诗意。……继着,就自然意识到寻找光明的力量:除了穷苦人自己,谁也不能给与世界光明……要把世界翻一个身。……等到我们中华民族全体人民伸起腰杆,抬起了头,赶走了一切洋官和黄狗,把世界翻了一个身的时候……我们再也没有自然的美丽和人间的丑恶的矛盾了:一切都是美丽的。①

在周立波看来,艾芜小说中"无人的自然"恰恰与堕落的社会形成强烈对比。"自然"在这里成为"把世界翻一个身"的推动力。换句话说,在周立波那里,"明丽"的自然呼应着一种新的政治和社会形态,即劳苦大众"解放"后的世界。如果考虑到这种"革命"与"自然"的关系在周立波发现"自然"的过程中占据核心地位,那么《山乡巨变》中所呈现的"诗情画意"恐怕依然存留着此种"革命浪漫主义"的痕迹。与柄谷所谓看"风景"的主体乃是"对周围外部的东西没有关心的'内在的人'"②不同,这里的观看主体蕴含着一种否定的力量;这里的"自然"与其说指向非历史的"恒常",毋宁说自身具有了历史的动力性。

---

① 周立波:《读〈南行记〉》,《周立波文集》第五卷,第126—129页。
② 柄谷行人:《日本现代文学的起源》,第15页。

因此,理解《山乡巨变》开首处那段资江冬景的最佳媒介并非评论者所移情的沈从文的湘地描绘,而是新中国成立后的新山水画,正是后者表征出山水同新政治共同体之间的互相确证(值得一提的是,贺友直所作《山乡巨变》连环画[1960年]开首处对资江冬景的描绘与新山水画十分类似[图6]):

图6

  无数木排和竹筏拥塞在江心,水流缓慢,排筏也好像没有动一样。南岸和北岸湾着千百艘木船,桅杆好像密密麻麻的、落了叶子的树林。水深船少的地方,几艘轻捷的渔船正在撒网。①

尤其是紧接着写景那段我们马上看到了"荡到江心的横河划子上,坐着七八个男女,内中有五六个干部",这与李可染《阳朔胜境图》(下页图7)中漓江船只上举着红旗星星点点的人形形成了一种跨媒介的遥相呼应:山水风景中走出新的历史主体。将这种风景置入具体的政治氛围——在这里就是

---

① 周立波:《山乡巨变》,北京:人民文学出版社,1959年,第1页。

图 7

所谓新的"意境"或生活世界——是讨论特殊的文学再现方式之意义的历史前提。因此,《山乡巨变》里的"美景"内在地关联于社会主义建构新的"自然"("第二自然")的冲动。当然,随着文学叙事的展开,烙刻于现实主义机制内部的难题亦将浮出水面,也正是在这个意义上,所谓"风景的发现"才可能得到更深层的反思。随着邓秀梅的出场,小说的"视点"开始了新的聚焦。《山乡巨变》的有趣之处在于:发动农业合作化的"动员"过程、山乡风景及风俗的呈现,同邓秀梅这一外来者"视点"结合在一起。小说续篇拿掉了邓秀梅,"写景"成分极大减少,叙述节奏也有了明显改变。但是生产风景的机制仍然制造出了不少"闲笔"。同时,劳动场景成了重点表现对象。在接下来的讨论中,我想追问的不仅是风景的象征含义,而且是再现风景的机制自身。

二 视觉与声音:"风景"的意义问题

有学者曾指出,邓秀梅这一外来者的"视点"杂糅了意识形态权威话语、女性的细腻情感以及传统文人对田园山水的喜好,由此使文本呈现出多种"声音",后者干扰了文本意义秩序的生产(这一"意义"指的是如何在文学叙事中讲出合作化道路之必然性,犹如柳青所谓"中国农村为什么会发生社会主义革命和这次革命是怎么样进行的")。① 可惜的是,关注多种声音或异质性的评论并没有深入讨论文本的形式和意义生产之间的关系,也忽略了那种建构"自然"与"革命"之间联系的叙事冲动。以往研究文学叙事中的"风景"往往聚焦于两点:一是将它看作一种人物活动的"容器",或是将之编织进"典型环境",更次者则仅将其视为提供"具体性"的策略。二是将其看作"反映"人物心情或烘托主题的媒介。② 这两种方法都无法准确回应《山乡巨变》里风景的呈现方式。对于《山乡巨变》来说,重要的不是"环境"也不是主观化的风景,而是风景与新的生活世界之间的关系。风景生产的机制首先需要放在这一语境中来考察。另一方面,邓秀梅与其说是梁生宝式的"新人"主人公,毋宁说更多的是一种功能性的设置。她在某种程度上可以说是"观察"在文本内的化身:她的"看"不仅打开了《山乡巨变》中的空间场景,而且赋予了叙事一种"现场性"。这一观看并不是私我兴趣的反映,而总是体现出形式和风格的要求。更多时候,邓秀梅背后的眼睛想看到什么的冲动更为重要。譬如邓秀梅还未进乡时曾颇为细致地察看过一座土地庙:

> 她抬起眼睛,细细观察这座土地庙。庙顶的瓦片散落好多了,屋脊上,几棵枯黄的稗子,在微风里轻轻地摆动。墙上的石灰大都剥落了,露出了焦黄的土砖。正面,在小小的神龛子里,一对泥塑的菩萨,还端端正正,站在那里。他们就是土地公公和他的夫人,相传他们没有养儿女,一家子只有两公婆。……如今,香火冷落了,神龛子里长满了枯黄的野草,但两边墙上却还留着一副毛笔字书写的,字体端丽的楷书

---

① 萨支山:《试论五十年代至七十年代"农村题材"长篇小说——以〈三里湾〉〈山乡巨变〉〈创业史〉为中心》,《文学评论》2001 年第 3 期,第 120 页。

② 从谢晋对于"空镜头"的讨论中,可以把握到一种为社会主义美学所分享的"环境"处置法:"客观的景物与主观的情绪结合起来……空镜头不是空的,它必须是上面镜头的延续;或者下面镜头的序笔。"(谢晋:《情景交溶》,《电影艺术》1959 年第 6 期,第 41 页。)

对联：
> 天子入疆先问我
> 诸侯所保首推吾
> 看完这对子，邓秀梅笑了，心里想到：
> "好大的口气。"
> 接着，她想："这幅对联不是正好说明了土地问题的重要性吗?"①

这一处显然是作者精心设置的"看"：由土地庙到对联，由邓秀梅的嘲笑再到她想到对联中所揭示"土地问题"的重要性。但是文本自身却传递出别一种意味，即看到的"静物"和邓秀梅的"声音"之间似乎存在一种微妙的疏离。这是形式自身所生产的疏离性，即由"描写"所带出的空间场景、自然风景以及所谓"风俗"②表征出故事时间的"减速"甚至"静止"。③ 这一状态与语言动员、心理反思等叙述者或人物"声音"所表征出的"运动"之间并不十分合拍。这或许是当时的文学批评产生不满的根源所在。虽说"观看"风景和空间场景影响了叙述节奏，小说却始终没有中断这种观视逻辑。邓秀梅到了乡里又留心察看了乡政府所在之处（曾是一座祠堂）。几处详尽的环境描写都指向原来"乡村权威"空间，恐怕并非偶然：

> 两人作别以后，邓秀梅来到了乡政府所在的白垛子大屋。这里原是座祠堂。门前有口塘和一块草坪。草坪边边上，前清时候插旗杆的地方还有两块大麻石，深深埋在草地里。门外右首的两个草垛子旁边，一群鸡婆低着头，在地上寻食。一只花尾巴雄鸡，站在那里，替她们瞭

---

① 《山乡巨变》，第6页。
② 当然严格来说，这些空间场景并非纯粹的自然景观，但是在《山乡巨变》的叙述脉络中，它们往往又是和自然风光处在一种混杂的状态，并且处在同一种"观察"机制之中，因此本章并不单独来探讨"无人的自然"，而主要是对于这一混合的"自然—历史"形象的分析。
③ 关于"描写"，参看查特曼（Seymour Chatman）的讨论："叙述学家认为，更为正确和全面的关于描写的说明，建立在时间结构之上。即叙事本身需要一种双重的互相独立的时间秩序，故事时间线和话语时间线。在描写中所发生的是，故事时间线被打断或冻结了。事件停了下来，虽然我们的阅读或话语时间在继续，而我们看待人物与场景要素，就如同看待活生生的画面。"(Seymour Chatman, "What Novels Can Do That Film Can't and Vice Versa", W. T. J. Mitchelled. *On Narrative* [Chicago and London: The University of Chicago Press, 1981], p.119.)

望,看见有人来,它拍拍翅膀,伸伸脖子,摆出准备战斗的姿势,看见人不走拢去,才低下脑壳,装作找到了谷粒的样子,"咯、咯、咯"地逗弄着正在寻食的母鸡们。大门顶端的墙上,无名的装饰艺术家用五彩的瓷片镶了四个楷书的大字"盛氏家庙"。字的两旁,上下排列一些泥塑的历史上的名人,文戴纱帽,武批甲胄。所有这些人物的身上尽都涂着经雨不褪的油彩。屋的两端,高高的风火墙粉得雪白,角翘翘地耸立在空间,衬着后面山里的青松和翠竹,雪白的墙垛显得非常地耀眼。……方砖面地的这个大厅里,放着两张扮桶,一架水车,还有许多晒簟,箩筐和挡折。从前安置神龛的正面的木墙上,如今挂着毛、刘、周、朱的大肖像。①

这一扫视揭示出,祠堂里的泥塑像已经逐渐退却了原有的象征性权威,开始作为"物"而存在(正如前段引文中,土地庙的神龛子里长满了野草)。但是这些物却依旧是新的生活世界的一部分——至少作为废墟。"鸡婆"的出现尤为关键,这不仅关乎增添农村生活气息,也是在视觉上将原有的权威空间同自然事物并置在一起。另一方面,"动物"的出现不啻暗示出一种毫不造作的"现实感"与"自然性"。② 这种呈现和周立波信任"自然而然"状态的本真性大概是有联系的。但是这一"自然而然"的状态并不能反推到古远的历史之中,因为意义至少不再维系于土地庙、祠堂,相反,土地庙和祠堂自身转变为"物"一般的存在。而曾经神龛的位置上则出现了"毛、刘、周、朱的大肖像"。这里所呈现的是一种非常有趣的混杂状态。"翻了身"的世界包含着动物、废墟与新的纪念物。

然而风景自身是沉默的,只有新旧之物微妙的杂处揭示出历史的变动。视觉化带来的现场性对于理解《山乡巨变》里的"风景"十分重要,因为每一

---

① 《山乡巨变》,第 20—21 页。
② 巴拉兹曾认为,电影中的"动物"是呈现"自然性"的关键要素:"[动物]对电影摄影机一无所知,在画面上天真地,煞有介事地活动着。……因为对于动物来说,表演不是幻觉,而是活生生的现实。不是艺术,而是窥视到的自然。动物不说话,它们的哑剧比人的面部表情更接近现实。"(巴拉兹:《可见的人·电影精神》,安利译,北京:中国电影出版社,2000 年,第 75 页。)这对于理解此处"鸡婆"的呈现,亦有启发。

个当下并非是纯粹的新,也不是决然的旧,而总是一种"并置"。眼睛扫过一个个当下场景,试图抓住的是生活世界不可化约的复杂性。对于这一复杂性的暗示,正是事物的直接呈现。这一形式提示我们,社会主义改造面临的是整个生活世界肌体,包括那些无言的事物,那些看似没有意义的活动,那些难以摆脱的习惯——尤其值得注意的是"神龛"已不在,但其"位置"依旧存在。木刻画家李桦曾将此种"位置"生动地比喻为"人民生活的深根"。① 如果说有社会主义"风景"的话,那么这一"风景"的功能之一,就在于暗示生活世界中始终存在这么一个无须"说"、无须解释的部分,无需过多"声音"介入的部分。如果完全摆脱了这些(文本中可表现为不"看"到这些,却可以暗示其"在场"。"观看"在小说文本中绝非简单的美学兴趣,虽然它主要以美学的方式来呈现),社会主义自身也没有了肌体。当小说让邓秀梅看到盛淑君"丰满的鼓起的胸脯"和支书李月辉那面"把自己的脸稍微拉长了的镜子"时,明眼人都明白这是为了让人物更"具体"和富有性格,但更重要的是它表征出一种形式自身的旨趣。这种形式旨趣所确证的是一种事物的存在方式。它当然同"现代文学"尤其是"现实主义"文学的成规有关,但复杂之处在于,它也与想象一种社会主义生活世界的整全性与多样性有关。正如妇女开会讨论时的"声音"并没有被呈现,却让我们看到了婆婆子们的"走神":

> 讨论的时节,婆婆子们通通坐在避风的、暖和的角落里,提着烘笼子,烤着手和脚。带崽婆都把嫩伢细崽带来了,有的解开棉袄的大襟,当人暴众在喂奶;有的哼起催眠曲,哄孩子睡觉。没带孩子的,就着灯光上鞋底,或者补衣服。只有那些红花姑娘们非常快乐和放肆,顶爱凑热闹。她们挤挤夹夹坐在一块,往往一条板凳上,坐着五六个,凳上坐不下,有的坐在人家的腿上。②

在主题层面,这一对于"婆婆子们"和"红花姑娘"的描绘同样包含了一种政

---

① 李桦:《怎样提高年画的教育功能》,《美术》1950 年第 2 期,第 44 页。
② 《山乡巨变》,第 85—86 页。

治寓意,即如何将妇女从旧有家庭生活中解放出来,因此与续篇"女将"一节成立托儿所是有内在联系的。但是更为关键的是,叙述者在这儿有意凸显一种"在家/开会"、公/私之间的混合状态。合作化问题的关键之一在于生活方式的改造,而改造的关键则是赋予新的生活形式以同样的充实性。周立波看到这一改造很难用新与旧的逻辑来"叙述",因此"看"在这里成为一种构造文本的方式,而视觉场景成为展露"生活"本身的要素。但是,周立波不得不面对的诘问是:这种欢快嬉闹、各有所忙的众像是否真正能够代表一种生活的充实性?他曾在自己的创作谈里反复强调过"一棵树上的树叶,没有两片完全相同"①,其用意显然是为了凸显"个性"或独特性在文学叙述中的正当地位。然而,这一导源于"观察"的形式诉求,同社会主义现实主义文学追求普遍意义的完整叙述之间还是存在着分歧。卢卡契曾在《叙述与描写》中提到,古典的叙事诗人从结局开始倒叙一个人的命运或者各种人的命运纠葛,从而使读者认识到为生活本身所完成的对本质事物的选择。而同时代人的旁观者则不得不迷失在本身价值相等的细节的纠葛之中,因为"生活本身尚未通过实践完成选择"②。虽说《山乡巨变》中的"风景"已然嵌入"农业合作化"这一大背景,虽然事物的位置和意义已然发生了变化,因此卢卡契对于"自然主义"的批判不完全适合于这一文学形式;但是,我们也需要看到,社会主义文学实践的确也提供了另一种再现的方式——它更为接近卢卡契所谓的"叙述",或者说更为接近理想的"社会主义现实主义",比如柳青的《创业史》。而周立波的"形式"的意味则在于暗示"生活"自身的未完成性以及完成这一新的生活世界的难度。

不同于柳青的《创业史》中始终存在的全知叙述者把握着意义的走向,《山乡巨变》的叙述融入了极多"描写",而观察的机制带来了一种"现场

---

① 周立波:《几个文学问题》(1958年7月),《周立波文集》第五卷,第591页。
② 卢卡契:《叙述与描写——为讨论自然主义和形式主义而作》,《卢卡契文学论文集一》,第57页。

性"特质。① 小说中的自然、民俗和细琐的乡村场景的意义问题引发了当时的批评者的焦虑。然而,很难说周立波的小说是一种避开"历史运动"、耽于美学趣味的书写。譬如说,《山乡巨变》整个叙述推进的结构反而和"现实"的合作化运动的展开有着某种对应性,这是作者自己承认的。② 不过,这或许也源于同一种"观察"的机制。叙述者之"旁观"特征可由以下事例来确证。在《山乡巨变》中,邓秀梅是在1955年10月扩大的七届六中全会通过《关于农业合作化问题的决议》之后带着县委指示入乡动员建社的。此次会议主要强调的是反对"坚决收缩"合作社的右倾路线,就在同一年,毛泽东主持编辑了《中国农村的社会主义高潮》并为之撰写了2篇序言和104篇按语,给予了遵化县王国藩的合作社极高的评价,称这个由23户贫农组成的"穷棒子社"是"整个国家的形象"③。可以说毛泽东这一构想得到了柳青《创业史》的呼应,相反《山乡巨变》却描绘出一种颇为冷静、"客观"的建社过程。政策宣传、戏曲鼓动、青年反抗家长、分家的压力、"雇工"和原料困难的现实情境在小说中一一得到呈现,这些几乎成为可直接借鉴

---

① 当然,文学"描写"中的"现场性"与电影的"呈现"还是不同的。可对比文学的描述与电影的呈现之差异:"不像绘画、雕塑这些艺术,叙事电影往往让我们没有时间驻留于丰富的细节。"(Seymour Chatman, "What Novels Can Do That Film Can't and Vice Versa", W. T. J. Mitchell ed. *On Narrative*, p. 122.)以及"小说与电影在处理视觉性细节时的根本差别,在于断言。首先是断言与命名的不同,后者会使断言本身滑落,这或许是对于电影叙事速度的模拟。……电影的支配模式是呈现式的(presentational)而非断言式的(assertive)。就其根本的视觉模式来说,电影并不描写,而仅仅呈现;更确切地说,它只是描画,在这个词的词源意义上:用图像形式来呈现"(Seymour Chatman, "What Novels Can Do That Film Can't and Vice Versa", W. T. J. Mitchell, *On Narrative*, p.124)。查特曼的讨论有意义之处在于:指明任何文学中的描写无法重合于电影功能,总有其"溢出"的部分。由此暗示出电影的审美机制在根本上不同于小说。特别是前文所指出的"无暇"或本雅明指出的"震惊"与速度。因此"电影中,不仅我们的话语时间在持续,而且故事时间也在展开"(Seymour Chatman, "What Novels Can Do That Film Can't and Vice Versa", W. T. J. Mitchell, *On Narrative*, p.125)。

② 参看周立波:"创作'山乡巨变'时我着重地考虑了人物的创造,也想把农业合作化的整个过程编织在书里。……考虑到运动中的打通思想、个别串联,最适合于刻划各式各样的人物,我就着重反映了这段,至于会议、算账,以及处理耕牛农具等等具体问题,都写得简明一些。"(周立波:《关于〈山乡巨变〉答读者问》,《人民文学》1958年第7期,第112页。)

③ 毛泽东:《〈中国农村的社会主义高潮〉的按语》,《毛泽东选集》第五卷,北京:人民出版社,1977年,第227页。

的发动策略。由此可见,风景民俗的呈现同"模仿"现实建社的过程处于同一个结构之中,这个"结构"本身更值得我们注意。"观察"的眼睛看到了风景民俗,却也只是更多地看到了关于合作化的"政策"。这是一个尤其需要注意的"文本"特征。这或许是现实主义观察机制无法逃避的限度。然而,这一形式的意味要比这个复杂得多。非此即彼的思路无法真正把握这一现象的辩证含义。

在《山乡巨变》中,唯一具有社会主义远景想象的是陈大春这个曾被批评话语描述为"左得可怕"的激进青年。在"山里"一节,他意味深长地带着自己的情人盛淑君上山,"并排站在一块刚刚挖了红薯的山土上,望着月色迷离的远山和近树",开始对土地私有制度进行批判:

> (陈大春对淑君说)你要晓得,反革命分子依靠的基础是私有制度,封建主义和资本主义的根子,也是私有制度,这家伙是个怪物,我们过去的一切灾星和磨难,都是它搞出来的。他们把田地山场分成一块块,说这姓张,那姓李,结果如何呢?结果有人饿肚子,有人仓里陈谷陈米吃不完,沤得稀巴烂;没钱的,六亲无靠,有钱的,也打架相骂,抽官司,闹得个神魂颠倒,鸡犬不宁。①

就在认定"我们党把这厌物连根带干拔了出来,以后日子就好了"之后,陈大春描绘了一幅未来图:"电灯、电话、卡车、拖拉机都齐备以后,我们的日子,就会过得比城里舒服,因为我们这里山水好,空气也新鲜。……不上五年,一到春天,你看吧,粉红的桃花、雪白的梨花、嫩黄的橘子花,开得满村满山,满地满堤,像云彩,像锦绣,工人老大哥下得乡来,会疑心自己迷了路,走进人家花园里来了。"②陈大春这一看到"过去"的理论视觉和展望"未来"美景的想象之间构成了"短路"。其缺乏的正是某种"此刻"或正在转型与否定自身的"此刻"。而另一方面,由邓秀梅的视点所展开的"此刻"又嵌入在新和旧的纠缠之中,呈现出风景和声音的微妙疏离。在小说中,陈大春缺

---

① 《山乡巨变》,第219页。
② 同上书,第222页。

乏"实体性"力量,与其无法见出"此刻"的视点有着微妙的呼应。因此《山乡巨变》的形式本身成为一种讽喻。相比之下,梁生宝带领穷棒子们进山砍竹一节里也有对于土地私有制的议论,小说却以自由间接引语的方式,用叙述"声音"填满了这一此刻:

> 生宝想着,忍不住笑。多有趣!你看!王生茂和铁锁王三两人一块往二丈四尺的杨木檩上,用葛条绑交岔的椽子哩。他们面对面做活哩,一个人扽住葛条的一头,咬紧牙,使劲哩。看!绑紧以后,他们又互相笑哩。看来,他们对集体劳动中对方的协作精神,彼此都相当地满意。但就是这两个人,就是生茂和铁锁,去年秋播时,为了地界争执,分头把全村村干部请到田地里头,两人吵得面红耳赤,谁也说不倒,只得让他们到乡政府评了一回理。他们走后,当时作为评理人之一的梁生宝,指着他们的背影说道:"唉唉!生茂和铁锁!你们两个这回算结下冤仇疙瘩了!分下些田地,倒把咱们相好的贫雇农也变成仇人了!这土地私有权是祸根子!庄稼人不管有啥毛病,全吃一个'私'字的亏!"但事隔几月,梁生宝却在这里看见生茂和铁锁,竟然非常相好,在集体劳动中表现出整党时所说的城市工人阶级的那种美德。这真是奇怪极了!
>
> ……
>
> 生宝觉得这里头有"教育意义"!①

《创业史》的形式实践的意义正在于此:任何从前视为天然的东西,无论是自然风景还是人的本性,都被纳入了意识,受到拷问,在内心生活中获得位置。这样每一个此刻都不是孤立和静止的,而是处在了一种新的意义关系之中。在这一例证中,梁生宝的视点(其实也可以说是叙述者的视点,由于"自由间接引语"的运用,两者实在难以区分)强调的是集体生活的形式对于私有意识的克服,从而新习惯、新的生活方式具有了现实性。而在陈大春的愿景里,却仿佛只有表层的视觉经验。相比于这里一段进山劳动场景,《山乡巨变》对于集体劳动场面的描绘亦主要是视觉性的,甚至"分心"于一

---

① 柳青:《创业史》第一部,北京:中国青年出版社,1960年,第353页。

种"细节":"雨落着,远近一片灰蒙蒙。男子们是一色的斗笠蓑衣;妇女们有的批一块油布,或是罩一件破衣,有的还是像平常一样,穿着花衣。她们宁可淋得一身精湿,也不愿意把漂亮的花衣用家伙遮住,使人看不到。"①而当有叙述声音明确介入的时候,则是在感叹单干和集体劳动的共同基础:"太阳把寒气驱尽,霜冰化完,人们又使劲地挖,霸蛮地挑了。是吃力的劳动,又在日头里,人们的身上和脸上,汗水直洗;脱下棉袄,褂子湿透了。在这一点上,不论是王家,不论是社里,都一个样。这是他们可以重归和好的共同的基础。"②叙述者在这儿点出的是劳动的"现象化"或者说审美形象,而非劳动的"本质"即蕴含着阶级性的劳动关系。一句话,这儿的劳动亦可视为一种"风景"。然而有趣的是,当劳动触及更明确的私有欲望时,细腻的"风景"就消失了。"砍树"一节只有简单的叙述:"不到半日,'山要毫无代价地归公'的传言,布满全乡。断黑时分,方圆十多里,普山普岭,都有人砍树。"③这说明风景化的机制有其政治界限。叙述者的视点并非"中立"。

如果说柳青用其崭新的叙述形式攫住了历史的动力,那么周立波用其形式呼应的则是新旧转换过程中"意义"遭遇"实在"时的梗阻。这种难度尤其体现在农业合作化运动这一"社会主义"实践之中。相比之下,周立波的土改叙述虽然也有风景化的特征,甚至严格来说也是"观察"的产物,但是不同的历史情境却内化于形式差异之中。有批评者曾用"阳刚"和"阴柔"来区分《暴风骤雨》和《山乡巨变》④,而在我看来这不仅仅涉及艺术风格。《暴风骤雨》讲述的是政治主体的生成:群众从缺乏(政治)语言到有语言(特别明显地表现在学会喊"口号"),从松松垮垮的身份到行动中的认同(贫雇农),从没有集体生活到集体生活的发明(一次次的开会、碰头、讨论、集体诉苦)。"土改"主要诉诸敌我矛盾,建构出了高度同质性的群体,这特别明显地表现在对于"人群"的描绘之中。在韩老六与其帮凶李青山毒打猪倌吴家富被发现后,"人群"在愤怒中生成了:

---

① 周立波:《山乡巨变》续篇,北京:作家出版社,1960年,第201页。
② 同上书,第70—71页。
③ 周立波:《山乡巨变》,第297页。
④ 黄秋耘:《〈山乡巨变〉琐谈》,《周立波研究资料》,第414页。

> 大伙从草屋里,从公路上,从园子里,从柴火堆后面,从麦码子旁边,从四面八方,朝着韩家大院奔来。他们有的拿镐头,有的提着斧子,有的抡起掏火棒,有的空着手出来,在大家的柴火堆上,临时抽出榆木棒子,椴树条子,提在手里。光脊梁的男子,光腚的小嘎,光脚丫子的老娘们,穿着露肉的大布衫的老太太,从各个角落,各条道上,呼啦呼啦地涌到公路上,汇成一股汹涌的人群的巨流……①

这种表现出同质化特征的"人群"建立在敌我矛盾之上,并由分田地、挖浮财等物质因素所支撑。"土改"类似某种非常状态,而土改后的农村却依旧是小农经济的汪洋大海。在《山乡巨变》里,我们可以发现"人群"的同质性部分地分解了,变成了各不相同的"人们",这些"人们"只有在看热闹、玩耍、劳动的时候才会重新"聚集"。《山乡巨变》或许也试图建构一种新的"人群"——走社会主义道路的集体主体。但是,历史情境的改变使得叙事无法单纯借助"敌我"来求得同质性,而是需要通过"常态"来逐渐构造真正的集体性。社会主义改造或者说更为一般的"建设",其关键并不在于召唤出"敌我矛盾"来求得临时的同质性(比如续篇最后"欢庆"一节中让现行反革命分子龚子元上台"示众"),而在于改造"习惯"。尤其值得注意的是,在续篇"插田"一节,某些匿名的"落后"社员受到龚子元与秋丝瓜的煽动,闹着要吃猪肉,生产情绪不高(叙述者对于这些落后社员的"匿名化"也值得我们玩味)。在这一当口,青年激进分子们的鼓动没有现实力量,社长刘雨生却明白"大难题是大家的习惯"。最后刘雨生只好动员爱人盛佳秀将自己养的猪杀了。这并不能简单归于耽于口腹或钟情于所谓"物质刺激",刘雨生特别提到这是一种风俗或者说"节奏":"你也晓得,我们这一带插田,顶少要办一餐鱼肉饭,打个牙祭。"②社会主义实践不能简单取消或批判这一风俗,而只有在这一基础上用新的风俗来取代之。习惯不仅是身体感觉方面的"惯性",也暗示出原有生活世界的某些形式依旧能够提供慰藉和安全感。社会主义改造和求新的运动——"多快好省"地建设社会主义,必然

---

① 周立波:《暴风骤雨》,北京:人民文学出版社,1955年,第162页。
② 《山乡巨变》续篇,第209页。

包含了一种激进的时间经验,它将制度、习惯和生活方式等看似"自然"的演进交付给有目的和有计划的历史工程,从而不得不使诸多或许会在长时段中慢慢显露出的矛盾在短时间内集中爆发出来。农业合作化是从原有的自然肌体向新的"自然"和"风俗"迁跃,这一过程就不只是依靠新的意义和价值(比如青年采用鼓动的方式)来"移风易俗";对于绝大多数人而言,更重要的是旧习惯受到冲击时,新的体制和文化是否能够提供替代性的慰藉和安全感。《山乡巨变》的形式旨趣正是同此种意识缠绕在一起——甚至可以说,形式本身的持留暗示一种无意识的坚持。执迷现象表面的充实性一方面阻碍了意义的渗透;可辩证的是,它也指向了新的生活世界的无"言"部分的意义。

有评论家曾指出周立波小说的"唯美"倾向指向的是"合理的人性和社会生活"[①],而在我看来,与其说这是一种对于抽象人性或"正常生活"的渴望,毋宁说其关注的是生活世界自身的不可化约性、难以穿透性与必要的混杂性。换言之,它试图提示的是社会主义实践需要"看到""注意到"自身的这一部分。"观察"背后包含着某种确信——对事物"自然而然状态"的确信,但是它不能被抽象地读解为美学兴趣,进言之,这也是对于"变化"之适当节奏的思考。周立波的独特之处不仅在于揭示社会主义和习惯之间的紧张,也点到了"习惯"或乡村世界在革命之后保留下来的"肌体"会提供一种正面的力量。无论是谢庆元寻短见后"人们"争相抢救,还是刘雨生与盛佳秀看似暧昧的"爱情"与"入社"的纠葛,都表征着改造运动之前、之外的因素的能量。周立波有意无意坚守的是生活世界肌体无法被全然穿透的实在性,而柳青却已经希望让"实体"成为"主体",由此便有了"史诗"视角的产生。我无意于在这里评判两者的高下,毋宁说两种文学再现的形式揭示出了社会主义实践不同的面向与各自的难题。周立波笔下的"社会主义风景"之所以值得玩味,并不在于其对社会主义疾风暴雨式的合作化道路持默默批判的立场,而是用"风景"与"声音"的不一致,暗示出"无言"的客体

---

① 董之琳:《周立波小说的唯美倾向》,《盈尺集》,郑州:河南大学出版社,2009年,第345页。

领域的持存,正是它构成了社会主义自身的肌体,这一肌体无法被"历史"叙事完全渗透却随着历史一起生长。

如果回到形式特征,可以说"社会主义风景"一个重要的意义即在于揭示某种疏离性,而这通向另一个重要问题:文学生产过程中的主体位置与主体性特质。《山乡巨变》续篇描写亭面糊休憩,同时带出的雨景可以说是续篇中为数不多的大段风景描绘。这里依旧存在着"疏离":

> 亭面糊靠在阶砌的一把竹椅上,抽旱袋烟。远远望去,塅里一片灰蒙蒙;远的山被雨雾遮掩,变得朦胧了,只有两三处白雾稀薄的地方,露出了些微的青黛。近的山,在大雨里,显出青翠欲滴的可爱的清新。家家屋顶上,一缕一缕灰白的炊烟,在风里飘展,在雨里闪耀。
>
> ……
>
> 隆隆的雷声从远而近,由隐而大。忽然间,一派急闪才过去,挨屋炸起一声落地雷,把亭面糊震得微微一惊,随即自言自语似的说:
>
> "这一下子不晓得打到么子了。看这雨落得!今天怕都不能出工了。"他吧着烟袋,悠悠地望着外边。①

有评论者曾赞之为"一幅雅澹幽美的山村雨景图……可以媲美米芾的山水画"②。然而此种鉴赏似乎忽略了亭面糊的存在,更确切地说,似乎完全忽略了亭面糊"怕都不能出工了"的评价与上述"自然美景"之间的关系。其实这一细节很值得玩味。亭面糊具有看风景的潜在可能性,然而需要注意的是他没有评价风景。换句话说,亭面糊没有全然成为知识分子的移情对象,但也不再简单是看不到"风景"的农民,毋宁说他在话语空间内部具有了"看到"风景的可能性。或许可以说,他是一种存在"间隔"的形象,他无法"闭合"自身。这一形象恰好和"社会主义风景"自身的暧昧性构成一种呼应。

可以想见,这一疏离或意义的暂时"悬置"——或许可以理解为意义尚

---

① 《山乡巨变(续篇)》,第 193—194 页。
② 黄秋耘:《〈山乡巨变〉琐谈》,《周立波研究资料》,第 422 页。

在"生成",会被"无产阶级新人"眼中崇高的风景以及充盈着意义的自然所取代。后者在讲述"新"上超越了周立波,但是周立波所点出的问题却似乎依旧没有消散,特别是社会主义风景不能单纯理解为知识分子趣味的投射,而是暗示着新旧交替过程中"意义"尚未真正落实的状态,以及生活世界里不能完全转化为语言的那部分实在的持留。在当代的批评氛围中,周立波对于风景和日常风俗的呈现极易被把握为一种捍卫"文学"权利的姿态,有时也会被读解为一种政治异议的表现。然而我想强调的是,这首先是一种"社会主义"风景,也就是说,无论周立波如何深陷于"现实主义"的观察机制,由此机制所生产出的"风景"却已然置身于新的"世界"的"意境"之中。周立波的文学书写揭示出的问题毋宁说是,社会主义实践需要谨慎对待自身与曾经的旧世界共享的、不可简单分割的肌体,不但要改造之,也需要在更高的程度上恢复其提供慰藉和安全感的能力。

在上文中我已然部分提到,周立波呈现"风景"的文学实践所引出的另一个难题,或者说其"形式的内容"所指向的关键议题即知识主体性问题,换作更为俗常的表述,即"小资产阶级意识"问题。周立波的文艺实践贯彻了"讲话"的诸多精神,但是依旧经由一种"现实主义"美学机制最低程度地暴露了"小资产阶级问题"——某种旧有知识主体性的残留。我在这里并不想单纯"批判"这一构造,而是尝试揭示这一构造所联通的更大的历史难题。我们可以首先在这里引入另一个文本,即周立波"描写农村生活的最早的小说"(1941年"下乡"时创作,接受《讲话》精神之前),来重新"打开"这一问题:

> 是落了一场春雪以后的一个有月亮的微寒的晚上。乡政府的窑洞里挤满了人,男的和女的,老人和小孩。有的围在烧着通红的木炭火的炉子边谈天,有的在桌子上的一盏小小的老麻油灯下面,随便地翻看着鲁艺派到乡下工作的古元带来的一些书和画。扶惯了犁锄的粗大的手指,不惯翻书页。一个年轻人,想一页一页地翻看一本瑞典人的画册,但是手指不听话,一下子翻过十几页,从头再翻一次,又是十几页,又翻到了那个地方。谈话很随便,乱杂。有人说,这一场雪下得真好,对老麦好、对糜子更好。一位参加过土地革命、跑过很多地方的颧骨很高的

老头子主张说,边区这几年来,风调雨顺,"都是因为共产党的福气大。"而且他认为革命的事,是差不多好了。①

由此可见,《山乡巨变》的形式有其谱系。周立波的写作中到处可见这些场景或细节"描写"。支撑这一"观察"主体的并非简单是形式兴趣本身,而是对于"生活充实性"的某种把握。在所看到的人与物中,在"老麻油灯""翻书的手""解开的大襟""同伴的腿上",仿佛蕴藏着不可思议的"深度"和"不可穿透"的神秘感。此种"审美"呈现在某种程度上关联着"(小)资产阶级主体性",换言之,正是其审美变体。经典"资产阶级主体"的理想形式是自我决定的(自主的)、理性的、自由的、反思性的个人主体。② 而在它的法权实质遭到部分消灭的时候,其精神形式依旧会存在于针对"物"的感受与态度之中,换句话说,会作为"审美"而存在。或者我们可以这样说,这种主体形态正是在其非主体性的、看似惰性的、无需反思的、"分心"的状态之中有意无意地保留了下来。如何来探讨这一问题决定着如何真正展开中国现代主体性的秘密与全貌。甚至可以说,这一状态超越了单纯的"小资产阶级"问题,而是与理想的、积极的,将一切提高到有意识状态的"革命主体"构成顽固的对立。周立波自身或许无法解释为何此种兴趣挥之不去,但此种"自发"的状态值得我们悉心辨析。③ 当然,这绝非呈现生活充实性的唯一方式。在赵树理的《小二黑结婚》《李有才板话》等被冠之以体现"讲话精神"的文艺实践中,我们看到的是"讲故事的人"(类似于前现代主体)和革命运动展开的某种结合,同样,生活在叙事上也获得了一种充实感。可问题的关键在于,一种方式是否真正地"扬弃"另一种?这也关系到另一个与之相关但并不全然相同的话题:社会主义新人的内心世界的单纯性是否是一种稳定的形式?我们如何去触及社会主义社会自身的前意识甚或无意

---

① 周立波:《牛》,《周立波文集》第二卷,上海:上海文艺出版社,1982年,第303—304页。

② 参见 Robert Pippin, "'Bourgeois Philosophy' and the Problem of the Subject", in his *The Persistence of Subjectivity: On the Kantian Aftermath* (Cambridge and New York: Cambridge University Press, 2005), p. 15。

③ 另一个相当值得玩味的资产阶级审美主体及其形式残留的例子是1950年代美学讨论中的朱光潜。

识状态？这不禁将中国社会主义实践中的"启蒙运动"与"小资产阶级问题"推向了更为复杂的境地。同时也提示我们，只有真正的辩证思维，才能够把握历史中的文学形式、主体构造与社会实践之间充满矛盾的关联性。

第三节 青年，"栓心"与人化的自然
—— 以《朝阳沟》为例

最初上演于1958年、随后又被反复修改的现代豫剧《朝阳沟》对《山乡巨变》这一类乡村美景的呈现有着潜在的批判，或者说两者之间存在隐匿的对话关系。作为一部"以知识青年参加农业劳动，进行思想改造的故事为主线"①的戏曲作品，"知识分子"看待乡村的"眼光"遭到了否定，正如1958年《朝阳沟》剧本里乡村妇女二大娘的戏词所言：

> 城里头的学生呀，你摸不透她的脾气。要是叫她来咱这儿游山逛景，他看见这儿说好的了不得，看见那儿说美极啦！拾个石头蛋儿也装起来，见个黄蒿叶也夹到本子里，又说这个可以作纪念，那个可以送朋友；要真叫他在这儿常住，又嫌山高啦，路远啦，这儿脏啦，那儿臭啦。各地方都成了毛病啦。②

如果说《山乡巨变》主要是由邓秀梅这一外来者带出了清溪乡的美景，那么《朝阳沟》呈现的则是银环这个"外来者"如何转变为山村的"自己人"。由此"观察"的机制部分地丧失了正当性，戏曲主人公最终需要完成的是"栓心"，需要建立比"看"更为内在且牢固的关系。③ 当然，《山乡巨变》和《朝阳沟》所处理的具体问题以及体裁、形式上的差异决定了两个文

---

① 鲁煤：《〈朝阳沟〉的人物描写》，《中国戏剧》1958年第13期，第14页。
② 杨兰春：《朝阳沟》，北京：中国戏剧出版社，1958年，第12页。
③ 这是引用1958年版《朝阳沟》里老支书的话："别说还没有结婚，就是结了婚，她要不愿意在这儿，谁也不能拿绳子把她栓住，就是栓住她的人，也栓不住她的心。"(《朝阳沟》，第23页。)

本并不构成直接对话。毋宁说更有意思的是考察"地方戏曲"这一形式如何来表现颇具"原型"意味的青年"成长"历程。相比于小说叙事,戏曲、戏剧更加直接地嵌入在社会主义文化改造之中,也更为直接地关联着时势。许多现代戏剧和戏曲可以说正是所谓"政论剧"。① 就《朝阳沟》而言,其回应的直接现实是 1957 年党中央号召中小学生参加农业生产。② 更大的理论语境则是整个社会主义关于"劳动教育"的设想。③ 同时它还牵涉到社会主义时期的城乡关系以及"社会主义新农村"的生活想象。尤为有趣的是,《朝阳沟》虽是戏曲编剧杨兰春在"大跃进"时期的草创之作,却受到了中央高层领导的关注,毛泽东、周恩来等先后都对此剧的改编有过指示。剧本前后经过四次大改、无数次小改,特别是在 1963 年由长春电影制片厂摄制成戏曲电影,因此《朝阳沟》也嵌入 1960 年代前期关于"青年"理想问题的论辩脉络之中。在此意义上,《朝阳沟》可谓抓住了中国社会主义实践的某些核心问题,同时也是某一阶段集体经验的形式化。

一 "政治课"的失效与"自然"的浮现

作为一部"成长"剧,《朝阳沟》的意义实现系于银环的"转变"。④ 在剧本的设置中,这一角色怀有个人趣味(1958 年剧本称其本有意报豫剧院且"一心立志搞文学",1963 年的电影版也有她曾想"考回剧团去"的场景,这些特征的"设计感"无疑十分明显),同时她又追求进步,顺应国家召唤,跟从未婚夫栓保"落户"朝阳沟务农。虽然落后的母亲(轻视农村,希望自己女儿嫁给干部)未能打消银环"下乡"的决心,可是因为农活太苦,自身价值和意义又暂时无所着落,她还是发生了动摇。结局自然是银环完成了自

---

① "有人说,《年青的一代》是政论性的戏剧,就剧本所包含的丰富的思想而论,这样说是适当的。"(欧阳文彬:《〈年青的一代〉浅论》,《上海戏剧》1963 年第 12 期,第 5 页。)
② 参看刘少奇:《关于中小学毕业生参加农业生产问题》(1957 年 4 月 8 日),中共中央文献研究室编:《建国以来重要文献选编》第十册,北京:中央文献出版社,1994 年。
③ 参看萧永清:《劳动教育是我国教育事业的重大方针》,《新建设》1958 年 4 月号,第 5 页。
④ 戏剧相比于小说文学更不避讳"类型化"倾向,且更加直接地关联着文艺的"教育"功能,因此穷究人物的深度并非最佳的考察方式,毋宁说更需在意戏剧冲突的"演进"。

我更新。但《朝阳沟》的有趣之处却在于暂时悬搁了"政治课"和"说理"的力量,因此使得"转变"嵌入在更为细腻的机制之中。在1958年中国戏剧出版社出版的剧本中,这一暂时的"悬置"是这么来表现的:

栓保:是呀!建设社会主义不是光嘴说,而是要真干,特别是我们青年人,应该像部队上的工兵一样,逢山开路,遇河搭桥,天大的困难不能低头,地大的艰苦不该灰心,必要的时候可以把青春献给祖国。你也看过"黄继光",你也读过"刘胡兰",黄继光为祖国粉身碎骨,刘胡兰为祖国热血流干,难道他们不知自己的青春可贵?难道我们敢说比他们艰苦?

银环:只要自己满意的工作,叫我牺牲也心甘情愿。

栓保:什么工作才算满意呢?

银环:中国地方这样大,各种工作要人做,不参加农业也不算落后。

栓保:你这样说来,是不是参加农业就算落后呢?

银环:那,芥末调凉菜,各人有心爱。……

栓保:像我们这样思想,所谓称心满意的工作,在全国也很难找到,就是找到这山望着那山高。

银环:(唱)栓保你别上政治课,
这一套我比你懂得还多。
我原订计划有志愿。
一心立志搞文学,
下乡已经半个月,
越思越想不适合。
既然不合我的意,
不如重新找工作,
若不然思想很难解决,
栓保你也应该体谅我。①

---

① 《朝阳沟》,第32—33页。

无论是"新旧"对比、对于革命先烈的回忆还是对社会主义事业崇高性的强调(注意这三者是"经典"的社会主义教育常常采用的策略),都无法简单"栓"住银环的心。这一"说理"过程的曲折化,无疑暗示整个戏剧试图呈现更为内在的"说服"方式。我们也不能忘记,社会主义条件下的"说理"教育始终是情境性的。"说理"的达成也往往需要一些附加因素。对于剧中的银环来说,关键问题是觉得自己"顶不上一个整劳力",也就是没有办法在农村落实自己的价值感。1958年剧本对于这一问题的解决一方面依靠持续性的"说理"攻势,尤其是动用银环中学同班同学李桂兰下乡劳动的光荣事迹,来构成一种"典型"的审美教育机制。更为重要的一点是:老支书给银环安排了为全村扫盲的活计。剧本里有句"旁白"特别关键:"银环确从思想上受了感动,又觉着农村确实需要知识分子。"①

但是这种"改造"银环的方式立即引发了批评:"造成银环回城市去的直接原因,是经不起劳动考验,而在后一场,支部书记除了交给她扫盲任务外,并没有深入接触、解决这一问题,好像并不曾坚持推动她在劳动锻炼中继续奋勇前进。"②在批判者看来,《朝阳沟》原剧本没有揭示出"劳动"改造思想的"曲折"过程,栓保也没有在劳动问题上对银环有进一步的体贴和帮助。③ 此外,有批评者还特别点出"银环这样的知识分子"在改造思想之前只能给农村带来负担,"只有认识到要为工农兵服务"后,"她那一点文化才在农村起了应有的作用"。④ 相比于小说等文本形态的作品,戏曲戏剧处于更不稳定的状态,对于相关的批评也更加敏感。毫不奇怪,1963年的电影版《朝阳沟》对于这些批评一一进行了"回应":银环帮助扫盲的一场戏被删去;增加了她刚劳动时锄坏庄稼的情节。电影版显然希望呈现主人公更为"内在"的转变过程。"栓心"不能建立在"知识分子"的"知识"获得外部肯定这一基础之上(相反电影强调银环缺乏农业"知识"),而需生产一种新的情感,一种直观性的认同。进言之,它试图呈现一种更为"内在"的转变。

---

① 《朝阳沟》,第42页。
② 鲁煤:《〈朝阳沟〉的人物描写》,《中国戏剧》1958年第13期,第14页。
③ 同上。
④ 荣:《谈豫剧"朝阳沟"》,《剧本》1958年第8期,第102页。

二 劳动、伦理与属己的自然

在1963年左右的历史语境中,"青年"以及"革命接班人"的问题随着《千万不要忘记》《年青的一代》等现代剧的出现,获得了感性表述。在同一时期被搬上电影屏幕的《朝阳沟》也汇入了这一"社会主义教育"大流。(但需注意《朝阳沟》是不多见的呈现社会主义新农村面貌的文艺作品。相反,《千万不要忘记》和《年青的一代》显然都处于"城市"问题脉络之中。)因此早期剧本中枝枝蔓蔓的情节(如晚婚、宣传避孕)被一并抛却,而银环的"转变"过程也已迥然不同于前者。对于电影版来说,朝阳沟的山山水水、农田丘陵、庄稼果木在银环整个"转变"过程中起到了关键作用。特别是银环"入乡"和"出乡"时的两段唱词,构成整部戏曲电影的核心抒情、鼓动段落。这说明一种新的情感召唤和转化机制出现了。"政治课"为一种审美瞬间所取代。银环"入乡"时是这么唱的:

> 走一道岭来翻过一架山。(银环摘下一朵花夹在笔记本中)。山沟里空气好实在新鲜。满坡的野花一片又一片,梯田层层把山腰缠。清凌凌一股水春夏不断。往上看通到跌水岩,好像是珍珠倒卷帘。小野兔东奔西跑穿山跳堰,这又是什么鸟点头叫唤。东山头牛羊哞咩乱叫,小牧童喊一声打了个响鞭,桃树梨树苹果树遮天盖地,小杏儿像蒜瓣把树枝压弯。油菜花随风摇摆蝴蝶飞舞,麦苗儿绿油油好像绒毯。朝阳沟好地方名不虚传,在这里一辈子我也住不烦(摄影机镜头对于"麦田"的扫视)。①

不过银环这段"观景"唱词仅仅是一个环节。银环摘下一朵花夹在笔记本里这一举动,恰是二大娘所批判的"学生腔",而最后一句"在这里一辈子我也住不厌"随着后续情节的展开,也具有了一种反讽意味。这一出"入乡"就美景描绘而言颇类似于邓秀梅进入清溪乡时对于山乡风光的"观看",但

---

① 《朝阳沟》电影版(长春电影制片厂1963年摄制),25—27分钟左右。

是戏曲形式的特征在于唱腔的音乐效果,而电影又为之嵌入了"真实风景"①。就其在整部戏中的地位而言,这一段"美景"则处在一个被"否定"同时又是被"重复"的位置上。正如某位批评者所言:

> 当初她来的时候,山沟的风景映在这位城里姑娘眼里的是小桥、流水、人家,鸟语花香,犹如一首"山村牧歌",后来干活很吃力,风景也不吸引她了,曾经被她唤作"珍珠""绒毯"的山沟,变成了穷乡僻壤,感到枯燥寂寞。②

其实,正是体力劳动本身否定了此种"风景"的呈现。只有当银环参与劳动的时候,她才开始从"内部"来体验朝阳沟的生活。劳动不是隔着距离的赏玩,它一方面耗费体力,另一方面又内在于某个价值评价系统(工分制),因此劳动虽然在社会主义条件下并不直接关乎此刻的"生计",但却关乎"名誉"也即"意义"。银环发生动摇的根本缘由有二:一是觉得乡村生活太单调③,二是"工分还没有巧真(栓保妹妹)多,创造的价值太小。累得够呛"。这无疑是城市知识青年下乡务农时遭遇到的普遍问题。在电影里,银环"落后"思想的顽固性甚至表现得比 1958 年剧本更为严重:"上午挑,下午抬……只如今才明白,一辈子干农业有点屈才。……我妈的心愿,我个人的前途,远大理想,一切一切全部放弃,为你们服务。"显然只有将这种情感和身体感觉充分地表达出来,戏剧所带来的"净化"效果才能更为全面。在当时的批评话语看来,银环的"动摇"和"斗争"已经具有了一种普遍意味:"在这个问题上暴露出来的新旧思想斗争,关系到年青一代的命运,关系到社会主义革命与社会主义建设的未来。……感情没有真正改变,是不能解决问题的。"④但是如何改变"感情"呢?如果"说理"和"政治课"都会在某种程度上失灵,如果青年的不满已经隐含着消解意义体系自身的犬儒姿态("你

---

① 就其背景来看,这部电影很有可能是在摄影棚拍摄的,但是也利用一些蒙太奇的技术接入真实的群山、农田和植物镜头。
② 简慧:《焕然一新的"朝阳沟"》,《电影艺术》1964 年第 1 期,第 18 页。
③ 李泽厚回忆 1958 年下放经验时特别强调"单调"的问题,参看李泽厚、陈明:《浮生论学》,北京:华夏出版社,2002 年,第 119 页。
④ 沈峣:《一出社会主义的新戏曲》,《中国戏剧》1964 年第 1 期,第 36 页。

伟大、我落后"),如果身体实感涉及的是创造新体制乃至生活方式的难度,转变的契机何在呢? 在这一难题面前,电影《朝阳沟》呈现出一种审美解决,即它并不是在"说理"层面上回应这些难题,而是呈现出一种高度风格化的情感运动,其中自然形象、戏曲音乐和人物"栓心"的进程缠绕在一起:

> 走一道岭来翻一道沟(伴唱;镜头闪过栓保和自己一同嫁接果树的场景)。山水依旧气爽风柔。东山头牛羊哞咩乱叫(伴唱)。挪一步我心里头添一层愁。刚下乡野花迎面对我笑,至如今见了我皱眉摇头。强回头再看看栓保门口。忘不了你一家把我挽留。你的娘为留我把心操够,好心的老支书为我担忧。小妹妹为留我跑前跑后,栓保你为留我又批评又鼓励明讲暗求。这是咱手拉手走过的路,在那里学锄地我把师投。那是咱挑水栽上的红薯,那是我亲手锄过的早秋,那是你嫁接的苹果梨树。一转眼你变得枝肥叶稠。(银环在树下抚摸树叶)刚下乡庄稼苗才出土不久,到秋后大围尖来小围流。社员们发奋图强乘风破浪。我好比失舵的船儿顺水漂流,走一步退两步不如不走,千层山遮不住我满面羞。我往哪里去,我往哪里走。好难舍好难忘的朝阳沟。我口问心心问口。朝阳沟,朝阳沟,朝阳沟今年又是大丰收(伴唱)。人也留来地也留。①

银环此处的唱词有一种逐渐回旋上升的特征(伴随着旋律高低音区的交替,或力度、节奏的突然转换②):从自然之"呼应"起头,接续着的是对于栓保一家的回忆,而在看到了凝结着自己劳动的自然果实之时,又进一步记起了与爱人一起劳动的场景,最终上升到对于"朝阳沟"整个集体空间的依依不舍。"失舵的船儿顺水漂流"在这里是一个关键性的隐喻,它暗示出社会主义条件下的"个人"意义和价值归属感并不在于"自我"本身(特别是在"乡村"这一语境中),而在于"融入"一种伦理实体(包括羞耻感的产生)。这里"栓住"银环的正是凝聚着记忆和劳动的自然事物和伦理世界(包括家

---

① 《朝阳沟》电影版,79—88 分钟之间。
② 参看王璨:《谈豫剧唱腔的抒情性表现特点》,《音乐研究》1986 年第 1 期,第 98 页。

庭的"特殊性"和整个"朝阳沟"的集体性)。这里的"自然"不再是"入乡"时的"风景",而更像是所谓"人化的自然"。这一"自然"与生活世界之间并不相互"外在"。如果说劳动曾经"否定"了"风景",那么这里的"自然"又一次"否定"了上一次"否定"。在1958年剧本里,银环"转变"之后曾有这么一段评论:"当思想不通的时候,看见什么也不顺眼,现在别说看见朝阳沟的人,就是看见朝阳沟地里一块土,墙上半块砖,山上一棵草,房上一根椽,也像自己的一样。"①"自己的"这一表述非常重要,它关系到社会主义主体性的构造。"自己的"虽然有其私有乃至私密的起源,但是在社会主义条件下,这一表述强调的是对于非私有之物须有"主人"姿态。换句话说,社会主义希望模仿"私"所包含的与事物之间的紧密关系,但否定"私"的排他性权威。构成对社会主义主体性真正挑战的,或许还不是"私有"意识的顽固性——因为在"执着"这一特征上,两者有着不少共同点——而是一种"冷漠"与"犬儒"姿态。因此,"心头一热"成为文学叙事中必不可少的措辞。进言之,社会主义强调的是一种可分享的拥有,其在情感投入上又要超过私有本身:主体对于事物更有一种责任(而非任意处置)。"爱社如家"或"爱厂如家"正是这一逻辑的折射。而在这里,"人化的自然"具体化了这一"非私有的拥有",其中介即是劳动与伦理记忆。在这一点上,《朝阳沟》很像是对于经典马克思主义"人化的自然"概念的一种"演绎"。就其预设观者而言(那些犹豫动摇的城市青年),这一审美构筑显然很有现实针对性。

另一方面,戏曲的音乐特征在这儿尤为关键。豫剧通过演唱的方式形式化了人物独白,对于视觉形象的描绘增补了与之平行的抒情声音。因此可以说"感情"的"改变"内在于戏曲这一形式。这里比较独特的地方是"唱词"和"唱腔"的关系。一方面,唱腔曲调都是相对程式化的,它不是为了词本身而创造出音乐,而是这一曲调为许多大致表达类似情绪的内容所分享。另一方面,表现现代生活的戏曲又需将集体性的政治与道德观念转化为抒情、叙述和说理。在黑格尔看来,音乐主要对单纯的心情发挥威力,它所掌

---

① 《朝阳沟》,第46页。

管的是内心的敏感,并且促使整个人心绪处于运动状态。① 配合着诗的语言——在这儿即唱词——而言,音乐会创造出一个情绪运动的活跃瞬间。《朝阳沟》原作曲者王基笑曾这样分析银环"出乡"和"入乡"两段唱词的音乐特征:"在她进山时所唱的一段《朝阳沟好地方名不虚传》中,便是综合运用了豫东声腔各个不同流派及其唱派的特点,经过发展以后构成一段欢快、明朗的豫东二八板唱腔。银环下山时所唱的一段《人也留来地也留》,又是综合运用豫东声腔各个不同流派及其唱派特点,经过发展构成的一段深沉、婉转的豫西慢二八板唱腔。"②"人化的自然"涉及记忆,即对劳动、劳动组织方式及其伦理意味的回忆,这一回忆是情感性的,而声音在调动这一无法单纯化约为视觉经验的情感时,起到了关键作用。我们无需否认这一审美瞬间的理想性或"示范性"。但问题的关键在于:这一审美瞬间所铭刻的历史经验并不是可以轻易否定的"赝品",而是当时的社会难题、困惑的一种想象性解决。因此比单纯注目于个人挫折与伤痛的人道主义论调更能抓住历史要义。

在处理青年理想问题的社会主义电影之中,自然形象并不少见,譬如电影《年青的一代》一开场就是对于远山的扫视。从中不难体会"山河"在建构青年"世界(直)观"时的关键地位。客观地说,山水自然的呈现的确和社会学意义上的"流动"相关,但是社会学分析容易将集体经验还原为某些技术性的事实③,殊不知这些"事实"并非在当时没有被意识到。比如刘少奇在《关于中小学毕业生参加农业生产问题》里早已点出"最能够容纳人的地方是农村,容纳人最多的方面是农业"④。问题的关键是,看似属于"意识形态宣传"的方面——比如"知识分子工农化"——包含着中国社会主义实践真诚的诉求。即使这是一种失败的经验,但不能否认其曾经作为集体经验而存在,不能否认其曾经拥有的现实能量。在此种历史实践之中,自然的重

---

① 黑格尔:《美学》第三卷上册,朱光潜译,北京:商务印书馆,1979年,第347页。
② 王基笑:《豫剧唱腔音乐概论》,北京:人民音乐出版社,1993年,第17页。
③ 参看贾强:《又听〈朝阳沟〉》,《读书》1996年第1期,第80、81页。
④ 刘少奇:《关于中小学毕业生参加农业生产问题》,《建国以来重要文献选编》第十册,第186页。

新意义化指向了主体情感结构的改造。对于《朝阳沟》来说,"自然"形象并不直接代表"乡土",相反包含着对于这一"直接性"的扬弃——银环本就是外来者。它也不是外来视点中的"风景",而是从"内部"——不是指内心,而是指通过劳动"打破"同自然事物之间的距离——产生的"人化的自然"。更有意味的是,戏曲的音乐性将"自然的人化"这一结构复杂化了。它暗示出社会主义中的自然形象总是已经先行为某种情感或"声音"所占据。虽然如黑格尔所说音乐有其抽象性特征,但是正是这一抽象性本身,这一情感的运动自身,凸显出自然形象与"意义"再度建立关联的可能性。当然,辩证的是,这一抽象性也暗示出审美建构自身的不稳定性。就《朝阳沟》的叙事逻辑而言,"栓心"并不是将个体"栓"在某个具体的地点,而是对于某种可欲的生活世界或"家园"的"发现"。正是通过重新发现富有意义的"自然",社会主义生活世界再一次得到了确证。

显然,《朝阳沟》所呈现的历史瞬间不同于1960年代中期之后城市青年的"上山下乡"。它强调的是城乡的伦理性结合。银环之所以能"栓心",是因为她感受到并沉浸于新的意义生成方式。其中并没有高远的道德说教和政治暗示,而是"失舵的船儿"找到了"家"的感觉。银环的"转变"对应着的是一种"自然"生长的过程——"刚下乡庄稼苗才出土不久,到秋后大囤尖来小囤流"。此种审美性的建构在"政治说理"失效的语境下出现,这是意味深长的。这一结构克服的是银环"个人主义"的"理想",它试图呈现银环最终融入"集体",伦理实体由此生成。在"社会主义新农村"依然有着正面感召力以及相关政治、经济、伦理条件能够形成良性共振的时候,这一审美构筑并不会暴露出自身的问题。然而一旦城乡二元结构日趋显出其严酷性,一旦青年的"不快意识"日益无法由"个人与集体"这一解释框架来回应,此种审美构筑就会遭遇到危机。到了那时,银环的转变所依赖的"自然形象"将无法容纳新的欲望及其不满。单调、重复的日常劳作不但无法满足革命的热情,甚至也会消解伦理—审美实体的能量。一种新的自然形象将会在更为激荡的历史脉络里诞生。"自然"不是被贬斥为现代化的他者,就是成为移情的对象。换言之,"自然"表象所承担的政治、经济和伦理含义将产生分裂。

第四节 "民族形式""多元一体"与"风景"

在社会主义山水与风景的多重表征之中,有一个现象不容忽视,即少数民族的生活世界以及相关叙事性作品的出现。尤其是由"边疆"这一概念所指示出的"风景"问题,一方面与上述"自然"表象有着内在的关系,另一方面又生成了自身的问题架构与难题结构。在接下来的讨论中,我将首先分析文艺的"民族形式"问题的历史脉络,及其向多民族"多元一体"格局开放的可能性。然后再来探问"社会主义风景"与"中华民族"构想之间的联系。

一 "中华民族"的位置:文学的"民族形式"讨论与"少数民族"议题

在一般的文学史脉络里,1939—1941年中国文艺界围绕"民族形式"问题的论争已然被定位得十分清楚了,即中介着 1930 年代"文艺大众化"与 1942 年毛泽东《在延安文艺座谈会上的讲话》。尤其是围绕向林冰提出的"民间形式为民族形式的中心源泉"所展开的讨论,彰显了"五四"新文学的自我批判。① 当然,具体说来,讨论源起于毛泽东 1938 年 10 月在中国共产党第六届中央委员会第六次全体会议上的报告《论新阶段》中的一部分内容。毛泽东在题为"学习"的小节里,是将"民族形式"放在"学习我们的历史遗产,用马克思主义的方法给以批判的总结"的前提下来谈的,其实说的也是如何理解中国革命的"特殊—普遍"辩证法:

> 马克思主义必须和我国的具体特点相结合并通过一定的民族形式才能实现。……使马克思主义在中国具体化,使之在其每一表现中带有必须有的中国的特性……洋八股必须废止,空洞抽象的调头必须少唱,教条主义必须休息,而代之以新鲜活泼的、为中国老百姓所喜闻乐见的中国作风和中国气派。把国际主义的内容和民族形式分离开来,是一

---

① 参看张黎:《"民族形式":1939—1942 中国文学"现代性"方案的新想象》,《中南大学学报》2011 年第 5 期。

点也不懂国际主义的人们的做法,我们则要把二者紧密地结合起来。①

随着文艺的"民族形式"讨论的展开,这一话语编织出了一个巨大的语义网络,关联着"旧形式""民间形式""地方形式""五四革命文艺底传统""现实主义""抗战的内容"与"新民主主义"等。然而一个有趣的现象是,"民族"自身却并未得到过多的讨论。进言之,"民族形式"中受到标记的反而是"形式"②,但"民族"却仿佛已然被预设了一种实体般的存在。究其原因,很可能是文艺论争认同了"中华民族"这一说法。然而,正如有学者指出,"中华民族"在当时亦非一个稳定的概念,其中至少包含如下差异:国民党倾向于"同化"的、以汉族为文明核心的"中华民族"观;中国共产党则更强调各民族平等自立团结的"中华民族"观。③ 或许可以这样说,文艺的"民

---

① 毛泽东:《中国共产党在民族战争中的地位》(1938年10月14日),《毛泽东选集》第二卷,北京:人民出版社,1991年,第534页。同时可参看竹内实编:《毛泽东集第六卷:延安Ⅱ》,东京:北望社,1970年,第261页。竹内实的考订版,收录了最初的版本,故表述略有不同。

② 比如有论者就提出"这里所说的形式,不仅仅是单纯的样式,而必须是包括民族的风格,语言的创造,民族的性格,感情的表现。"(罗荪:《谈文学的民族形式》,徐迺翔编:《文学的"民族形式"讨论资料》,南宁:广西人民出版社,1986年,第212页。)另可参看胡绳:"这里所说的形式应该是广义的,包括着语言、情感、题材、以及问题,表现方法、叙述方面等。"(《文艺的民族形式问题座谈会》,《文学的"民族形式"讨论资料》,第266页。)

③ 参看松本真澄:《中国民族政策之研究——以清末至1945年的"民族论"为中心》,北京:民族出版社,2003年。另外可看几乎与"民族形式"论争同时展开的顾颉刚与翦伯赞关于"中华民族"的论争。顾颉刚:《中华民族是一个》,最初发表于1939年2月13日《益世报·边疆周刊》第9期,收入《中国现代学术经典:顾颉刚卷》,石家庄:河北教育出版社,1996年,第773—785页;《续论中华民族是一个》(回应费孝通的批评),发表于《益世报·边疆周刊》1939年5月8日第20期,5月29日第23期。翦伯赞:《论中华民族与民族主义——读顾颉刚〈续论中华民族是一个〉》,原载《中苏文化》1940年4月5日,刊于翦伯赞:《翦伯赞全集第五卷:历史问题论丛续编》,石家庄:河北教育出版社,2008年,第128—139页。相关研究可参看周文玖、张锦鹏:《关于"中华民族是一个"学术论辩的考察》,《民族问题》2007年第3期。此次论争中,费孝通亦曾撰文反驳顾颉刚,见其《关于民族问题的讨论》,载于《益世报·边疆周刊》第19期(1939年5月1日)。他的看法十分重要,周文玖、张锦鹏对之的评述值得注意:"要证明中国人民因曾有混合,在文化、语言、体质上的分歧不发生社会的分化是不容易的。即使证明了,也不能就说政治上一定能团结。所以,费氏认为,不能把国家与文化、语言、体质团体划等号,即国家和民族不是一回事,不必否认中国境内有不同的文化、语言、体质的团体(即不同民族)的存在。谋求政治的统一,不一定要消除'各种种族'(即费氏所谓的民族)以及各经济集团间的界限,而是在于消除因这些界限所引起的政治上的不平等。"

族形式"虽然预设了中华民族这一实体,但在很大程度上并未涉及"各民族"的文化形式,所讨论的还只是"汉文化"的高级形式与低级形式、五四新文艺与民间形式、都市文化与乡村文化之间的矛盾冲突。这就产生了一个奇特的不对称现象。在抗日民族统一战线的前提下,"民族"显然指向毛泽东所谓的"团结中华各族,一致对日"①。1938年得到广泛承认的、由国民党临时全国代表大会通过的《抗战建国纲领决议案》亦包含一种新的"民族主义"理解:"党组织自由统一的各民族自由联合的中华民国。盖惟根于自由意志之统一与联合,乃为真正之统一与联合;在未获得胜利以前,吾境内各民族,惟有同受日本之压迫,无自由意志可言。"②由此来看,文艺的"民族形式"论争中"各民族"这一"多元性"的缺席很可能指向着更大的难题,即在文化上建构更为广泛的领导权的困难。

然而,只要有了"民族形式"这一表述,它在原则上就是可追问的、无法永久封闭自身的。论争中,引出"少数民族"问题的,恰恰是对于苏联相关论争的揭示。即在"苏联"这一特殊的"他者"面前,以汉族知识分子为主体的论争者看到了"民族形式"与所谓"小民族"之间的难题性联系:

> 苏联的文艺口号是"社会主义的内容,民族的形式",而中国的口号是"抗日的内容与民族的形式"。如果不问内容,"民族的形式"的质和量不将是同样的么?但苏联的"民族的形式"和中国的"民族的形式"是不相同的两种形式。因为苏联是多民族的国家,为着要使各民族,民族集团和小民族的人民之间能互相了解,能团结在社会主义的旗帜之下,不再有不信任的参与,"民族形式"是以各种不同的民族形式来表达社会主义的文艺内容,使各民族人民在同一内容下调整起来,从互相了解到力量统一是基于"社会主义的内容的要求"。在中国的西南、西北虽也有多数的小民族,和汉族有很大的差异,他们独特的文艺

---

① 毛泽东:《论新阶段》,竹内实编:《毛泽东集第六卷:延安Ⅱ》,第225页。
② 《抗战建国纲领决议案》(1938年4月1日),转引自刘长明:《抗战时期国民党"抗战建国"理论初探》,《文史博览》2010年第2期,第6页。

> 形式虽应当在"抗日的内容"下面发展起来,但抗日的政治要求,第一是先使中原汉族从古旧的"一盘散沙"进而为精神的、力量的伟大团结,因此,基于这"抗日的内容"的要求,"民族形式"便不当是分立的,独特的文艺形式,而是指文艺的"中国作风,中国气派"而言。……从古以来,汉民族一直是中国各民族的骨干,各民族团结在汉民族的周围,他们都仰慕华风,认中原文化是他们文化的标准。①

这里有意思的是,作者提出了"各民族"的问题,但旋即又在"汉民族"主导性的前提下将之轻易地消解掉了。其具体的论述逻辑与民族"同化"观颇有一致之处。另一方面,苏联的"民族形式"所包含的"分立"与"统一"的辩证关系,显然未得到深入的思考。然而,在当时,针对此种"共识"并非没有异议之声音,维吾尔族马克思主义史学家翦伯赞就在1940年反驳顾颉刚的"中华民族"观时,强调了另一种"统一与团结"的思路:

> 不错,"中国目下的社会与环境压迫"是需要国内各民族的统一与团结,但我们所需要的统一与团结,是现实的而不是幻想的。并且要实现这种现实的统一与团结,也不尽就如顾先生所云:"我们应当用了团结的理论来唤起他们的民族情绪,使他们知道世界上最爱他们的,莫过于和他们同居数千年的汉人。"而是要"和他们同居数千年的汉人"给他们以经济上政治上和文化上的独立与自由之发展,建立民族间的伟大而深厚的友谊;换言之,用现实的共同的利益代替空洞的"团结的理论"。②

实际上,在文艺的"民族形式"论争后期,"边疆民族"问题日益浮现出来,这一"增补性"要素不断逼问"民族形式"的兼容性与可能的边界。正如曾经的创造社成员郑伯奇所言,"若将民族形式按照苏联方面的解释",就有两种不同的含义,一是全中国范围的"中国作风、中国气派"的"中国化"运动,

---

① 黄芝冈:《论民族形式》,《文学的"民族形式"讨论资料》,第205—206页。作者为最早"左联"之成员,后退党,但又救援、帮助过许多共产党员。
② 翦伯赞:《论中华民族与民族主义》,《翦伯赞全集第五卷:历史问题论丛续编》,第130页。

另一方面应该是各"边疆民族"的传统形式。每个"边疆民族"的特殊文艺形式都有几百年乃至千年的历史，值得加以改造而光大的，"决不能以我们的民间形式来代替各个'边疆民族'的传统的特殊形式"。① 郑伯奇未能进一步厘清的是，边疆民族的民族形式与"中国化"之间的关系到底如何放置。这就引出了葛兰西的"领导权"问题以及关于"民族形式"存在样态的进一步反思。在一篇过去颇少受到注意的论文中，左翼翻译家蒋天佐不满于许多论争者"丢了'阶级文艺'和'民族形式'的关系问题"，强调"精神文化领域的统治"即"被支配阶级的精神文化要迫不得已的服从着支配阶级的精神文化"，由此"阶级形式决定民族形式。文艺间支配关系的性质决定民族形式的性质"。② 换言之，民族形式的真正可塑性来自阶级关系。这样的话，就没有必要"糅合新旧形式凑成一个非驴非马的'民族形式'"，而是需要想象更为灵活的、多元的民族形式存在样态；而归根到底，这是需建立在"阶级"政治基础之上的：

> 旧形式是我们的民族形式，新形式也是；汉民族的文艺形式是我们的民族形式，"满蒙回藏"的文艺形式也是。这一似乎不通而其实是真理的说法，超阶级的折衷主义者们是不敢承认的。他们钻进了幻想的全民族划一不二的"民族形式"的牛角尖了，忘记了苏联的活生生的例子，忘记了可以有而且应该有一条阶级内容的生命线贯穿着多样的民族形式。③

蒋天佐的讨论可以说代表了"民族形式"论争吸纳异质性因素并真正回应"中华民族"复杂构成的较高水准。同时，此种论述亦与新中国成立后的文艺实践构成了呼应关系。当然，在论争的层面，诸种论说无法设想出一种有效而合理的方式来落实"形式"。在接下来的部分，我将围绕新中国的几种文艺实践来继续追问这一已然复杂化了的"民族形式"问题。

---

① 郑伯奇：《关于民族形式的意见》，《文学的"民族形式"讨论资料》，第488页。
② 蒋天佐：《论民族形式与阶级形式》，《文学的"民族形式"讨论资料》，第532页。
③ 同上书，第536页。

二　新中国文艺实践与"民族形式":以"风景"为线索的追问

在讨论新中国的民族问题时,费孝通先生的"多元一体格局"说法是极有解释力的。但也有学者指出,其中"多元性"比较容易论证,"一体性"则较为困难。① 而用费孝通自己的话来说,"一体"很大程度上是一个政治概念,即"这个自在的民族实体在共同抵抗西方列强的压力下形成了一个休戚与共的自觉的民族实体"②。"休戚与共"的说法并不让人陌生,也绝非左翼的专利,比如韦伯就说过"政治共同体有着共同命运,拥有共同记忆,能够生死与共"③。关键是,如何来具体解释"休戚与共",或者说,在新中国的具体历史脉络里,如何把握这种政治自觉的"一体性"。我们会发现,在1950年代关于中国民族问题与民族政策的通俗阐述中,对于"一体"之必要性与合理性的阐述包含着三个基本层面:一是"现实政治"层面:民族团结对于各民族人民都有利,民族分裂只是对帝国主义有利,这就迫使中国各族人民必须选择建立统一而强大的国家的道路。由此"中国各民族的命运是这样的联系在一起了"④。二是实际的经济、文化利益层面,所谓汉族与各少数民族"利益上的较前更大的一致性"。最后是"政治理想上的共同性",从自由、平等一直到"世界革命"的实质价值层面。⑤ 需要说明的是,这三个层面之间并非永远配合良好,其矛盾在后续历史进程中日益彰显了出来。而且,每一个层面实际上亦有自身的证成逻辑。不过,我在这里尝试追问的是,"多元一体格局"如何转化为形象与语言。换言之,如何在这一前提下

---

① 汪晖:《东西之间的"西藏问题"》,北京:三联书店,2011年,第88页。
② 参看费孝通:《中华民族的多元一体格局》,费孝通等:《中华民族多元一体格局》,北京:中央民族学院出版社,1989年,第33页。日本学者松本真澄对费孝通此文有所提及,但显然是出于自己的归纳:"中华民族的各个民族的渊源、文化虽然是多样的,但却是有着共同命运的共同体。"(松本真澄:《中国民族政策之研究》,第10页。)
③ 马克斯·韦伯:《经济与社会》第二卷上册,阎克文译,上海:上海世纪出版集团,2010年,第1038页。
④ 张执一:《中国革命的民族问题与民族政策讲话》,北京:中国青年出版社,1956年,第11页。
⑤ 同上书,第25页。

来思考社会主义文艺的"民族形式"问题。我所想到的一条线索就是"风景"。毋庸置疑,"风景"与"民族主义"有着紧密的联系,"风景"的生产可以对应民族意识与认同的生产。① 然而,在中国这一"多元一体格局"中,"风景"问题不得不呈现出更为繁复的面貌。而且,就具体的"形式"而言,每一种媒介自身又是受到多元决定的。在此视野下,我们可以重新来讨论上文所提及的"新山水"问题。当然,接下来重点将考察新中国第一部少数民族题材电影《内蒙人民的胜利》,讨论其中的"风景"与"民族形式"的关系。我们会发现两种看似迥异的"民族形式"是如何分享同一种"世界"观的。

的确,乍一看,讨论"新山水画"似乎偏离了我们的关注点,即偏离了那种试图始终容纳"各民族"的思路。然而,我们可以换一个角度来思考:"新山水"以及相应的国画改造问题,指向的是汉文化的高级形式,可以说这是一种霸权性的视觉形式,它曾经普遍为文化精英所认同。另一方面,改造山水画的核心逻辑似乎在于重新确认"现实"或"真实"的优先地位,尝试让其表征新的历史状态与主体。因此,"新山水画"亦可视为"多元一体"之"一元"——其固有的特权地位在原则上被罢黜了,参与到新的"世界观"重建过程之中。还需注意的是,山水画实践又不限于中国,而是东亚文化共同体普遍分享的一种形式。②

极有意味的一个事件是:新山水的兴起与社会主义中国置身于社会主义集团内部来思考自身的差异性与独特性有关。而这恰好以毛泽东在18年后(1956年)重提"民族形式"为契机。③ 我们已经在上文论证过,"新山水画"可谓构造出一种"自然—历史"形象。也就是说,这一实践同时修改了"历史"与"自然"的固有含义。在这个意义上,经受了"科学的写实主义"改造的山水画并没有被祛魅,反而"山水"为"社会主义内容"赋魅。这

---

① 可参看胡安·诺格:《民族主义与领土》,徐鹤林、朱伦译,中央民族大学出版社,2009年。
② 参看石守谦:《移动的桃花源:东亚世界中的山水画》,台北:允晨文化出版公司,2012年,第21页。
③ 毛泽东:《同音乐工作者的谈话》(1956年8月24日),《建国以来毛泽东文稿》第六册,第176—177页。

样,"真实"就能够被转写为"意境",它并不简单存在于画面之中,也不在画面之外,而是一种"关系",一种交流结构。进言之,这里的"民族形式"就是指这种结构:可分享的普遍性或"共通性"可以获得自身的特殊形态,诸多特殊形式构成一种总体性。然而,这里旋即又涉及上文已然触及的另一个难题,如果说新山水画只是改变了"词汇"而没有根本改变"语法"——否则就没有相对稳固的"形式",那么此一"形式"与阶级文化有何关系?关于这一问题的论述,最见功力者是当时的李泽厚(在下一章我们将详细讨论这一问题):

> 历史的发展使剥削阶级在一定短暂的时期内在某些方面占了便宜,他们与自然的社会关系使自然物的某些方面的丰富的社会性(即作为娱乐、休息等场所、性质)首先呈现给他们了,使他们最先获得对于自然的美感欣赏能力,从而创造了描绘自然的优美的艺术品。……随着人类生活的发展,人对自然征服的发展,随着人从自然中和从社会剥削中全部解放出来,自然与人类的社会关系,自然的社会性就会在全人类面前以日益丰满的形态发展出来,人类对自然的美感欣赏能力也将日益提高和发展。这时每一个农民都能欣赏梅花,都能看懂宋画。①

李泽厚的看法是,不管山水画等艺术创作的意识形态内容如何,它们总是表征出集体劳动的成果。后者才是阶级文化霸权的真理内容:如果承认人民创造历史,那么就必须辨识出特权文化中作为"不在场而在场"的无名者的劳动。换言之,李泽厚寄希望于高度发达的生产力,后者能使劳动者从必要劳动时间中解放出来。因此,山水画作为一种"民族形式"也可以被转写为"阶级形式",但是这一"阶级形式"亦有其跨越阶级(而非超阶级)的内容。由此我们看到"……的内容,民族的形式"可以形成一种新的构造。细究之下,能够发现,"新山水画"不但生产出社会主义"风景",而且要求一种社会主义"教养",要求所有观看者都成为潜在的受教育与被改造的主体,这显

---

① 李泽厚:《关于当前美学问题的争论——试再论美的客观性和社会性》,《文艺报》编辑部编:《美学问题讨论集》第三集,北京:作家出版社,1959年,第172页。

然不同于罗荪所提到过的"民间传统"。① 而在更广泛的意义上,所有少数民族群众,亦不外在于这一"学习与改造"的过程,这是"多元一体格局"所包含的时间线索。

"新山水"暗示着一种可经由解放(尤其是自由时间)为大众所分享的"形式",但它的确没有成为普遍的媒介。② 相比之下,电影则是直接诉诸"大众性"或"群众性"的媒介。然而,在谈论少数民族题材电影作为"民族形式"之前,有必要先澄清一些含混的地方。因为,我们无法简单将电影视为一种"民族形式",这不仅仅是说新中国电影极大地受到了好莱坞"经典"电影与苏联电影的影响③,而且也是表明,电影作为本雅明所谓的"机械复制时代的艺术",从生产与消费上来说,始终包含着一种去地域化的特征。因此,少数民族题材的"民族形式"主要是一种美学形式,是电影"显现"或外观层面的问题。"风景"问题也是在这一层面上来讨论的。

我们现在所看到的《内蒙人民的胜利》(1951年)其实是1950年《内蒙春光》的修订版本。据说后者公映不到一个月,即被通知停映。原因是暴露少数民族上层分子太多了,这种处理方式对团结和争取少数民族的上层分子不利,不利于统战工作。④ 编剧王震之在1950年的自我批评里,讲得非常明白:

> 《内蒙春光》的剧本中却忽视了少数民族的上层分子在反对大汉族主义这一点上有被人民争取过来或保守中立的可能这一方面,把王爷表现成十分顽固,至死不悟,似乎这就是一般王爷的代表。更重要的是忽视了党团结争取政策这一重要方面,以致在剧本第一场布赫政委

---

① 参看罗荪:"如《三国演义》自唐宋以来便流传于民间,这些故事早已在老百姓心目中成为烂熟的了,再后衍成说书、大鼓、杂剧——等等各种形式的流传,都是使它们拥有最大群众的原故。"(罗荪:《谈文学的民族形式》,见《文学的"民族问题"讨论资料》,第213页。)值得思考的是,罗荪所提及的"内容"实际上亦可被把握一种"形式",一种"叙事性"。因此,内容与形式的对比可以如杰姆逊(Fredric Jameson)所说的那样,进一步产生分裂。参看 Fredric Jameson, *The Modernism Papers*(London and New York: Verso, 2007), p. xiv.
② 参看本章第一节最后部分的讨论。
③ 具体讨论可参看洪宏:《论"十七年"电影与欧美电影的关系》,《当代电影》2008年第9期。
④ 参看干学伟、张悦:《由〈内蒙春光〉到〈内蒙人民的胜利〉》,《电影艺术》2005年第1期。

交待任务时就完全没有提及对王公上层分子的争取工作,而以后在苏合与王公接触中也没有表现出对王公的仁至义尽的争取与团结,而处处表现了盛气凌人的傲慢的作风。这是由于剧本缺少政策思想的原故。①

或许可以说,《内蒙春光》才是作为"真正描写内蒙人民生活与斗争的第一部艺术片"②,而《内蒙人民的胜利》已然要算作"第二部"了。影片原来是54场,经过修改后保留了28场,加入重新拍摄的10场与部分改动的10场。新版本重点将王公的罪恶转移到特务身上,如用马拖死解放军战士孟赫巴特尔的父亲等,并且强调了王爷和国民党特务之间的矛盾及其动摇的状态。③ 不过,倒并不能说这一修改改变了影片的基本外观。阶级矛盾与民族矛盾之间的缠绕,依旧是《内蒙人民胜利》重要的影像"语法",同时,塑造草原民族特征的"风景",亦始终存在。

图 8

毛泽东曾以"人口众多"与"地大物博"来分别形容"汉族"与"少数民族"之特征。④ 作为对于少数民族生活世界的初始影像化,《内蒙人民的胜利》的片头是很值得玩味的。某种程度上这是一种原型式展示。1953年上映的另一部内蒙题材影片《草原上的人民》几乎"复制"了此种展示法。后来的《刘三姐》(1961年,壮族)和《农奴》(1963年,藏族)亦有此特征。概言之,即以"边疆"风光为对象,表现为"无人"的"空镜头"(图8)。"空镜头不是空的,它必须是上面镜头的延续;或者下面镜头的序笔。"⑤然而,开场的"空镜头"

---

① 王震之:《〈内蒙春光〉的检讨》,《人民日报》1950年5月28日第5版。
② 布赫:《一个蒙古人看一部蒙古片——〈内蒙春光〉》,《人民日报》1950年4月30日第5版。
③ 干学伟、张悦:《由〈内蒙春光〉到〈内蒙人民的胜利〉》,《电影艺术》2005年第1期,第60页。
④ 毛泽东:《论十大关系》,《建国以来毛泽东文稿》第六册,第93页。
⑤ 谢晋:《情景交溶》,《电影艺术》1959年第6期,第41页。

所"延续"的却不是上一个"镜头",而是"延续"某种"民族(形式)想象"。确切地说,是对之进行视觉化。值得我们深思的是,画面本身无法确切交代"从属"或"归属"问题,也无法确认这里为何是"边疆"而非"外域"。与此形成对照的正是,《草原上的人们》在片头展示内蒙古草原风光之后,马上请出了"主体"——女主人公劳动模范萨仁格娃,并通过她和情人桑布的对唱,确认了"祖国"的在场(女声:"我们努力地工作,是为了幸福的生活";男声:"我们驰骋在草原上,建设着祖国的边疆")。当然,这不能不说是由于两部影片所处理的时间段有所差别——前者是1947年,后者是抗美援朝时期。不过,《内蒙人民的胜利》之辨识"内外"的契机却很值得玩味——一群被奴役的草原牧民在修建道尔吉王爷府间歇谈论"外蒙古的老百姓":"听说外蒙古的老百姓,人家翻身之后再也不受这样的苦了,人家的日子早就过得很好了。"而本片主要人物之一老牧民马上接上:"咱们外旗自从共产党去了以后,也不受这个罪了。"①这一叙事值得注意,通过谨慎地谈论外蒙古,确认了自身"内部"的地位,所隐约期待的,则是中国共产党的到来。

　　这里强调的不是"蒙古人"的固有"同一性",而是对历史既定事实(外蒙已脱离中国)的默认,以及对内蒙如外蒙般解放的期待。随着电影叙事的展开,政治的"敌我性"逐步建构起内外远近之别。尤其是通过展示影片主人公牧民顿得布的"成长",描画出逐渐强化的"归属感"——顿得布一开始被表现为"狭隘民族主义者",即反感所有汉人,到逐渐认识到"汉人"内部的"分化",最终生成为新的共同体之一员:参与了打击国民党部队的战斗,并以草原汉子的方式活捉了"匪首"杨某。民族矛盾与阶级矛盾在影片中是彼此渗透的,但早有人指出,"顿得布(片中狭隘民族主义思想的代表人物)写的太孤立了"②,也就是说,民族矛盾的表现与解决并不算出色。相反,蒙古王公与普通牧民之间的冲突通过视觉手段——尤其是"特写"镜头——得到了充分展示,令人印象深刻。比如,电影开始后不久就呈现了牧

---

① 《内蒙人民的胜利》,第20分钟(干学伟导演,东北电影制片厂,1950年摄制、1951年改定)。
② 布赫:《一个蒙古人看一部蒙古片——〈内蒙春光〉》,《人民日报》1950年4月30日第5版;钟惦棐:《看〈内蒙春光〉》,《人民日报》1950年4月30日第5版。

图9

图10

民被拉去修建王爷府的场景,监工鞭打老牧民得到了细致的刻画,特别是正反打的特写镜头(图9、图10),充分展示了所谓"富有特征的脸"。① 随同中共干部苏合一起回到家乡的孟赫巴特尔向尚未醒悟的顿得布所说的一番话,可以视为建构"穷苦人"命运共同体的关键表达:"就是汉人又有什么关系?其实汉人中的老百姓也和我们一样。只要是干活受苦,都是一家人嘛。"②然而,中共当时的民族政策是强调团结少数民族上层分子的,所以影片最终的阶级冲突被转移到了国民党"匪军"身上,其高潮部分则是片尾军队进犯,奸淫掳掠(图11),最终用马拖死了苦难的老牧民、孟赫巴特尔的父亲,这再一次通过特写镜头来表现(图12),而暴力的对象已然被铆定为真

图11

图12

① 关于"特写"镜头在"十七年"电影中的作用,可参看洪宏:《论"十七年"电影中的近景和特写镜头》,《电影新作》2008年第1期。
② 《内蒙人民的胜利》,第64分钟。

正的"敌人"——持有"大汉族主义"的国民党。然而有趣的是,遭受群众暴力冲击的,却是蒙古人中的反叛分子、串通国民党的王爷手下传音图。影片以远景的方式呈现了这一集体暴力场景(图13),面目不清的"群众"在此时塑成为一种"集体",在实施复仇的过程中,仿佛找到了"认同",一种行动中的同一性。

"受苦人"在民族(国民党)与阶级(蒙古王公)的双重压迫之下,最终找到了自身新的身份与归属,这是《内蒙人民的胜利》的核心修辞。而毛泽东为影片所作的这一命名,亦强调了"人民"生成这一环节。不过,在"劳动"之外,影片中还存在着另外一种我们已然涉及的"风景",即开篇时候的"空镜头"所展现的蒙古风光。与这一开篇相承续的是几处"抒情"场景,尤其是老牧民的女儿、顿得布的情人乌云碧勒格的出场。就在修建王爷府的场景之后,影片切到了羊群与草原(图14)。

图13

图14

随即音乐响起,女声吟唱,唱的是蒙语,然后镜头切到了一位在河边洗脚的蒙古少女(下页图15)。巴拉兹(Béla Balázs)曾认为,电影中的"动物"是呈现"自然性"的关键要素:"[动物]对电影摄影机一无所知,在画面上天真地、煞有介事地活动着。……因为对于动物来说,表演不是幻觉,而是活生生的现实。不是艺术,而是窥视到的自然。动物不说话,它们的哑剧比人的面部表情更接近现实。"①因此可以说,羊群在这里是"自然性"的显现,亦是

---

① 巴拉兹:《可见的人·电影精神》,第75页。

图 15　　　　　　　　　图 16

蒙古民族"源始"生活方式的转喻。草原、羊群与吟唱蒙古歌谣的土著女性,构成了一种可辨识的"民族形式"。或许用"异域情调"来指涉电影的此种呈现太过简单,需要我们进一步思考的是,这一嵌入上述民族—阶级矛盾"语法"的"影像异质性"到底实施着何种功能。或许可以说,电影用此种影像策略所呈现的是一种"本真性",是可归属于蒙古人自身的生活世界,是其"第二自然"。因此,在影片末尾处出现的另一处"空镜头"很值得细细玩味:在国民党开拨大军杀向草原时,牧民纷纷逃窜或是闭户不出,镜头中呈现了零落散乱的拖车与蒙古包(图16)。这种对于本真共同体的"入侵"以后会反复出现在影像叙事中。可是另一方面,来到草原作动员工作的中共党员苏合和孟赫巴特尔却都是蒙古人,尤其是后者还是从这个地方走出去的,因此只能算作"归来"。在"解放"叙事下,这一"本真性"尚未遭遇"本真"自然与现代(化)的新关系(如同《草原上的人们》所悉心处理的那样),而是强调"革命"的要求其实源于内部,而且只是恢复那种本真自然的"善好"。在这里我们也可以看到,"民族形式"并不是决然断裂于"受苦人"的"共鸣",反而是劳苦大众的"共振"赋予了草原"本真性"以崇高的美感,赋予其新的"意境"。当然,历史的运动并不会仅仅停留在这一瞬间,复杂的矛盾将以前所未有的形式来展开。正如上文所提到的,中国社会主义实践在应对民族问题时,始终强调三个层面(现实政治、经济—文化实利与政治共同理想)的配合,三者其实处在一种动态的平衡之中,危机亦会从中爆发。在叙事电影中,这三者亦能找到其视觉表现。而电影的"真实"只能由这一"多元决定"状态来保证;"民族形式"的辩证法,亦需在这一真实的历史辩证法中获得反思。

第一章主要是从看似最为单纯的自然感性形象出发,来开启整本书对于社会主义与自然这一问题的追问。在这一章里,我从多种艺术形式切入——山水画、现代白话小说、地方戏曲电影与少数民族题材电影——探讨了数种呈现外部自然景观或者说"环境"的方式。这也对应着中国社会主义实践的几个重要环节:新山水与新的政治认同;山乡"风景"与农村合作化运动;乡村自然与青年思想改造以及"多元一体格局"下"民族形式"与少数民族政治认同的问题。这几种自然形象的意义构筑都暗示出这样一个理论问题,即所谓社会主义"山水"和"风景"实质上以"第二自然"(我更愿意将之简单称为"新世界")①的构造为前提,也就是以新的历史条件下新的生活世界的构筑为前提。另一方面,自然形象与新的生活世界建立关联的方式与"新年画"等实践有所不同。在新的政治体形成伊始,"政治"必然首先涉及一种新的可见性,即"平凡的人们"获得自己的形象,看到自己的形象和生活世界。生产关系的改变需要一种审美上的确认。由此也就可以理解为何解放初期国家大力提倡新年画。② 而在新山水画的实践中,我们则看到了这样一种诉求:劳动人民如何超越自身单纯的生活形象,获得更为普遍的政治存在感。我们知道,旧有"高级文化"中自然形象的出现与某一部分人的率先"解放"有关。③ 因此,作为审美对象出现的自然,不能不说沉淀着客观的等级和剥削关系。而中国社会主义实践则试图在破除剥削关系的基

---

① 关于"第二自然",可参看导论中的相关讨论。此外,卢卡奇在其《青年黑格尔》中依照哲学和经济范畴的互动,进一步揭示了"社会—自然"关系。在他看来,社会科学的辩证法范畴呈现为对于客观建立的辩证过程的反思。这一过程存在于人类的生活之中,但是独立于人的意志和知识,它将社会现实变成了第二自然。见 Georg Lukács, *The Young Hegel*, trans. Rodney Livingstone (Cambridge and Massachusetts: The MIT Press, 1976), p. xxix.

② 参见《中央人民政府文化部关于开展新年画工作的指示》,《人民日报》1949 年 11 月 27 日第 4 版。1950 年国家还首次设立奖金,评出了新年画全国大奖,1951 年举办了新年画的展览。

③ 参看顾彬:《中国文人的自然观》,马树德译,上海:上海人民出版社,1991 年,第 18 页。

础上重构"自然"的意义。如果说,解放了的劳动群众追求平等、正义的生活是新中国的政治"本质"(即认为一切旧有的等级、压迫都是不正当的,不管这一不正当有着温情脉脉的面貌还是呈现出直接的暴力),那么外在"自然"的形象在某种程度上需要呼应这一根本性的政治前提。在这个意义上,社会主义条件下的自然形象首先是政治性的。因此,我们在围绕山水画改造所产生的理论话语中看到了"山水"新的政治意义的形成,或者毋宁说是社会主义国家试图在山水中寻找与落实自身的"自然"形象。在这一共同的政治前提之下,"现实主义"美学机制(在一定程度上有别于苏联所宣扬的"社会主义现实主义"原则而更切近19世纪的"批判现实主义"传统)在面对农业合作化运动时又生产出另一种自然形象,它凸显出社会主义实践无法将历史意义全然渗透进整个生活世界。"山乡风景"呼应着新,也暗示着旧的持留。之所以提出这一自然形象,是希望呈现社会主义实践在构造新风俗时的难度。而《朝阳沟》里的"人化的自然"则试图用劳动和回忆来重新赋予"自然"以意义。这一方面具体联结着1950年代末至1960年代初"劳动教育"与"塑造新人"(尤其是"青年")的问题,另一方面也呈现出劳动、伦理与自然之间的相互支撑与相互生产。最后,引入少数民族电影则进一步复杂化了"社会主义风景"这一议题,因为这意味着思考少数民族这一话语所携带的"自然"差异性。通过对于"民族形式"的重新考察,可以发现,上述"社会主义内容"(暂可把握为一种普遍性)努力生成自身的"特殊化"语法与结构,从而激活了一种"多元一体"格局下的特殊—普遍辩证法。

值得注意的是,无论是新山水画实践(虽然其中可能呈现某些历史标记,但是山水自然的主导因素却是对于直接生活现实的扬弃)、周立波笔下的"美景"(现实主义的"观察"机制生产出此种对象,它始终包含着一种观看的"距离"),还是《朝阳沟》里的"乡村自然"(与其说是劳作对象,不如说是凝结着回忆的感性呈现),都包含某种"距离"因素。对于社会主义实践来说,如何扬弃这一"距离"是一个十分关键的问题,尤其是它连接着如何"继承"和"改造"旧有"教养"的问题,以及如何来想象一种新的主体性。另一方面,我们在少数民族题材中看到了一种边域"自然"的本真形象,触及社会主义实践的又一个关键环节:如何将看似天然的"差异"整合进新的集体性之中。那么,这种与阶级化的内容之间的"距离"又应该如何来思考呢?

1950—1960年代中国的美学讨论可以说将这一问题理论化了,但美学讨论本身亦应被把握为"问题"而非"答案"。

第二章 中国美学大讨论中的"自然"

第一章曾指出,社会主义实践需要将自身的政治和伦理含义落实在"自然"的感性形象之中,而此种意义构筑又内在于一个有目的、高度紧张的甚至是不断加速的"改造"过程。如果说"自然"的重构在艺术和文学领域还是以相对零星的状态出现,它在美学理论领域里反而形成了一个具体议题,并且催生出激烈的讨论:在 1950—1960 年代的美学讨论中,不仅"自然美"是讨论的核心议题之一①,而且美的"自然性"(与"社会性"相对立,尤指刺激感官的"自然物质性的东西之形式诸条件",洪毅然称之为美的"物质基础"②)、"自然的人化"等成为讨论基本的概念抓手。如果说第一章呈现的是自然表象如何在具体历史情境和形式媒介中被赋予意义,那么第二章则试图追问:美学讨论对于自然美的理论化指向何种历史张力。在此需要首先强调的是,虽然中国的美学讨论以马克思列宁主义原则和零星的毛泽东文艺谈话为其理论来源,康德、黑格尔等"经典"资产阶级美学依旧成为诸多讨论者的理论武库,甚至规定了其提问方式和概念构筑。③

---

① 参看衫思:《几年来关于美学问题的讨论》,《哲学研究》1961 年第 5 期。

② 参看洪毅然:《美是什么和美在哪里》,《美学问题讨论集》第三集,第 67 页。另外,黑格尔在《美学》中关于"自然"的理解或可参考:"外在因素及其形象构造是和我们一般称为'自然'的东西密切相关的。"(黑格尔:《美学》第一卷,第 206 页。)

③ 仅举几例:一、李泽厚、洪毅然关于美的定义同黑格尔美的概念(理念的感性显现)之间的类似性。李泽厚曾说:"美是蕴藏着真正的社会深度和人生真理的生活形象(包括社会形象和自然形象)。"(李泽厚:《论美感、美和艺术》,《文艺报》编辑部编:《美学问题讨论集》第二集,北京:作家出版社,1957 年,第 238 页。)洪毅然曾说:"事物内在的好的品质之外部表征曰美。"(洪毅然:《美是什么和美在哪里》,《美学问题讨论集》第三集,第 66 页。)二、李泽厚与康德美学的关系也值得玩味。首先,李泽厚非常重视康德《判断力批判》的核心问题,即美感为什么具有普遍性和必然性。而在 1960 年之后的后期美学讨论中,李泽厚也暗中接受了(转下页)

因此，中国美学讨论可以视为由西方美学话语中介又包含着中国问题的一场思想论争。在转入美学讨论中的"自然"及"自然美"之前，有必要先厘清美学讨论自身的历史与知识起源。以下讨论首先尝试回答三个问题：一、那一时期的中国何以会发生美学讨论？二、为何美学讨论的首要冲动是论证美的客观性？三、自然美问题为何在此一脉络中出现？

第一节 客观美与"自然"问题

一 中国美学讨论的历史与理论脉络

1956年6月，《文艺报》发表了朱光潜的《我的文艺思想的反动性》，并加了按语，号召知识界展开关于美学问题的讨论和批判。这可以视为美学大讨论的现实起点。①一年之前是批胡风，两年之前是批俞平伯的《红楼梦》论和胡适的"实用主义哲学"，都涉及对于"唯心论"和"主观论"的批判。②朱光潜这一自我批评当然也属于这个大脉络，即一般谓之知识分子思想改造。然而，正如《文艺报》按语所言，关键问题在于通过批判和讨论来建设

(接上页)康德关于美的定义，尤其是其"自由"形式的说法受康德影响很大。三、朱光潜在1950年代末翻译黑格尔《美学》，受其影响提出新的艺术美观点。

① 值得注意的是，新中国成立初期已有蔡仪和吕荧之间的往返辩论。参看吕荧：《美学书怀》，北京：作家出版社，1959年；朱光潜：《朱光潜全集》第五卷，合肥：安徽教育出版社，1989年；蔡仪：《唯心主义美学批判集》，北京：人民文学出版社，1958。然而有学者曾提到，朱光潜谈及这场美学讨论的时候，总是将起点定在1957年而非1956年，而且也正是在这一时期，蔡仪的美学遭到集中批判，故1957年可以视为美学讨论从"批判"转入"争鸣"的起始点。参见戴阿宝、李世涛：《问题与立场——20世纪中国美学论争辩》，北京：首都师范大学出版社，2006年，第31、35页。朱光潜关于美学讨论起止时间的论述，参看《朱光潜全集》第一卷，合肥：安徽教育出版社，1987年，第7页。

② 据䚡大申考证，"唯心"与"唯物"对立的权威化始于毛泽东发动批判俞平伯的《红楼梦研究》之际。核心的文件是《中共中央关于宣传唯物主义思想批判资产阶级唯心思想的指示》(1955年3月1日)。参见戴阿宝、李世涛：《问题与立场——20世纪中国美学论争辩》，第40页。

"真正科学的、根据马克思列宁主义原则的美学"。① 社会主义国家显然希望美学讨论能够既"破"又"立"(如今我们往往容易忽视后一部分,即将新中国的"批判"视为单纯的"否定"②)。在 1956 年中后期,社会主义改造的成功以及新的生活方式的初步呈现,使新中国有了在文化领域与学术领域全面超越"资产阶级"对应物的基本自信和迫切需求。③ 然而,推断美学讨论乃是意识形态革命和社会主义文化建设的一部分,并未脱离"常识"。④ 更为核心的问题依然是:为何是美学讨论?刘康曾指出美学讨论中的"文化美学马克思主义者"试图建构一种建设性的文化空间来缓冲破坏性的阶级斗争观念。⑤ 这一论说虽然部分把握了美学讨论的历史内容——特别是在"后斯大林时代",中国亦有其反思"无产阶级专政的历史经验"的考虑⑥——但却偏重于向知识分子移情,即相对非历史地强调了知识分子的批判功能,却忽略了知识分子在历史过程中的自我转型要求。他未能很好地回答"为何美学讨论会围绕这一系列问题并以此种方式展开讨论"。换句话说,问题的关键首先在于如何历史地理解诸如"美在客观""美在生活"这些美学讨论中的主导表述——不仅注意其"内容",而且关注其"形式"

---

① 《文艺报》编辑部编:《美学问题讨论集》,北京:作家出版社,1957 年,第 1 页。值得注意的是,周来祥、石戈因要在理论上确认胡风文艺理论的反动性而写成的《马克思列宁主义美学的原则》(1956 年 11 月完稿)似乎并没有使美学问题根本解决。参看周来祥、石戈:《马克思列宁主义美学的原则》,武汉:湖北人民出版社,1957 年。

② 其实新中国第一次大规模的批判——"《武训传》批判"——就显示出此种渴求"新"的欲望与焦虑。见《应当重视电影"武训传"的讨论》(《人民日报》社论),人民出版社编辑部编:《武训和武训传批判》,北京:人民出版社,1953 年,第 5 页。

③ 由刘少奇起草并报告的《在中国共产党第八次全国代表大会上的政治报告》(1956 年 9 月 15 日)可以视为社会主义改造宣布基本完成的关键材料,参见中共中央文献研究室编:《建国以来重要文献选编》第九册,北京:中央文献出版社,1994 年。此外,可参看周恩来在 1957 年反右运动展开之后对社会科学领域的批判所做的评价,见《政府工作报告》(1957 年 6 月 26 日),《建国以来重要文献选编》第十册,第 323 页。

④ 这一表述见于《问题与立场》一书,见《问题与立场》,第 30 页。

⑤ Liu Kang, *Aesthetics and Marxism* (Durham: Duke University, 2000), p.122.

⑥ 参看人民日报编辑部撰写《关于无产阶级专政的历史经验》(1956 年 4 月 5 日,根据中共中央政治局扩大会议的讨论写成),《建国以来重要文献选编》第八册,北京:中央文献出版社,1994 年,第 224—240 页。

(尤其是其话语特征、论证方法)。

如果注意到当时苏联的情况,就会发现"美学"同样在"后斯大林时代"勃兴起来。在苏联共产党承认"美学"落后于生活和艺术的同时①,许多难以纳入正统马克思列宁主义框架的文艺美学论著在 1950 年代中期以后相继问世,其中不仅包括老一代理论家巴赫金和洛谢夫(A. F. Losev)的作品,也有马克思《1844 年经济学—哲学手稿》第一个完整俄译本(中国第一个完整译本同样出版于 1956 年,而且并非从俄文转译②),甚至还出现了美国哲学家汇编的美学文选。③ 布洛夫、斯特洛维奇等苏联美学家则反复强调美学重在研究现实和艺术的"美学特性"。④ 考虑到当时中国的知识状况与苏联哲学社会科学之间脐带式的联系(比如当时的理论译介杂志《学习译丛》几乎就是苏联哲学社会科学热点的摘录),中国的美学讨论似乎并不具备原创性。这不仅是说诸如"唯物""唯心"等美学讨论的基本前提都来自苏联正统的马克思列宁主义哲学,而且正是从 1956 年起,苏联也发生了一场围绕美学学科的对象以及审美本质等问题的讨论,也产生了"自然派"和"社会派"的对峙。⑤《学习译丛》杂志对于当时苏联美学的动态做过跟踪报道,甚至这些观点一度成为朱光潜等人证成自己美学论点的依托。⑥

---

① 参看苏联《哲学问题》杂志编辑部:《论马克思列宁主义美学的任务》,《学习译丛》1956 年第 1 期,第 28 页。

② 参看张景荣:《马克思〈1844 年经济学—哲学手稿〉的主要中译本》,《天津社会科学》1983 年专号(12 月),第 96 页。

③ 见 James P. Scanlan, *Marxism in the USSR: A Critical Survey of Current Soviet Thought* (Ithaca and London: Cornell University Press, 1985), pp. 298-299。

④ 参看阿·布罗夫:《美学应该是美学》,《学习译丛》1956 年第 9 期;列·斯特洛维奇:《论现实的美学特性》,《学习译丛》1956 年第 10 期;尤·阿历克塞耶夫:《关于审美实质问题的讨论》,《学习译丛》1957 年第 8 期。

⑤ 参见阿·布罗夫:《美学:问题和争论》,凌继尧译,上海:上海译文出版社,1987 年,第 20 页。以及 James P. Scanlan, *Marxism in the USSR: A Critical Survey of Current Soviet Thought*, pp. 300-304。

⑥ 朱光潜曾指出,1956 年苏联《哲学问题》杂志编辑部举行过关于马克思列宁主义美学对象的讨论。根据苏联哲学家的看法,离开"用艺术方式掌握世界",不能有所谓美;自然美与艺术美,都是主观与客观的辩证的统一;纯粹主观的美和纯粹客观的美都不存在。见朱光潜:《美学研究什么,怎么研究》,《新建设》1960 年 3 月号,第 40—42 页。此外,我们也能在李泽厚等所谓"美是社会客观存在"这一论述中找到布洛夫和斯特洛维奇观点的"影子"。

就这个问题我想给出两个初步的回应。首先,对于苏联和中国来说,"美"和"美学"话题的兴起表征出社会主义国家转入了相对强调"和解"的历史时刻。鉴于苏共"二十大"对于斯大林的批判以及"波匈危机"的突然爆发,中国不但提出了"双百方针",而且毛泽东还多次提及"活泼的国家"这一政治民主设想。① 这些举动不仅营造出一种相对轻松活泼的政治空气,也正面地提出了塑造更为紧密的情感共同体的诉求。毛泽东在1956、1957年一系列宣传党内"整风"、回应党外批判的会议发言中反复提及知识分子与工农兵之间的关系,指出全心全意为后者服务首先需要和他们在"感情"上打成一片。他强调"企图压服是压不服的",要"有说服力的文章"。② "活泼的国家"的设想,为中国美学讨论提供了一个重要的社会政治参照点。③ 这已不再是一个"拉普"要求"打倒席勒"(法捷耶夫语)的时代,也不是新中国成立前周扬可以将美学简单视为艺术哲学的时代。④ 中苏美学讨论都强调美的客观性,不仅出于理论要求也是一种实践需要,它涉及社会主义国家在更高的层面(不仅仅是"好"而且是"美"⑤)确立自身普遍性的诉求。在这个意义上,中苏之间的确分享着一些基本的问题意识。

其次,中国美学讨论并非只是在"复写"苏联的论题,毋宁说围绕美的问题(尤其是抽象的哲学讨论)恰恰赋予中苏某种"同步性"。如果说在科

---

① 参看《毛泽东年谱:一九四九——一九七六》第三卷,第123页。
② 同上书,第92—93页。
③ "活泼的国家"不禁让人联想到席勒笔下的"审美国家"。在席勒眼里,审美国家绝非艺术家的共同体,而是政治共同体的想象。见席勒:《审美教育书简》,冯至、范大灿译,上海:上海世纪出版集团,2003年,第236—237、239页。虽然早有马克思主义者梅林批判席勒从审美走向政治自由完全是一种幻念,然而后者构造"领导权"的冲动却在社会主义建设时期有其别样的切关性。
④ 参看周扬:《我们需要新的美学——对于梁实秋和朱光潜两先生关于"文学的美"的论辩的一个看法和感想》(原载1937年6月15日《认识月刊》创刊号),《周扬文集》第一卷,北京:人民文学出版社,1984年,第224页。
⑤ "美"和"好"在美学讨论中被反复区分开,不能不说是一个"症候"。参见洪毅然:《美是什么和美在哪里》,《美学问题讨论集》第三集,第68页;《略论美的自然性与社会性》,《文艺报》编辑部编:《美学问题讨论集》第四集,北京:作家出版社,1959年,第114页。

技方面,当时的苏联的确领先于中国,那么在美学问题的理解上却并不存在"先后"关系。对于两者来说,美学问题都是悬而未决的。举例来说,1957年底,中国翻译出版了当时在中国人民大学教书的苏联专家斯卡尔仁斯卡娅的讲课提纲《马克思列宁主义美学》。因为此时苏联正在就"美学对象"展开争论,她特别删去了"马克思列宁主义美学的对象"一节。① "马克思主义"和"美"之间相对不确定的关系,反而提供了针对社会主义实践展开论辩的空间。更重要的是,自"后斯大林时代"以来尤其苏共二十大之后,苏联政治与学术界将审美和美的问题同"向共产主义社会过渡"直接联结起来,最终在党的文件中确立了"审美教育"的地位。② 相反,中国的美学讨论处在一种更为紧张、更具批判性的状态之中。"群众路线"和"为谁服务"的反复提出,使得美学自身的阶级属性难以隐藏,也使美学自身的"拜物教化"不能轻易达成。③ 苏联美学"复兴"之后,哲学辞典和百科全书对"社会主义现实主义"概念进行了修正,补入了"审美理想"或"审美表达"之类的表述。④ 与之相比,中国的美学讨论有"结尾"却并没有"结论"。⑤ 另一方面,中国美学讨论对于"自然"(自然美)问题的重视或隐或显地关联着中国独特的传统谱系,尤其是山水花鸟画等艺术形态成为触发讨论者思路的重要对象。虽然美学讨论期间中苏关系尚未破裂,然而从中已然可以见出两

---

① "译者的话",见斯卡尔仁斯卡娅:《马克思列宁主义美学》,潘文学等译,北京:中国人民大学出版社,1957年。

② 参见别里克《美学和共产主义教育》(1961年)一文,见苏联《哲学译丛》编辑部编:《苏联哲学问题论文集(1961年11月—1962年12月)》,北京:商务印书馆,1963年,第419页。以及阿·布罗夫:"在二十四大的决议、苏联共产党纲领和党的其他文件中总是指出艺术和审美教育在造就和谐发展的个性中的作用。"(《美学:问题和争论》,第5页。)

③ 参看姚文元:《照相馆里出美学——建议美学界来一场马克思主义的革命》,《美学问题讨论集》第四集,第181页。尤其随着"大跃进"展开,美学讨论被普遍认为过于抽象,弄不清所服务的对象。可参看华影舒:《致美学讨论者的一封公开信》,《学术月刊》1958年第6期。

④ James P. Scanlan, *Marxism in the USSR: A Critical Survey of Current Soviet Thought*, p. 320.

⑤ 1962年在党校会议上胡乔木曾就美学讨论进行过总结,这可以视为美学讨论的现实结束点。此外,美学也开始进入大学教学体制,参看《朱光潜全集》第十卷,合肥:安徽教育出版社,1993年,第532页。

国在社会主义文化建设方面的诸多不同之处。

考察中国的美学讨论尤其需要注意两个看似"外在"的要素：第一，是美学讨论延续的时间很长，从1956年开始，断断续续延续到1962年（甚至1963年开始的周谷城美学思想批判，也不能说与之没有关联）。① 这使美学讨论嵌入到1950—1960年代中国社会主义实践风云变幻之中——双百语境、反右运动、"大跃进"运动、"大跃进"落潮后调整时期的开始等。因此，美学领域如何回应历史实践显得尤为有趣。第二，如李泽厚后来的回忆所言，美学讨论"始终三派还是三派，没有说哪一派就一统天下。……三派中并没有哪一派承认错误了，作检讨"②。"缺乏定论"这一情况在当时众多文艺、文化批判中是难得一见的。这一现象并不能简单归因于所讨论的问题太抽象而没有受到政治干扰③，也不是缺乏政治要人的关注而显得无足轻重④。毋宁说社会主义关于"美"难以下最终裁断倒是耐人寻味。"美"的问题之所以重要，正因为其占据了所谓"政治社会"和"生活世界"的中间领域，或者说两者之间的模糊地带。它一方面关联着普遍的政治理念及其实际展开，另一方面又涉及特殊的趣味和感性差异。⑤ 社会主义国家处理美学问题，实际上也是在处理"感性"的政治。有趣的正是透过美学讨论的层层概念"硬壳"来考察"论争"真正的争议所在。这不仅是论争者之间的争

---

① 就美学讨论自身的轨迹而言，可以分为这样几个阶段：第一波是1956年底朱光潜的自我反思及对朱光潜的批判。第二波自1957年开始，围绕"美的本质""自然美"和"美学的对象"三大核心问题展开讨论，其中还掺杂了"反右"时期对主观论者和"右派分子"（如高尔太）的批判。1958年，姚文元《照相馆里出美学——建议美学界来一场马克思主义的革命》一文不满于美学讨论过于抽象，要求美学明确"为谁服务"的问题，并强调应该关注社会主义社会新的美，从而引发了美学讨论的转型。1959年《新建设》编辑部组织美学问题讨论会，正式提出应多从艺术实践和现实生活出发来探讨美学问题。1961年朱光潜提出"艺术掌握世界"的看法，引发了最后一波讨论。

② 李泽厚、陈明：《浮生论学》，第65页。

③ 李泽厚后来就持此种意见。见《浮生论学》，第65页。

④ 李泽厚在《浮生论学》中特别提到了美学讨论中政治人物没表态。参见《浮生论学》，第65页。然而，朱光潜却提及自己参加美学讨论能够"有来必往，无批不辩"源于周扬、胡乔木、邵荃麟等领导的"招呼"。参见《朱光潜文集》第十卷，第534页。

⑤ 关于政治社会和生活世界关系的论述，参看蔡翔：《革命/叙述》，第373—374页。

执,同时也是知识话语同外部社会空间处在一种辩证互动的关系之中。①

二 客观美与社会主义实践的自我确证

中国的美学讨论到底想做什么,无疑是需要先行厘清的问题。追问这一问题即在回应"美学讨论是以何种方式参与到中国社会主义想象之中的"。值得注意的是,李泽厚在论争中曾提及美学讨论的"现实指向",部分地透露了讨论的用心:

> 美学问题的讨论不能看作是与艺术实际无关的学院式的繁琐争论,实际上它与现实的文艺路线在理论上是有联系的。我们强调美的客观性,强调美是生活,强调艺术美的根源是在生活美中,从这种美学观出发,就逻辑的要求艺术家"到工农兵群众中去,到火热的斗争中去,到唯一最广大最丰富的源泉中去",也就是到生活中去。②

如果将美学讨论的"现实性"拓展到文艺之外,可以说这段如今看来类似于"表态"的文字恰恰抓住了社会主义之美的要义:美在客观,美是生活。我们不能仅仅将之把握为一种"隐喻",因为社会主义实践要求"现实"在字面上成为美的,即在感性上获得普遍认同。另一方面,社会主义文艺建构了一种与生活的"同一"关系。文艺之美超越了单纯感官的层面而是关联于"理念",或者用当时更流行的表达,即"本质"。"美"在这个意义上可以视为感性化的理念,而"形象"其实就是理念的肉身。③ 这一理想同德国观念论传统中"美的伦理"(die schöne Sittlichkeit)设定颇为接近:

---

① 李泽厚在1990年代的一篇访谈中,依旧高度赞赏1950年代美学讨论的意义,并且谈及了此种讨论与1980年代文化构型之间的隐秘联系,参看李泽厚、王德胜:《关于哲学、美学和审美文化研究的对话》,《文艺研究》1994年第6期,第26页。

② 李泽厚:《论美是生活及其他》,《美学问题讨论集》第四集,第188页。

③ 多布伦科(Evgeny Dobrenko)有个看法很有意思,即社会主义现实主义作为一种"机制"可以类比于马克思的"商品—货币—商品":现实1—社会主义现实主义—现实2。即社会主义现实主义的欲望不仅是"再现"现实,而是生产(美的)现实本身。因此车尔尼雪夫斯基的"美在生活"恰恰在斯大林时代实现了。见 Evgeny Dobrenko, *Political Economy of Socialist Realism*, trans. Jesse M. Savage (New Haven and London: Yale University Press, 2007)。我在这里想要补充的一点是:"美在生活"实质上与德国观念论传统有着颇为紧密的关联,美的生活(转下页)

它意味着人民的伦理生活在所有共同生活的形式中找到了表达，伦理生活给予了整体以形式，因此允许人们在自己的世界里认识到自己。美的事物是令人信服地被确认为某些受到普遍承认和取得一致的东西。因此，它属于我们对于美的事物的自然感觉，我们并不问为何它令我们快乐。①

这里的关键是"自然感觉"和"不问为何令我们快乐"，它也从一个侧面折射出"美"根本上关乎生活世界的自我确证。这一"确证"与其说建立在理性反思基础上，毋宁说建立在布尔迪厄所谓的"习性"（habitus）基础之上。虽然"美是生活"这句口号来自车尔尼雪夫斯基这位唯心论的坚定批判者，但其深层逻辑的展开却牵涉一种新的有机论：艺术和生活的合一。②因此，我并不简单将"美在客观"视为唯物/唯心论二元架构的"衍生品"，或者套用一个制度经济学的概念——"路径依赖"，而是视其为社会主义实践完成自身普遍性证成的重要环节之一。相比于李泽厚，宗白华在更早时候反驳"主观论者"高尔太的话更加直白地道出了"客观美"的必要性："如果没有客观存在着的美，人们做梦也不想研究美学，国家也不能提倡美育，设立美术馆。提倡美育就是培养人民对客观存在着的美的对象能够接受和正确地认识，像科学那样培养我们对自然和社会的真理有正确的认识。"③强调"客观

（接上页）不是惰性的、表层的生活，而是"本质性"的生活，即理念获得生命与感性形式的状态。由此我们才能真正捕捉到"社会主义现实主义"的内在逻辑。

① Hans-Georg Gadamer, *The Relevance of the Beautiful and other Essays*, trans. Nicholas Walker, edited with introduction by Robert Bernasconi (Cambridge, London and NY: Cambridge University Press, 1986), p. 14.

② 参看 Victor Terras, *Belinskij and Russian Literary Criticism: The Heritage of Organic Aesthetics* (Madison, Wisconsin: The University of Wisconsin Press, 1974), p. 237。

③ 宗白华：《读"论文"后一些疑问》，《文艺报》编辑部编：《美学问题讨论集》第二集，第153页。注意李泽厚认为宗白华等的说法与其一致，参看李泽厚：《关于当前美学问题的讨论——试再论美的客观性和社会性》，《美学问题讨论集》第三集，第146页。在这里不得不提到的是，"反右"与论证客观美之间的"关系"，是一个需要小心疏正的问题。参看萧平：《美感与美》，《美学问题讨论集》第三集，第101页；洪毅然：《美是不是意识形态》，《美学问题讨论集》第四集，第94—95页。

存在着的美"显然指向新主体的养成,更具体地说,指向新的感性机制的养成,同时确立关于美的"正确"知识(与前者一体两面)。更需注意的是"像科学那样"这一表述,也就是说"美育"和"科学"都涉及客观"真理"。美是真理的一种表现形式。然而,美的这种"客观性"到底如何来理解呢? 接下来我们就将看到,这一问题成了争论的焦点之一。

在这个意义上,也就可以理解为何中国美学讨论会反复争辩"美是否是(社会)意识形态"。① 虽然一般说来,"意识形态"在苏联主导的马克思主义哲学体系中并不带有贬义②,因此也不存在因强调意识形态性质而受诟病的危险,然而诉求或者说寻求更为客观的甚至是"自然"的、如"自然规律"般的基础或本质,往往成为奠基真正的领导权的关键。如果说资本主义现代性的历史呈现出一种"分化"的历史,即产生出一些拥有自身规律的、自主独立的"场域",用布尔迪厄的话来说,就是产生许多"游戏"规则、"利益"和"自治性"③,那么社会主义现代性则仿佛想要建构一种融合性的"游戏",一种所有人都"投注"其中的"场域"。"客观美"的要求或许可以在这一点上得到解释:对于对象优先性的承认,成为进入这一场域的基本前提。论证这一"优先性"并非出于"实证"目的,而是内在于某种"教育"图式,即动摇主观个人感觉的至上性,强调每一个体都是潜在的需要接受改造与教育的主体。然而,美的"意识形态"性质如果不是动摇却也是模糊了这一"优先性"的地位。

朱光潜在美学讨论中始终坚持美的意识形态性质,其论断源于一个颇

---

① 这里有一个颇为有趣的现象,坚持"美是意识形态"观点的讨论参与者,基本上都坚持上层建筑/经济基础的二分法,包括朱光潜、许杰等。此外,朱光潜还特别强调"社会意识形态/科学意识形态"的区分,前者指"折光"或歪曲的意识反映,后者则是"反映自然现象","符合客观真理或绝对自然"。参看朱光潜:《美学中的唯物主义与唯心主义之争——交美学的底》,《新建设》编辑部编:《美学问题讨论集》第六集,北京:作家出版社,1964年,第236页。
② 关键是从虚假意识到狭义的国家统治意识形态,再到更一般的社会意识形式这一"马克思主义哲学"内部的"滑动"。当时的一般理解,可以参看艾思奇:《辩证唯物主义历史唯物主义》,北京:人民出版社,1961年。
③ 参看布尔迪厄:《实践理性:关于行为理论》,谭立德译,北京:三联书店,2007年,第137—138页。

为简单的推论:艺术在马克思列宁主义脉络里被规定为上层建筑,是社会意识形态,而美是艺术必不可少的属性——在他看来,没有美就不成其为艺术,因此美也只能像所属实体(即艺术)一样是第二性的。① 但是,正如李泽厚指出的那样,如果从"美是生活这一根本不同的前提出发",这一三段论也就不攻自破了。② 虽然朱光潜的批判者并不否认美是艺术必要的属性,却敏锐地把握到朱光潜的"小前提"错在将美视为只属于艺术,进一步说,错在将艺术和美等同起来。③ 朱光潜的推论可以合逻辑地推导出美的阶级差异性,可是并没有抓住美学讨论的核心冲动。在讨论中,"美"这一问题"撑破"经典性的上层建筑/经济基础这一结构本身,才是最耐人寻味的"症候"。曾有人将"美"难以纳入上层建筑/经济基础框架的特征类比于斯大林《马克思主义与语言学问题》中所论述的"语言":

> 美的确不是基础,它不是在经济上来替人类社会服务的;但是,不能因为美不是基础,就说它一定是上层建筑,在我们人类社会中,有些社会现象,是既不属于基础,也不属于上层建筑的,语言就是一个例子。④

斯大林曾强调语言作为"交际的工具"具有"全民性"。虽然他并没有否认"习惯语""同行语"的阶级特征,或者说,斯大林强调语言的使用具有"阶级性",而语言本身却是没有阶级性的,但他还是区分了"词语"和"文法":"在说话中应用有阶级色彩的专门的词和语时,并不是按照某种'阶级'文法的规则(这种文法在天地间是不存在的)而是按照现存的全民语言的文

---

① 参见朱光潜:《美就是美的观念吗?》,《美学问题讨论集》第四集,第29页。
② 李泽厚:《论美是生活及其他》,《美学问题讨论集》第四集,第185页。
③ 参见蔡仪:《朱光潜的美学思想为什么是主观唯心主义的?》,《美学问题讨论集》第三集,第223页。
④ 参见蒋孔阳:《批判许杰唯心主义美学观点》,《美学问题讨论集》第三集,第291页。类似表述有洪毅然:"作为美学研究对象的客观存在于事物中的美……却不应当属于上层建筑,虽然它也不是下层基础,正如山河大地和语言,生产工具,以及其他类似的许多东西……"(《美是不是意识形态》,《美学问题讨论集》第四集,第84页。)

法规则。"①在回应有人利用列宁"两种文化"的观点来坚持语言的阶级性时,斯大林提到语言不同于"文化",前者可有资产阶级无产阶级之分,后者则无。如果"语言"不是文化,那么它显然是更近似于"自然"的"社会现象"。斯大林批判革命后创生"新语言"之虚妄,即在暗示语言具有一种自然演进的特征。可以说,斯大林的语言论是社会主义国家缓冲阶级性话语的重要支撑,也是想象美的客观性的重要资源。虽然他在同一文本中明确将"美学"同政治、法律一起列入上层建筑,但是这并没有妨碍某些美学讨论参与者巧妙地分殊开"美"和"美学",且强调前者的客观性和优先性。针对诸如许杰等人的批判即在于:他们混同了作为意识形态的美学和作为客观存在的美。② 如果说"习惯语"可类比于各个阶级的审美观念,那么"文法"则指向一种更为深广的普遍性。1960 年代关于语言的"全民性"与"人民性"的讨论表露了新中国探寻普遍"文化"的努力与张力。③ 然而,与语言不同的是,客观美尤其需要谨慎地处理与阶级性之间的关系。因为这一客观性最终需要历史真理的保证,这关系到新的主体在历史展开过程中真正确立自身的普遍性而不是去简单模仿自然的"必然性"。在 1950 年代中期的历史语境中,美学问题"形式化"了社会主义实践深层的冲动和难题。一方面,社会主义改造已经基本完成,所有制方面的剥削关系已然宣告结束。另一方面,"阶级"尚未消灭,就算阶级斗争不再尖锐,但是人民内部矛盾依旧严重。因此,"美"就将这一不再绝对具有经济意味的"阶级"问题呈现了出来。各个"阶级"或有着社会差异的人群不再处于你死我活的政治斗争状态,那么是否可能在感性上取得些许的一致?如果可能,又是如何一致?同时如何在这一过程中保证工农兵主体的"主导性"?因此也就不难看到,一方面美学讨论强调:阶级性和人民性、永恒性和时代性在美的问题上表现为无法简单取消某一方面的"矛盾"结构。④ 另一方面,关于"何为最美"总

---

① 斯大林:《马克思主义与语言学问题》,李立三译,北京:人民出版社,1953 年,第 40 页。
② 参看叶秀山:《"美是主客观统一"说质疑》,《美学问题讨论集》第四集,第 130 页。
③ 参看厦门大学中文系语言教研组:《语言的人民性》,《厦门大学学报》1960 年第 2 期。王德春:《〈对语言的人民性〉的商榷意见》,《厦门大学学报》1962 年第 4 期。
④ 参看李泽厚:《论美感、美和艺术》,《美学问题讨论集》第二集,第 255 页。

是"逻辑地"落实在先进阶级及其所代表的历史运动之上。①

"美在客观"的现实指向或者说其深层意图或许并不晦涩。但问题的关键却在于如何落实这一表述，即如何来具体确证新的生活世界自身的美。社会主义实践作为一种人类历史上从未有过的创举，是否足以充分动员起全部社会成员的认同——而且这一认同得是情感性的。要知道，在所谓"社会主义在世界范围内胜利之前的时代"（斯大林语），阶级对抗和社会和解总是处于一种微妙的平衡之中。美学话语在某种程度上类似于"政治理论"，它往往会给出一种"普遍"的美的理想，并且尝试"说服"人们的一致认同。② 但它比较微妙之处是需要处理情感、快感和趣味，因此从理想上说，它涉及每一主体不可替代的经验过程。美学无法简单诉诸逻辑或康德所谓的"知性"来获得一致，而要求每个人亲身体验之后的情感认同，同时，"美"又关联着"精神"和"物质"的中间领域，同一种独特的"自发性"相关。③ 进言之，美学话语涉及主体经验的独一性和集体经验一致性的"接合"。在这个意义上，美学话语正是新的感知分配的话语构型。社会主义实践力求改造旧、创造新，因此相比于概念上的认知和认同，"美"对之提出了更高的要求，并使难题倍增。当然这并不是说历史上不存在迥异的情感认同方式，也不是说社会主义时期的感觉结构就必然会处在此种主导性的资产阶级美学话语阴影之下。但是至少从美学讨论中的知识话语来看，社会主义"美学"确实继承了资产阶级美学许多设定（诸如美感的普遍性、必然性、"超功利性"），这里存在着一种微妙的"翻译的政治"，另一种意义上的"阶级斗争"。因此可以说，思想、概念和话语内部的歧义、矛盾也是新旧政治、经济

---

① 参看从曹景元一直到姚文元的表述。曹景元："只有先进阶级的美的观点才能正确地反映美的本质，而衰朽阶级的美的观点却总是歪曲现实中的美。"（曹景元：《美感与美》，《文艺报》编辑部：《美学问题讨论集》，第154页。）

② 关于政治理论的这一特征，可参看 Thomas Negel, *Equality and Partiality*（New York and London: Oxford University Press, 1991）, p.21。

③ 在西方美学话语谱系中，审美相比于道德更接近"自然"，即关联着情感或快感，同时美的艺术成为自然—物质限定与精神—自由之间的中介或媒介。见 Jay Bernstein, "Introduction", *Classic and Romantic German Aesthetics*（London and New York: Cambridge University, 2003）。

构型之间的矛盾和斗争的反映。① 换言之，中国美学讨论的内在强度恰恰是由其话语表述本身的冲突指示出来的。

三 "自然美"与"社会主义"

1956年社会主义改造基本完成之后，中国经历过一段"阶级斗争"向"与自然斗争"倾斜的时期。"自然"也是当时一系列新的社会实践与文艺实践的关键问题。国家倡导发动的"技术革命"和"文化革命"正是呼吁同外在自然和内在自然"做斗争"。"大跃进"运动虽然以悲剧性的结果收场，然而中肯的研究也不能不注意到，这一运动同时也在试图建构工农群众和自然之间新的认知、实践和审美关系。相比于"大跃进"时期群众性的"破除迷信"运动，美学讨论无论从参与的主体还是从本身的表述方式来看，都是由知识分子占据着主导方面。当然，这一"知识分子"内部可以再做辨析：比如朱光潜这样带有自由主义背景的人，党内文艺理论家蔡仪或是李泽厚这些年轻一辈。我们不能将之简单还原为一种知识分子话语，尤其是在"自然"问题上，美学讨论获得了一种敞开性：不仅关乎体制化的艺术经验，也关系到自然美经验以及劳动经验。

在第一章里，我们看到在社会主义条件下，外在自然的形象获得了新的政治与伦理意义，不同的艺术媒介所构筑的"自然"参与到了新的感性和主

---

① 正如伊格尔顿所说，资产阶级美学的"规定"关涉到某个文化政治维度：资产阶级主体是自主的和自我规定的，他们除了以一种神秘的方式为自己立法之外，不承认仅仅外在的律法。见 Terry Eagleton, *The Ideology of the Aesthetic* (Oxford: Blackwell Publishers, 1990), p. 23。如果美学以其形式规定性残留着此种文化政治，那么"马克思主义与美学"这一关联本身就包含着诸多张力。改革时代的"美学热"也只有从此种"文化政治"维度出发才是可理解的。社会主义美学讨论所面临的难题是：如何真正超克这一美学话语及其所隐含的主体构造。另一方面，朗西埃(Jacques Rancière)这位前阿尔都塞学生，试图重新来解读康德、席勒以来的"审美的政治"。他质疑将审美幻象简单回溯到"资产阶级"基础，而是特别提到19世纪法国工人报纸中的工人阶级的审美诉求与《判断力批判》的同构性，也就是将"非功利性"的小资产阶级基础"普遍化"了。这一问题化具有解放性，当然也有一定的可争论性。他提示我们去追问：如果说资产阶级自身对于封建阶级的克服所动用的审美资源，包含在康德以来的美学脉络中，那么无产阶级对于资产阶级的超越，是否同样可以包含在这一美学脉络中？而无产阶级的"审美"在强度上，是否只有分享这一"仿佛"的逻辑（朗西埃称之为"悬置"），才能与资产阶级具有一样的强度？

体意识的重新铸造之中,同时也显示出社会主义实践的某些难点。这些关于"自然"的经验并不能归于"自然美",但是却为把握新中国围绕"自然"展开的美学讨论提供了语境。"自然美"首先是一个经过西方哲学美学话语中介的范畴。"自然美"话语不仅内在于西方现代性的展开而且呈现出现代性自身的矛盾。比如康德的"自然美"论述残留着神学因素,表征出新旧目的论转型。① 黑格尔关于"自然美"的真理在于"艺术美"的看法,背后潜藏着"劳动""否定"以及"自我意识"的议题。② 阿多诺则试图走出西方现代性之"主体性"执念,将"自然美"从"同一性"中解放出来,强调"自然美"是事物中非同一性的痕迹。③ 历史唯物论承认,自然美的本质在于历史,它同人类遭遇与征服自然的经验相关。但是自然美又不能被简单还原为"行动"、征服和劳作的经验。④ 西方美学话语对于自然体验的划分,不仅来自历史中的社会分工和阶级分化,也代表了资产阶级构筑新教养的冲动。一旦社会主义文化涉足美学领域,就不得不回应这些美学背后的问题,甚至为这些问题所规定。

从社会主义与自然这一问题脉络来看,美学论争围绕"自然美"的讨论凸显出了社会主义在处理自然感性经验时的某些张力。一方面,自然美似乎并不随着历史改造或者一般上层建筑的变迁而改变,这是蔡仪在美学讨论中反复强调的一点。另一方面,自然美也早已充分地被旧有的艺术理论或艺术体制所中介,换句话说被或旧或新的"教养"所中介,这是朱光潜始终坚守的底线。更进一步,自然美又是被劳动实践、社会分工,一句话,由生产方式所中介,这是李泽厚的核心看法。"自然美"议题

---

① 尤其参看康德《判断力批判》第 42 节论"自然美"与"善好"灵魂之间的关系。关于康德《判断力批判》和构造新目的论的关系,参看 Rachel Zuckert, *Kant on Beauty and Biology* (Cambridge and NY: Cambridge, 2007), pp.8-9.

② 参看黑格尔:《美学》第一卷,第 4—5 页。在这里黑格尔强调了人的"生产"(否定运动)的优先地位。

③ 见 T. W. Adorno, *Aesthetic Theory*, p.69.

④ 在阿多诺看来,一旦自然不再作为一种行动的对象,自然的外观自身就给出了表达——不管是忧郁、平和还是其他形态。所有自然主义艺术仅仅是欺骗性地接近了自然,它仅将自然归为工业的原材料。见 T. W. Adorno, *Aesthetic Theory*, pp.65-66.

从一个独特的角度凸显了更为广阔的"劳动"问题:劳动与自然的多重关系(不仅是"征服"自然),劳动与休息,劳动与教养等。如果社会主义实践意在塑成一种新的政治主体,那么在自然美问题上必须有所突破。因为"自然美"关系到社会主义是否能够使"新"的世界观、生活世界的理想成功地渗透进看似"无历史""形式主义""直接"的自然感性经验之中,从而生成一种全新的、不可化约为"政治"本身的自然感性形象。换句话说,自然美问题并不是客观的"生活之美"的倒退,反而是其推进。对于作为政治制度和劳动生产组织形式的"社会主义"来说,困难的不是于"外在自然"和"内在自然"中见出"历史"本质,而是将自身的制度、文化甚或生活世界整体进一步确证为天然正当。而"自然美"恰恰是一种引导性的经验,它最终指向外在自然和内在自然改造后的理想状态,牵涉到"社会主义"能否建成一种具有"深度"的"人性":一方面有别于既有的人性与教养,另一方面又不同于培根式"科学乌托邦"所宣扬的"支配自然"的心性。[①] 从客观美到自然美,整个美学讨论可以说围绕着一个基本的轴心转动:中国社会主义实践是否能够落实自身的感性领导权,是否能够充分普遍化自身。而实际的美学讨论的展开却呈现为诸多方案,带着其历史与知识的特殊规定参与到一项至今尚未闭合的思想实验当中。李泽厚曾说,在自然美问题上,各派弊端暴露最明显。这也说明各派在"自然美"问题上有着极不一致的看法,这种不一致表现出"自然"问题在社会主义条件下的复杂性和暧昧性。另一方面,"自然"的高度问题化也是窥视社会主义知识分化与隐秘的政治分歧的绝佳媒介。

[①] 关于"科学乌托邦"一说,可参看 Raymond Williams, "Utopia and Science Fiction", in *Culture and Materialism*, p.200。威廉斯所区分的是 16 世纪托马斯·莫尔式的协作的、维持性经济的"人文主义"乌托邦与 17 世纪培根式的专业化、产业经济的"科学乌托邦"("新亚特兰蒂斯")。

第二节 自然美:常识与教养的争执及其他

一 超历史的自然美,或内在于社会的"自然"

（一）

解读"美学讨论"最大的难度就在于讨论本身的封闭性(美学"行话")和各派理论表面上的自洽性。蔡仪在美学讨论中的表现尤其如此。他既不像朱光潜那样多次调整自己关于艺术和美的具体表述,也不像李泽厚孜孜汲取马克思"政治经济学批判"与哲学著作的洞见,而是以一种近乎决绝的立场来捍卫自己的"唯物主义"美学。虽然蔡仪在新中国成立前就以建基于唯物反映论的"新美学"对朱光潜的唯心主义美学进行过批判,但是在美学讨论中,他却似乎比朱光潜更少同情者,更加处于孤军奋战的地位。[①] 其症结正在于他执拗地坚持自然本身有美而且这一自然美是超历史、超阶级的。如何来理解蔡仪的这种执拗?是否这仅仅是为了捍卫理论的正当性——为了印证"马克思列宁主义反映论"的真理性?在一场可以视为美学大讨论"前史"的论争中,蔡仪严肃地指出,吕荧的"美是观念"错在混淆了道德观念和美的观念。在他看来,前者"反映社会生活的物质基础……只关系着社会生活",而后者"不仅关系着社会生活,也关系着自然事物"。[②] "自然事物"成为此处的关键

[①] 参见李泽厚:《论美是生活及其他》,《美学问题讨论集》第四集,第198页。注意蔡仪自己曾说"五三年调文学研究所……这期间,主要是写些文艺理论文章,论述现实主义问题,有一本《论现实主义问题》,也被迫写了些美学论辩文章,不情愿的,有一本《唯心主义美学批判集》"(杜书瀛:《我所知道的蔡仪先生》,《新文学史料》2005年第1期,第9页)。这里一句"不情愿"耐人寻味。或许是蔡仪因为受到诸如吕荧等批判不得不发出反击之意。或许是"组织上"安排他参与讨论但自己兴趣已然不在其中之意(这极有可能,据说,朱光潜1961年写成《生产劳动与人对世界的艺术掌握》之后,《新建设》也向蔡仪约稿,但蔡仪未写)。不过,从这里也能揣度出蔡仪对于自己的美学理论,并无太多修正的意思。

[②] 蔡仪:《论美学上的唯物主义与唯心主义的根本分歧》,《美学问题讨论集》第二集,第183页。

词。从这一表述里,我们或许可以摸索到蔡仪执拗坚持的另一些缘由。为了反驳吕荧将恩格斯《反杜林论》中关于道德的论说"推广"到美,蔡仪这样分析道:

> 道德观念或道德正因为是反映社会物质基础的,所以它的物质基础消灭之后,相应的道德观念和道德也就消灭了。可是美呢?如果说"美"这种观念和道德观念一样是社会物质基础的反映,也就应该和道德观念一样随着它所反映的基础的消灭而消灭,然而谁都知道事实并不如此。如上所说,许多客观事物古代人认为美的,而我们现在也认为它美,自然事物的美基本上是如此,即使本是上层建筑的艺术,马克思就曾说,古代希腊艺术的美,对于我们仍然是一种美感享受的源泉,也就说明"美"这种观念并不是道德观念一样只是社会基础的反映。……恩格斯说,道德总是阶级的道德,……但是事实是有世人都羡慕的自然的美,也有历史上的人们以至今日的我们都欣赏的艺术的美。就算说社会事物的美,单以不同的人的不同的美的观念来判断也许是很不一致的;然而美的事物究竟是美的事物。①

蔡仪这段话无疑在理论上破绽颇多,但我们的分析不能仅从其理论的"不正确"这一面入手。可以看到,蔡仪不满于将美置于"上层建筑/经济基础"这一结构,甚至认为"美的观念"也不是一般意义上"社会物质基础"的反映——他认为"美的观念"仅仅是客观美的认知反映。他所强调的"自然事物的美"犹如斯大林所谓"语言"一样并不随着旧有上层建筑或者观念形态的消灭而消亡。而蔡仪之所以强调"美不是什么社会物质基础的反映"②,正是为了驳斥"美只能是各阶级有各阶级的美……只能是绝对地相对的东西"③。当"自然美"在美的普遍性证成中占据如此关键的位置时,我们就不能止步于加在蔡仪头上的"机械唯物主义"指责。蔡仪在这里捕捉到的关

---

① 蔡仪:《论美学上的唯物主义与唯心主义的根本分歧》,《美学问题讨论集》第二集,第184—185页。
② 同上书,第188页。
③ 同上。

键问题即:有着这样一种比"社会"更像"自然"然而又不全然是"自然"的存在。他绝非是故意抬高自然美的地位(这一点在论争中反复被人有意或无意的误解①),然而他却始终不放弃自然事物在唤起单纯、自发的快感方面的力量(蔡仪很少提到由"教养"所中介的"自然美",相反用的是"世人都钦慕"这一相对含混的表述。"世人"就如"全民"一样,是一种弱化"阶级分化"的表述)。这首先是一种"现象"和"常识"上的论断,但是其"无加反思"的"单纯性"却规定着美的客观性和普遍性论证:"许多客观事物古代人认为美的,而我们现在也认为它美,自然事物的美基本上是如此。"另一方面,我们也需注意到,"历史上的人们以至今日的我们都欣赏的艺术的美"一定会牵涉到"文化"或"教养"问题,蔡仪的讨论在这一点上颇为冒险:接近自然美之普遍性的艺术美需要诉诸一种普遍的"人性"。这在蔡仪的"典型"论中表现得更为明显。自然事物的美仿佛以无中介的方式呈现——他眼中的普遍的艺术美似乎亦是如此。因此,蔡的论述在"历史唯物主义"看来无疑是一种幻觉。然而辩证地看,它在一定程度上却有助于驱逐主导阶级趣味的统治。正如第一章指出,社会主义视觉体制对于朴素的非艺术家眼光的强调,其实是建构"真实"的"自然"的关键。后者与解放那些不具备文化领导权的劳动群众的文化工程相关。因此可以说,蔡仪所坚守的首先是一种"常识":自然事物的美即最简单的、最容易把握的美,是"世人"但首先是"大众"可把握的美。② 这显然跟一般所理解的建基于"教养"的自然美拉开了距离。而在朱光潜和李泽厚看来,自然美恰是最不简单的美。在这个脉络里,围绕自然美产生的争执逐渐具体化了。

(二)

然而,说自然美是最简单的美依旧抽象。为了进一步弄清蔡仪如何规

---

① 参看蔡仪的争辩,以及朱光潜、李泽厚等人对蔡仪的批判。蔡仪的争辩见蔡仪:《朱光潜先生旧观点的新说明》,《美学问题讨论集》第六集,第 175 页。蔡仪的具体论述也可参看其《新美学》,见《蔡仪美学论著初编》上,上海:上海文艺出版社,1982 年,第 363 页。

② 参看蔡仪:《吕荧对〈新美学〉美是典型之说是怎样批评的?》,《蔡仪美学论著初编》下,上海:上海文艺出版社,1982 年,第 515 页。

定自然美，不能不回到他的"典型"概念。针对蔡仪的批评在很大程度上都是针对他的"典型论"而来。批判者普遍认为，蔡仪静态的典型概念正是导致文艺创作公式化和概念化的根源。① 而此种不满的关键又在于认为蔡仪混淆了"自然"和"社会"，将"典型"引入了实证主义的歧途，甚至类比于生物学。因此这一类典型成了反映"无限"生活内容的"反面"。② 吕荧就认为，蔡仪所谓"社会的阶层关系"只是"种类"的代名词，而所谓"社会范畴"和"社会事物"也只是"第二种自然的范畴"和"第二种自然的事物"。③

其实早在1940年代，蔡仪就构筑出自己的美学体系，可以说在美学讨论中他只是重复了自己旧有的观点，很难说提出了什么新看法。虽然在1958年《唯心主义美学批判集》序言里，蔡仪对《新美学》的缺陷进行了反思，但是在核心问题上却毫不让步。④ 其中最核心且独特的表述即：美的本质就是事物的典型性，即事物的个别性显著地表现着它的本质、规律或一般性。⑤ 如果回到新中国成立前的《新美学》，则能看到这样的定义："美的本质……就是个别之中显现着种类的一般。"⑥问题的关键确实在于"种类"这一表述。在《新美学》脉络里，"种类"不仅具体化了蔡仪所谓的"典型"，同时也体现出了"整合"的雄心：

> 任何实体事物，不属于自然的种类范畴，便属于社会的种类范畴；和这同样，任何实体事物的美，不是由自然的种类范畴所决定，便是由

---

① 但需要注意蔡仪自己对于公式化的理解，他所谓"公式主义、概念化"指的是文艺作品成为作者表现自己思想感情的工具，而缺乏真实性。换言之，"公式化、概念化"恰是"主观化"的流毒。参见蔡仪：《四论现实主义问题》，《蔡仪美学论著初编》下，第777页。

② 蔡仪的典型论与一般典型论说的区别，李泽厚所谓"无限"生活与有限形象的关系，以及1962年文艺批评界对蔡仪的典型论的质疑，都值得详加分析。

③ 吕荧：《美学书怀》，第18页。

④ 核心问题即客观美，自然美和美是典型。但蔡仪的自我批判为：一、全书表现出了脱离革命实际的倾向；二、有些论证中表现出形而上学的倾向，个别论点上表现出唯心主义的形式主义观点；三、一般例证上错误和缺点很多。参看蔡仪：《〈唯心主义美学批判集〉序》，《蔡仪美学论著初编》下，第460页。

⑤ 蔡仪：《吕荧对〈新美学〉美是典型之说是怎样批评的？》，《美学问题讨论集》第三集，第108页。

⑥ 《蔡仪美学论著初编》上，第238页。

社会的种类范畴所决定。也就是任何事物的美,不是由自然的种属的属性条件所决定,便是由社会的阶级的属性条件所决定——详细地说,是由生产过程中人和人的关系,人和物的关系为基础所派生出的社会事物的属性条件所决定的。①

某种程度上可以说,蔡仪的"典型论"继承的是黑格尔的"客体"概念。个体因此是普遍实体(即上文所提到的"种类")的化身,任何客体(无论是自然的还是社会的)皆具有内在的统一性,这种统一性不能化约为原子论实体的多元组合,由此与康德的"先验统觉"拉开了距离。② 蔡仪在新中国成立后将"种类"一词替换为"本质、规律"或许是为了规避诸如"机械唯物论"等指责。然而从典型论的本体论基础来看,"种类"与"本质"之间的确有着概念上的联系。虽然后来蔡仪承认《新美学》这一节犯了"抽象思辨"的错误③,可是他并没有放弃这个概念。蔡在回应吕荧的批驳时,特别澄清了:"种类一词,原不只是用于自然事物,也用于社会事物;不只是指同样事物的总和,也包括同样事物产生的根源。"④"种类"一词既可指自然又可指社会范畴,不能不让人联想到"class"。关于这一词汇在英文世界的源起及派生意义,雷蒙德·威廉斯《关键词》一书有着很好的分析:

> 从17世纪末期开始,class被用来当作一个群体(group)或一个部门(division)的用法日趋普遍。最复杂的是,class可以用来描述植物与动物,也可以用来描述人,而不带有现代的社会意涵。……然而,在1770年至1840年间,class开始演变成具有现代意涵的词,且对于特别的阶级皆有相对的固定名词来称呼,例如 lower class(下层阶级)、middle class(中产阶级)、upper class(上层阶级)、working class(劳动阶级)

---

① 《蔡仪美学论著初编》上,第253页。
② 见 Robert Stern, *Hegel, Kant and the Structure of the Object* (London and NY: Routledge, 1990), p.107。
③ 《蔡仪美学论著初编》下,第464页。
④ 蔡仪:《吕荧对〈新美学〉美是典型之说是怎样批评的?》,《美学问题讨论集》第三集,第124页。

等等。这一段时间也是工业革命与关键性的社会重整时期。①

虽不能武断地推论蔡仪笔下的"种类"就是 class 的对译,但是抓住这一概念内部的意义滑动可以带出一些有趣的思考。比如,为何"阶级"/"种类"可以和"美"建立关联?阶级和典型又有何种关系?换句话说,蔡仪笔下美的经验形态应该如何定位?有学者曾指出,"典型"的谱系联系着 19 世纪欧洲的"工人"形象。"工人"(对于右翼作家恩斯特·荣格来说)或"无产阶级"(对于马克思主义者来说)不仅是一个特殊的阶层或群体,而且代表着具有"生产性"的普遍主体;"人"本身呈现为"工人"。② 马克思主义美学在这个意义上是一种"后本体—神学论"(post onto-theology)——"本体—典型论"(onto-typology):"类本质"取代了"人类灵魂"的话语。而"国民性"话语等皆属于本体—神学论,它隐含着这样一种用心:中国人缺乏"宗教性"的原罪意识,因此缺乏"灵魂"深度。③

蔡仪写作《新艺术论》正是在"皖南事变"发生之后,是从"对敌宣传研究工作"退到"曾经关心的艺术理论"。他在 1949 年第二版的小跋中曾说"是在一种愤郁的心情下写成"此书,"借以刺破那压下来的黑色帷幕让自己透一口气"。④ 因此就不难理解为何蔡仪要强调美与真的同一性,也就是坚持美是马克思主义的客观"真理"的一种呈现方式。从这一脉络来看,当蔡仪强调美的本质即典型性,即"个别中显现的种类一般"时,其中包含的政治隐喻正是:最普遍的阶级——新的历史主体工农大众——有条件成为现实历史进程中最美的存在(同时是"真"),成为人类的"本质"。在后来的《新美学》中,他是这样来表述的:"前进的阶级的一般性所决定的社会事

---

① 雷蒙德·威廉斯:《关键词》,刘建基译,北京:三联书店,2005 年,第 52 页。
② 白培德(Peter Button)沿用了 拉库拉巴(Philippe Lacoue-Labarthe)关于"(西方)人性"有两个典型——工人(生产的主体)和俄狄浦斯(欲望的主体)这一说法,以此来切入对于社会主义美学中"典型"的讨论。具体论述可参考 Philippe Lacoue-Labarthe, "Oedipus as Figure", *Radical Philosophy* 118, p. 8。
③ 参见 Peter Button, *Configuration of the Real in Chinese Literary and Aesthetic Modernity* (Leiden and Boston: Brill Press, 2009), pp. 161-162。
④ 转引自《蔡仪美学论著初编》上,第 10 页。

物,则是历史的必然的显现,是最高级的社会美,也就是'至善'。"①白培德(Peter Button)将 1940 年代蔡仪的"新艺术论"和"新美学"放在更为广阔的历史与理论脉络中,其说颇具参考意义:

> 蔡仪那里的典型和典型性问题来源于一系列前马克思主义文本,特别是黑格尔。……在 1940 年代中国,马克思主义对于艺术问题的意义只能在哲学美学现代性这一更大的脉络中来理解。在这一层面,大量关于立人、作为民族主体的中国、普遍性等主题通过蔡仪所尝试构筑的马克思主义美学得以集体性地表述了出来。②

这提示我们,蔡仪美学的原初兴趣是从新的历史主体出发来构筑"典型"的谱系。这确实也符合《新艺术论》到《新美学》的发展脉络。同吕荧的判断恰恰相反,所谓典型的可比的等级反而是由"社会"挪移到"自然"。与其说蔡仪在用生物学比附社会性,毋宁说他在塑形一种新的普遍性议题。当蔡仪认为自然美的主要决定条件是它的种属一般性时,很难说是出于实证方面的兴趣。但是吕荧所谓"第二自然"的指责也不能轻易放过。这一指责的实质在于:显现着"种属的一般性"和"自然的必然"的自然美③会"侵蚀"蔡仪所谓"更加自由"的社会美尤其是艺术美。蔡仪其实是将黑格尔排斥在"美学"之外但又不得不详加论述的"自然美",正面地迎回了自己的美学体系,并赋予其"唯物反映论"的基础。④ 令人唏嘘的是,由于蔡仪将这种可

---

① 《蔡仪美学论著初编》上,第 353 页。
② Peter Button, *Configuration of the Real in Chinese Literary and Aesthetic Modernity*, p. 177.
③ 此种对于自然美的规定参看蔡仪《新美学》:"所谓自然美是显现着种属的一般性,也就是显现着自然的必然,它不是人力所得干预,也不是为着美的目的而创造的。"(《蔡仪美学论著初编》上,第 347 页。)
④ 黑格尔对于"自然美"的讨论颇具症候意义。一方面他在《美学》"全书序论"一开始就将自然美排除在了"美学"即"艺术哲学"之外。然而又在第一卷花了不少篇幅来讨论这"第一种美"——"自然美"。从"自然美"到"艺术美"的辩证之路,与"自然"进而为"精神"之路,有着一种同构性。黑格尔认为,有生命的自然事物之所以美,既不是为它本身,也不是由它本身为要显现而创造出来的。自然美只是为其他对象而美,即为审美的意识而美。见《美学》第一卷,第 160 页。这与蔡仪所谓"显现着自然的必然,它不是人力所得干预,也不是为着美的目的而创造的"颇为相似。但需注意,蔡仪不认同"为审美的意识而美"这一论断,他以"唯物反映论"为依托,强调客观的"自然美"并不以人的意识为转移。

分类、可规定的"自然"纳入到美的整体之中,"典型"的意义也就被改变了。

(三)

的确,正因为蔡仪试图用"典型"("种类"与"阶级"作为本质)串联起一个自然和社会的整体结构。典型所指涉的感性经验远超出一般意义上以艺术为中介的审美体验。比如在论述动植物的美时,蔡仪曾说:"生长生殖等现象就是生物的一般的属性条件,凡是没有显现这种一般的属性条件的生物是不美的,而凡能显现这种一般的属性条件的生物是美的。就这一点看来,在生物之中,大致动物是比较美的,而植物是比较不美的。因为植物缺乏能动性的活动,而动物是有能动性的活动。"①正是这一论述在美学讨论中遭到反复攻击和嘲笑(比如有人就问为何老鼠就比梅花美②)。蔡仪典型论所梳理的经验形态显然撑破了近代资产阶级美学的一般规定:审美不再是"兴趣"或"利益"的"悬置",不再是审美判断的问题,也不是黑格尔那种体现了"精神"辩证运动的"客观美",而是各种感性经验的综合以及找到其中的唯物论"秩序"。尤其在1940年代与朱光潜美学论战氛围之中,如何尽可能地包容更广阔的感性经验(不仅将美学视为艺术哲学)成为"新美学"或唯物主义美学的要旨之一。在上面的例证中,所谓"美"可以转写为"正常""合宜",或者用观念论的词汇来说——合乎"概念"或"图式"。也正是在这个意义上,蔡仪的唯物论美学确有其"客观唯心论"的踪迹。当然,在黑格尔看来,这又显得不够"彻底",甚至是倒错的。

---

① 《蔡仪美学论著初编》上,第345页。值得一提的是,蔡仪在这里所论述的"自然美"形态与黑格尔《美学》中所讨论的"自然生命作为美"颇为相似。但需注意黑格尔坚持,自然美仅仅是一种自在的因而不算真正的美。它只是"为审美的意识而美"。只有"艺术美"才是自为的美。严格来说,"自然美"是一种错误的或至少是含混的表述。关键在于,黑格尔所定义的"美"紧密关联着"精神"的"自我认识",而蔡仪是抛弃了这一点的。可是如此一来,蔡仪的美学话语内部就始终存在着"不一致性"。朱光潜对于此点有着清晰的把握。

② 参看李泽厚:《论美感、美和艺术》,《美学问题讨论集》第二集,第230页。这一反驳的实质牵涉到"教养"问题,"梅花"本身是一个高度符号化的意象而非单纯的自然对象。当然,李泽厚的反驳要义还在于,"自然美"并不单纯决定于"对象"而是决定于人与对象之间的历史关系。这就摆脱了蔡仪相对"静态"的典型—目的论架构而是更深地卷入"历史唯物主义"。

与新中国成立后流行的典型说不同的是,蔡仪的典型论不是文艺范畴而是实存范畴。也只有这样,蔡仪才认为真正确立了美的客观性。虽然他最初是在艺术典型的前提下来探讨高级典型和低级典型的区分①,但是典型(美)可以分出高低这一构造最终渗透到了整个美论。② 由于显现"种属一般性"的自然美和社会美(善)及艺术美之间依旧存在着某种质的差别,所以将三者划出等级不失为一种将"断点"转化为"结构"的方式。只不过蔡仪拒绝以黑格尔式的"精神"自我复归来解释这一结构,而是通过"普遍与特殊"这一较为抽象的界定来联通三者。由此,我们看到了蔡仪典型论美学的奇特结构:在形态上类似于黑格尔的宏大体系,但内部却形不成阿尔都塞所谓的统一贯通的"表现性因果律",因此两个"王国"之间的断裂似乎并未得到彻底解决。相比之下,姚文元则更近一步,用近似生机论的定义涵盖了自然和社会;其实蔡仪倒是更愿意用"普遍与特殊"的关系来给"美"留下一些不确定性。③

蔡仪的自然美论述确实包含了某种近似"机械"的分类(尤其是在具体论述中十分依赖一般生物分类常识),克服这一机械性的途径或许是恢复更高的"目的"与"辩证"运动(黑格尔所论述的精神自我认识与运动就是如此)。然而在启蒙之后的知识框架之中(尤其表现为实证"科学"话语的主导性),这又是不可能的。一系列杂多的自然感受和革命之间找不到"意义"联系,但是将这一自然领域纳入典型论整体(或者说"实存—典型论")之中又是蔡仪不愿放弃的诉求。这正是蔡仪美学的动力又是其矛盾所在。如果说在1940年代蔡仪还不需要去回答"自然"之于"革命"的具体联系,

---

① 《蔡仪美学论著初编》上,第104页。
② 同上书,第344页。
③ 姚文元的定义,参看姚文元:《论生活中的美与丑——美学笔记之一》,《美学问题讨论集》第六集,第108页。以及李泽厚对姚文元挪用蔡仪的揭示,参看李泽厚:《美学三题议——与朱光潜先生继续论辩》,《美学问题讨论集》第六集,第350页。类似于姚文元看法的,还有庞安福的论说:"只有新的生机才是唯一的基元的自然美,除此之外,在自然事物的外部是找不到真正的自然美的。"(庞安福:《自然事物的美学意义》,《新建设》1960年3月号,第47—48页。)可实际上蔡仪与两人是有所不同的。这在蔡仪后来讨论"文学典型"的文章中更为清晰地展现出来了。

那么在1950年代中后期,"自然美"经验的这种单纯性、无历史性和机械性就不得不面临危机了。(注意《新美学》在新中国成立后一直未再版很大程度上正是源于这一部分的"过时"。)在这个意义上,针对蔡仪自然美的批判和蔡仪的自我反抗可以视为某种历史转型的症候。不过正如上文所言,蔡仪坚持绝对外在自然的态度包含着一种普遍性证成的逻辑,而且他的这一唯物主义立场在新中国成立后的美学讨论中呈现出越来越极端的姿态。这也要求我们进一步去弄清自然在蔡仪那里的功能和地位。正如上文已然指出的那样,蔡仪在具体谈及自然美经验时,依托的总是对于"常识"的召唤,比如他在1953年写成、1955年改写的反驳吕荧的文章中多次提及"一般人"都羡慕或"可以明白"的美,所针对的例子是方志敏所谓"祖国山河的美"和"典型的女人"这两种"自然美"。① 换句话说,当他提出"一般人"这一表述时,仿佛就不再需要展开进一步论证了。我想追问的正是,这仅仅是蔡仪简单征用"常识"还是在其理论中有所依凭? 为了回答这一问题,不妨回到蔡仪关于美的分类,尤其要扣住其论述自然美和社会美之间的"过渡"环节。

蔡仪曾区分出自然美、社会美和艺术美三个种类(同时也是"美"的三个等级),但是构成本质区分的只是两个序列即自然和社会。在他看来,"人是社会美和自然美的联系的桥梁"②。人同时是自然人和社会人,自然人这一面和自然美相关,社会人这一面同社会美(善)和艺术美(现实的进一步典型化)相关:

> 人是自然的,同时是社会的;人是自然的实体,同时也是社会的实体;人是社会关系的体现者,同时也是社会美的体现者。所以人是社会美和自然美的联系的桥梁,社会美就是通过这座桥梁由自然美发展起来的。而我们一般所说的美人,就是一方面要具备着美貌,另一方面又要具备着美德。她的美貌就是自然美,而她的美德就是社会美。③

虽然蔡仪以"必然"到"自由"这一有着德国观念论色彩的标准判定自然美

---

① 《蔡仪美学论著初编》下,第477、503页。
② 同上书,第350页。
③ 同上书,第350—351页。

处在最低的等级①,然而人的自然美却暗示出"自然人"不可取消地内在于"社会人"。无论是朱光潜还是李泽厚,都未能充分注意到蔡仪的"自然美"所潜藏的这一含义。② 也就是说,蔡仪坚持"社会美"无法简单取消"自然美",最好的状态是两者之间产生"合力",而"人"则始终是一种"桥梁"(让人联想起尼采关于"人"的解说;更严峻的问题当然是:人的社会化到底如何妥善对待所谓人的"自然性")。只有从这一维度出发,蔡仪在论及"自然美"案例时反复提到"一般人"和"常识"才凸显出了不寻常的意味。③ 只有从"自然人"面向的不可彻底超越出发,我们才可理解"常识"之于蔡仪的重要性,进而才能理解为何"自然事物的美"可以在美的普遍性证成中扮演如此重要的角色。蔡仪的论点让人联想到意大利马克思主义者廷帕拉诺(Sebastiano Timparano)所坚守的唯物主义。在后者看来,人类经验中始终包含着被动的因素。就算马恩所谓必然王国能够跃向自由王国,也无法解除人类的生物性限制。④ 蔡仪同样认为自然正在向社会转化——尤其是在新的社会条件下自然将日益社会化,但是这一转化却无法简单取消"社会是自然的延长"⑤。蔡仪此种"唯物主义"立场一方面不同于西方的文化马克思主义,另一方面又与苏联的"实践"马克思主义拉开了距离。这有可能发展出一种"强的历史唯物论","这一唯物论并不以否认物质实存的自然—生理方面而匆匆构造其观点"。⑥ 在这个意义上,再来考察蔡仪1962年反对将艺术典型的普遍性化约为"阶级性",就能读出别样的意思:

"与时代精神和阶级倾向不相符合","不能称为典型"。这种看法

---

① 《蔡仪美学论著初编》下,第363页。
② 继先在美学讨论里的一系列论述可看作蔡仪这一看法的"显白化":"把美的一切根源都说成是社会性的,显然不成功。……阶级的、社会的人,终究也还是有血、有肉、有生理、心理诸性能具体的个别活人。"(继先:《应该如何来解释美的客观性和社会性》,《美学问题讨论集》第三集,第275页。)
③ 参看《蔡仪美学论著初编》下,第477页。
④ Sebastiano Timparano, *On Materialism*, trans. Lawrence Garner(London: NLB,1975), p.62.
⑤ 《蔡仪美学论著初编》下,第351页。
⑥ John Bellamy Foster, *Marx's Ecology: Materialism and Nature*(New York: Monthly Review Press, 2000), p.8.

就无异于要求一个革命农民或共产党员的艺术典型必须具有按阶级本性要求的一切优点,而不能有任何缺点,必须是革命的农民或无产阶级的阶级性的最完善的体现者,这不仅表现了对典型的普遍性的理解是错误的,同时表现了对典型的理解也完全是错误的。①

"不能有任何缺点"正是希望抹除艺术典型身上任何一丝旧有"自然"的痕迹(如果我们不将"自然"视为一种单纯自然物,而视之为"变化"过程中相对"缓慢"的"部分")。虽然蔡仪的典型导源自一种对于历史主体的信心,但是出于其"现实主义"模型对于"常识"尤其是"视觉"常态的坚持,他无法认同典型的纯化。这里也包含了蔡仪所谓艺术的"美感教育"的秘密:"文学艺术所描写的形象,可以给予我们现实事物的具体印象,叫我们好像接触到实际的事物一样,因此引起我们亲切的感受和感触。"②在蔡仪看来,所谓"美感教育"总是形象和生活两者之间的往复比较,其中甚至可以包含常识意义上的自然感性经验。蔡仪的"自然美"并非指向所谓的"幽暗意识"或是"人性"之中无法更改的阴暗面,而是求诸逐步实现饱满而完整的"典型"。"美感教育"并不能化约为其他类型的"教育",这是一种进展的阶梯,容纳了经验的偶然性乃至有限性。简单诉诸完满性,效果往往适得其反。但在蔡仪的批判者谷熊看来,蔡仪的"典型论"不啻是"让无产阶级的阶级性和其他阶级的阶级性'合而为一'"③。在蔡仪的早期美学著作中,无产阶级典型有着向更普遍的典型——人类典型——运动的趋向。悖谬的是,所有已有"人类典型"都只是资产阶级或更古老的阶级创造出来的,当无产阶级试图再次普遍化自身时,所实现的仿佛只是对于已有"性格类型"的再次重组。确认"新人"之品质时,有时往往只是进行一些简单的"切割"。譬如谷熊的言说正是当时讨论先进者"道德"的常见方式:"惰性和懒散也是如此。即使一些工人、农民、共产党员身上有这种东

---

① 《蔡仪美学论著初编》下,第854页。
② 同上书,第775页。
③ 谷熊:《论典型的共性和阶级性的关系——兼评蔡仪、何其芳关于典型问题的论点》,《文史哲》1965年第2期,第72页。

西,那也是从地主阶级那里感染来的。"①蔡仪通过"自然美"提出的问题则是:如何在"自然的延长"而非"自然"的"拒斥"意义上来理解社会主义新人或无产阶级形象。在我看来,这正是蔡仪"自然美"论述最为重要的隐微教诲之一。

　　蔡仪在整个美学讨论中的姿态无疑是"被动"的,正如他所坚持的"自然"也指示出一种相对被动的经验。然而,蔡仪的典型论所指向的新的美学模型却冲击了审美经验的不可规定性,从而表征出某种新的美学机制。在弱化蔡仪被动的"自然"经验、引入更强的"政教"取向之后,现实运作中的社会主义"美感教育"对其典型论其实十分依赖。这里指的是,形象和教育之间的关系由蔡仪式的"典型"提示出来了。比如姚文元所举之例:"在严肃的场合,一个战士歪戴着帽子、衣服吊儿郎当敞开着,那他的外形就不美了,因为这种形象使我们感到他没有尽到一个革命战士的本分,自由散漫的外形破坏了他执行纪律的职责。"②姚文元看似"泛化"的对美的论述,其实触及了典型之于社会主义之美的重要性:是你在日常生活中感到合适的形象,通俗说,就是感觉"对头",是应该这个样子。这是社会主义之美的日常含义。维持这一形象,可以通过诸如姚文元所提到各种再现机制来达到——电影、宣传画、画报等。质言之,蔡仪的典型论确立了美的可比性。这不仅是美与丑之间可以区分,还是美和美之间可以比出高下。然而,一旦遮蔽了"自然美"与"社会美"无法互相取消这一要点,我们依旧会错失蔡仪典型论的矛盾构造和潜在的教诲。因此,蔡仪美学的不确定性引出了一种看似矛盾的情形:一方面蔡仪同时遭到曾经的唯心主义者和新崛起的唯物主义者的批判;另一方面,蔡仪的许多论点——包括自然美——又有意无意地被不断"重复"。而相比于蔡仪的自然美,朱光潜的看法则可以说是其绝对的反面,构成知识话语内部的直接交锋。

---

①　谷熊:《论典型的共性和阶级性的关系——兼评蔡仪、何其芳关于典型问题的论点》,《文史哲》1965年第2期,第71—72页。
②　姚文元:《论生活中的美与丑——美学笔记之一》,《美学问题讨论集》第六集,第75页。

二 被动的自然与审美主体

(一)

在美学讨论中,可以说朱光潜是唯一始终不承认客观的自然美并且能够反复提出理论说明的论争参与者。中国的美学论辩的确是在所谓辩证唯物主义和历史唯物主义框架下展开的,尤其是坚持反映论成为获得论述正当性的首要前提。① 然而朱光潜却反复强调"唯物和唯心的界限划清也不解决问题"②,认为列宁主义的反映论原则和美的概念本身没有"内在"联系。因此,朱光潜承认自然的客观性但不承认自然美的客观性。我想追问的是,如果他认为划清唯物和唯心的界限不解决问题,那么他所构想的核心问题又是什么?他坚决拒斥自在的自然美,这与他的"问题"之间又有何种关系?只有从朱光潜的美学话语的构造而不是他直接表述的问题或答案出发,才可能真正找到这些问题的踪迹。"秘密"往往潜藏于表层。由此不妨先从最单纯、最表面的例证开始讨论。

首先,"梅花"是朱光潜在新中国成立前"流毒甚广"的《文艺心理学》(1936年)所举的第一个实例(另外,在《文艺心理学》的"通俗版"《谈美》[1932年]中③,朱光潜开首谈的则是"古松"),而且也反复出现在新中国成立后的美学讨论之中。④ 他显然不会不知道"梅花"(以及"古松")在中国传统文化中的象征性含义。可在《文艺心理学》中,他强调的却是"纯粹的美感"。朱光潜从梅花——注意,他没有说诗歌或者其他艺术形式中的梅花形象,而是作为自然物的梅花——谈起,可以说是从"自然美"谈起,但是

---

① 这是社会主义国家进行哲学讨论的一个普遍问题。关于苏联美学讨论对于此一正统的坚持与违背,可参考 James P. Scanlan, *Marxism in the USSR: A Critical Survey of Current Soviet Thought*。
② 朱光潜:《美学怎样才能既是唯物的又是辩证的》,《美学问题讨论集》第二集,第18页。
③ 参看《朱光潜全集》第二卷,合肥:安徽教育出版社,1987年,第7页。
④ 质疑梅花、古松等例证的使用,参见马奇在"怎样进一步讨论美学问题(座谈记录)"中的发言,《新建设》编辑部编:《美学问题讨论集》第五集,北京:作家出版社,1962年,第21页。

这一"自然美"却是中国古典文化所不熟悉的。纯粹美感的对象的建构呈现出一种"分化"的运动:

> 通常我们对于一件事物,经验愈多,知识愈丰富,联想也就愈复杂,如果要丢开它的一切关系和意义,也就愈困难。……美感的态度就是损学益道的态度。比如见到梅花,把它和其他事物的关系一刀截断,把它的联想和意义一齐忘去,使它只剩下一个赤裸裸的孤立绝缘的形象存在那里,无所为而为地去观照它,赏玩它,这就是美感的态度了。①

这种"一刀截断"的"赏玩"需要一种专注力,甚至可以说是一种"律令"。跟从克罗齐的美学②,新中国成立前的朱光潜一般将这种美感称为"形象的直觉"。很难说这一"直觉"是自然的感受,它反倒折射出特殊的美学话语对于经验的形塑。鲁迅曾对朱光潜这种"截断"的"美学"有过极透彻的批判:"凡论文艺,虚悬了一个'极境',是要陷入'绝境'的,在艺术,会迷惘于土花,在文学,则被拘迫而'摘句'。"③"摘句"这一"动作"隐喻着此种审美状态的人为性,甚至一种有意的"抽象"。伽达默尔对于此种"审美意识抽象"的批判可谓一针见血:

> 单纯的看,单纯的闻听,都是独断论的抽象,这种抽象人为地贬抑可感现象。感知总是把握意义。因此,只是在审美对象与其内容相对立的形式中找寻审美对象的统一,乃是一种荒谬的形式主义。④

当然,那个时期的朱光潜也丝毫没有掩饰自己"谈美"的"用心":

> 谈美!这话太突如其来了!在这个危急存亡的年头,我还有心肝来"谈风月"么?……我坚信中国社会闹得如此之糟,不完全是制度的

---

① 朱光潜:《文艺心理学》,《朱光潜全集》第一卷,第210页。
② 朱光潜在1940年代末写成"克罗齐评述"一文,已经开始对克罗齐进行"批判"。但是显然朱光潜高估了克罗齐,特别是克罗齐的黑格尔批判。参见《朱光潜全集》第四卷,合肥:安徽教育出版社,1988年,第376页以下。
③ 参看鲁迅:《题未定草(六至九)》,《鲁迅全集》第六卷,北京:人民文学出版社,2005年,第442页。
④ 伽达默尔:《真理与方法》,第130页。

问题,是大半由于人心太坏。我坚信情感比理智重要,要洗刷人心……一定要于饱食暖衣、高官厚禄等等之外,别有高尚、较纯洁的企求。要求人心净化,先要求人生美化。①

所谓"人心"泄露了纯粹美感的"不纯粹",这显露出中国新兴的知识阶级迫切想同"传统"(说的还是梅花和古松,但是意涵全然改变,只是"摘句"),以及同"革命"区隔开来(首先要免"俗"求"雅"),进而构造自身文化领导权和教养脉络的企图。美感态度的"潜台词"参照朱光潜曾经的自由主义政治取向则能看得格外清楚。② 但是,关键不在于历史化这一美学话语,而是解释这一话语为何在历史过程中残留。

(二)

这一孤立绝缘的"美感态度"在朱光潜的自我批评以及第一波美学讨论中(1956年底)遭到了清算。也算"圈中人"的贺麟直接将朱光潜所谓"孤立绝缘的形象"锚定在阶级趣味之上:"其实际内容就是资产阶级士大夫所独特喜爱和癖好的古董玩意儿之类。"③然而,朱光潜在《我的文艺思想的反动性》中也狠挖了自己的阶级老根,坦白了自己特殊的阶级趣味。问题的关键在于朱光潜在改造自己的美学的过程中保留下来了什么。这一相对不变或者说难以消解的"表述结构"才是症结所在:

> 说直觉活动只限于创造或欣赏白热化的那一刹那,而艺术活动并不只限于那一刹那,在那一刹那的前或后,抽象的思维,道德政治等等的考虑,以及与对象有关的种种联想都还是可以对艺术发生影响。这个看法我至今还以为是基本正确的,因为它符合形象思维与抽象思维的统一,也符合艺术与其他部门的人生活动的联系。④

---

① 《朱光潜全集》第二卷,第6页。
② 参看朱光潜:《自由主义与文艺》,《朱光潜全集》第九卷,合肥:安徽教育出版社,1993年,第479页以下。
③ 贺麟:《朱光潜文艺思想的哲学根源》,《美学问题讨论集》,第54页。
④ 朱光潜:《我的文艺思想的反动性》,《美学问题讨论集》,第13页。

表面看来,朱光潜使"直觉"成为艺术活动的一个环节,实际上,却恰恰是这一"白热化"的"刹那"反过来规定了他所谓的"艺术活动"。因此,任何将这一"直觉"简单还原为特殊的趣味特征都没有抓住要害。因为这一直觉性刹那的特征就是"没有具体内容"、无法规定,因此是审美主体自身的隐喻。换句话说,朱光潜通过美学话语的掩护,不想放弃这一最终不能追问和无法规定的主体瞬间。无论他以后如何修正、改进自己的理论,无论是所谓"美学意义上的美"或"正式美感阶段"①,还是"美的社会意识形态"②,这一"多一点的东西"("剩余")始终存留在自己的话语结构之中。虽然朱光潜认为自己的马克思主义美学强调的是"主客观统一",然而依照以上分析,周来祥等批驳此种看法实际上是"统一于主观",并非无的放矢。③ 李泽厚也曾指出所谓"主客观统一"并不能说明朱光潜美学话语的独特性。④ 因此,抽象地谈论"主客观统一"并不能抓住朱光潜的核心问题,简单地归于"统一于主观"也还是未能打中要害。关键是追问这一"统一"到底指向何种独特的主体构造。

周来祥有个观察非常重要:朱光潜的"统一"就像男女结合生孩子。⑤ 如果说反映论凸显出一种"镜像"隐喻,那么朱光潜的"统一"就是"生产""诞生"的隐喻。这正是朱光潜所把握的"核心问题"。他正是从这一设定出发,来决绝地反抗反映论—认识论模式所主导的美学推演。"产生婴儿"这个简单的"隐喻"在不同时期著作中的持留,暗示出这个核心问题的始终存在。⑥ 外在自然和内在自然在他看来只是"美的条件",真正的美和美的

---

① 参看朱光潜:《论美是客观与主观的统一》,《美学问题讨论集》第三集,第14、31页。
② 朱光潜:《美就是美的观念吗?》,《美学问题讨论集》第四集,第29页。
③ 周来祥:《反对美学中的修正主义——评朱光潜先生美学观的新发展》,《美学问题讨论集》第四集,第50页。
④ 李泽厚:《关于当前美学问题的争论——试再论美的客观性和社会性》,《美学问题讨论集》第三集,第140页。
⑤ 周来祥:《反对美学中的修正主义——评朱光潜先生美学观的新发展》,《美学问题讨论集》第四集,第39页。
⑥ 朱光潜:《谈美》,《朱光潜全集》第二卷,第37页;《见物不见人的美学》,《美学问题讨论集》第四集,第164—165页。

条件之间存在质的不同。① "统一"意味着美的独一性(singularity)在每一时刻的"诞生",而这一不可替代的"诞生"即依赖此刻的主体意识的"中介",需要审美主体性的"到场"。或用朱光潜的话来说,就是"未经意识形态起作用的都还不是美,都还只是美的条件"②。

如果不能恰当地理解这里的"独一性"或独一的审美主体性,可能就无法真正理解朱光潜整个美学构造(包括新中国成立后的美学改造)。而要理解这一点,我们需要回到现代"趣味"或"情趣"(taste)概念的诞生时刻(正如伽达默尔所说,趣味概念最早是道德概念而非审美概念③)。康德对之的表述尤为重要:

> 看来,这就是为什么人们把这种审美的判断能力恰好冠以趣味(鉴赏)之名的主要原因之一。因为一个人尽可以把一道菜的所有成分告诉我,并对每一成分作出说明,说它们每一种通常都会使我快适,此外也有理由称赞这食物的卫生,我却对这一切理由充耳不闻,而是用自己的舌头和味觉去尝尝这道菜,并据此(而不是根据普遍原则)作出自己的判断。……事实上,趣味/鉴赏判断绝对是总要作为对客体的一个独一/单一性判断来作出的。知性可以通过把客体在愉悦这一点上与其他人的判断进行比较而作出一个普遍判断,例如:一切郁金香都是美的;但这样一来,它就不是什么鉴赏判断,而是一个逻辑判断,它使一个客体与鉴赏的关系一般地成为了具有某种特性的事物的谓词;但惟有我借以觉得某一单独被给予的郁金香美,也就是我在它身上普遍有

---

① 朱光潜:《论美是客观与主观的统一》,《美学问题讨论集》第三集,第40页。
② 同上书,第39页。正是在这个地方,朱光潜和纯粹"主观论者"高尔太之间的关联耐人寻味。老自由主义者的自我改造总是包含着一种无意识的抵抗。这一抵抗就呈现在审美瞬间的持存上——虽然是用马克思主义意识形态理论来武装。另一方面,高尔太用美是纯然主观之事来宣布自我的感性主权,这一感性主权免于干涉的特征,恰恰是没有实体性的私有产权的想象性投射。两者都保留了一种不透明的主体性维度。参看高尔太:《论美》,《美学问题讨论集》第二集。
③ 参看伽达默尔:《真理与方法》,第54页。

效地觉得自己愉悦的那个判断,才是鉴赏判断。①

之所以大段引用康德对于趣味(或鉴赏)判断独特之处的评述,是因为身处思想改造运动之中的朱光潜依然内在于这一脉络,并且用"独一性"提示出社会主义文化建设的难题。在康德看来,趣味判断不同于认知和实践——道德判断,尤其不能服从于外在权威,而是贯穿自己感受的独一的判断。同时这一判断要求普遍性和必然性。这一规定包含着启蒙时期资产阶级主体性的秘密。正如埃里森(Henry E. Allison)指出的那样,18世纪一般被看成是"理性的世纪",然而亦可称之为"趣味的世纪"。问题的关键在于,"趣味"在这一关键的"现代性"时刻中被视为一种特殊的认知方式:它看似没有理性的基础,但却包含内在的普遍性。简言之,它并不是私人的而是社会的现象,与假定的共通感(sensus communis)不可分割地联系在一起。因此,趣味并不局限于审美领域,而且包括道德,包括任何这样的领域——其中普遍秩序或意义可在个别事例中被把握到。②

社会主义文化不难揭示出所谓"先验判断"的历史具体性(比如强调这一"形式"的出现,乃是资产阶级意在取代封建阶级领导权),却不易克服"趣味"的独一性构造。朱光潜所谓反映论不解决问题,实际上是在隐秘地甚至是无意识地批评社会主义文化过于偏向"知性",未能抵达趣味判断的独一性强度。这不仅是朱光潜眼中蔡仪美学的缺陷,而且也是更广泛的"马克思主义美学"的弊端。社会主义美学论断在何种程度上仅仅是逻辑判断,值得我们进一步反思。更深层的问题却在于:此种概念划分与资产阶级实际的崛起具有一种对应关系,因此,"知性"这一表述也会是对于原有统一的文化、伦理肌体的压抑——它既"表述"又"压抑"。比如,资产阶级文化会认为旧有的文化太过"教条",同样也会用之来批判新生的社会主义文化。无产阶级新的主体性和新的文化如果无法回到原有的统一性,那么

---

① 康德:《判断力批判》,邓晓芒译,北京:人民出版社,2002年,第126—127页。译文略有改动。

② 见 Henry E. Allison, *Kant's Theory of Taste: A Reading of the Critique of Aesthetic Judgment* (Cambridge: Cambridge University Press), p.2.

确实需要谨慎应对趣味独一性及其历史内涵。

（三）

把握了这一核心问题,也就不难解释为何"自然"在朱光潜那儿成了一种次要的被动存在。因为他的美学话语顽强地持留着作为"自然"对立面的"自由"概念,持留着不可穿透的审美主体性。这并不是说朱光潜有意识地想要保留一种政治异议,恰恰相反,这种持留是自我改造之后以美学形式存在的残余,此一残余自身是客观的历史交锋尤其是文化政治斗争之复杂程度的提示。现在再来看朱光潜所谓的"自然美",问题可能就会变得清楚了。在朱光潜眼里,"自然"是指人的认识和实践的对象,即全体现实世界。他所谓的"物甲"就是指这个广义的自然(与经过意识形态作用的"物乙"相对)。而"任何自然状态的东西,包括未经认识与体会的艺术品在内,都还没有美学意义的美"①。因此,"自然"本身如果有美的话,只是一种引起快感的东西,只是"一般人"眼里的"美"(注意"一般人"在蔡仪那里所占据的截然不同的地位)。② 自然美不仅依赖"意识形态作用"(严格来说,依照朱光潜的逻辑,所谓"意识形态作用"正是独一趣味判断的"外包装"),而且潜在地排斥蔡仪那种建立在"常识"基础上的自然美经验:

> 就美学意义的美来说,自然美不只是引起生理快感的,而主要地是引起意识形态共鸣的。……自然美就是一种雏形的起始阶段的艺术美,也还是自然性与社会性的统一、客观与主观的统一。③

其实朱光潜并不十分关心何种意识形态以及哪些人的共鸣,他更在意的毋宁说是潜藏在"艺术美"背后不可还原的主观性和自发性。在这个意义上,朱光潜模仿着黑格尔的口吻,说自然美根本上是一种"艺术美",确实透露

---

① 参看《美学问题讨论集》第三集,第38页。注意李泽厚批判其为"康德主义"。
② 参看朱光潜:《论美是客观与主观的统一》,《美学问题讨论集》第三集,第39页。
③ 同上书,第40页。

出难以抹除的阶级趣味以及唯心主义美学对自然美的"压抑"。① 正如阿多诺曾批判克罗齐的美学并不想真正去感知艺术与非艺术之间的构成性关系,朱光潜也是如此。他对构成艺术的非艺术部分不感兴趣。而对这一部分不感兴趣也使他难以走出已有固化的艺术概念及其所表征的有限经验范围。另一方面,严格来说,朱光潜的自然美论述并不仅仅暗示出任何关于自然的感性经验都已经先行被"文化"(或教养)所中介,而且强调"自然美"之所以高于自然事物所引发的"生理快感"是因为"美"指向一种高于"自然"的主体性。"趣味"问题始终需要某种隐晦的"政治想象"来增补。资产阶级美学所正当化的感性经验包含了曲折隐微的政治性,这一政治性未必随着阶级剥削的经济基础的消灭而消失,反而如同"幽灵"一般持存在社会主义文化内部。而在新生的社会主义政制中,新旧趣味的冲突和正当性争夺尤其呈现出一种歧义的局面。这一张力在黄药眠对于朱光潜的批判中呈现了出来:

> 农民之所以不能欣赏海的美,显然不是能够超脱生活和不能超脱生活的问题,问题乃是在于教养。马克思早就说过,非音乐的耳是不能欣赏任何美好的音乐的。而劳动农民之所以缺乏这方面的教养,是因为他在资本主义社会里受着残酷的剥削和压迫。但是,我们并不能因此说,劳动人民就没有自己的美学观了。就以朱先生所举的例子来看,我也觉得农民的这种美学评价,虽然是粗糙一些,但是他比朱先生的美学观也健康得多了。因为他的美学观是紧紧地和生活联系在一起的。难道一个劳动农民,就没有权利欣赏一下自己辛勤劳动的结果——葱茏的蔬菜——的颜色么?……庸俗的倒不是农民而是朱先生自己,因为朱先生所提倡的美学乃是游手好闲者的美学,食利者的美学。②

---

① 阿多诺:"自然美从美学中的消失,是自由和人类尊严概念支配的结果,康德宣布了这一支配的诞生,随后被移植进席勒和黑格尔的美学之中;要相符于这一概念,世界上没有一样事物是值得关注的,除了自主的主体自己所归因于的东西。"(T. W. Adorno, *Aesthetic Theory*, p. 62.)

② 黄药眠:《论食利者的美学》,《美学问题讨论集》,第97—98页。

黄药眠在这里的"靶子"虽然是朱光潜写于新中国成立前的《文艺心理学》，但所指出的问题却依旧贯穿在朱光潜1949年后的美学表述之中，尤其是"自然美"。朱光潜区分出的两种"自然美"可以视为自然—快感和教养—文化的对立(当然蔡仪笔下的"自然美"不能简单被化约为前者)。然而，更有趣的是，黄药眠的论述里包含了一种更深刻的矛盾，这就是"教养"和"农民美学观"之间的棘手关系。一方面，黄药眠并没有否定"教养"。尤其是他援引青年马克思关于"非音乐耳朵"和"美好音乐"的论述，似乎在暗示，当剥削和压迫终结之后，这类教养是可以"普及"的。另一方面，他又强调了农民"本真"的美学观的正当性，因为从古至今的"教养"都是建立在"食利"基础之上的，其中已然包含了经济和政治上的压迫关系。"超脱"的"距离"的获得，恰是客观剥削结构的呈现。黄药眠似乎暗示，"教养"的历史起源是坏的，但教养本身是好东西。另一方面又似乎在强调，劳动人民的美学观也很好，它是另一种"传统"。如果把这个问题继续往前推，就会发生"谁改造谁"的难题。① 显然黄药眠并未就此深入下去。在他那里，教养和农民美学观处在一种暧昧的共存关系之中。他甚至未能给出根本上的价值判断。随后我们就会看到，不同于苏联将所有工农提升到"工程师和农业技师"的改造方式，中国社会主义实践走上了一条更为注重政治平等却也是更为艰难的改造、"教育"主体与"文化革命"之路。就当下讨论而言，这一难题始终贯穿在整个美学讨论之中。其更为本源性的表述正是毛泽东所谓必须使用好知识分子所拥有的"近代文化"，同时确立工农兵政治主体性并且肯定他们已有的生活世界之间的张力。② 然而最根本的起源还是毛泽东

---

① 或许新中国成立初期萧也牧的《我们夫妇之间》这篇小说所带出的问题值得作为"互文"引入。这个问题便是"趣味"。一个知识分子革命干部和一个贫农出身的革命妇女在"进城"之后发生了趣味上的严重分歧。萧也牧的叙事解决是一种"互相改造"——虽然侧重知识分子的自我批判——的结构。最后丈夫"我"发现了妻的"美"，但后者其实也已改造过自身的习惯了。正是在"谁改造谁"这一点上，萧也牧经受了猛烈的批判。然而，工农和知识分子在趣味和审美上的历史性不平等如何克服，如何真正生产出"合题"，生产出普遍性，是一个始终存在于社会主义文化政治内部的要害问题。

② 参看毛泽东:《同音乐工作者的谈话(1956年8月24日)》,《建国以来毛泽东文稿》第六册，第179页。

的《在延安文艺座谈会上的讲话》,只不过1949年之后局面变得更为复杂而已。

针对朱光潜将"感觉孤立起来"的"感觉拜物教"①,黄药眠的应对之策是将孤立的环节重新"接合"起来,他强调的是"社会化的情感",给予"联想""心境"以必要的地位等。黄药眠似乎想要克服"分化"的后果,即试图恢复一种完整的审美认知。但是当他简单将朱光潜的美学斥为"建筑在感觉上面",却并没有抓住要害。事实上,朱光潜并没有回到"感觉"本身,他所谓的"直觉"刹那恰恰不是寻常意义上的感官反应,反而是离感觉最远的观念构造或伽达默尔所谓"审美意识抽象"。或者用观念论的话语来说,是不可再现的主体性的隐喻。这也暗示出,如果说朱光潜的美学话语呈现出一种"分化"感知的取向,它从来就不是单纯对于完整的认知过程的切分,而是先行确认了主体的独一性存在。也即"分化"的不仅是经验,它最终生产出一种个体性与主体性。而这才是社会主义实践需要悉心处理的对象。任何简单的"恢复""修补""连接"都无法真正建构新文化,而只是在旧有话语的霸权结构中运作,因为它没有在"结构"上触动朱光潜所划出的那个关键领域。由此不难想见,黄药眠的批判很快就遭到了再批判。蔡仪就指出,黄药眠所论的只是事物怎样才能成为"美学对象",因为未能揭示朱光潜美学在理论机制上的根本错误,所以他自己也陷入了"唯心主义美学"的陷阱。② 显然蔡仪并没有将"理论机制上的错误"仅仅视为一种理论错误。在他看来,朱光潜的美学并非简单是黄药眠所说的"不健康"——仿佛是剥削阶级坐享闲暇,而是一种霸权话语。因此,反对"唯心主义美学"必须提出新的理论机制,这背后隐含的正是对于新的主体构造的渴望。

(四)

1960年,朱光潜在《山水诗与自然美》中再次强调了"人不感觉到自然

---

① 黄药眠:《论食利者的美学》,《美学问题讨论集》,第115页。
② 蔡仪:《评"论食利者的美学"》,《美学问题讨论集》第二集。参与批判的还有曹景元等,甚至朱光潜也表达了对黄药眠的不满。黄药眠之所以受到猛烈批判与其在"六六"事件中的遭遇及其"右派"命运是有关系的,这一点也无需回避。

美则已,一旦感觉到自然美,那自然美就已具有意识形态性或阶级性"①。而此时的朱光潜已然受到"大跃进"的洗礼,在针砭山水诗之为"有闲阶级的产品"的同时,还特别赞美了中国的民歌从"国风"一直到"大跃进中的诗歌"这一"谱系",认为此种文艺实践"从来不让自然垄断全剧场面,也从来不宣扬隐逸遁世的思想",因而视后者为"歌颂自然"之诗的正道。②但耐人寻味的是,他还是为山水诗保留了一块地盘:

> 劳动人民对于过去文人在山水诗所得到的那种乐趣(隐逸闲适的乐趣)实在是隔膜的,而且也应该是隔膜的。但是山水诗对于大自然的美景胜境毕竟揭示出一些方面,这是现在劳动人民还可以欣赏的。③

强调"山水诗对于大自然的美景胜境"有所揭示的朱光潜,似乎又和蔡仪相近了。朱光潜当然始终坚持美的意识形态性质,然而面对作为意识形态的自然美(包括他极力赞扬的劳动人民歌颂自然之诗所体现出的"自然美"——其实已然是"艺术美"),朱光潜又想找到一种各个阶级大致都能够"欣赏"的自然形象。这对他来说是比较"低"的自然美,更接近他所谓尚未有美学意义的自然美。(吊诡的是,朱光潜在1970年代末强调"共同美"时,仿佛遗忘了曾经对于美的意识形态性质或阶级差异的坚持。)这暗示出"常识"在朱光潜那儿并没有被真正内化。相反,李泽厚则相当重视这种看似简单而无历史的自然美,并且对之进行了充分的理论化。

三 自然美、教养与"解放"

(一)

毫不夸张地说,李泽厚可谓美学讨论中最为看重自然美的人。他曾预料自然美将在共产主义社会里占据重要地位,那时"每一个农民都能欣赏

---

① 朱光潜:《山水诗与自然美》,《文学评论》1960年第6期,第56页。
② 同上书,第62页。
③ 同上书,第63页。

梅花,都能看懂宋画"①。不难发现,李泽厚这一论述关联着黄药眠提出的教养问题。这一表述也是进入李泽厚早期美学工程的"路标"。虽然在1959年"大跃进"语境中,李泽厚曾特别强调"就今天整个社会来说,炼钢却毕竟比游公园重要"来反驳何溶所谓艺术题材不应分主次的观点②,但是从其美学构筑来看,他显然在"劳动"和"休息"之间发现了更为复杂的辩证关系,而这一辩证法正是潜藏在看似以"形式"见长的自然美之中。这就把关于自然美的讨论推到了一个新的层面。

李泽厚关于自然美的看法首先源于对"自然"全新的把握。虽然朱光潜和蔡仪在美学上处于对立的两极,但是两人眼中的"自然"都带有某种被动性。换句话说,"自然"如何同正在展开的社会主义革命与建设发生实质性的联系,在美学理论上并未得到解决。作为新中国培养的最初一代大学生,李泽厚在知识准备和理论立场上同蔡仪和朱光潜已不一样。在阅读了马克思相关著作之后,李泽厚试图用自然与社会的辩证法重写自然的概念:

> 我所了解的自然是一种社会存在,是指自然在人类产生以后与人类生活所发生的一定的客观社会关系,在人类生活中所占有的一定的客观社会地位。③

这里的关键词是"社会存在"。蔡仪曾表示自己无法理解"不依存于人或社会关系的自然物却又有它的社会性"④,其实李泽厚恰恰有意将自然放进了客观社会关系之中。使李泽厚同蔡仪及朱光潜区别开来的,正是马克思主义政治经济学模型的引入。以下一段关于"商品的价值"和"自然美的社会性"之间的类比十分关键:

> 商品的使用价值是其自然属性决定的,而其价值正是社会的产物,

---

① 李泽厚:《关于当前美学问题的争论——试再论美的客观性和社会性》,《美学问题讨论集》第三集,第172页。

② 李泽厚:《炼钢和逛公园》,《美术》1959年第8期,第20页。

③ 李泽厚:《关于当前美学问题的争论——试再论美的客观性和社会性》,《美学问题讨论集》第三集,第162页;类似表述,参看李泽厚:《美学问题争论的分歧在哪里》,《美学问题讨论集》第二集,第42页。

④ 蔡仪:《李泽厚的美学特点》,《蔡仪美学论著初编》下,第591页。

是它的社会属性,这种社会性当然是看不见摸不着而又客观的存在着的。这一点马克思已经说得很清楚了,其实自然物与自然美的社会性也是如此。①

这种政治经济学"联想"引入了新的"客观性"含义:不再指客观的物或客观的"自然规律",而是指客观的社会关系(包括人与自然的功利性关系)。李泽厚美学话语的基本模式在他讨论"美感的矛盾二重性"中表现得最为清晰。这一二重性指"美感的个人心理的主观直觉性质和社会生活的客观功利性质,即主观直觉性和客观功利性"②。在他看来,关键不是绕过朱光潜极力强调的美感的直觉性质,而是赋予这一美感普遍性的"客观"基础。出于论证"美在客观"的冲动,李泽厚并不想停留在美感本身,而是利用"反映论"③从美感推进到了"美的存在":

> 美感的客观功利性从哪里来的呢?……美感本身显然不能回答这一问题。美感的客观功利性只有在美的社会性中求到答案。前者是后者的必然的反映。……美感为什么又具有主观直觉性呢?……显然只能从其客观基础——美的特性中去寻求根源。美感的直觉性是美的存在的形象性的反映。④

显然李泽厚的论述并非仅仅着眼于对美感或审美经验进行唯物主义解说,更是试图确证:美感的客观物质基础自身也是美学研究的重要对象。在

---

① 李泽厚:《关于当前美学问题的争论——试再论美的客观性和社会性》,《美学问题讨论集》第三集,第167页。其他类似类比,参看李泽厚:《论美感、美和艺术》,《美学问题讨论集》第二集,第204页。所谓从美感开始类比于从最基本的商品开始,李泽厚直接从《资本论》中汲取灵感:"审美感中,却孕育着这门科学许多复杂矛盾的基元,蕴藏了这门科学的巨大秘密。"

② 李泽厚:《论美感、美和艺术》,《美学问题讨论集》第二集,第206页。

③ 关于李泽厚与反映论之间的关系值得多说几句。李泽厚的美学理论能够不做大的修正就在改革时代再次走红,秘密之一就在于他的美学与反映论实质上没有太紧密的关联。或者说,他的理论与反映论的关系同样是"外在的"。"反映论"只不过是李泽厚在那一刻"联结"心理世界和外部世界的"工具",而后他发展出了更为复杂的历史"本体论"。

④ 李泽厚:《论美感、美和艺术》,《美学问题讨论集》第二集,第224页。着重号为原文所有。

"马克思主义政治经济学"脉络里,自然美就不是如朱光潜所说的那样是一种雏形的艺术美,而是一种客观的社会存在。这种理论构型使得作为新的政治制度和社会组织形式的"社会主义"与"自然美"具有了一种客观的而非出于主观移情投射的联系。进言之,美的"第二自然"才是李泽厚"自然美"的真正所指。

(二)

李泽厚关于自然美的分析沿用了上述"二重性"模式:自然物的感性特征、自然特性并不是美的真正本质,自然事物同人类社会广义的功利关系才是美的基础,或者说美的"内容"。因此"自然本身并不是美,美的自然是社会化的结果,也就是人的本质对象化(异化)的结果。自然的社会性是美的根源"①。李泽厚所谓"自然的人化"并非简单指只有人直接改造过的自然才算"人化",而是指自然总是已经处于一种社会关系之中,是指"人类社会历史发展的整个成果"。② 就此而言,李泽厚的看法颇类似于阿尔弗雷德·施密特所谓"连尚未占有的自然也属于它自身的历史"③,虽然后者明确指出这是一个"资产阶级社会"之后的事实。④ 更重要的是,在李泽厚眼中,自然的"社会化"不仅指将外在自然纳入生产实践,同时也是一种政治方案,旨在重铸自然与人之间的感性关系。或者说,李泽厚的思路是:自然美关联着人类对于外在自然与内在自然的社会化。换句话说,正因为人与自然的关系本质上决定于客观的社会关系,从而自然美的勃兴可以视为社会解放的一种表征:

> 历史的发展使剥削阶级在一定短暂的时期内在某些方面占了便宜,他们与自然的社会关系使自然物的某些方面的丰富的社会性(即

---

① 李泽厚:《论美感、美和艺术》,《美学问题讨论集》第二集,第232—233页。
② 李泽厚:《美学三题议——与朱光潜先生继续论辩》,《美学问题讨论集》第六集,第335页。
③ 阿尔弗雷德·施密特:《马克思的自然概念》,第190页。
④ 非常有趣的一个事实是:施密特完成此书的时间——他在霍克海默和阿多诺指导之下写成——正是1957—1960年,这和中国美学讨论正好重合。

作为娱乐、休息等场所、性质)首先呈现给他们了,使他们最先获得对
于自然的美感欣赏能力,从而创造了描绘自然的优美的艺术品。……
随着人类生活的发展,人对自然征服的发展,随着人从自然中和从社
会剥削中全部解放出来,自然与人类的社会关系,自然的社会性就会
在全人类面前以日益丰满的形态发展出来,人类对自然的美感欣赏
能力也将日益提高和发展。这时每一个农民都能欣赏梅花,都能看
懂宋画。①

不难发现这段话与上文所引黄药眠的话颇有类似之处,但李泽厚摆脱了黄药眠的摇摆姿态。他的关键着眼点在于"自然的社会性"的"日益丰满",即当社会主义实践(尤其是生产力的极大发展)将劳动群众从旧有的阶级压迫和自然的"必然性"掌控中解放出来,并且赋予他们更多的自由闲暇时间时,后者才有可能去发展同自然的审美关系(而非直接的实用关系)。自然的社会性将从直接的功利关系向间接的、隐含的功利关系或"非功利关系"发展,如此自然才普遍地成为一般劳动群众的审美对象。这种新的自然的社会性的构筑,同时也是人的内在自然的更新(李泽厚所谓从"生理器官"到"文化器官"的变迁②)。这里的核心问题在于,李泽厚虽然强调美的功利性基底,却坚持一种类似于欧洲近代人文传统所持有的"教养"(Bildung/formation)理想,即扬弃直接性和本能性的东西,使自我提升至更为普遍的精神存在。③ 因此,李泽厚虽然在政治上亦会认同所谓"农民美学观",但是实质上"以形式胜"的自然美却成为他1962年新的"美"的定义的"原型":"美是社会实践的产物,它的本质是一种沉淀:实践与现实、合目的性与合规律性的交互作用,使内容沉淀在形式中或沉淀为感性形式。"④尤其在"大跃进"落潮的语境里,李泽厚对于作为"内容"和作

---

① 李泽厚:《关于当前美学问题的争论——试再论美的客观性和社会性》,《美学问题讨论集》第三集,第172页。
② 李泽厚:《论美感、美和艺术》,《美学问题讨论集》第二集,第217页。
③ 参看伽达默尔:《真理与方法》,第22—23页。
④ 李泽厚:《美学三题议——与朱光潜先生继续论辩》,《美学问题讨论集》第六集,第323页。注意这里李泽厚对康德的"模仿"和改写。

为"形式"的自然美的区分(实质是李泽厚对于社会美和自然美的区分)更是别有意味：

> 自然作为肯定劳动实践的现实,作为劳动活动的对象化的自由形式,作为劳动实践的历史成果对社会普遍必然地具有娱乐观赏关系的大自然的形式美,对劳动者就反而是异己的,没关系的,不成为美。而那些个别的,对劳动者谋生有关的,肯定其个体生活的自然对象(如牛羊瓜菜),倒对他们成为美的,而这种美实质上只是内容的美,社会美;而非真正的形式的美,自然美。①

"牛羊瓜菜"不禁让人联想到轰轰烈烈却转瞬即逝的农村壁画运动。② 这些直接取材于劳动群众生活世界的形象一方面虽然肯定了这一生活世界,另一方面却也暗示出"劳动"与"自然"之间过于直接的联系。李泽厚的潜台词是:社会主义条件下的自然美需要从"内容"进到"形式"。"自然美",更确切地说被把握为"美"的自然形式,总是关联于更加普遍却显得隐晦的社会性。③ 作为劳动者生产、生活资料的"自然对象"呈现出欲望的直接性和特殊性;相反,山水风景等大自然的形式美得到普遍承认,则表明劳动者从"自我保存"目的中解放出来。在社会主义条件下,这一解放既是人类生产实践的进步也是政治、文化上的"翻身"。针对黄药眠所提及的难题,李泽厚其实给出了自己的判断:"教养"更为重要,但是这是一种新的历史条件下的新教养。换句话说,李泽厚认为剥削阶级率先获得的对于自然的欣赏能力不能简单读作特殊的阶级属性。"自然界对人类社会实践的肯定",只是"在客观上被歪曲为对剥削阶级消费生活的肯定"。④ 认为李泽厚想要恢

---

① 李泽厚:《美学三题议——与朱光潜先生继续论辩》,《美学问题讨论集》第六集,第340页。

② 在新壁画中,自然形象主要是农民生活世界中实物的夸张、变形呈现,参看邳县农民创作:《苏北农村壁画集》,上海:上海人民美术出版社,1958年,第13、28页。

③ 李泽厚:《美学三题议——与朱光潜先生继续论辩》,《美学问题讨论集》第六集,第324页。

④ 同上书,第340页。

复剥削阶级具体的审美趣味是一种误解。① 他想强调的是,不管山水画等艺术创作的意识形态内容如何,它们总是表征出集体劳动的成果。后者才是阶级文化霸权的真理内容:如果承认人民创造历史,那么就必须辨识出特权文化中作为"不在场而在场"的无名者的劳动。换言之,李泽厚希望爬梳出阶级文化领导权内部的政治经济学踪迹。所谓"生产劳动"与"消费生活""剥削阶级趣味"和"农民美学观"只是"片面发展",皆是"环节",从而无法通过一项否定另一项来实现真正的社会主义文化。片面的环节之间的互相否定仅仅是特殊性之间的相互对抗,只有在各个环节自我否定的基础上才能达到更高的普遍性和解。在李泽厚看来,这一普遍性不建立在具体的意识形态之上,而是立足于社会存在和社会关系的变迁。

因此,在李泽厚的美学构筑中,关键问题不是使无产阶级更有"人情味",而是涉及新主体的"教养"问题(或霸权文化和农民主体性在更高层面的综合)。在他看来,所谓"革命的功利"包含一种"理性认识"的压力。他的整个美学工程始终在回应这个问题。譬如1957年论述"意境"的文章说得也是同一个意思:"在今天的作品里,常常并不是'以意胜'或'以境胜'或'意境浑成',而是'以理胜':美的客观社会性的内容以赤裸裸的直接的理性认识的形式出现。"②(这里又让我们想起了朱光潜对于审美判断独一性的要求,然而李泽厚希望将审美判断奠基于客观的基础之上。)新的文化不仅需要扬弃"私欲"的直接性,更需要进一步使革命内容沉淀为感性形式。只有这样,政治共同体才能真正作为"美"的存在落实下来。在这个意义上,李泽厚的美学方案与雷蒙·威廉斯所谓的"文化"之间构成了微妙的对应关系。虽然后者所构筑的"文化"的谱系回应的是19世纪以来英国资本主义新的生产方式及其后果;而李泽厚的方案试图为新生的社会主义生活

---

① 这可以从李泽厚这一番表述中得到确证:"今天不但从根本上开始逐渐克服自然作为生产对象和作为娱乐对象在不同阶级那里各持一端的片面发展,从根本上为劳动人民开创更自由更广阔地欣赏山水花鸟的各种主客观条件;而且更使自然与人们的娱悦欣赏关系也不再建筑在逃避现实的基础上,而是建筑在史无前例地征服自然改造自然等面向现实的生活基础上。"(李泽厚:《山水花鸟的美》,《美学问题讨论集》第五集,第192页。)

② 李泽厚:《美学论集》,第324页。

世界确立真正的"有机性"与普遍的"情感",这不仅是为了缝合政治斗争所撕开的社会性"缝隙",更是指向"新人"与新的"自然"的铸造。

有趣的正是,李泽厚虽然在论述自然美的本质时强调自然的社会性,但其美学方案却包含着一种将历史结晶成自然的取向(即重铸"第二自然")。在他看来,"社会美的主要表现"即"实现着崇高的社会理想的实践主体"。无产阶级的行动虽然表征出"丰富生动的生活内容",却需要"自然美"的补充,后者其实不仅是形式,也有其模糊笼统的内容根基(这一内容关乎"类存在",也是通向李泽厚后期思想的隐秘"通道")。如此一来,艺术即是社会美和自然美的综合,是"崭新"和"沉淀"的结合,是"阶级"和"类"的结合。新的历史实践在激进变革中难以凝聚成美的形式,艺术因此是一种替代,"自然"则是为新的经验提供形式感,即提供"时间上长久性和空间上普遍性"的关键要素。①

更重要的是,在李泽厚看来,作为形式的自然美关乎或者毋宁说呼唤着解放和自由。克服"自然美片面的分裂"(内容与形式的自然美)的关键"不是从意识上提高劳动者的审美能力,而是从实践解放劳动者的阶级束缚":

> 一方面,只有劳动成果归劳动者所有,肯定劳动者的生活实践不再局限于狭隘的实用对象,而是劳动的普遍成果和概括形式即整个自然及其外形,于是劳动者就能自由地欣赏山水花鸟。另一方面,广大自然界肯定的不再只是剥削阶级的消费生活,而是劳动者积极战斗的生活(其休息、娱乐的生活也是积极生活的一个组成部分),于是大自然的美就以其概括地肯定人类实践的真面目充分地显示出来。②

虽然李泽厚未明言"劳动成果归劳动者所有"的具体形式(这实在是一个要害问题,美学话语却无法深入触及这一问题——比如,分配正义问题与批判国家雇佣劳动形式的可能性),但是他坚持政治和社会革命是真正实现"自然美"的前提,或者说劳动人民在政治和经济上获得"主人"地位是感官革

---

① 参看李泽厚:《美学三题议——与朱光潜先生继续论辩》,《美学问题讨论集》第六集,第324页。

② 同上书,第339页。

命的前提(虽说这一"主人"地位如何实现恐怕有着不同的解释)。另一方面,美的实现则是生产革命、政治革命的真正落实。李泽厚的此种论述已然包含了"劳动人民"重新占有劳动成果(包括"文化"、甚至可以说,聚焦于"文化"——"美"在这个意义上与威廉斯笔下的"文化"具有同样的强度与广度)、克服劳动异化的某种线索:一种更高形式的"休息"和"娱乐"的复归。李泽厚所设想的是无剥削状态之下的新的"教化",而"自然美"是这一教养最好的指示剂。他在这里未明言但结合上文所论可以推断出的是,这一解放还关涉到劳动群众从强迫性的劳动生产时间中逐渐摆脱出来。这正是李泽厚将"共产主义社会"和"自然美"并置在一起所蕴含的乌托邦信息,但是已颇不同于"大跃进"时期"取消体脑差别"的方式。对于后者而言,脑力与体力劳动的差别不仅是技术意义上的分工,更是政治意义上的"等级"。因此关键在于干部参加劳动,群众参加管理。① "大跃进"劳动观念背后有着政治平等的诉求,但是限于紧迫的历史"情势",并没有赢得真正反思劳动的历史形态的契机。相比而言,李泽厚的"自然美"所指示出的"劳动—休息"关系包含着对于强迫性的劳动时间的批判:在社会财富(不能化约为"价值"②)大量积累的前提下,使劳动者拥有劳动成果且不受强迫性的必要劳动时间的支配,使其与自然建立丰满的感性关系,正是"自然美"理想的实质所在(当然,这一图式所欠缺的是政治—战争因素)。可以说,李泽厚"在理论上"间接批判了"大跃进"劳动及其艺术表现(我们亦需承认"美学"批判的有限性,它难以直面1950年代末无法逃避的现实压力以及从此种压力中诞生的社会实践),两者的根本分歧表现在对于劳动分工以及社会主义文化解放的不同理解。

---

① 这也是1957至1958年中央连续刊发"干部参加体力劳动"指示的缘由之一。具体文献可见:《中共中央关于下放干部进行劳动锻炼的指示》(1958年2月28日),中共中央文献研究室编:《建国以来重要文献选编》第十一册,北京:中央文献出版社,1995年,第193页;《中共中央、国务院关于干部参加体力劳动的决定》(1958年9月25日),同上书,第510页。
② 区分"物质财富"与"价值"是普殊同(Moishe Postone)重构马克思批判理论的关键所在,这为我们想象超越资本主义(包括既有社会主义)的价值模型提供了理论线索。见 Moishe Postone, *Time, Labor, and Social Domination: A Reinterpretation of Marx's Critical Theory* (Cambridge and NY: Cambridge University Press, 1993)。

（三）

然而李泽厚所面临的难点在于,当他认为"主体的自然人化与客观的自然的人化同时是人类几十万年实践的历史成果"①时,无疑为想象一种崭新的经验和主体性设置了障碍。李泽厚的论述仍然无法解决"谁改造谁"的矛盾。虽然他提出"阶级斗争"将导致"全面发展"②,然而在具体论述里却无法回避这一问题:正是剥削阶级为被剥削阶级提供了"全面发展"的理想——从而隐约承认了剥削阶级的某些生活形式。因此,他必然面临"无产阶级"的阶级性与真理性相统一的压力。③"教养""形式"和长时段的"沉淀"显然难以回应"此刻"的强度和创造性,同时也难以回应广大工农群众试图在当下获得文化翻身的冲动。

另一方面,针对李泽厚的批评恰恰说他不重视自然性,这不能轻易放过。④ 洪毅然曾说李泽厚相对地忽略了自然性因素的重要,在洪看来,"物的社会性通过物的自然性表现出来,而后有美"⑤。洪毅然所谓的自然性主要指事物的"形象"或外观,同时也包括事物的质料特征。就此而言,李泽厚关于美的定义其实早已包含了洪毅然所说的意思。但问题的关键在于,指责李泽厚将自然美融解于社会美,暗示的是李泽厚给出的"功利"说明无法把握作为直观性存在的美,即"当前存在"的美。"沉淀"的内容和此刻呈现的美的外观之间似乎有着一种结构性的分裂。这一难点或许就隐藏在李泽厚的政治经济学"联想"之中:将商品二重性模式挪用到"美",从而始终保留了自然性与社会性之间的断点。严格来说,如果坚持这种"总体性"模式——马克思政治经济学论著所强调的"社会关系的总和"这一客观性,自

---

① 李泽厚:《美学三题议——与朱光潜先生继续论辩》,《美学问题讨论集》第六集,第338页。
② 同上书,第323页。
③ 参看姚文元:《论生活中的美与丑——美学笔记之一》,《美学问题讨论集》第六集,第78页。
④ 参看洪毅然:《美是什么和美在哪里》,《美学问题讨论集》第三集,第66页;继先:《应该如何来解释美的客观性和社会性》,《美学问题讨论集》第三集,第275页。
⑤ 洪毅然:《美是什么和美在哪里》,《美学问题讨论集》第三集,第66页。

然性与社会性之间就难以存在"表现"和"反映"的关系。黑格尔式的表现总体性即美学讨论极为仰仗的"理念的感性显现"这一规定也就变得不合用了。① 自然性或"形象"指向的是此刻被把握的美,或者说是"现象"而非"本质"(如何思考这一"现象"本身变得十分棘手)。李泽厚关于自然与社会之间辩证关系的论述已经十分雄辩,却难以处理"美"自身的时间性维度。这就犹如可以拆穿商品"拜物教"的秘密却无法直接取消它。② 所谓自然美的二重性揭示出的是寻常意义上的劳动生产和积累的时间,却无法真正回应朱光潜那里所隐含的"独一性"时间构造。进言之,"美"的难点在于无法从"现象"与"本质"的时间差异中来理解和把握。"审美幻象"拥有一个迥异于其原因、起源或者社会本质的时间维度,它经由形象"显现"而在场。从而,占据这一特异的时间性,让每一个此刻为崭新的激情所充盈,成为社会主义美学讨论无法回避的任务。这也是李泽厚的美学论述所留下的一个理论缺口。他的自然美论述还包含了这样一种暧昧性:新的整全性的生活形式(比如其所谓包含休息和娱乐的积极战斗的生活)和超越单纯实用性的审美生活之间的关系显得模糊不清。

第三节 劳动、美与人的"自然性"

在中国社会主义实践中,"劳动"既是一个重要的经济范畴,又是一个关键的政治—文化范畴。③ 然而,在肯定"劳动"以及"劳动者的生活世界"这一略显粗浅的大前提之下,围绕劳动展开的叙事与形象建构包含着某些

---

① 见 Etienne Balibar, *The Philosophy of Marx*, trans. Chris Turner(London: Verso, 1995), pp. 24-25。

② 当然,商品拜物教的秘密要更为复杂。其根源或许在于纯粹社会性(价值实体)最初只能由事物的自然性来表达,因此感觉与超感觉的结合构成价值形式的神秘性。值得追问的是:审美的感觉与超感觉如何确定?所谓"马克思主义"美学如何处理这一"神秘性"的问题?

③ 正如蔡翔所说,在新中国围绕"劳动"的叙事里,劳动承担的不仅是伦理与政治的正义性,也发展出对所有制关系的变更要求及对国家政权新形态的想象,更直接指向阶级与集体尊严。参看蔡翔:《革命/叙述》,第271页。

变动性与含混性,从中我们能够见出中国社会主义实践的复杂之处与难题所在。1950年代中后期到1960年代早期,中国面临的基本历史情势是"社会主义改造基本完成",整个国家在某种意义上开始"真正"转入社会主义阶段。而在中苏矛盾加剧之后,中国日益有意识地以一种独特的方式进行建设与积累,以期快速完成工业化(当然也承受了巨大的挫折)。同时,经济领域的变化关联着政治、文化与意识形态领域的变动,甚至在一定程度上互为犄角。① 其中尤为引人注意的是往往被视为社会主义实践"非常态"的"大跃进"运动与"人民公社"初创。此一时期的劳动观念、劳动主体及其审美形象相比于1950年代早期,有了不小的差异。随同1950年代末"资产阶级法权批判"的发轫以及制度建设方面零星而初步的"共产主义"萌芽的出现(譬如福利院、公共食堂等制度实践),自觉而欢快的劳动及劳动者形象在诸如新民歌等艺术媒介中有着集中表现。② 不过,本章主要关注的并不是"大跃进"时期的群众文艺实践,更不是具体的政治经济转型,而是以之为"上下文"的美学讨论。其中最有意思的争论议题——"自然美"问题与"劳动—艺术"争论(两者在理路上有着内在联系:时间与劳动)——同以"大跃进"为代表的社会主义实践有着隐匿的对话与论辩关系。通过分析美学讨论这一特殊的美学话语,我希望在理论层面呈现中国社会主义实践

---

① 比如在贺雪峰看来,人民公社制度通过高度的组织化来降低集体行动的交易成本,克服了中国数千年以来一直没有能克服的农民合作难题。因而在某种程度上这一制度是一种有效率的国家提取农村资源用于中国经济起飞的制度安排。参看贺雪峰:《城乡二元结构是中国发展模式的核心与基础》,潘维主编:《中国模式:解读人民共和国60年》,北京:中央编译出版社,2009年,第187—188页。此外,温铁军以为,中国社会主义实践是一个超大型国家在不可能如西方发达国家通过海外殖民掠夺财富的情况下,通过内向型自我剥夺,即通过高度组织化来提取农业剩余以及成规模使用劳动力投入国家基本建设来替代稀缺的资本,完成了独立国家主权条件下的工业化原始积累。参看温铁军:《"中国经验"的"中国特色"》,同上书,第164页。而温铁军对于1950年代末意识形态方面的"转向"也有颇为独到的观察:"可大致归因于苏联短期投资快速形成了斯大林模式的官僚主义部门叠加于革命战争期间从'土围子'演变而来的宗派主义混合官僚主义的上层建筑,基本上不能适应苏联撤资之后客观上不得不改变的经济基础。"(同上书,第175页。)

② 参看"大跃进"新民歌对于新型劳动态度的描绘:"公鸡拍翅叫出窝,家里人儿没一个。原说公鸡比人早,哪知家家都是空被窝。"(《原说公鸡比人早》,郭沫若、周扬编:《红旗歌谣》,第100页。)相关例证不胜枚举。

的自我理解与自我批判。由此，劳动问题在具体历史情境中的复杂性与启迪性或许能够得以展现。同时，中国现代性道路的曲折经验或许可以在劳动、自然与政治——历史之间的辩证交织中显露出自身的未来指向。

在经典马克思主义理论脉络里，劳动首先是人与自然之间的物质变换即人类生活得以实现的必然性。进言之，一般意义上——更确切地说——抽象意义上的劳动（即暂不考虑劳动的历史形式）是一种对于人类社会的延续来说"必要的社会行为"。① 在这一劳动观念中，"自然"主要作为质料或原料出场。然而，一旦我们在广义的"历史唯物主义"框架下纳入对于"自然美"的考察，就会发现"自然"与"劳动"之间有着更为复杂的关系。在此种视角中，自然美同人类遭遇与征服自然的经验相关；但是自然美又不能简单还原为"行动"、征服和劳动的经验。② 自然美相对于"原料"的"剩余性"与其说单纯指向某种审美幻象，毋宁说"中介性"地关联于集体性的劳动经验。我们知道，"自然美"概念在近代西方的出现暗示着现代性最初的自我批判：不满于遭到"祛魅"之后的世界。在马克思主义美学兴起之后，"自然美"承受着"反映论—现实主义"模式的再造，而某些左翼美学家则坚持其超越"原料"的特性，强调"所有自然主义艺术仅仅是欺骗性地接近了自然，因为类比于工业，其仅将自然归为原材料"。③ 有趣的是，在1950—1960年代中国美学讨论中，核心议题之一正是"自然美问题"。其中李泽厚关于"自然美"的思考尤为重要。他从马克思主义政治经济学脉络入手来重构"自然"，并以独特的方式提出了"劳动"问题。

在上面的讨论中我们已经看到，无论是蔡仪通过超历史的自然美暗示出"常识"在社会主义实践中不可抹除的重要性，还是朱光潜关于自然美的讨论暗示出"常识"和"教养"的冲突，两人都无法真正建立社会主义实践与自然美之间的内在联系。而李泽厚则以自然与历史之间的辩证关系重构了自然美的意义，并且强调由自然美所提示出的"教养"对于革命主体和革命

---

① 参看马克思：《资本论》，第56页。
② T. W. Adorno, *Aesthetic Theory*, pp. 65-66.
③ Ibid., p. 66.

实践的重要性。在李泽厚那里，劳动时间和闲暇时间的和洽关系，或者说新的劳动组织形式对于自然美的生成是极为关键的，而劳动群众得以真正接近自然美的前提，一方面是政治和经济上的解放，更关键的则是社会生产本身的进步——真正带来生产自身的转变以及工作日的缩短。可以看到，在这样一种问题框架里，打破"常态"的"新"很难获得自身的位置。关于劳动的设想也还是延续着经典马克思主义的思路。但是在1950年代末期的历史情境中，中国社会主义实践却不得不重新定义劳动和休息，也是重新定义人的自然本性。在1950年代中后期高扬"生产斗争"的语境中，这又同重新想象劳动有关。因此，此时的议题已经不再局限于自然美，而是涉及劳动是否可以转化为人的自然需要。在接下来的部分中，我将先讨论姚文元与李泽厚在"新"与"美"问题上的分歧，并考察前者如何将劳动引入美学视域。然后再来分析由朱光潜所引发的关于"劳动—艺术"的争论。

一 "劳动美"与美学话语的转型

在美学讨论中，姚文元与李泽厚在理论上的关联十分耐人寻味。一方面，姚文元在当时被归入李泽厚一派，即主张"美是物的客观社会属性"。① 另一方面，不同于李泽厚强调社会内容在长时段历史中沉淀为感性形式，姚文元更加看重"当下"，力主新的"革命内容"直接转化为美。因此可以说，姚文元对于"新"的重视反转了李泽厚的论断。对于后者而言，新的经验难以直接在感性上获得普遍性，而姚文元却认为：

> 美是人类社会生活中处于上升阶段的、推动历史前进的、欣欣向荣地向上发展着的新生事物的形象，是表现着、联系着健康地、正常地、欣欣向荣地向上发展着的生活的形象；丑是人类社会生活中处于下降阶段的、阻碍历史前进的、没落的向下衰亡着的腐朽事物的形象，是表现着、联系着没落的、畸形的、向下衰亡着的生活的形象。②

---

① 衫思：《几年来关于美学问题的讨论》，《哲学研究》1961年第5期，第78页。
② 姚文元：《论生活中的美与丑——美学笔记之一》，《美学问题讨论集》第六集，第108页。

这种看似"非此即彼"的谈美方式立即引来了批评,反对意见主要聚焦于姚文元的两个"弱点":一、美丑之间"非 A 即 B"的对立"有点形而上学的味道",而"美学上的现象非常复杂,不可能对于什么现象、什么事物都简单回答一个'美的'或'丑的'"。① 二、姚文元的"从实际出发"回避了"理论遗产"和"历史遗产",有"经验主义的偏向"。② 但是批评者有意或无意地忽略了姚文元笔下的"经验"并非单纯的经验,而是烙刻着"新"风貌的生活事例。他所构筑的美丑对立也不是"美学科学"可以容纳的问题,而是呈现政治强度的感觉重构。换言之,"美"同一种时间经验扭结在一起。"新"需要在否定"旧"时呈现自身,因此新旧对比使得美丑总是作为一对"矛盾"同时出现。在姚文元看来,区分美丑是美学甚至一般审美活动的根本问题。③ 毛泽东所谓"真理是跟谬误相比较,并且同它作斗争发展起来"④的看法取代了康德、黑格尔甚至马克思列宁的经典论说构成其理论支柱,"美丑"比较、斗争遂成为一种基本的言说方式。区分"美丑"的审美判断颇类似于区分"敌我"——虽然并未达到那种"你死我活"的强度,而更多的是一种感官层面的斗争与规训。朱光潜笔下"生产"—"诞生"时间被一种始终存在"他者"的斗争所填满了。因此,美丑问题相比于"美还是更美"的问题具有本质上的优先性。⑤(姚文元首先就区分出美学中的本质和非本质问题,王子野以美学现象的复杂性来批评姚文元似乎并未点到要害。)

在姚文元看来,"将来讨论美与丑将是人民生活中最平常、最普遍的事情之一"⑥。"讨论"一词暗示审美判断无需建立在趣味的直接性与独一性之上,审美活动成为一种价值赋予与政治划分,一种"民主"参与;同时也暗示自发的感觉处在不可靠的地位,因为"先进的阶级"具有"根据美的规律

---

① 王子野:《和姚文元同志商榷美学上的几个问题》,《美学问题讨论集》第六集,第 124 页。
② 同上书,第 130 页。
③ 姚文元:《论生活中的美与丑——美学笔记之一》,《美学问题讨论集》第六集,第 73 页。
④ 参看《毛泽东年谱:一九四九—一九七六》第三卷,第 70 页。
⑤ 参看姚文元:《关于美学讨论的几个问题——答朱光潜先生,美学笔记之二》,《美学问题讨论集》第六集,第 153 页。
⑥ 姚文元:《论生活中的美与丑——美学笔记之一》,《美学问题讨论集》第六集,第 116 页。

用马克思列宁主义的美学观点改造人民的审美观点和生活方式"的正当性。美丑判断揭示出一种紧张的瞬间,这是试图将社会主义的感觉革命渗透到每一个细小的日常生活瞬间,包括"环境布置、生活趣味、衣裳打扮、公园设计、节日游行、艺术创造、风景欣赏以至挑选爱人等等"。① 姚文元把握到了美学问题的政治边界,即"美"归根结底指向某一阶级对于自身生活世界的捍卫,犹如一种"存在的政治":"美就是推动历史前进的革命阶级和劳动人民在改造世界的实践中所创造和向往的那种生活方式。"②但是其要点和难点在于又需使所有"劳动人民"都"向往"这一生活方式。面对现实存在的审美差异时,姚文元的逻辑是:审美差异根本上来自不同阶级审美观念上的差异,"归根到底是不同生产关系在审美上的反映"。③ 因此,生产实践和阶级斗争带来的不再是李泽厚式的"全面发展",而是"新"的生活方式的创设和新人的产生。美的阶级性和客观性在这里获得了"统一":"最新最美的是共产主义新人",因为"历史本身在自己的发展中肯定了新的生产关系、新的生活方式;否定了、消灭了旧的生产关系、旧的生活方式"。④ 通过征用"历史本身",姚文元使自己关于"新"的论述纳入到一种"必然性"逻辑之中。可以看出,姚文元的表述依然包含着一种微妙的张力:攫住"新"的此刻的斗争和"新"必然到来的历史目的论逻辑之间的关系并未得到充分反思。

姚文元最初介入美学讨论正值"大跃进"高潮。其作于1958年的美学处女作——《照相馆里出美学——建议美学界来一场马克思主义的革命》积极配合正在蓬勃展开的中国式"共产主义社会"想象,呼吁"从无限丰富的社会生活中的美学问题出发"。⑤ 给他以底气的正是新的生活道德风尚

---

① 姚文元:《照相馆里出美学——建议美学界来一场马克思主义的革命》,《美学问题讨论集》第四集,第181页。
② 参看姚文元:《论生活中的美与丑——美学笔记之一》,《美学问题讨论集》第六集,第108页。姚文元自己对定义的再解释,见他在本页所作的注释。
③ 姚文元:《论生活中的美与丑——美学笔记之一》,《美学问题讨论集》第六集,第81页。
④ 同上书,第82页。
⑤ 姚文元:《照相馆里出美学——建议美学界来一场马克思主义的革命》,《美学问题讨论集》第四集,第180页。

的出现。1956年以来美学讨论自身的封闭性成为姚文元号召"革命"的理由之一。这首先出于经验上的不满。美学讨论主要建基于古典诗词书画、欧洲批判现实主义小说等"文艺经验",只是容纳了少量新的社会实践。换句话说,它未能充分确证社会主义自身的感性经验。而在"大跃进"语境中,如何把握"共产主义风格"及其重要的表现——"忘我劳动"成为美学难以回避的问题(正如前文所述,"美"应视为威廉斯式"文化"的对等物)。也就是说,如何重新提出"劳动美"这一问题变得尤为关键。姚文元在这一时期写作了大量杂文,正是意在捕捉共产主义萌芽,并且驳斥关乎"人性"的已有理解。这可以读作姚文元"美学习作"的互文。其中,对待劳动的态度尤其关乎对于人的自然本性以及"欲望"的重新理解:

> 以为共产主义社会必出懒汉的人,总是把懒惰当作一种和社会条件无关的人类共性,好像人生来就是有一种厌恶劳动的懒惰脾气,只是因为自己吃得好穿得好有名利的刺激,才肯被迫地参加劳动……如果不改变这种剥削阶级对劳动的看法,根本就不懂得什么叫共产主义。……有觉悟的工农从来就没有担心过什么懒汉问题,因为他们自己就没有"好逸恶劳""按酬付劳"这类想法,推己及人,就自然觉得共产主义社会里,大家一定都把自觉的劳动当作生活的准则。……从目前看,自觉的忘我的劳动态度,作为共产主义精神的一个方面,正在大跃进中飞速地成长起来。①

姚文元没有简单将自觉劳动视为一种道德要求,而是通过特殊化"好逸恶劳"来提出新的欲望(说到底是"人性")的设想。但是与傅立叶等空想社会主义者关于"自由劳动"(视劳动为游戏)的论述不同的是,姚文元并没有给出未来劳动是一种游戏或"艺术活动"的画面,而是强调"共产主义的生活永不会成为资产阶级享乐主义的生活,艰苦朴素仍将作为一种美德"。② 因此,虽然姚文元也认为未来的劳动将会成为一种生活习惯或生活的第一需

---

① 姚文元:《驳"共产主义必出懒汉"论》(1958年10月13日),《冲霄集》,北京:作家出版社,1960年,第4—5、9页。
② 同上书,第5页。

要,但是这种关于劳动的论述并未根本扬弃"劳动"和"休息"的对立,它反而需要不断征用剥削阶级"不劳动"的形象来映衬劳动自身的"合适"形象。与其说姚文元在畅想未来,毋宁说直指当下的"主体"转型或"内在自然"的强行改造。这显然在一定程度上带有道德律令特征。值得注意的是,姚文元开始正式发表其"美学笔记"①其实是在1961年初,此时"大跃进"口号已经被放弃,社会主义中国也已转入"调整期"。而他依旧在第一篇"美学笔记"里强调了"劳动美":

> 我们要以劳动人民和一切劳动创造的事物为美,因为从劳动中最鲜明地表现着欣欣向荣的社会主义社会,做一个有觉悟的普通劳动者是光荣的,是美的。一切破坏、厌恶、轻视劳动的行为都是丑的。一切脱离斗争、逃避现实、颓废厌世的人的形象也是丑的。……这样,美学就能从美与丑的区别上,同以共产主义精神教育人民的历史任务密切联系起来,有一个广阔的领域可以作为美学的"用武之地"。②

对于这种劳动者形象不能作抽象的理解,而需要同社会主义国家强调"劳动与教育相结合"以及"知识分子工农化"相联系,尤其是后者强调体力劳动在改造资产阶级思想(包括"官气"等官僚主义)过程中所起到的决定性作用。将劳动纳入美学问题显然意在凸显一种直觉性的、自发的判断,从而克服道德要求的强制性,也是进一步确证劳动者生活世界的正当性。"劳动美"在这儿所唤起的不再是资产阶级式的"非功利"欣赏,而更近于一种古典性的"荣耀"感。相比而言,李泽厚所谓"人化的自然"同样构筑了一种

---

① 从1961年初开始,姚文元先后撰写了七则美学笔记,分别是:《论生活中的美与丑——美学笔记之一》,1961年1月17日《文汇报》;《关于美学讨论的几个问题——答朱光潜先生,美学笔记之二》,1961年5月2日《文汇报》;《艺术的辩证法——祖国美学遗产初探,美学笔记之三》,《学术月刊》1961年第6期;《艺术的辩证法——美学笔记之四》,《上海戏剧》1961年第7—8期;《论艺术品对人民的作用——美学笔记之五》,《上海文学》1961年11、12期;《论建筑和建筑艺术的美学特征——美学笔记之六》,《新建设》1962年3月号;《论艺术分类问题——美学笔记之七》,《新建设》1963年4月号。

② 姚文元:《论生活中的美与丑——美学笔记之一》,《美学问题讨论集》第六集,第114—115页。

劳动与美相互关联的理论模型。而在姚文元这里,美的实质并不仅仅是对象化的劳动,即所谓"劳动创造的事物",而且是"此刻"的劳动行为、劳动态度本身。在1961年强调"共产主义精神"已经丧失了"大跃进"实践的支持。然而,上面一段引文虽然悬搁了何种"劳动"的问题,但"有觉悟的普通劳动者"这一表述却值得细究。其中至少包含着两层意思:一是劳动者和不劳而获者的对立,二是劳动并非简单为己而且为了集体和国家,甚至世界革命事业。列宁曾经赞扬过的不为私己的自觉劳动始终是一种评价劳动的尺度。① 因此,劳动美并不简单是在"不劳者不得食"的逻辑上展开(某种程度上说,这也是"自觉劳动"但非"忘我劳动"②),更是指向不为"按劳分配"原则所束缚的带有共产主义风格的忘我劳动。

二 "劳动"及其美学评价的谱系学分析

值得一提的是,劳动与美德之间发生联系很大程度上是现代性的结果。③ 同时它也是19世纪以来资产阶级意义源泉之一,正如卡尔·洛维特指出:

> [在西方历史上]劳动只是缓慢地获得了社会意义。按照基督教的观点,劳动原初并非自身就是值得赞扬的成就,而是罪的报应和惩罚。……圣经中的人并没有享受劳动的"祝福"的"果实",而是以它来清赎人侵染伊甸园果实的罪孽。……只是在新教里面,才产生出对世俗劳动的那种富兰克林以经典方式代表的尊重。但是,即便是在18世纪实现的那种基督教传统最坚决的世俗化,也还是在与教会教义的矛盾中发生的。它使自此流行的对劳动的市民阶级评价发挥了作用,即

---

① 列宁:《关于星期六义务劳动》,中共中央马克思恩格斯列宁斯大林著作编译局编:《列宁选集》第四卷,北京:人民出版社,1972年,第141—142页。
② "自觉劳动"其实并不等同于"忘我劳动"。在1961年"大跃进"落潮时期,张闻天撰写了多则关于政治经济学问题的札记,他强调:"按劳分配是自觉劳动的分配原则,但也有强制性(不劳动者不得食)和不平等性(多劳多得)。"(《张闻天文集》第四卷,北京:中共党史出版社,1995年,第353页。)
③ 参看阿伦特:《人的境况》,王寅丽译,上海:上海世纪出版集团,2009年,第63页。

把劳动看做是一种富有意义地充实人类生活的成就。现在,人们有意识地享受着所付出的劳动的果实。劳动成为通向满足和成就、威望、享受和财富的首要道路。市民阶级时代的人不仅必须劳动,而且也想劳动,因为一种没有劳动的生活在他看来根本不是值得活的,而且是白活的。劳动不仅被他(资产阶级)视为一种通过迫使人从事有规则的活动而远离游手好闲和放荡不羁的恶行的苦行主义行为,而且它还作为一种有效果的、有成就的劳动而获得了独立的、建设性的意义。它成为一切尘世技能、德性和愉悦的源泉。①

资产阶级或"市民阶级"并没有生产出一种"好逸恶劳"的意识形态,毋宁说它反而强化了劳动的神话,它无法反思的却是"价值形态"。② 在何种意义上社会主义实践继承了此种劳动观念,又在何种意义上超越了这一观念,是我们需要悉心辨析的问题。社会主义革命并不否认劳动神圣本身(但却并非停留于这一赞美),它揭露的是资本的剥削本性(而对于劳动的历史规定性缺乏反思正是普殊同所谓"传统马克思主义"的根本弊端,其只聚焦于"分配"而未批判"生产"本身③)。马克思的以下逻辑成为社会主义批判资本主义的重要理论措辞:历史上存在两种极为不同的私有制,一是以生产者自身的劳动为基础,另一种是以剥削别人的劳动为基础(这毋宁说是马克思主义批判最为关键的"设定",但并不意味着要回到这一"环节")。资本

---

① 卡尔·洛维特:《从黑格尔到尼采》,第 356 页。
② 比如在柄谷行人看来,不但斯密、李嘉图等古典经济学家已经强调了"劳动价值论"、强调"生产"从而区别于"重商主义",而且也部分地发现了"剩余价值"问题。马克思那里真正的"断裂"在于对于"价值形态"的论述。参看柄谷行人:《跨越性批判——康德与马克思》,第 156—162 页。柄谷的以下论述也非常关键:社会主义是建立商品的民主主义体制,即没有货币/帝王的情况下实现民主主义体制。然而这并不是对货币/帝王的扬弃。例如,在推翻绝对主权者后出现的民族国家中,人民主权得到提倡,但是这样的人民乃是早被绝对君主所塑形的东西。同样,只保留商品而否定货币是奇怪的事情。商品和货币一样,只有放在价值形态上才存在。
③ 普殊同认为,所谓"传统马克思主义"是指:"一种普遍的理论方法,其从劳动视角且根本上依照(由私有的生产方式与市场经济所建构的)阶级关系来分析资本主义。"(Moishe Postone, *Time, Labor, and Social Domination: A Reinterpretation of Marx's Critical Theory*, p. 7.)

主义生产方式则是以后者否定前者。① 经典马克思主义话语曾设想阶级剥削取消之后无者不劳的情形,劳动者同自己的劳动有了一种更为透明的关系:"社会主义生产关系的确立意味着劳动性质的根本改变。在社会主义制度下,劳动是不受剥削的劳动。'千百年来都是为别人劳动,为剥削者做苦工,现在第一次有可能为自己工作,而且依靠最新技术和文化的一切成果来工作'(列宁)。"② 社会主义国家肯定劳动者,尤其是体力劳动者,然而社会主义社会依然存在着具体劳动和抽象劳动、个人劳动与社会劳动、国家、集体和个人之间的矛盾。③ 只要具体劳动与抽象劳动等矛盾存在,"价值规律"就依旧困扰着社会主义实践,这也是理想的劳动主体无法逃避的历史限定之一或者说某种"社会必然性"。④ 在人民公社初创的语境中,"社会主义制度下价值与价值规律问题的讨论"的再度兴起正是这一社会焦虑的集中表现。⑤

当中央文件《关于人民公社若干问题的决议》(1958年12月10日)明

---

① 马克思:《资本论》第一卷,第833页。

② 苏联科学院经济研究所编、中共中央马克思恩格斯列宁斯大林著作编译局译:《政治经济学教科书》下,北京:人民出版社,1955年,第462页。

③ 《张闻天文集》第四卷,第353页。

④ 张闻天在"调整时期"一系列政治经济学笔记中反复提到社会主义社会的历史限度:国家也雇佣劳动者。这里存在着国家与个人的矛盾。劳动力虽然本质上不是商品,但在商品生产的形式还存在的条件下,劳动力也还有其价值;如果劳动力没有价值,工资如何决定就成问题。见《张闻天文集》第四卷,第353页。

⑤ 参看《关于社会主义制度下价值与价值规律问题的讨论综述》,《新建设》1959年2月号。讨论主题分别为:一、什么是价值?什么是价值规律?二、价值规律的作用范围是否缩小了?三、"调节"作用和"影响"作用。四、价值规律对社会主义商品流通的作用。五、价值规律对社会主义生产的作用。六、怎样认识和利用价值规律的作用?七、价值和价值规律在共产主义社会还存在吗?孙冶方在1959年指出,1953年斯大林的"苏联社会主义经济问题"的出版,曾经引起了中国经济学者对价值规律问题的研究和讨论热潮。1956年,当中国对农业、手工业和资本主义工商业的社会主义改造已经取得了决定性胜利之后,经济学界联系到计划体制和计划方法问题重新又掀起了一次讨论价值和价值规律问题的热潮。最后,在1959年工农业生产"大跃进"和全国农村公社化以后,经济学界在研究公社体制和公社化以后商品生产的前提问题的时候,第三次讨论了价值和价值规律问题。见孙冶方:《论价值——并试论"价值"在社会主义以至于共产主义政治经济学体系中的地位》,《经济研究》1959年第9期。我在查索相关文献之后,发现1959年所发表的讨论"价值规律"的论文是三次讨论中数量最多的。

确提出"在共产主义社会中,劳动将从'沉重的负担变成愉快',成为'生活的第一需要'"①时,这一表述远非自明,反而充满着含混性。这里的难点在于,如马克思所说,资本主义是对以本人劳动为基础的私有制的否定,但否定资本主义并不是对于前者的恢复(既有社会主义实践并没有否定"生产"的现代面向,比如列宁强调对泰勒制的利用②)。也就是说,社会主义革命并不将"按劳分配"原则视为绝对。"劳动价值论"也并不必然呈现为自然正当。③ 毋宁说,无论在普遍丰裕的社会远景之中还是在无法停歇的危机状态之下,分配正义问题都不是社会主义实践的关注要点。④ 社会主义条件下的劳动观念总是一种美学与政治经济学相混合的产物,且两者之间不无张力。

在马克思主义脉络里,关于劳动的论述一方面指明了劳动的哲学人类学基础,尤其表现为青年马克思关于"类存在"以及非异化劳动的设想。这暗示出一种非强迫的、作为"生命活动"本身的劳动的可能性。另一方面,社会主义实践反复追问的是何种劳动具有更高的正当性,哪一种是真正体现"美德"的劳动(要知道,在法国大革命语境中,"美德"不可欠缺的背面正

---

① 《关于人民公社若干问题的决议》,中共中央文献研究室编:《建国以来重要文献选编》第十一册,第614页。

② 列宁曾言,社会主义实践亦需要分析人在劳动中的机械动作,省去多余的笨拙的动作,制定最精确的工作方法,实行最完善的计算和监督制等。苏维埃政权和苏维埃管理机构需要同资本主义最新的进步的东西相结合。在布雷弗曼(Harry Braveman)看来,这正是现实社会主义所面临的一大难题,因此在《劳动与垄断资本》一书中,他重复了马克思主义的根本要旨:社会主义作为一种生产方式,并不像资本主义跟着盲目的有机的市场力量而成长起来那样,"自动"地成长起来,它必须要在一种适当的技术基础上,由人类集体的自觉而有目的的活动产生出来。这种活动不仅要克服前一生产方式的习惯条件,而且还要克服存在过各种阶级社会的几千年中的那些习惯条件。随着资本主义的衰微,结束的不仅是一个社会形式,而且也是如马克思所说的"人类社会的史前时期"的终结。见布雷弗曼:《劳动与垄断资本:二十世纪中劳动的退化》,方生等译,北京:商务印书馆,1978年,第25—26页。

③ 对于这个问题,柄谷行人有着十分敏锐地把握:"劳动价值"乃是产业资本主义经济所特有的东西。换言之,它不应适用于非资本主义经济,也不能适用于超资本主义经济。在这一点上,欧文和蒲鲁东的劳动货币暗自依据的是资本主义市场经济。扬弃资本主义经济,也就是扬弃劳动价值。见柄谷行人:《跨越性批判》,第195页。

④ 这个看法受科恩(G. A. Cohen)启发。参见 G. A. Cohen, *If You're an Egalitarian, How Come You're So Rich?* (Cambridge and London: Harvard University Press, 2001), pp.104-115。

是革命"恐怖",因此现代激进"美德"的基础是"政治")。尤其在"一国实现社会主义"前提下,劳动态度在此刻的转换远比想象未来的"自由劳动"来得紧迫。由此我们看到了列宁关于共产主义"实际开端"的论述:劳动产品不归本人及"近亲"所有,而归"远亲"即全社会所有。这是为了共同利益而劳动。① 消灭了剥削阶级之后,逐利的、为己的劳动并没有根本上的正当性。在集体化和合作化进程中(在这一点上,既存社会主义实践与空想社会主义的"社会工程"之间存在着某种微妙的联系),劳动逐渐被整合进集体性的政治事业。正如韦伯所言,政治共同体有着共同命运,拥有共同记忆,能够生死与共(比如抗美援朝这一历史瞬间的劳动)。② 我们需要在这一"政治"意义上(而非单纯从道德出发)重新考察社会主义条件下的"劳动",即"劳动"除了自愿的生命活动、生产价值的抽象劳动以及生产产品的具体劳动之外,拥有了另一种构型:承担着一个共同体命运的劳动。而此种"政治性"暗示出社会主义实践始终无法摆脱敌我关系,难以进入马克思曾预想的不存在根本对抗的状态。③ 也正是在这一意义上,"劳动"成了"文化政治"议题。由此观之,辛勤劳动本身并不一定会获得美的评价,《山乡巨变》里辛劳的"中农"王菊生这一形象就是例证。因此,单单反驳懒汉,或指出好逸恶劳的本性只是"历史"的产物显然不够,更关键的是将劳动与占有及逐利区分开来。当然这一"区分"可以有许多路径,美学的方式只是其中之一。但本章的分析主要聚焦于此。因为"美"的问题谱系成了劳动、自然与政治相交织的场域。

在生产方式并未发生根本改变的前提下,"价值规律"依旧调节着大多数劳动者的生活方式。"雇佣劳动"的"幽灵"并未在社会主义社会完全驱散。"劳动"无法全然转化为审美活动,但是又不满足于仅仅在政治经济学

---

① 列宁:《伟大的创举》,《列宁选集》第四卷,第16页。
② 马克斯·韦伯:《经济与社会》第二卷上册,第1038页。
③ 科耶夫曾谈及一种"历史终结后的动物",并认为,要成为人,人必须保持"主客体对立",即使否定既定存在和错误的行动消失。见 Alexandre Kojeve, *Introduction to the Reading of Hegel*, ed. by Allan Bloom and trans. James H. Nichols (Ithaca and London: Cornell University Press, 1980), p.162。他引导我们思考,所谓共产主义新人的"人性"实质到底为何。

基础上来确证自身,从而只有不断道德化或者是政治化自身,这或许就是姚文元论证劳动美的基本轨迹(以此种视角来看,许多看似教条、僵化的"说法"背后或许有其政治—经济难题性,需要今天的批评审慎地"解码")。在"大跃进"失败的历史前提下,此种道德化并不具备文化政治强度与现实鼓动力。而1960年围绕"劳动—艺术"的论争则是一次在"美学"前提下展开的激烈交锋。上文已表明,为了"超越"旧有的劳动观念,将劳动确立为目的而非手段是一条"理论"捷径。虽然姚文元也将劳动确立为人的需要,却显然有别于一般意义上"自由劳动"的想象性规定,而是更多地暗示其政治或道德意义。而为劳动即人的需要(劳动出于人的自然需求而非强迫)提供更符合"美学"脉络的论证的人,恰是朱光潜。以往关于朱光潜的研究大都无法摆脱改革时代所造就的审美意识形态陷阱,其实朱光潜在1960年代的美学论述同样呼应着具体的历史实践,且内在于另一种意识形态构造。

三 "劳动—艺术"论争:重思人的自然性

1960年,曾经批判"见物不见人"美学的朱光潜通过研读马克思的《1844年经济学—哲学手稿》(据说是受到李泽厚的影响)和翻译黑格尔的《美学》,开始强调艺术掌握世界即实践的看法:"劳动生产是人对世界的实践精神的掌握,同时也就是人对世界的艺术的掌握。在劳动生产中人对世界建立了实践的关系,同时也就建立了人对世界的审美的关系。一切创造性的劳动(包括物质生产与艺术创造)都可以使人起美感。"①朱光潜的这一"读法"有着很强的苏联"实践观点"美学的色彩。② 虽然"对于世界的艺术、宗教、实践—精神的掌握"引用的是马克思的《〈政治经济学批判〉导

---

① 朱光潜:《生产劳动与人对世界的艺术掌握——马克思主义美学的实践观点》,《美学问题讨论集》第六集,第186页。着重号为原文所有。

② 值得注意的是,蔡仪在1976年"文革"刚刚结束伊始,就对苏联"实践观点"美学进行了集中批判。他回到马克思著作原文脉络,批驳"对世界的艺术的掌握方式""自然界的人化"两大核心议题,称之歪曲篡改马克思主义词句原意。并提出"苏联这种美学思想在我国流传广泛,几种主要论调都有所反应",实则指向的主要就是朱光潜和李泽厚。参看《蔡仪美学论著初编》下,第910—947页。

言》,但具体展开的脉络却主要依据的是青年马克思的"劳动"论述。他并不真正在意"劳动"所处的历史条件和政治经济学意义,而是勾勒出一种类似于"统一——分化—再统一"的思辨过程。① 其中"资本主义条件下"的"劳动异化"是一个关键环节:

> 劳动异化的结果导致人的"非人化",不但体力劳动和脑力劳动脱了节,物质需要和精神需要脱了节,劳动者和他所创造的世界脱了节,劳动者和他自己的人的社会本质也脱了节。……本来生产劳动是人对世界的实践精神的掌握,也是人对世界的艺术的掌握;但是在资本主义制度下,由于劳动的异化,劳动对于劳动者变成只是维持动物式生活的手段,就既不是对世界的实践精神的掌握,更不是对世界的艺术的掌握了。劳动不是自由的活动,只能使劳动者痛苦,所以就不能有所谓美或令人起美感了。劳动从此就割断了它和艺术的长久的血缘关系了。②

另一方面,"共产主义社会"则会恢复劳动和艺术的"血缘关系":

> 到了共产主义社会,劳动成为每个人的生活需要,因为人要借劳动来实现自己的全面发展。……劳动之所以变成一种快乐,正因为它实现了人的全面发展,"解放"了人,肯定了人的本质力量,表现了真正的自由。**这种快乐便是艺术创造和欣赏中的美感**。因此,在共产主义社会里,在生产发展的更高的水平上,劳动又恢复到成为人的世界的艺术掌握,又成为一种广义的艺术创造活动。③

---

① 科恩(G. A. Cohen)曾谈及在马克思那里有一种类似于黑格尔"家庭—市民社会(竞争个体的集合)——国家(集体认同、民族实体)"的辩证法结构:原始共产主义(未分化的统一体)——阶级社会(无统一的分化)——现代共产主义(分化的统一)。而劳动相应也有一种"辩证法":中世纪的劳作是具体的但不普遍,而现代劳作是普遍却是抽象的。……共产主义条件之下的工作则是具体而普遍的。参见 G. A. Cohen, "The Dialectic of Labour", in his *History, Labour and Freedom* (Cambridge and New York: Cambridge University Press, 1995), pp.183-202。

② 朱光潜:《生产劳动与人对世界的艺术掌握——马克思主义美学的实践观点》,《美学问题讨论集》第六集,第 200 页。着重号为原文所有。

③ 朱光潜:《生产劳动与人对世界的艺术掌握——马克思主义美学的实践观点》,《美学问题讨论集》第六集,第 201、202 页。着重号为原文所有。字体加粗为引用者所加。

朱光潜颇为天真地认为,正是资本主义剥削制度使劳动彻底成为维持生计的手段,因此劳动与艺术原有的"血缘性"被摧毁殆尽;而在共产主义社会,劳动和艺术活动将再次统一(和解)。朱光潜似乎又在暗示:艺术才是劳动的"真理"。也就是说,他试图以"艺术经验"来构想未来的劳动(我们今天要问的正是:这是哪种"艺术经验"?)。① 这种对于劳动的审美化立即招来了严厉的批评。反对者的根本落脚点在于坚守艺术/审美(认识)与劳动/生产(实践)之间的界限。

表面上看,批判者聚焦于朱光潜反对反映论的倾向②,实质上的焦点却是围绕"劳动"的争执。魏正(即马奇的化名)这一段话可谓点睛之笔:

> 在社会主义社会里,没有压迫,没有剥削的生产劳动已经不再是苦重的负担而成为光荣豪迈的事业,劳动者感觉到这种劳动的乐趣,认识到这种劳动的意义,是确凿不移的事实。但是生产劳动的生产性质从古到今,永远也不会改变,生产物质资料的生产劳动,永远只是人类赖以生存的基础,同时,任何一种生产劳动,总是一种紧张的劳动力的支出。在生产劳动中,如果是为了协调劳动动作的"杭育杭育"声,只能看作是"艺术的起源"或"原始的艺术",究竟不就是形成为精神活动独特形式的艺术活动。……因艺术起源于劳动而把劳动等同于艺术,就像把母亲等同于儿子一样地错误。在劳动过程中所唱的那个"调子",如果不是协调劳动动作的"杭育杭育"声,而是《社会主义好》,那便是穿插在劳动过程中的艺术活动,把这个《社会主义好》的"调子"等同于生产劳动,像把水库工地的电影晚会也计入生产劳动是一样的错误。

---

① 注意朱光潜这段话:"老实说,我最关心的是'找'艺术,其次才是'找'美。我相信马克思的话,艺术是一种意识形态。"(朱光潜:《美学中的唯物主义与唯心主义之争》,《美学问题讨论集》第六集,第240页。)

② 参看洪毅然:"朱先生……无非企图证实他说过的:列宁的反映论还不足以完全解决美学根本问题,尚须加上马克思论艺术时所持的生产实践观点那个看法罢了。"(《美学问题讨论集》第六集,第222页。)魏正:"朱先生仍然坚持着社会意识形态的特殊性的论点,并且着重地指出这是'问题的关键'所在,仍然把反映论和意识形态原理对立起来。可见反映论还是不能解决美学的根本问题。"(《美学问题讨论集》第六集,第262页。)

无限制地夸大艺术活动,必然会得出取消艺术的结论。①

劳动的"意义"和劳动所带来的身体消耗无法互相抵消,这是对于"大跃进"时期"劳动"修辞的一种反驳。魏正以生产劳动与艺术活动的实质性区别来批评朱光潜,流露出对于人类能力、人的"自然性"的审慎态度。同样在李泽厚看来,朱光潜的根本理论错误在于混淆生产实践和艺术实践、物质生产和精神生产,因此在朱光潜笔下,美是实践(主)与自然(客)的统一(李泽厚坚持的是"统一于客观",即"物质生产、社会存在创造着美")总是在不知不觉中滑落为美是意识(主)与自然(客)的统一。② 如果考虑到缩小"体脑差别"在刚刚落潮不久的"大跃进运动"中的地位,这种坚持不同实践和生产之间界限的说法就不那么简单了。而为了论证劳动与艺术在新的社会条件下具有"亲缘性",朱光潜试图从"共产主义文艺萌芽"——新民歌中寻求支持:

> 有些脱离劳动实践而且在思想方法上形而上学的病根很深固的美学家,要想体会到艺术和审美活动与劳动实践之间的血肉联系,以及主观能动性和创造性在其中所起的作用,确实是不大容易的。没有出过力,就不知出力的苦,也就不知出力的甘……我们的劳动人民在歌唱"太阳太阳我问你,敢不敢和我比一比"时的豪情胜概不是充分表现出劳动人民对于劳动的高度美感吗?乡下姑娘们在打夯筑壩中每打下几下夯,就跳转身来唱一个调子,使劳动现出节奏和优美的姿势来,现出生动活泼的气象来,他们的劳动不正是艺术活动,她们的快乐不也正是美感吗?③

朱光潜对于新民歌的"美学"分析显然无法激活作为"文化革命"的群众文

---

① 魏正:《关于美学的哲学基础问题——与朱光潜同志商榷》,《美学问题讨论集》第六集,第282页。
② 李泽厚:《美学三题议——与朱光潜先生继续论辩》,《美学问题讨论集》第六集,第316—317、328页。
③ 朱光潜:《美学中唯物主义与唯心主义之争——交美学的底》(1961年),《美学问题讨论集》第六集,第247—248页。

艺实践的政治能量,反而为批判者留下了靶子。针对这一例证,魏正一句"因艺术起源于劳动而把劳动等同于艺术,就像把母亲等同于儿子一样地错误"①显得意味深长。他并没有直接评论这个例子,而去谈"艺术的起源"和"原始艺术"。其潜台词或许是,"大跃进"时期的"共产主义文艺萌芽"与其说是劳动与艺术更高层面上的"和解",毋宁说是对于"原始艺术"的重复(从中我们也能体味到一种隐含的但不可逃避的"社会分期论")。但他并不简单是在"艺术性"上批评这一类与劳动过程缠绕在一起的艺术活动,而是别有考虑。我的推测是,魏正担心的不是因"扩大艺术"而"取消艺术"②,而是担忧为超过限度地强化生产劳动寻找合理的说法,即将劳动视为艺术。公正地看,朱光潜远没有想去构造一种劳动艺术乌托邦,其主要用意还是试图再次为艺术正名。也可以说他的论证颇有些"学究气"。但是针对朱光潜的批判却并不仅仅是学理上的论辩,倒是折射出"大跃进"落潮时期知识分子对于"常态"和人的自然限度的强调,因此美学批判隐含着一种社会批评的意味。坚持"反映论"的美学讨论参与者对于"诗化劳动"的批判,实质上指出了:一、现实的社会分工难以取消。二、劳动的自然限度始终存在,因此"劳动—休息"的结构难以简单克服。但是从李泽厚等人在美学讨论中的理论构筑来看,这又不是一种因历史情势而发的临时性回应,而是有其一以贯之的理论逻辑。如果说生产劳动无法避免体力的支出和精力的耗费,因此很难转化或者说很难持续地转化为朱光潜意义上带有美感的劳动(其特征类似于"艺术活动"),更难以在短时间内转变为生活的第一需要,那么劳动和休息的关系就具有极为重要的实践意义。如果处理不善,就会成为社会主义实践"危机"的渊薮。我们已经看到,李泽厚笔下的自然美指向一种克服欲望和功利直接性的"教养",其中也包含了一种时间因素,即剥削阶级在某些方面占了优势的前提是他们通过不平等的生产关系获得了更多的闲暇时间。劳动群众从剥削关系中解放出来,同时还需要逐渐从

---

① 魏正:《关于美学的哲学基础问题——与朱光潜同志商榷》,《美学问题讨论集》第六集,第282页。

② 同上书,第283页。

自然的必然性中解放出来,关键之一就是工作日的缩短和自由支配时间的延长。① 相比之下,朱光潜所谓劳动人民因"主观能动性"产生对于劳动的美感就显得缺乏历史基础,他看似具体地点到了"大跃进"时期的劳动与艺术,也试图挪用"主观能动性"等带有毛泽东哲学色彩的措辞,但论述方式却局限在缺乏历史规定性的"一般劳动"之上,实质上并没有真正触及"大跃进"劳动—艺术的核心所在。因此他的论说构不成对于李泽厚等人的真正挑战。② 另一方面,姚文元强调新的生活方式、生产关系的铸造对于审美经验的影响则显现着另一种理论"强势":

> 当工厂是资产阶级剥削压榨劳动人民的工具时,当工人在工厂中过着黑暗生活时,劳动人民怎么能对它感到美呢?生产关系变了,工厂属于人民了,劳动人民就感到它美,因为它同建设社会主义新生活连在一起了。一个建筑物本身有它形成艺术美的条件,有它的艺术标准,但从生活美的角度看,机器、厂房的审美意义,在解放前后是截然不同的。③

依凭其一以贯之的"敌我"逻辑,姚文元强调的是一种政治感觉或政治在感觉、直观层面的表现。也就是说,在新的社会条件下,劳动人民当家做主的

---

① 当然,单纯强调工作日的缩短和自由支配时间的延长无法带来根本性的解放。真正的转换发生在价值形态的变迁以及生活方式的整体改造。西方福利国家所发生的一切就是证明:工作日的缩短和自由时间的增加恰恰带来了消费主义的兴趣。正是在这一点上,中国社会主义实践看似"激进"的改造工程显现出了深刻的用心。不过,这一时间要素依旧是重要的"前提"。另一方面,在如今灵活化的生产条件下,特别是所谓"数码劳动"(digital labor)出现后,工作/休息、消费/生产的严格区分已经被模糊化了。参见 Christian Fuchs, *Digital Labor and Karl Marx*(New York and Oxon: Routledge Publisher, 2014), pp.124-125。

② 相比之下,朱光潜的批判者们更重视"历史唯物主义"。参看魏正:"朱先生是知道的,在劳动和艺术脱节以前的艺术至多是我们今天看来那种幼稚的、简陋的、不发展的原始艺术,甚至只是不成其为艺术的艺术。唯其在脱了节以后才有了马克思所称颂过的希腊艺术。没有奴隶制就没有希腊艺术。可见'劳动异化'就这一个方面说不仅不是不可避免的'坏事',而且还是人类社会发展中必要的'好事'。"(魏正:《关于美学的哲学基础问题——与朱光潜同志商榷》,《美学问题讨论集》第六集,第284页。)另外,魏正还特别提到,在共产主义社会,朱光潜那种劳动与艺术的统一并不会发生,而是在共产主义社会里不再有专门从事脑力劳动的艺术家,所有体力劳动者都将有充分发展各自天才的机会,在体力劳动之外,还从事脑力劳动。

③ 姚文元:《论生活中的美与丑——美学笔记之一》,《美学问题讨论集》第六集,第89页。

解放感会催生出一种新的主体情绪，建立起与事物之间新的意义和感性关系。这里所涉及的是一种全新的"拥有"与"所有"关系，特别是具体到工人阶级与工厂生产资料的关系之上，社会主义文艺会不断强调"家"与"厂"之间的"同一性"，因此总是诉诸一种超越单纯"财产"关系的"情感"联系来描述工人与公共财产的关系。然而有趣的是，与其说姚文元这种"正面"论述把握到了此种"所有"关系，毋宁说是一种"侧面"表述甚至是以"否定形式"点出了它的基本特征：一旦有损于生产资料的行动发生之后，工人会有"不安"的情绪。然而"美"这一范畴是无法确切传达这一基本情感状态的。（如今这一情感状态正随着生产关系的再次变化而几近消失。）①

李泽厚自然会承认姚文元所提倡的这种"新"，他的自然美同样也是以政治和社会革命为前提的。他不会否认通过改造生活方式和生产关系，人的感觉甚至人性本身也会经历一番变化。但是仅仅是这一政治前提无法保证劳动可以进一步转化为人的自然需要，毋宁说两者之间尚有不可跨越的"鸿沟"。（当集体性与共同体的总体性开始瓦解的时候，政治强度会被"转译"为政治套话，而真正思考这一"鸿沟"是当代思想批判无法逃避的使命。）李泽厚还在姚文元那里看到了一种"内容美"的压力，同时指斥其"肤浅"："因为姚所讲的审美客体只是一种笼统的感性直观表象，内容与形式未经分析混为一体，于是美的内容直接便是美的形式（如因为是劳动人民，所以其形象就美；因为洋人所占，所以大楼就不美等等）；而没有看到作为美的形式的相对独立的性质。"②李泽厚把握到的要害问题是，新的生活世界创设之后，内容美需要进一步转为形式美，后者才更为稳定且更具有统合力（正是在这儿，李泽厚的"自然美"显现了其寓意）。再者，通过批评姚文元的"实用主义"，李泽厚暗示姚文元肯定某些日常经验而排斥另一些日常

---

① 可参看艾芜："袁廷发走在灯光明亮的马路上，青杨树上吹下来的凉风，使他的头脑清醒了许多，又觉得很有些惭愧。……因为化炉顶是从无意变成有意，而且化得很厉害。这是自解放以来，第一次干这样有意损害国家的事情，虽然蒙混过去了，总是于心不安，觉得自己犯了罪。"（《百炼成钢》，北京：人民文学出版社，2008 年，第 59—60 页。）

② 李泽厚：《美学三题议——与朱光潜先生继续论辩》，《美学问题讨论集》第六集，第 350 页。

经验虽然体现出"可贵的革命热情",但远未解决新的经验的真正普遍化问题。李泽厚试图引入更为"客观"的维度。在他看来,"客观美"的要义在于社会生产实践本身创造美,美的根源在于社会存在而非社会意识。因此,脱离了客观的生产改造实践及其所包含的劳动/闲暇时间问题,劳动成为生活的需要在美学或伦理政治上的言说都只是主观性的言说,并没有根本性的转型力量。当然,李泽厚未能强调的一点是:如果客观的生产改造实践无法同时带来人的改造和生活方式的改造,解放也还是一句空话。这种主客观间始终存在的张力性关系,或许正是中国社会主义实践的独特表征之一,也是其宝贵的思想遗产。

李泽厚以及其他美学讨论参与者对于"劳动—艺术"论即劳动审美化的批判呈现出当时的美学批判所能达至的极限(但并未越出边界)。虽然这一批判尤其依托马克思主义政治经济学的某些理论前提,它主要还是一种相对抽离于历史情势并且扣住常态性的思考方式。同时我们也看到,中国社会主义实践又希望重新定义劳动与休息之间的关系,重新来构想人的本性。通过诉诸"新",并且将"斗争""矛盾"引入美学领域——同时亦是重新定义"文化",诸如姚文元关于劳动以及美的论述体现出一种类似于施密特所谓"再政治化"的倾向。① 这从根本上来说已经越出了"美学"的框架。在社会主义革命过程中,理想的劳动已不能在"类存在"意义上来理解,也已不在阿伦特所谓"劳动"(与生命过程的自动运转相接近)—"工作"(技艺人对事物的加工)的结构之中。我们或许可以称之为"主人"的劳动。② "主人"并不是资产阶级私有化的隐喻,毋宁说,主人形象指向一种更具古典意味的战争英雄形象。由此我们更需要在字面意义上来"重"读"生产斗争"中的"斗争"一词。和平建设时期的"生产斗争"如果不包含政治因素(潜在敌我因素的在场),"劳动"就容易失去其应有的强度。从这一脉络

---

① 参看卡尔·施密特:"政治性(das Politische)的特质正好就在于,每个可想象的人类活动领域,就其可能状态而言,都是政治性的,而且当决定性的冲突与问题涌向这个领域时,它立刻会成为政治性的。"(卡尔·施密特:《宪法的守护者》,李君韬、苏慧婕译,北京:商务印书馆,2008年,第149—150页。)

② 关于"主人"问题,亦可参看蔡翔:《革命/叙述》,第375页。

来看，赋予社会主义"劳动"最终"根基"的是一种"政治性"——一种超越了简单个体保存甚至集体福利的危机与非常状态。从1950年代末期起，中国不得不走出一条自己的社会主义道路时，同时也创造出一种关于劳动的新理解，冲击了已有对于劳动的历史—哲学规定。重构"社会主义劳动"的关键在于：是否可能有一种热衷于劳动的"政治动物"。也就是说，劳动者是否可能以一种投入斗争、介入集体政治生活的态度来面对常态性的日常劳动。我们需要看到，"改造"是一个客体与主体同时运动的整体过程，从单一方面来构想与还原社会主义实践可能都是片面的。在具体的历史瞬间，这种"劳动"观念并非不可想象，也在一定程度上得到制度支持。这背后更大的抱负毋宁说是：改变历史中的"必然"，改造"自然"。

但是另一方面，我们也看到，中国社会主义思想话语内部已然产生出自我批判。"自然美"所指向的劳动—闲暇辩证法与其说投射出一种乌托邦想象，毋宁说表征出社会主义条件下的劳动组织形式与劳动形态存在着危机。此外，作为"隐喻"的"自然美"实质上是一种"文化政治"构想，其意识形态性与真理性在今天仍然值得仔细辨析，特别是它提示我们：自然美是否可能，归根到底关乎新的社会关系是否可能。另一方面，针对劳动审美化所展开的批评包含着关于劳动时间以及劳动历史形态的审慎思考。其关于劳动者解放的思考、对于劳动—闲暇关系的反思等命题依旧在当下中国有其讨论的价值。同时，姚文元提出的劳动者与其生产资料之间的"审美"关系亦有极大的讨论空间，这从根本上关乎"异化"的核心问题，同时也指向了生产关系、自发情感与共同体价值重建之间的历史难题。劳动与政治之间"断""续"问题标示出今日文化政治的真正难题之一。我们也有理由提出，美学讨论所包含的批判自身也只是社会主义经验的一个环节：其意义与其说是建构性的，毋宁说是一种症候。在下一章里，我将探讨"大跃进"群众文艺实践中的劳动与艺术。某种程度上，它正是美学讨论所隐含的反思对象。美学讨论暗示了"大跃进"群众文艺的某些弱点，但同时也忽略了它的核心问题。我想强调的是，两者是进入复杂历史经验的两个互相关联的环节。

第三章 叩问"自然"的界限:"大跃进"中的劳动与文艺

上一章讨论了"自然美"问题所指向的"教养"和"常识"之争以及劳动能否成为目的,即在当时的历史情境中能否成为人的"(第一)需要"的美学争论。① 我们从中已经看到了"大跃进"在美学讨论中的在场。在"自然美"以及劳动的自然限度方面,美学讨论中的某些观点隐含着对于"大跃进"实践的批评。从根本上看,两者之间的差异牵涉到对于劳动的社会分工以及社会主义文化解放的不同理解,同时暗示出"一国建成社会主义"的诸多难题性与创造性。本章将转过来集中考察具有"大跃进"特征的文艺实践——尤指新民歌和新壁画等群众创作;追问这一短暂而激烈的文艺实践如何构造出崭新的历史与政治经验,同时也尝试揭示这一实践所面临的危机。把握这一经验的线索依旧是"自然":首先是指"大跃进运动"中干劲冲天的劳动主体同自然斗争的场景在"新民歌"和"新壁画"里有着集中表现。然而深究一下,就会发现这一"自然"还涉及所谓"规律"或"必然性"的问题。破解这些劳动与自然的形象的秘密却需要通过对于历史、政治情势的层层剥离以及对于文艺形式本身的悉心考察。

---

① 这里实际上涉及"需要"与"欲望"的繁复关系——同时是概念的又是历史的。参看贝里(Christopher Berry):《奢侈的概念:概念及历史的探究》,江红译,上海:上海世纪出版集团,2005年。尤其可参考其中讨论马克思所谓"新需要"的一节,见此书第190—191页。

第一节　作为"文化革命"的群众文艺实践

一　克服臣属性:"文化革命"与无所畏惧的"主人"

首先需要承认,研究"大跃进群众文艺"这一对象面临着种种理论和历史上的困难。且不说诸如"伪民间""取消现实与理想的距离"①等当代评价已经为深入甚至是"接近"这一对象设置了层层障碍,就算是在当时,新民歌等也并未得到完全肯定的评价。据说"民歌搜集"的发起者毛泽东也曾认为"社会主义新国风"《红旗歌谣》"水分太多,选得不精","还是旧民歌好"。② 而中共中央在1962年批转《关于当前文学艺术工作若干问题的意见(草案)》,实际上是重新确认了文艺"专业化"的必要性,因此有学者也称其为1960年代初文艺"重回秩序"的标志。③ 文艺上的调整对应着现实政治、经济方面的调整。人民公社这一"缺乏经验的前无古人的几亿人民的社会运动"④,经过1961年3月的广州会议到6月的北京会议再到1962年初的中央工作会议,可以说是步步退却:缩小社队规模,取消供给制和公共食堂,发放自留地,开放农村集市贸易,把基本核算单位下放给生产队。虽然人民公社保留了"政社合一""三级所有,队为基础"两个基本特征,但与1958年那座向共产主义社会过渡的"一大二公"的"金桥"已相去甚远。⑤ 也正是在1961年,中共中央正式放弃了喊了三年的"大跃进"口号。⑥ "大

---

① 关于"伪民间",参看梅秀:《论〈红旗歌谣〉的"伪民间"因素》,《当代小说》2010年第8期。关于"取消现实与理想的距离",参看单世联:《文化实验与政治工具:革命文艺的双重性质》,http://www.aisixiang.com/data/9899.html。
② 周扬:《〈红旗歌谣〉评价问题》,《民间文学论坛》1982年创刊号。
③ 参看李洁非:《工农兵创作与文学乌托邦》,《上海文化》2010年第3期,第32页。
④ 毛泽东:《在郑州会议上的讲话》(1959年2月27日),《建国以来毛泽东文稿》第八册,北京:中央文献出版社,1993年,第65页。
⑤ 林蕴晖:《中华人民共和国史第四卷·乌托邦运动——从大跃进到大饥荒(1958—1961)》,香港:香港中文大学出版社,2008年,第696页。
⑥ 参看罗平汉:《邓小平与20世纪60年代初国民经济的调整》,《当代历史问题札记》二集,桂林:广西师范大学出版社,2006年,第229页。

跃进"理论宣传的"失误"在党内引发了反思;《人民日报》对于诸如"高速度""共产主义觉悟和共产主义教育""不断革命论""资产阶级法权""外行领导内行"等问题"简单化""主观主义"的报道遭到批评。① 这一系列反思与否定提醒我们,深深卷入"大跃进"和人民公社建设初期之历史情境、体现着"全民跃进"的冲天干劲和劳动热情的新民歌、新壁画至少在历史效果上颇似"速朽"的文艺。随着将在不远的将来建成共产主义这一氛围的迅速消散(尤其是"三年困难时期"进一步瓦解了丰裕想象),这些"群众文艺创作"很难简单在内容和形式上落实自身的意义。虽然国家肯定了其历史地位②,但是这一文艺实践自身的独特性和强度却随着时势的变换变得难以接近。这些困难不仅是政治上的同时也是美学上的,甚至于讨论这些"浮夸""幼稚""粗糙"的文艺本身仿佛会遭遇"被压抑物的回归"。然而这终究涉及:我们是否有可能言说"消逝",如何呈现艺术中已经消失的部分,如何在已然过于常态化的思维中来思考"非常"状态。

　　针对层层叠叠的意识形态中介(这种意识形态最清晰地呈现在某些"主流"话语之中,诸如市场/计划、个体/集体、自由/压迫等一系列僵硬二元对立的构造),本章并不准备直接从"大跃进"文艺作品的阐释入手③,而首先关注这一文艺运动本身的历史、政治内涵。"大跃进运动"作为社会主义建设的"加速"确实带来了一种别样的时间经验("跃进")和令人震惊的主体情感(干劲冲天、无所畏惧),但是这并不意味着"大跃进"文艺实践只是一种孤立的历史现象或单纯的"乌托邦运动"。④ 我想强调的是,从社会

---

① 参看胡乔木:《大跃进中理论宣传的几个问题(1961年5月25日在中共中央工作会议小组上的发言)》,《胡乔木文集》第二卷,北京:人民出版社,1995年,第372—376页。
② 参看周扬:《我国社会主义文学艺术的道路》(1960年7月22日),中共中央文献研究室编:《建国以来重要文献选编》第十三册,北京:中央文献出版社,1996年,第457页。
③ 事实上,是否可以沿用分析"经典"作品的方式来处理"大跃进"文艺,是首先需要考虑的问题。这也意味着首先反思我们自身"解读""阐释"文艺的方式的历史规定性。
④ 探讨"跃进"的时间观与中国社会主义实践之间的关系,会是一个饶有趣味的话题。在毛泽东的构想中,"跃进"是一种革命的时间性,可以说是对"自然史"的克服,是给予时间以"压力",甚至是改造"时间"的尺度。毛泽东在1964年依旧坚持"跃进"的时间观,虽然"大跃进"实践已然过去五年。参看《毛泽东读社会主义政治经济学批注和谈话(简本)》,中华人民共和国史学会编,2002年,第230—231页。

主义实践的脉络来看,它其实联通着一个重要的谱系——"文化革命"。通过"文化革命"这一视角,通过这一"血统"上的关系,"大跃进"时期的群众文艺实践不但可以更为具体地呈现自身的历史逻辑,也能够彰显出自身更为复杂的难题结构。

说起社会主义"文化革命"的"源起",不能不提到列宁写于1923年的《论合作制》(被视为"五大政治遗嘱"之一①),正是在这篇文章中,列宁首次明确提出了"文化革命"与社会主义建设之间的联系:

> 我们面前摆着两个划时代的主要任务。第一个任务就是改造我们原封不动地从旧时代接受下来的简直毫无用处的国家机关;这种机关,我们在五年来的斗争中还来不及也不可能来得及认真加以改造。我们的第二个任务就是在农民中进行文化工作。这种在农民中进行的文化工作,其经济目的就是合作化。有了完全合作化的条件,我们也就在社会主义基地上站稳了。但完全合作化这一条件本身就包含有农民(正是人数众多的农民)的文化水平的问题,就是说,没有整个的"文化革命",要完全合作化是不可能的。……现在,只要实现了"文化革命",我们的国家就能成为完全的社会主义国家了。②

这一"文化革命"嵌入在新经济政策语境之中,其具体任务是使苏联公民"文明到能够了解人人参加合作社的一切好处,并把参加合作社的工作做好"③。此一"革命"的当务之急自然是识字扫盲。但是有评论者仅仅将这里的"文化革命"理解为"补习"普世的先进文化(包括科学知识)或西欧"文明",则显然是一种去历史、去政治的读法。④ 他们没有抓住列宁"完全的社会主义国家"这一表述所包含的政治意味。杰姆逊(Fredric Jameson)就认为,这个文本完全可以与列宁《国家与革命》里的相关论述放在一起考

---

① 参看韩真:《列宁"政治遗嘱"中的"文化革命"问题》,《东欧中亚研究》1992年第3期,第15页。
② 列宁:《论合作制》,《列宁选集》第四卷,第687—688页。
③ 同上书,第683页。
④ 参看韩真:《列宁"政治遗嘱"中的"文化革命"问题》,《东欧中亚研究》1992年第3期,第21页;张文:《列宁"文化革命"思想试探》,《中共中央党校学报》2007年第1期,第95页。

察。所谓"文化革命"不单是提高劳动者的"生产能力",更关乎主体性的革命转型。① 对于列宁这一概念过于"实证化"的评论,有意无意地忽略了社会主义脉络里的"文化革命"改造主体性和"移风易俗"的诉求。在中国革命史上,瞿秋白所设想的"文化革命"正是指向"底层大众的文化造反",尤其具体表现为"拉丁化"这一文字革命。② 毛泽东则早在土地革命时期就已强调"农民文化运动"的重要性,力主解除统治阶级加在工农群众精神上的桎梏,并呼吁创造崭新的工农苏维埃文化③,这一想法在他的《在延安文艺座谈会上的讲话》中得到了更为辩证的表述,即"向工农兵普及""从工农兵提高"。④ 可见"文化革命"始终与工农群众创设自身的文化并进而争夺文化领导权联系在一起。新中国成立后,尤其是社会主义改造完成之后,暴风骤雨式的阶级斗争的暂时停息,并没有动摇"文化革命"的核心诉求。甚至可以说,1950 年代末的中国与列宁提出"文化革命"时的苏联有着更多的相似性——都面临着革命建国之后如何建设社会主义的问题。

1958 年 5 月,刘少奇在《中共中央委员会向第八届全国代表大会第二次会议的工作报告》里代表党中央正式提出了"文化革命"的任务:

> 扫除文盲,普及小学教育,逐步地做到一般的乡都有中等学校,一般的专区和许多的县都有高等学校和科学研究机关;完成少数民族文字的创制和改革,积极地进行汉字的改革;消灭"四害",讲究卫生,提倡体育,消灭主要疾病,破除迷信,移风易俗,振奋民族精神;开展群众的文化娱乐活动,发展社会主义的文学艺术;培养新知识分子,改造旧知识分子,建立一支成千万人的工人阶级的知识队伍,其中包括技术干

---

① Fredric Jameson, "Cultural Revolution", in *Valences of the Dialectic* (London and New York: Verso, 2009), p. 270.
② 参看杨慧:《多重缠绕的词语政治——瞿秋白"文化革命"概念考辨》,《马克思主义美学研究》2010 年第 1 期,第 92 页。
③ 参看张京华:《从列宁到毛泽东——无产阶级"文化革命"概念述评》,《湖南科技大学学报》2006 年第 1 期,第 31 页。
④ 参看毛泽东:《在延安文艺座谈会上的讲话》,竹内实编:《毛泽东集第八卷:延安期 IV》,东京:北望社,1972 年,第 126 页。

部的队伍(这是数量最大的)、教授、教员、科学家、新闻记者、文学家、艺术家和马克思主义理论家的队伍。①

这一长串内容既包含了社会主义中国对于"近代文化"(在毛泽东看来,它对立于地主阶级的"古老文化"②)的吸纳,也凸显出创设社会主义新文化和新主体的革命诉求。其中尤其值得注意的是"破除迷信",虽然在这里它主要传递了字面意义,但旋即就成为"大跃进"时期的核心话语之一,指向工农克服依赖性和畏惧感、生成新的主体性的思想与文化运动。在这一脉络里,"文化革命"绝非是工农群众被动接受启蒙的过程,而是"工农群众和知识分子双方各向自己缺乏的方面发展"③,它的要义在于"工农群众知识化和知识分子劳动化"。在柯庆施看来,"文化革命"是"群众自己解放自己的事业",其关键之一正是劳动人民"破除迷信"和"反对自甘落后的心理"。④这就在很大程度上触及了消除劳动群众"臣属性"的问题。"臣属性"这一葛兰西式概念指的是弱势阶级精神上的次等感和服从的习惯。臣属性看似是心理学范畴,却有着客观的经济、政治起源(往往为后殖民批评所用)。另一方面,它虽然在客观上由经济和政治关系决定,却又无法通过纯粹客观的经济和政治转型来取消,因为"旧习惯"仍会发挥效用(这凸显出"移风易俗"的重要性)。⑤ 因此,"文化革命"在这一"克服"臣属性的过程中扮演着极为关键的角色:构造新的习惯和生活方式,也可以说是"生产"新的内在自然、新的心理机制、新的"人性",而非对于"等级关系"的简单颠倒。

如果说克服工农群众臣属性的冲动始终存在于无产阶级革命史之中,那么"大跃进"实践则为之赋予了别样的广度和具体性。在"大跃进"话语

---

① 刘少奇:《中共中央委员会向第八届全国代表大会第二次会议的工作报告》,中共中央文献研究室编:《建国以来重要文献选编》第十一册,第304—305页。
② 毛泽东:《同音乐工作者的谈话》(1956年8月24日),《建国以来毛泽东文稿》第六册,第178页。
③ 陆定一:《陆定一副总理在全国群英会上讲话》,《安徽教育》1959年11期,第2页。
④ 柯庆施:《劳动人民一定要做文化的主人》,《红旗》1958年第1期。
⑤ Fredric Jameson, "Third World Literature in the Era of Multinational Capitalism", *Social Text*, No.15 (Autumn, 1986), p.76.

脉络里,克服臣属性涉及两个重要对象:一是自然界及其"法则"或"规律",二是广义的文化知识(两者又是互相中介的——"征服自然"要求工农群众掌握科学知识,认识自然,认识"必然性"与"规律",而后者又关联着文化领导权的实质内容)。前一方面体现为"向自然界斗争"。工农群众需要克服对于自然的恐惧并且获得"主人"意识。这种应对"自然"的积极姿态是小农意识和市侩意识无法想象的。此种姿态表现在新民歌里,就是唱响"高山低头、河水让路"。这在某种程度上类似于一般意义上的"启蒙":摆脱恐惧、征服自然,获得关于自然的知识;在很多层面上又很像"童话"里的"孩子"不再惧怕未知的事物,以一种天真的方式表达了"勇气"。这种"启蒙"了的主体意识与其说是培根式的,毋宁说是布莱希特式的。在"大跃进"话语脉络里尤其是新民歌的文学修辞中,这一"斗争"超越了单纯的"自我保存",而是凸显出一种追求新的自我意识的冲动:我不惧怕,我要创造,面对"真理",我没有胆怯。

后一方面则被毛泽东归纳为"卑贱者最聪明"①,其要义在于克服对于"知识"的恐惧。"破除迷信"在当时的历史语境中尤指工农群众破除对于专家、知识分子的"迷信"。范文澜曾指出"破除迷信"的三个主要方面为:摆脱对专家教授的畏惧感和自卑感、打破科学难学的错误看法、打破对书本和大师的错误看法。② 虽然这一系列措辞对于如今以"专家"和"精英"为上的文化语境来说显得颇为刺耳(因为它不但尝试重新分配文化资本,而且试图破坏既定知识场域的"游戏规则"),但是需要注意到此种运动并非在宣扬"反智主义",相反蕴含着对于劳动—知识主体的全新设想。③ 更关键的是,从根本上来说,它首先是一种政治工程。工农群众从政治的主人进

---

① 毛泽东:《卑贱者最聪明,高贵者最愚蠢》(1958年5月18、20日),中共中央文献研究室编:《建国以来毛泽东文稿》第七册,北京:中央文献出版社,1992年,第236页。
② 范文澜:《破除迷信》,作家出版社编辑部编:《大跃进杂文选第一集——破除迷信》,北京:作家出版社,1958年,第1—8页。
③ 这一理想在1960—1970年代继续得到贯彻,而"改革"则在很大程度上与之拉开了距离,这提醒我们在关注两个"三十年"的连续性(主要是从资本积累与工业化角度出发)时不能遗忘这一"文化"上的显见"断裂"。

而为"文化的主人",需要袪除"奴隶精神"①,即文化上的臣属性。这一臣属性不仅是实证意义上知识多寡所招致的结果,更是一种沉淀着剥削关系的感觉结构。

能够清晰表述克服臣属性、构造新的感觉机制的冲动的另一个关键词是"主人"(譬如"劳动人民一定要做文化的主人")。有学者指出"主人"概念在社会主义实践的语境中表征出一种尊严政治,同时意味着一种内在化的实践,"比如说,机器原来是工人的对象,现在,不仅机器不是对象,工厂也不是对象,一切都内化为我们自身的一部分"②。但可以肯定的是,"主人"并不是私有化的隐喻,"内在化"也不能在"经典"的财产关系上来理解。毋宁说,主人的想象指向一种更具古典意味的英雄形象。主人对于事物的态度与其说是"内在化",毋宁说是一种绝对的"关联性"。"大跃进"时期所设想的群众的欢笑,在某种意义上正是"主人"的欢笑:"一般的笑、存在(本身)的笑,在最高的程度上表达了存在的至高欢愉,它超越了次等的存在。"③此外,我们从"社会主义竞赛"这一表述中可以把握"主人"与"主人"的关系,这一关系也不能从现代市民社会出发来理解,反而类似于尼采笔下的"希腊人的竞争"。在后者看来,现代意义上的"天才"具有排他性与垄断性,而希腊人则憎恶优势地位的垄断,总是在渴求与自己一样优秀的人出现来激励自己行动。④ 社会主义话语巧妙地用"竞赛"替代"竞争",在我看来并不单纯是文字游戏。"主人"形象的出现召唤出一种最高程度的个体性,它一定意义上与社会主义传统所强调的"合作"之间有着紧张关系,然而,由于竞技—游戏意味的引入,就仿佛在主体内部植入了一个超越物质性的维度。因此,"合作"措辞的严格对立面是逐利的"竞争"而非

---

① 参看毛泽东:《在成都会议上的讲话提纲》(1958年3月),《建国以来毛泽东文稿》第七册,第115—116页。
② 蔡翔:《革命/叙述》,第375页。
③ Mikkel Borch-Jacobsen, "The Laughter of Being", *MLN*, Vol. 102, No. 4 French Issue (Sep. 1987), p. 748.
④ Friedrich Nietzsche, "Homer on Competition", in Keith Ansell-Pearson ed., *On the Genealogy of Morality* (影印本),北京:中国政法大学出版社,2003年,第192页。

追求古典个体性或主人感的"竞赛"。后者希冀在个体性与集体性之间构造出辩证的关系。在美学领域,"典型"与"榜样"机制征用的往往也是"竞赛"的图式。①

在这一脉络里,"文化革命"指向一种主体性革命,其要义在于使工农群众克服臣属性并使其产生真正的主人感;而在"不断加速"的社会主义建设的语境中,主体性革命又同劳动生产紧密结合在一起:诸如技术革新、艺术劳动化、多面手运动等。接下来需要追问的是,"劳动"诸维度是如何整合进这一主体设想的。

1956年社会主义三大改造即生产资料所有制方面的社会主义革命基本完成。1957年"反右"之后,毛泽东认为"政治战线和思想战线上的社会主义革命"也基本告一段落,他却进一步提出了"不断革命"的要求:"现在要来一个技术革命,以便在十五年或者更多一点的时间内赶上和超过英国。……我们的革命和打仗一样,在打了一个胜仗之后,马上就要提出新任务。"②提出"不断革命",旨在保持"革命斗争"始终如一的强度。毛泽东希望革命政治能够渗透进生产活动,或者说渗透进每一劳动主体(所谓"又红又专")。这一渗透的可能性首先建立在政治紧迫性和潜在的战争威胁之上,因为在这种紧迫性中,"主人"与"主权"(或者说社会主义制度的存在权)的关系更为明显地呈现了出来。这在新民歌实践中是有所表现的,即所谓与"生产和政治斗争的直接联系"③。另一方面,仅仅突出外在的敌人还不够,更需在生产过程之中强调斗争意志和进取精神。值得一提的是,毛

---

① 关于尼采思想与苏联社会主义文化的关系,曾有学者作过详细讨论,可参看 Bernice Glatzer Rosenthal, *New Myth, New World: from Nietzsche to Stalinism* (University Park: The Pennsylvania State University Press, 2002)。

② 毛泽东:《工作方法六十条》,《建国以来重要文献选编》第十一册,第45页。成都会议已有人提议"不断革命"在技术革命之外加入"文化革命",而在第八届全国代表大会第二次会议中正式明确了"文化革命"。

③ 参看天鹰:"社会主义的劳动者充分地了解自己工作的意义,他们的每一锹、每一铲都在巩固社会主义,增加和平力量。因此,他们自然而然地把自己的劳动,和对敌斗争联系起来。河南民歌说:炼铁炉,高又高,烈火浓烟冲九霄;浓烟呛死蒋介石,烈火烧死美国佬。"(《1958年中国民歌运动》,上海:上海文艺出版社,1959年,第305—306页。)

泽东在"大跃进"时期曾强调设置"对立面"的必要性。① 有对立面就有斗争的需要，而斗争能够唤起激情。因此不难理解，将"自然"视为"敌人"成了"大跃进"时期的一种普遍措辞。② 在具体实践中，"斗争"则需要建立在一种新的组织形式基础之上。毛泽东并非偶然地在人民公社建社初期强调"产业军"概念，其用意旨在使农民脱离小生产状态并且习惯于社会主义的民主集中制。③ "军队"和"军营"的隐喻在"大跃进"时期尤其是人民公社建社时期的涌现，折射出"不断革命"所依托的现实路径（同样在1958年，对于"资产阶级法权"的批判也征用了革命军队的形象④）。用施米特的话说，对于从"游击队理论思考问题"的毛泽东而言，和平本身包含着战争的可能性，便也包含着潜在性的敌对关系因素。⑤ 和平建设时期的"生产斗争"如果不包含政治性因素（潜在敌我因素的在场），那么"斗争"就容易失去其应有的强度。如果自然成为"敌人"这一措辞不想变成一种可有可无的隐喻，那么就需要在紧张的政治性情境中落实其强大而持久的集体动员功能。

不过，将"斗争"修辞真正应用在生产劳动之上，依然面临着一些理论和实践上的难题。"生产斗争"或一般意义上的劳动有着与"战争"（敌我斗争）、"阶级斗争"（包括和风细雨式的"说服"⑥）不同的构型。一般说来，劳动的感觉总是受到具体劳动形式的规定。就农业生产而言，劳动总是呈现出一种自然的节奏（譬如由季节规定的农忙与农闲），而在现代生产方式之中，建立在高度分工基础之上的劳动（尤其是机器流水线生产）又难免陷入

---

① 毛泽东：《在中共八大二次会议上的讲话提纲》（1958年5月），《建国以来毛泽东文稿》第七册，第194页。
② 参看《投入体力劳动——共产主义的大熔炉》（1958年9月30日《人民日报》社论），见劳动部劳动经济科学研究所编：《大跃进中的劳动与工资问题》，北京：人民出版社，1958年，第26页。
③ 毛泽东：《对〈关于人民公社若干问题的决议稿〉的批语和修改》（1958年11月、12月），《建国以来毛泽东文稿》第七册，第573页。
④ 参看张春桥：《破除资产阶级法权思想》，《人民日报》1958年10月13日第7版。
⑤ 施米特：《游击队理论》，《政治的概念》，刘宗坤等译，上海：上海人民出版社，2004年，第308页。
⑥ 毛泽东关于矛盾的划分：两类矛盾，即敌我矛盾和人民内部矛盾，后者包含阶级矛盾和先进落后的矛盾。参看《建国以来毛泽东文稿》第七册，第10页。

一种琐碎而重复的状态。因此劳动本身在不断生产"常态性",生产出抵制"革命政治"的惰性。有学者指出,在"治山治水"这类改造农业生产条件的劳动中,新中国农民更有"合作愿景",也就相对容易接受"军事化"调配和政治动员,然而在常规性的农业生产过程中,特别是消费领域里,他们的"合作愿景"并不强烈。① 也就是说,"革命政治"能否找到持续渗入生产主体身心的方式,是中国社会主义"生产政治"的根本难题。更棘手的是,在社会主义体制下,按劳分配原则决定了劳动不可能与私己利益无关。特别是在物质条件达不到丰裕的情况下,这一因素总会干扰劳动的充分政治化。一旦革命政治无法充分确认自身与物质丰裕之间的关联,一旦现实的劳动分工同理想中的创造性劳动产生日趋严重的不一致性,那么"不断革命"也会从内部遭到损耗。换句话说,"斗争"的激情会遭到劳动自身诸种历史规定的抵抗和消磨。因此,社会主义制度本身存在着理想化的劳动和实际存在的劳动之间的张力。也正是在这里,1950—1960年代中国美学讨论中对于劳动审美化的批判成为必要的提醒。

在社会主义革命过程中,劳动问题不可能是单纯的生产问题,它必然会受到政治、伦理的渗透,甚至本身就是一种政治问题。这就需要一种有别于既存文化的劳动构想与赋义过程。正如布洛威(Michael Burawoy)所说,相比于资本主义社会,社会主义国家有着"生产政治"和"国家政治"相融合的特点。这种融合可以是劳动者的自我管理(历史上昙花一现),也可以是中央计划(既存社会主义几乎都采取这一方式)。② 或许指出这一点并不困难,难的是如何贴合中国历史情境来考察这一"融合"的具体特征及其所包含的危机。"大跃进"实践有着这样一种冲动:希望将劳动从私人逐利中逐渐解放出来。而要做到这一点,首先需要改变生产关系尤其是分配方式。③

---

① 参看胡靖:"70年代:农村集体经济的成败之间",《专题:70年代中国》,《开放时代》2013年第1期,第67页。
② Michael Burawoy, *The Politics of Production* (London: Verso), 1985, p.158.
③ 值得注意的是"大跃进运动"过程中关于"工资"问题的讨论。"生产关系"的改变可以说既涉及"平等化"这一政治取向也涉及分配制度的改革,两者紧密关联在一起。可参考《大跃进中的劳动与工资问题》。

而相比于苏联与东欧,生产政治与国家政治之间的中国式"融合"更加强调"人"的改造。为了从根本上保证劳动的积极性,就需要"文化革命"铸造一种新的主体性和生活方式而非简单诉诸"物质刺激"。① 可以说以上两种实践贯穿在"大跃进"以及人民公社运动之中,"大跃进"实践的激进性也正在于此。

在上一章里我们看到了美学讨论关于劳动即目的的论述,然而确认劳动会成为人类的"需要"也并不必然带来"政治"保证,正如科耶夫曾谈及一种"历史终结后的动物"。② 对于中国社会主义实践来说,问题的关键在于是否可能有一种热衷于劳动的政治动物。③ 也就是说,是否可能以一种投入斗争、介入集体政治生活的态度来面对日常劳动(这种对于劳动的构想不同于青年马克思所谓作为"类存在"活动的"劳动")。某种程度上,"大跃进"实践可以视为对于这一问题的现实回应。虽然在理论宣传上,国家仍然坚持经典马克思主义关于"劳动"将成为"生活第一需要"的论述。④ 随着1958年《马克思恩格斯列宁斯大林论共产主义社会》的出版,共产主义"劳动"观念也一度成为重要的符号资源。但在实践上,"大跃进运动"不

---

① 在这个意义上,我们可以看到"大跃进""文化革命"和整个政治经济转型之间的关系。工农的知识化、干部参加劳动生产、破除等级制同大规模集体协作劳动、分配方式的改革等有着联系。

② 科耶夫认为,如果人类再一次成为动物,他的艺术、爱欲和游戏必须再一次成为纯粹"自然的"。因此需要承认,历史终结之后,人会像鸟类筑巢和蜘蛛织网那样构造建筑物和构造艺术作品,会跟从蛙和蝉那样演奏音乐,会像年幼的动物那样玩耍,会像成年动物那样投入爱欲。人要成为人,必须保持"主客体对立",即使否定既定存在和错误的行动消失。见 Alexandre Kojeve, *Introduction to the Reading of Hegel*, pp.159,162。有趣的是,科耶夫特别提到了"日本"历史终结的道路。此外,柄谷行人从"反面"来挪用施密特的政治概念,以此来确认走出"资本—国家—民族"圆环的可能:除了生产—消费合作社的联合之外没有别的扬弃国家的道路。在此,国家虽然还保留着,但已是非政治性的东西。见柄谷行人:《跨越性批判》,第263页。

③ 阿伦特在《人的境况》中认为劳动的状况是反政治的,是政治动物就不可能是劳动动物。阿伦特未能看到既存社会主义条件下的集体劳动,尤其是农业合作化劳动的意义生成:虽然劳动还是属己的、个体的,但其意义引导方式已经在某种程度上超越了必然性的循环过程。

④ 见《关于人民公社若干问题的决议》(1958年12月10日中共第八届中央委员会第六次会议全体通过),《建国以来重要文献选编》第十一册,第614页。

但打破了"演进"到共产主义社会的时间序列(而是强调"跃进"①),所关注的也不仅仅是经典话语对于"劳动本能"的怀想,而是强调此刻"主人"式的对于"劳动"的态度。② 一方面,这源于一国建成社会主义向共产主义过渡的过程中始终存在外部敌人,因此战争的潜在威胁始终没有消散。劳动的好坏在被赋予意义的时候,总会关联国家建设甚至范围更广的世界革命。另一方面,在"大跃进"时期,兴修水利等需要大量劳动力集体参与、互相协作的项目极大地改变了原有小生产者的劳动状态,从而带来了走出家庭、建构集体生活甚或军事化组织劳动的可能。在这一过程中,"大跃进"的劳动主体被设想为打掉了自卑感,砍去了妄自菲薄,破除了迷信,具有"敢想、敢说、敢做的大无畏创造精神"③。这是一种毫无恐惧的主体,即无所畏惧的"主人"。毛泽东甚至戏称之为"无法无天"。④ 我们在上文中已然看到,这种"主人"意识包含着超越单纯"经济动机"的古典"德性"构想,在原则上召唤着一种积极的个体性。另一方面,此种主体的生成当然嵌入在集体事业之中——尤其是所谓"赶英超美"的任务。但是这一构想并不能被还原为经济诉求或被视为"历史的诡计":仿佛国家"询唤"劳动主体最终只是为了满足自身的"发展"。在此种叙事里,工农的主体似乎从未真正"到场",他们的劳动与生活只是成了完成工业化、实现社会主义"原始积累"的"资料"。在我看来,这种叙事就算旨在为前三十年的社会主义实践"正名",但却抹去了活生生的集体经验向度。我在接下来的讨论中将尝试说明:这一"运动"不可化约的特征尤其体现在"大跃进"群众文艺实践之中,呈现为"文化革

---

① "跃进"一词最初正式使用,见《人民日报》社论:《发动全民,讨论四十条纲要,掀起农业生产的新高潮》,1957年11月13日第1版。毛泽东在1958年5月26日提到:"重看1957年11月13日《人民日报》社论,觉得有味,主题明确,气度从容,分析正确,任务清楚。以'跃进'一词代替'冒进'一词从此篇起。两词是对立的。"(《建国以来毛泽东文稿》第七册,第254页。)

② 正如科耶夫所指出的那样,青年马克思所理解的非异化"劳动"所建构的是一种新的"自然"。也就是说,新的集体性不再建立在"政治"(或广泛地说,科耶夫所说的精神—人性的"否定"环节之上),"自我意识"转化为"习惯"。这与革命政治所强调的高度的"意识"状态是有张力的。这种"习惯"与"高度意识"的矛盾始终存在但并未得到充分揭示。

③ 毛泽东:《卑贱者最聪明,高贵者最愚蠢》,《建国以来毛泽东文稿》第七册,第236页。

④ 毛泽东:《在中共八大二次会议上的讲话提纲》,《建国以来毛泽东文稿》第七册,第194页。

命"所指向的新主体的生成瞬间。

二 "共产主义文艺的萌芽"与消灭社会分工的设想

"大跃进"时期的"文化革命"可以说具体实现在一个走向"共产主义"的历史时刻。随着1958年"大跃进运动"的开始,大规模的农田水利建设在各地蓬勃展开,使得原有的社、乡界限被打破。这一方面催生出社与社、乡与乡之间的矛盾,另一方面也带来了跨越社、乡界限的劳动协作。① 客观地说,人民公社有其现实起源,即农村劳动力频繁的跨区调配推进了合作社规模的扩大,劳动者的休息吃饭问题进一步催生出公共食堂、福利院、托儿所等新生事物。然而关键在于,毛泽东等中共领导人迅速将之转化为一种"继续革命"和进一步"改造"生活方式的契机,很快就将之制度化和普遍化了。1958年8、9月间,全国仅用一个多月时间就基本实现了公社化。② 作为"三面红旗"两大代表的"大跃进"和"人民公社"可谓互为犄角。在当时颇为理想的考虑中,人民公社的制度创新可以为"大跃进运动"提供"干劲冲天"的劳动主体。人民公社的基本构想是将工、农、商、学、兵组织在一个单位之中,奉行"一大二公"的原则,实行供给制和工资制相结合的分配方式。公社设有公共食堂、托儿所和幸福院等福利设施,并且倾向于以军事化原则来组织生产、用"集体化"来安排生活。③ 我们在历史档案和农民壁画中常常可以看到"十三包"或"十五包"的场景(譬如有一种"十三包"的说法指包吃饭、穿衣、交通、医疗、育婴、死葬、婚恋自由、文化提高、洗澡、理发、供暖、穿鞋、娱乐④),这一系列设计意在解放出更多的劳动力(比如家庭妇女)⑤,并且逐

---

① 罗平汉:《关于人民公社建立的几个问题》,《当代历史问题札记》三集,桂林:广西师范大学出版社,2009年,第74页;林蕴晖:《中华人民共和国史第四卷·乌托邦运动——从大跃进到大饥荒(1958—1961)》,第156页以下。

② 罗平汉:《关于人民公社建立的几个问题》,《当代历史问题札记》三集,第74页。

③ 参看《中共中央关于在农村建立人民公社问题的决议》(1958年8月29日),《建国以来重要文献选编》第十一册,第449—450页;薄一波:《若干重大决策与事件的回顾》下卷,北京:中共中央党校出版社,1993年,第741—744页。

④ 参看河北遵化张允绘:《人民公社十三包》,河北省文化局选编:《河北壁画选》,石家庄:河北人民出版社,1959年,第70—76页。

⑤ 参看《办好公共食堂》(1958年10月25日),《建国以来重要文献选编》第十一册,第517页。

步建成一种新的生活方式,帮助劳动群众克服私有意识及其他旧习惯。①用胡绳的话说,就是"资本主义摧毁劳动人民的家庭,而社会主义使劳动人民重新有了自己的家庭。但是人们当然不是要回到个体生产条件下的家庭生活,而必须适应社会主义的公有制度,建立新的生活"②。当时中央反复强调"人民公社"是现阶段建设社会主义最好的组织形式,也将是未来的共产主义社会的基层单位。许多新民歌将人民公社比喻为"桥"正是抓住了社会主义向共产主义"过渡"的历史冲动。虽然共产主义社会仍被视为一种"愿景",但在当时的语境中显然已被看作并非遥不可及。随着1950年代末苏联喊出向共产主义社会过渡③,中国也在思考自己走向共产主义社会的道路。特别是在后斯大林时代中苏关系日趋紧张的情况下,探索一条独特的"过渡"之路变得尤为切要。除了"人民公社"的构想不同于苏联的国营农场之外(不强调机械化的优先性)④,中国和苏联在消灭体力脑力差别上也存在显见的差异,从中我们也能见出中苏在构想"共产主义新人"时的不同取向。苏联的办法是将"工人的文化技术水平提高到工程技术人员的水平,把(集体农庄)庄员的文化技术水平提高到农艺师的水平"⑤,而中国诉诸"教育与劳动生产相结合",即上文所谓"文化革命"的"双向"运动。1958年9月25日《人民日报》刊发社论《投入体力劳动——共产主义的大熔炉》,其中提到:

---

① 这当然会遭遇旧习惯的顽强抵抗。比如当时有人提到,食堂吃饭,对来人待客、婚丧嫁娶有诸多不变。另外,人民公社的实际操作存在难度,"名实"难符之处很多,比如供给制和工资制合一,但工资难以发出,食堂的伙食水平有限。又比如,供给制有时反而对地主富农有利。这显现出生产关系的改造之难度。
② 胡绳:《家务劳动的集体化、社会化》,《大跃进中的劳动与工资问题》,第70页。
③ 1958年6月底,苏联科学院社会科学部在莫斯科举行会议,讨论苏联共产主义建设的理论问题。当时苏联已经认为自身"处于直接建设共产主义第二阶段时期","经济和文化建设的新阶段要求科学家积极研究直接有关从社会主义过渡到共产主义的理论问题"。参看《学习译丛》1958年第10期,第1页。
④ 关于中国人民公社之独特性的讨论,可参看胡靖:"毛的理论应该来自于系统思想,可以将它解释为:低文化素质的农民也可以通过合作形成一种力量,产生巨大的生产力,并通过这种生产力在机械化还未实现以前改变农业的生产条件。"(《开放时代》2013年第1期,第68页。)
⑤ 苏联科学院经济研究所编:《政治经济学教科书》下册,第607页。

共产主义社会的特点之一,就是要消灭脑力劳动和体力劳动的差别。如何消灭呢?过去在这个问题上还存在着一个糊涂观念,仿佛还要消灭脑力劳动和体力劳动的差别,只是体力劳动者单方面的问题,只是把体力劳动提高到工程师、技师水平;而脑力劳动者是不是需要学习体力劳动的技能,是不是需要养成体力劳动的习惯?这却没有人注意。显然,这种观点是错误的,它仍然反映了对体力劳动的不够重视。消灭脑力劳动和体力劳动的差别,必须两方面共同努力,既要求体力劳动者进行脑力劳动,也要求脑力劳动者进行体力劳动。体力劳动者不进行脑力劳动,不能成为全面发展的人,同样,脑力劳动者不进行体力劳动,也不能成为全面发展的人。①

应该说,脑力与体力劳动的差别不仅是技术意义上的分工,更是政治意义上的"等级"。这也是1957至1958年中央连续刊发"干部参加体力劳动"指示的缘由之一。② 在毛泽东看来,不提"技术决定一切""干部决定一切"之类的口号,也不提列宁的"苏维埃加电气化等于共产主义",群众仍然保持冲天干劲的根由在于"群众路线"的贯彻执行。③ 任何人都以普通劳动者形象出现,干部参加劳动,群众参加管理。④ 一种聚焦于此刻的平等政治成为走向共产主义社会的基本保证。(当然,从现实的分配制度来看,"平等"还是一个远未实现的理想。⑤)这里的情况与朗西埃(Jacques Rancière)所谓由"感知的分配"所决定的"美学—政治"有类似之处,即强调"等级"

---

① 《投入体力劳动——共产主义的大熔炉》,《大跃进中的劳动与工资问题》,第27页。
② 具体文献可见:《中共中央关于各级领导人员参加体力劳动的指示》(1957年5月10日),《建国以来重要文献选编》第十册,北京:中央文献出版社,1994年,第259页。《中共中央关于下放干部进行劳动锻炼的指示》(1958年2月28日),《建国以来重要文献选编》第十一册,第193页。《中共中央、国务院关于干部参加体力劳动的决定》(1958年9月25日),《建国以来重要文献选编》第十一册,第510页。
③ 毛泽东:《在中共八大二次会议上的讲话提纲》(1958年5月),《建国以来毛泽东文稿》第七册,第196页。
④ 应该说,"两参一改"在"大跃进"时期已然展开。参看《投入体力劳动——共产主义的大熔炉》,《大跃进中的劳动与工资问题》,第28页。
⑤ 参看杨奎松:《从供给制到职务等级工资制——新中国建立前后党政人员收入分配制度的演变》,《历史研究》2007年第6期,第137页。

关系在感知上的抹除,对于干部与群众、脑力劳动与体力劳动之"区隔"的破坏。① "大跃进"时期的"文化革命"与这一平等诉求密切相关。所谓克服臣属性也内在地关联着此种"双向"运动。

不过在具体实践中,分工问题依然是一个现实难题。而为了向共产主义社会过渡,为了追寻一种更具实质性的平等,又需要设想一种可行的弱化分工的方式。比如1958年11月,《新建设》刊登了一篇讨论"共产主义和分工"的文章,作者特别强调了"分工的技术方面"和"分工的社会方面"之间的区别:前者关联于"生产的自然过程,是生产部门的独立化、专业化,是企业内部生产过程被分割而部分化"②;后者关联于"生产的社会过程",用马克思的话说,就是"把个人限制在特殊职业部门内做事的现象"③。所谓逐步取消分工的重心落在:"农林牧副渔全面发展,工农商学兵相互结合,开展'多面手'运动,工人农民学理论,以及建立工农群众歌舞团等等。"④在作者看来,就算是"完全发展的共产主义社会",分工的技术方面依旧会存在,而分工的社会方面将缩小并趋于消失。分工的技术方面关乎现代性的基本构造——毋宁说是一种强迫性结构,它指向生产力的强化发展(某种程度上受制于冷战结构),而分工的社会方面主要针对的是"三大差别",尤其是"体脑差别"。然而,作者并没有明确告诉我们两种分工之间有着何种关系(在某种程度上,"两参一改"正可视为改变"分工"关系的重要实践)。⑤ 技术方面的分工与社会方面的分工恰好对应着社会主义实践的"现代化"诉求和"革命"诉求。这也是社会主义国家所面临的结构

---

① 朗西埃的"美学的政治"与毛泽东的"不断革命"之间具有隐秘的关联。从朗西埃对于伦理向度的批判就可以看出:美学的政治就是感知不停歇地再分配,这是由于既有的伦理—形象秩序不断地会秩序化和固化。
② 卫兴华:《共产主义和分工问题》,《新建设》1958年11月号,第8页。
③ 同上。
④ 同上书,第10页。
⑤ 在阿尔都塞看来,劳动的社会分工与技术分工在实践中总会缠绕在一起,见阿尔都塞:《大学生难题》,吴子枫译,http://www.cul-studies.com/index.php?m=content&c=index&a=show&catid=39&id=450。

性难点。① 在这意义上,既存社会主义对于丧失生产力怀有恐惧,也与任何浪漫式的"回退"绝缘。下面我们就会看到,这一结构性难点是如何内在于"大跃进"群众文艺实践的。在这儿我仅想强调,在一个既要坚持生产的高速度和高积累(因此技术分工这一现代化面向甚至会日益加强)又要向共产主义过渡(因此必须强调工农与知识分子的互相转化)的结构中,群众性的文艺实践占据着一个极为关键的位置。文艺实践既被视为工农群众消除劳动疲劳、获得审美愉悦,并进而获得主体尊严的环节,同时也是一种象征性行为——劳动人民真正成为"主人"的标志。"大跃进"群众文艺实践就是在这样一种结构性的矛盾中诞生的。

在上述脉络中,所谓"共产主义文艺"的萌芽,一般是指新民歌等反映了共产主义的劳动精神。② 但究其实质,它指的是劳动群众在生产劳动有限的间歇创作诗歌、绘制壁画等,从而体现出打破"体脑劳动差别"的努力。③ 此种"打破"方式尤为强调劳动者(亦包括参加劳动生产的下放干部和知识分子)用"脑力劳动"(即创作诗歌等方式)来表现当下的"体力劳动"。因此,它也被视为"体力劳动与脑力劳动相结合"的典范。我们知道,马克思曾设想过工作日的缩短是人类从必然王国向自由王国迈进的根本条件。④ 李泽厚基本上是从这一脉络来构想"共产主义社会"的"自然美"的。

---

① 普殊同对于"传统马克思主义"有一个稍显苛求但却切中问题的批判:社会主义往往被视为一种社会分配形式,它不仅更为公正而且更适合于工业生产。但传统马克思主义并没有展开对于"生产"的批判。见 Moishe Postone, *Time, Labor, and Social Domination: A Reinterpretation of Marx's Critical Theory*, p.9。相比于批判分配方式,更为激进的批判是对生产的批判,用普殊同的话来说,首先需要揭示资本主义生产方式的固有的辩证动力,即抽象时间与历史时间的互相规定,一种转型与重建的辩证法。

② 参看邵荃麟:《民歌·浪漫主义·共产主义风格》,《诗刊》编辑部编:《新诗歌的发展问题》第一集,北京:作家出版社,1959年,第108页;郭沫若:《就当前诗歌中的主要问题答〈诗刊〉社问》,《诗刊》编辑部编:《新诗歌的发展问题》第二集,北京:作家出版社,1959年,第2页。另外,也有论者强调了"体力劳动和脑力劳动相结合、物质生产和文艺生产相结合"这一特征,参看冬昕:《新民歌是共产主义诗歌的萌芽》,《新诗歌的发展问题》第二集,第136页。

③ 关于"新民歌"作为共产主义萌芽,参看天鹰:《1958年中国民歌运动》,第141—144页;胡复旦:《为什么说新民歌是共产主义文学艺术的萌芽》,《兰州大学学报》1958年第2期,第73—74页。

④ 马克思:《资本论》第三卷,第924—925页。

虽然马克思很可能不仅考虑到了转换社会劳动的结构,而且也考虑过某种更为彻底的改造。如普殊同所说,在价值形式取消之前,任何压缩工作日所产生出的额外时间即"休闲时间",对于马克思来说亦是否定性的。此外,奈格里(Antonio Negri)等通过重新解读马克思的"实质吸纳"概念,也质疑了单纯缩短工作日带来解放的想法,即在资本主义条件下,越来越充裕的自由时间有可能被资本更深的层面所吸纳。① 而在"大跃进"氛围中,"劳动"本身撑满了整个意义空间。休闲时间被整合进了劳动的总体过程,呈现出一种独特的消除体脑劳动差别的尝试。② 譬如在邵荃麟所转述的新民歌的诞生场景中,"诗歌"和"劳动"可谓骨肉相连:

> 昨天,我访问了白庙村农民,问他们的诗怎么搞出来的;他们讲得很好。他们有个女生产队长,在水车灌溉麦田时,为了减轻疲劳提高干劲,把感情表达出来,她就说:"我们做诗吧!"劳动刺激了她的感情,她就唱了起来:"水车叮当响,麦苗你快长;我给你喝水,你给我吃粮。"这是多么朴素、刚健、清新。从此以后,做诗的风气就在这个村子里普遍展开了,现在成为有名的诗村。我们常讲创作灵感,农民的创作灵感,就是这样出来的。③

问题的关键不是去简单质疑这一叙事的"真实性",或是直接用"唱反调的民歌"的存在,来论证新民歌只是行政命令催生的伪作。所谓"写中心、唱

---

① Moishe Postone, *Time, Labour and Social Domination*, p. 376;夏永红、王行坤:《机器中的劳动与资本》,《马克思主义与现实》2012 年第 4 期。

② 普殊同对于中国社会主义消除体脑劳动差别的实践有着某种批判,在他看来,单纯混合既有的体力和脑力劳动并不能克服两者的差别。克服体力脑力劳动的分离,只能是改造既存的体力和脑力劳动的方式,即建构一种崭新的社会劳动结构和组织。而对于马克思来说,只有当剩余生产不再是必然建立在直接人类劳动之上时(也就是高度机器化),这才是可能的。参见 Moishe Postone, *Time, Labour and Social Domination*, p. 29。普殊同的批判内在于批判理论重构马克思的脉络之中,他有意或无意忽略了中国社会主义实践在克服体脑差别时候的政治含义。

③ 邵荃麟:《民歌·浪漫主义·共产主义风格——7月27日在西安文艺工作者座谈会上的发言》,《新诗歌的发展问题》第一集,第107—108页。

中心"在当时是内在于新民歌创作的"政治"要求。① 那种单纯认为民歌需要包含"民怨"或只能表现某些特定情绪和对象的看法,忽略了社会主义实践并不抱定人的固有"本性"和某些固有"需要",而且有意或无意地无视其教育改造农民的激进指向。因此,否定性的评价虽然能够揭示出新民歌的某些弊端,却先行压抑了这一艺术实践的自我理解,并且将其从具体历史政治情境中抽离出来,予以一种同样抽象的评判。邵荃麟的叙述试图呈现"新民歌"诞生的"原初场景",也是呈现"艺术"自身的"起源"场景:"劳动"的原初"分化"——从沉默的劳动中分化出声音与形象,分化出不可化约的"距离"。这里问题的关键在于:是否有一种"新"的经验在这一创作的过程中迸发了出来。我关注的首先是这一叙事与当时"文化革命"之间的脐带关系。譬如"劳动刺激情感"、有情感就需要表达出来等等看似套路化的表述,指向的是劳动群众开始敢于用艺术形式进行自我表达这一历史瞬间。这一叙事的要点在于,女生产队长所唱出的不再是无意义的声音,更不是嘶喊,而是被承认为参与公共生活的艺术形式。在某种意义上,劳动群众开始写和开始画要比他们写了什么或画了什么更为重要。这不是简单将群众提高到"知识分子"水平,而是确认劳动群众的"自我表现"。而这个时刻也就是"政治"的时刻:那些被排挤在"艺术空间"之外的人,那些仿佛从不会拥有"创作时间"的人,开始说出自己的声音,在那一"空间"中登场,进而"扰乱"了既定的雅与俗、劳动与休闲、必要与剩余的区隔。② 当然我们亦无需避讳这一"登场"有其组织化的一面。但从上述脉络来看,这里的文艺创作在整体上指向一种"生产性"本身。有情不得不表现,这就如同自觉"劳动"本身成了一种生活的需要,而不是单纯为生产出什么具体物品。在劳动难说"自觉"的时候,文艺创作先行显露了"劳动创造"的激进含义。(某种程

---

① 北京大学哲学系四年级王立庄"文化革命"调查队:《黄村人民公社王立庄新民歌调查报告》,《北京大学学报》1959 年第 1 期,第 28 页。另外可参考中国民间文艺研究会研究部编:《民歌作者谈民歌创作》,北京:作家出版社,1960 年,第 87—88 页。

② 关于这一"政治"的看法,得益于朗西埃,可参看 Jacques Ranciere, "Aesthetics as Politics", *Aesthetics and Its Discontent*, trans. Steven Corcoran (Cambridge and Malden: Polity Press, 2010), pp. 19-44。

度上可以说,朱光潜关于"劳动—艺术"的讨论以抽象的方式抓住了这一点,但他没有充分打开其意义。)

在一则"农民歌手"对于自身创作起源的叙述中,我们可以看到群众创作在"大跃进"文艺运动展开之前的诞生场景:

> 我的创作是从55年的栽秧季节开始的。开始我还认为:叫我们泥腿子搞创作,那不是笑话吗?文化馆的干部说:"只要把你们的心里话说出来,能像秧歌一样唱出来,就可以算是一篇创作了。"有一天在秧田里大家唱老秧歌,唱得很热闹,我想了几句,就在秧田里唱起来:
> 跳下田来栽秧棵,
> 栽秧的人儿爱唱歌,
> 栽到稗子棵棵死,
> 栽到黄秧都活棵,
> 万担归仓收的多,
> 增产支援工业化,
> 改善生活笑哈哈。
> 回家以后我请别人记下来,送给文化馆干部看,他们说:"这是一篇很好的创作。"他们又搜集了我们俱乐部丁守廉、王书琴等的作品,没有几天就印发到全县。①

与其说这是某种对于个人经验的"回忆",毋宁说是一种农民发声歌唱的"典型"场景。其中的关键不仅仅在于唱出与劳动紧密结合的经验,而且是在歌唱的过程中打消了"泥腿子"的顾虑,部分地克服了文化上的臣属性。这里有着一种政治体验:"旧社会我唱歌要挨打受骂,新社会培养我成了农民的歌唱家"②。1958年到来的"新民歌"运动则将此种"农民歌手"的歌唱进一步扩展为更多劳动群众的说唱实践。

在这个意义上,文艺创作与劳动有了一种更深层的对应性。这种对应

---

① (安徽肥东县店埠人民公社社员)殷光兰:《唱的人人争上游,唱的红旗遍地插!》,《民歌作者谈民歌创作》,第60—61页。
② 殷光兰:《唱的人人争上游,唱的红旗遍地插!》,《民歌作者谈民歌创作》,第66页。

性并不局限于将文艺创作视为一种嵌入"庞大的革命机器"的"劳动"形式①，而是通过劳动的艺术表达来获得一种主体的尊严感，甚至带来超越此刻体力劳动的解放感——依托的是两种"劳动"之间不可化约的差异，而这一差异恰恰动摇了"必要"与"多余"之间的僵硬区分。进言之，有必要将"文艺为政治服务"重新放置在"文化革命"的语境中进行理解。这已不是劳动群众的生活世界如何得到再现的问题了，而是劳动群众在文艺生产中突破"分工"的尝试。虽然"大跃进"群众文艺嵌入思想政治宣传，但是它同样也指向新的主体性的生产。如果说它的经验内容是看似重复单调的宣传和夸张无度的抒情，那么它的"生产"本身却烙刻了"共产主义瞬间"的政治强度。1958年围绕新民歌展开的讨论主要将重心放在"新民歌"作为"新诗歌的发展道路"问题之上，不少论者力图论证新民歌可以进而为"主流"甚或经典②，却相对忽略了新民歌实践超越固有文类划分甚至动摇专业分工的指向。

在我看来，"大跃进"群众文艺创作"模仿"了劳动生产的节奏，它本质上不是以"作品"而是以"生产"为尺度的。这就造成了"量"的问题在某种程度上超过了"质"。而在"一天等于二十年"的时代氛围中，在全国快速完成人民公社化的转型之中，在高速度、高积累的发展模式下，毋宁说"大跃进"是世界历史上绝无仅有地将"时间"意识即"新与变"贯彻到普通劳动群众意识之中的集体实验。这也构成"大跃进"文艺作品内在的时间意识。譬如这首新民歌所唱：

　　今年山歌加倍多，
　　信口唱出一大箩，

---

① 邵荃麟："物质生产和精神劳动当然是有区别的。做小说、写诗歌决不相同于炼钢铁、开煤矿，这是谁都明白的道理。但这只是劳动性质的区别，这种区别只决定它们工作方式与方法的不同。……当庞大的革命机器正以空前的速度在大转动的时候，文学艺术这个齿轮和螺丝钉有什么理由能够不跟着它加速地转动起来呢？"（荃麟：《杂谈文艺工作大跃进［四则］》，《大跃进杂文选第三集——智慧的海洋》，第2页。）

② 比如可参看李亚群：《我对诗歌道路问题的意见》，《新诗歌的发展问题》第一集，第180页；沙鸥：《新诗的道路问题》，《新诗歌的发展问题》第一集，第306页。

今年别留明年唱,
隔年的皇历用不着。①

此即暗示"大跃进"作品的"可速朽性"。不妨说,"大跃进"群众文艺实践化身为作品,但作品并没有耗尽其存在。

第二节　新民歌和新壁画中的劳动、自然与主体

一　生产与本源:重新定位群众创作

"文化革命"脉络里的群众文艺实践或许可以看成是某种"去自然化"的过程,上文所提及的时间意识以及"移风易俗"的指向——尤其是传统生活世界的作息节奏被一种高速度的劳动节奏所取代——将新人与新习惯的"生成"这一问题凸显了出来。但"大跃进"群众文艺实践同时又是一种重新自然化的过程:它被视为当家做主的劳动人民真实"心声"的呈现,其本真性的呈现。在这个意义上,新民歌依旧被把握为"直接出自深心的自发的自然音调"②。毛泽东在1958年3月曾提出要"搞一点新的民歌"③。这里的具体语境是毛泽东在成都会议召开前主持编选了一本唐、宋、明三代诗人论及四川的一些诗词,却觉得"净是些老古董",由此想到搜集民歌。鉴于1958年以来某些新民歌喊出的豪言壮语已经为党中央的会议所引用④,这儿显然有进一步"采风"的意思。这种"去自然化"与"再自然化"之间的辩证关系,是考察"大跃进"群众文艺实践需要首先把握住的要点。而与之相关的问题,就是如何看待所谓"工农兵"创作或群众创作,因为诸如"国家"与"民间"以及"真"与"伪"之间的僵硬对立在这一问题上显得尤为严

---

① 《唱得长江水倒流》(安徽宿县新民歌),郭沫若、周扬编:《红旗歌谣》,第57页。
② 参看黑格尔:《美学》第三卷下册,朱光潜译,北京:商务印书馆,1979年,第204页。
③ 毛泽东:《毛泽东年谱:一九四九——一九七六》第三卷,第322页。
④ 天鹰:"1958年二月初召开的第一届全国人民代表大会第五次会议上……普遍引用人民的豪言壮语。"(《1958年中国民歌运动》,第68页。)

重。"新民歌"等"大跃进"群众文艺实践的生产情境在上一节已经有所提到，接下来想再做一些展开。我想先点明的是，围绕群众创作产生的真正难题并不在于"国家"和"民间"的对立，而是建构这样一种劳动—生产主体以及这样一种生活方式是否可能、是否可欲。其实在美学讨论中我们已经看到了此种张力的端倪。单纯捍卫"大跃进"群众文艺的正当性之所以无效正在于此。某种程度上，"大跃进"将社会主义实践的强度提升到一个前所未有的高度，因此使之遭遇到了前所未有的困难。诸如新民歌、新壁画等所显现的绝非是艺术自身的难度而是政治—经济的难度。"大跃进"群众文艺的意义并不在于它是否提供了一种替代性的方案——无论是关于人性还是关于生活方式，而在于它在"消失"的过程中展露出一种"常态"视点所触不到的维度。这一维度本身缠绕于失败的经验之中，但是它在那个历史瞬间获得了某种表达。因此，它是不稳定的、运动的和不断消逝的，从而静观的美学确实会错失其要点。只有先从"生产"而非"作品"本身出发，我们才能接近这一文艺实践的核心诉求及其内在难点。

在当时的历史条件下，"工农兵创作"当然并不等于每一个普通劳动者都能拿起笔来写作或绘画。虽然"大跃进"时期的扫盲工作取得了不小的成绩[1]，但是让刚刚识字的农民或工人熟练地运用诗歌或绘画等形式来表达情感或再现生活显然不切实际，也是一种苛求。从当时出版的民歌作者创作谈中可以看出，乡村中的一些老艺人、喜爱民间文艺的积极分子以及略有文化基础的青年文学爱好者是新民歌创作的主力军。[2] 在一本完成于1959年8月的著作《白峁公社新民歌调查》中，我们可以看到较为中肯的调查数据，其中关于整个公社（乡）的创作人数、作品数量等，基本上能反映那一时期群众文艺创作"量"上的特征：

> 生产大跃进以后，很多人创作新民歌，估计全乡有5000多人（笔者

---

[1] 参看《中国统计》资料室：《"文化革命"进入高潮——全国文教卫生事业突飞猛进》，《中国统计》1958年第19期，第26页。据报，截至1958年9月20日，"扫盲工作出现了空前大发展的新局面，全国已有1483个县（市）基本扫除了青壮年文盲，占全国县（市）总数的66%……在今年九个月中扫除文盲9393万人，相当于解放后八年扫盲总数（2800万人）的3倍"。

[2] 参看《民歌作者谈民歌创作》。

注:白峁公社当时人口为19813人),其中男的2750人,女的2250人。

参加创作的人青年最多,约有4000人,中年850人,老年150人。在青年中,学生约有1500人,占总人数近三分之一。

经常创作的约有550人,其中乡文联会员250人,普通中学、农业中学和高小学生共250人,其他如乡级机关干部、中小学教师50人左右。……

从生产大跃进开始至今年春季,一年多来,群众创作的民歌、民谣、快板、小调、演唱、剧本等估计有10万篇,而其中民歌、民谣占80%左右,约有8万首。①

在紧随新民歌运动而来的新壁画运动中,下放农村的专业画家和艺术学院学生更是一支重要的力量。譬如木刻画家古元、连环画家姜维朴等曾下放河北遵化,自己创作并指导农民群众创作了一大批壁画和墙头诗。②问题的关键在于,"大跃进"群众文艺的创作过程中总是有工农群众"在场",正如姜维朴所说:"大街是画室,墙头是画板,动笔有观众,左右皆老师。"③新民歌和新壁画的创作是一种高度公开的艺术实践,有着极强的"可写性"。比如《上海民歌选》的序歌"什么藤结什么瓜"就是多位工人续写头两句选其最优的结果。④ 工农兵创作打破的是孤独个体的"写作",虽然不一定是群众亲力亲为但始终向群众敞开。从生产过程来看,谓之"群众创作"可以说是有据可依的。赛诗会、群众诗歌创作展览会等新民歌活动方式也营造出一种文化翻身、人人参与的节日感和解放感。⑤ 而在当时语境中,新民歌创作被有意识地纳入集体性的教育过程(包括政治思想教育),不但是正当的而且是必要的(其中的难点或许并不在于"行政命令"本身,

---

① 路工、张紫晨、周正良、钟兆锦编写:《白峁公社新民歌调查》,上海:上海文艺出版社,1960年,第45页。
② 参看姜维朴编:《农民大跃进壁画》,上海:上海人民美术出版社,1959年。
③ 姜维朴编:《农民大跃进壁画》,第2页。
④ 参看天鹰:《1958年中国民歌运动》,第148—149页。另,集体创作例证,可参看李根宝:《铁锤打出诗万篇》(《民歌作者谈民歌创作》,第32—33页。)
⑤ 天鹰:《1958年中国民歌运动》,第26—31页。

而是"与时政相结合"这一要求高度凝神的感知状态自身的"危机")。换言之,"与时政相结合"在当时是毫不避讳而且是极受鼓励的。这从一份当时北京大学学生下乡调研新民歌的报告中可以看出端倪:

> 目前王立庄隔天晚上有一次读报。读报是结合村内中心任务的。由于诗歌创作是"写中心",读报与做诗便结合了。读报还能丰富知识、开阔眼界,对诗歌创作也有帮助。政治是诗歌创作的灵魂,因此继续通过各种形式来加强政治思想教育,始终是第一要紧的事。通过经常的政治学习,可以使社员不只是看到一个公社,而是看得更高更远,看到整个国家,看到全世界的共产主义事业。从而使社员气魄更大,风格更高。他们用诗来反映生活,就会更自觉更深刻。劳动与诗,就结合更紧。好诗也就会大量的涌现出来。①

新民歌创作有其"组织起来"的因素,这是毋庸讳言的。纯粹自发的"民间"其实在当时语境中并不可欲。如今容易忽略的是这一点:劳动群众"主人感"的生成始终与劳动者同"政治"不断建立联系有关。在历史转型之中,充实的意义的生成恰恰不在于家庭或个人,而在于集体、国家甚至世界革命。劳动者由此"自为地"进入了"历史"。这同现实中合作化运动的快速展开构成了一种呼应。在这个意义上,"大跃进"群众文艺实践当然首先是政治性的,但这一政治性不能仅仅被还原为"行政命令"。当然我们也不能否认它的全面发动的确牵涉行政因素②,新民歌运动遭遇到挫折,部分原因或许正在于未能找到"教育"与"自发"之间更为"自然"的通道。更有意思

---

① 北京大学哲学系四年级王立庄"文化革命"调查队:《黄村人民公社王立庄新民歌调查报告》,《北京大学学报》1959 年第 1 期,第 33—34 页。着重号为笔者所加。

② 参看天鹰当时有限度的反思:"从自愿上说,1958 年的民歌运动,完全是出于群众的自愿的,只有在九、十月份以后,在某些地区,出现了某些不合理地规定任务、限期完成的强制现象。……但这并不是说,运动是自流地进行的,它不需要人们作主观上的努力。""1958 年民歌创作普及运动,在方法上也产生了某些缺点,大概在九、十月以后,某些地区和个别部门,为了进一步发动群众创作,在做法上过热了些,过急了些,不恰当地提出'人人是画家,人人是诗人'的口号,因而使有些基层单位在发动群众创作时,偏重于数字要求,给那些没有写作要求,或没有写作条件的人,也规定了写作任务。"(《1958 年中国民歌运动》,第 76、332 页。)当时强调的是三个原则:需要、自愿、可能。

的毋宁说是群众文艺的生产空间。这里涉及的不但是体力劳动者与脑力劳动者的结合,同时也是劳动空间、创作空间与接受空间的连通(当然,这一连通在特定历史条件下也会带来"生活世界"的危机①)。新民歌最早的研究者之一天鹰曾描述过民歌生产的空间形式:

> 群众创作园地的特点,除了诗亭、诗碑林立的普遍性外,还有一个是与生产场合的密切结合。如田头诗坛、鼓动牌、田头诗竹笺、田头木牌等,这一类园地,形式灵活,短小多样,鼓动性强。田头诗坛往往筑在大规模集体劳动的试验田边,让人们在火热热的劳动中,如有所感,即景赋诗。②

一部分民歌集则转化为"扫盲课本",在群众中影响很大,"公社的扫盲对象,人手一册,有些已经识字的人也要看"③。此外,新民歌创作与大字报之间也有着极为紧密的联系,据说1958年各地大字报上的诗歌占到大字报总数的百分之三十到百分之四十。④(值得注意的是,赵树理写于1958年的《锻炼锻炼》开首处就是一首歌谣体的大字报。)劳动空间(诗歌招贴于田头、车间)、教育的媒介空间(扫盲课本)、生活空间(比如画在家家墙壁上的新壁画)、政治空间(作为当时的社会主义民主重要形式的"大字报")都在某种程度上转化为艺术空间。诗歌的声音或绘画的形象在"大跃进"语境中成了一种新的普遍的媒介(政治理论的话语形式是另一种,譬如各种新词汇和表述法)。重要的是考虑这一文艺实践所制造的"现象"带来了何种新的经验。当然问题的困难在于,"大跃进运动"落潮之后,新民歌和新壁画就开始逐渐消失。⑤(这里暂不考虑"文革"时期小靳庄农民诗和户县农

---

① 关于这一危机的分析,可参看蔡翔:"我并不完全同意人的日常生活可以独立于政治之外,但由此可以讨论的是政治究竟应该如何并且以何种方式进入人的日常生活。"(《专题:70年代中国》,《开放时代》2013年第1期,第19页。)
② 天鹰:《1958年中国民歌运动》,第19页。
③ 参看《白茆公社新民歌调查》,第59页。
④ 天鹰:《1958年中国民歌运动》,第13页。
⑤ 据称,新壁画创作活动到1960年已完全停止。参看吴继金:《"大跃进"时期的"新壁画运动"》,《艺苑》2008年第3期,第64页。

民画的小规模勃兴以及当代农民画在市场经济中的"喜剧性重复"。①)仅就"形式"和"内容"来为之讲出一个富有意义的故事已变得十分可疑与困难。这也就要求我们尽可能地恢复群众文艺的生产过程及其时空情境——不仅是技术意义上的生产更是政治意义上的创造—生成。

就美学评价而言,由于大多数工农兵文艺缺乏必要的技术准备和创作训练,谈到工农兵创作总会涉及"丑"这一美学范畴(不是指道德意义上的"丑",虽然社会主义美学在很大程度上主要是从政治和道德来展开美丑判断的,这可以参看姚文元在美学讨论中的论述)。虽然新民歌及新壁画诞生后招来一片叫好声,但是批评话语反复提及声音极为微弱的否定性评价(甚至是"发明"出这一评价②)——比如"单调""粗鄙""公式化"——却暗示出一种证成"弱势文化"的焦虑。虽说在政治正当性上它可能是"强势文化",但是在文化传统——包括"五四"以来的"新传统"中却依旧是弱势文化。事实上,"大跃进"群众文艺实践牵涉到"丑"这一范畴的历史实质。阿多诺曾提到西方近代对于丑的承认具有反封建性质——第四等级成了艺术的合适对象。③ 而当工农群众拿起工具开始文艺创作时,美的性质及审美评价发生了更为激进的转变。跟随"大跃进"而来的群众文艺创作大潮将这一问题推到了前台。比如解放军战士于思孟的《政委下连当兵给战士讲战斗故事》(下页图17)所引发的评论就颇为耐人寻味。就画本身来说,它好似一幅草稿,只是简单线条的勾勒:一群"战士"围着年长一些的"政委"听他讲故事。人物形象近似漫画,也可以说称得上"造型丑陋"了。在评论这幅画时,画家力群虽没有隐讳这幅画在造型上的缺陷,却认为"只好甘拜下风"。这一新的审美判断即是:工农兵自己的趣味、情感和经验转化为艺

---

① 参看倪伟:《社会主义文化的视觉再现——"户县农民画"再释读》,《江苏行政学院学报》2007 年第 6 期。

② 譬如傅世悌对于红百灵的"批评":一、攻击新民歌不应该成为当代诗歌的主流;二、攻击民歌是十分单调、粗鄙;"容量、思想、境界、面积都很小的牧童、农叟的竹笛单响",没有艺术性;三、主张民歌需要在"诗人们帮助下好好改造才行"等等。(傅世悌:《对〈我对诗歌下放的补充意见〉的意见》,《新诗歌的发展问题》第一集,第 167 页。)

③ T. W. Adorno, *Aesthetic Theory*, p. 48.

术表达,虽然显得有些粗糙,却比知识分子对于他们的"表征"更真实、更自然、更为接近"本源"。因此,"草图"本身就比由知识分子加工后的"成品"更有价值。这是因为"谁也不可能比工农兵更了解他们自己的感性生活,更了解他们的思想和情感,谁也不可能比他们自己对他们的生活更有感情,感受更深",而"工农兵群众和他们的生活是革命文艺创作的艺术原料源泉"。①《政委下连当兵给战士讲战斗故事》通过"构图"本身——这直接来自经验,或者说是工农兵直接对经验的"摹写"(类似于"速写")而无需知识分子冥思苦想来"硬写"——成为一种"有意味的形式":克服官僚主义,官兵上下平等、打成一片。与之类似,新壁画,尤其是农民自己画的壁画,尽管粗拙、夸张,无视透视规律,毫无写生基础,却因为是劳动者对自身生活经验的直接"表达",从而超越了"白而专"的专业主义技巧和趣味。王朝闻在点评邳县农民画原作与漫画家的改作时,更是批判了"形象的完整性"的绝对性,并且条分缕析地解释了为何农民的原作比专业者的改作更高明:

图17

"丰收卷倒观潮人"原作那种由稻子构成的海浪一般冲击的威势,从感觉上给观潮者的强大的压力,在改作里都改掉了。似乎,漫画家认为稻粒的大小和色彩明暗,较之海浪似的冲劲更重要;可是因为丧失了海浪一般的威力,环境的具体性不鲜明,观潮派向后跌倒的形象反而显

---

① 力群:《如何看待工农兵美术创作》,《美术》1958年第11期,第9页。

得有点做作了。"玉米树钻天"里的"树",原作只有一株。虽然只有一株,观众不会以为它不是许多株的代表。似乎,漫画家把洗炼的艺术手法看成是简单化,追求的是"多多益善",改作时加上好几株。本来是单纯的构图,现在被改得繁琐了。本来是重点鲜明的形象,现在改得平淡无奇了。……这,如果不是马虎,只能说是因为漫画家把原作的优点当成缺点的缘故。……这些作品使人觉得:农民画是创作,现在似乎要它接近素材。农民画是诗,现在一改把诗意也削弱了。①

王朝闻所看重的是农民生活经验直接"形式化"的可能性,用他的话来说就是"农民的歌颂漫画,显然不是像素描那样,可以靠用功能够学到手的一种技巧,而是从生活实践中培养出来的一种'本能'"②。"本能"一词尤其值得注意。工农群众一旦自己开始用艺术来为自身的经验赋形,必然给专业艺术家或作家带来一种震惊。③ 这种震惊与其说是源于艺术的内容或技巧,毋宁说是一种政治性的经验。事实上,当时"民族形式"问题的再度兴起暗示出一种为群众文艺创作寻找"源"的努力。④ 正如有人指出农民壁画很像汉画或敦煌壁画,其根源在于农民身处"活"的传统之中。因此他们的创作并非"无法"。他们可能是依循习惯或"本能"来创作,只是蕴含其中的法则未能明晰条理化而已。⑤ 注意到这一时代氛围,也就不难理解"大跃进"时期的废名试图从"语言"上来确认新民歌的"天籁之声":

> 语言技巧最难的是不用典故和难字,用眼前现成的东西。古典文学,像《诗经》和《楚辞》,是干干净净没有典故和难字的,我们今天读起来仿佛处处是典故,处处有不认得的字,那是时代久远,方言差异,传说故事有很大的变化……新民歌的语言不用典故,不要难字。……汉语

---

① 王朝闻:《完整不完整?——文艺欣赏随笔》,《人民日报》1958年11月4日第7版。
② 同上。
③ 注意知识分子评论家反复提到:劳动人民一旦开始创作……这一"语式",仿佛蕴藏着一种焦虑感。参看沙鸥:《新诗的道路问题》等。
④ 1958年5月,毛泽东谈及收集民歌即诗歌发展道路,民族形式问题再次得到强调。这与毛泽东诗词在1950年代中期的发表以及新民歌的大兴有着直接关系。
⑤ 参看王朝闻:《工农兵美术,好!》,《美术》1958年第12期,第15页。

> 五个字一句、七个字一句是最合乎歌唱的,所以古代的诗歌是大量的五言、七言诗,今天的新民歌也大量的是五言、七言体了。思想感情是第一件事,是有阶级性的;语言是全民共有的,古代汉语和现代汉语基本上是一个规律,在歌唱上节奏上完全没有差异,五个字一句、七个字一句是汉语的"天籁",最自然的节奏。①

废名在论证新民歌的五、七言句和古代诗歌相通的时候,借用了斯大林的语言论。在他看来,新民歌不仅内容好,而且"形式"也具有普遍性(语言有"全民性",上通古人)。废名意在强调新民歌继承了古代诗歌语言富有生命力的一面,这并不是提倡摹古、仿古,而是将古人的活泼、生动的语言能量继承下来。② 将"大跃进"群众文艺实践与"古源"建立关联,实质是强调其更为完整的存在方式,也就是强调它在一定程度上摆脱了"分化"/分工的历史后果,从而将文艺自身的"起源性"力量充分发挥了出来。(从"大跃进"时期废名的书写来看,他是真诚地认同群众创作的美学和历史意义的。知识分子对于群众文艺实践的评价卷入了后者的意义生成,因此不能视其为外在于作品或与作品的"真实"无关的附加物。毋宁说它是表征历史氛围的某一种形式。)

除了在"形式"上确认群众文艺实践与"本源"的接近之外,同样也有内容上的类似讨论。譬如天鹰就认为新民歌呈现出的"人与自然斗争"好似一个否定之否定(因此是"回复")的过程:

> 社会主义时代的民歌,在表现内容上却又回复到与自然界的斗争上去,因为社会问题已经基本解决,人压迫人的斗争已经过去,当前人们的任务,是在更广阔的基础上去征服大自然,是在全副现代化武装的条件下去与自然界作战,因此对原始社会说,这是一个否定之否定,是

---

① 废名:《新民歌讲稿》,王风编:《废名全集》第六卷,北京:北京大学出版社,2009年,第2835、2841、2842页。
② 值得一提的是,在"大跃进"时期,废名自己用歌谣体和简单的白话作了300首颂诗。参看废名:《歌颂篇三百首》,《废名全集》第六卷,第2925—3006页。

在更高的阶段上出现的回复。①

"原始社会在更高的阶段上的回复"暗示"大跃进"的"当下"是一种新的"原初"时刻:社会主义改造基本完成以及开始向共产主义社会"过渡"。劳动者已经从阶级压迫中解放了出来,阶级斗争逐渐转变为新旧斗争,而"生产斗争"则成为社会生活的主导方面。② 上文已经提到"斗争"一词最终指向劳动的政治化,即要求劳动主体像投入到战争中一样富有激情,成为敢于担当、不惧斗争的"主人"。而作为"主人"征服对象的"自然"在文艺创作中获得了一种具体的形态。天鹰所谓的"回复"是一个颇有意味的提示,它不仅表明"劳动生产"成为"大跃进"时期的主基调,也指出了"自然"在新民歌和新壁画中的核心地位。但是,在"大跃进"文艺中所呈现的"征服自然"到底意味着什么,并不是一眼即可看穿的问题。对于此类"回复",美学讨论参与者也对之多有质疑,其潜台词即"大跃进"时期的"共产主义文艺萌芽"与其说是劳动与艺术更高层面上的"和解",毋宁说是对于"原始艺术"的重复(从中我们也能体味到一种隐含的但不可逃避的"社会阶段论")。③ 虽然这一质疑有其合理性,却不是我们接近"大跃进"群众文艺的唯一路径。天鹰有一个提示在我看来十分关键:新民歌里的"夸张"实际并不代替原有的形象,反而不会使人造成误会。④ 的确,某种程度上说,现实主义所制造的"似真感"会比"浪漫主义"所构造的"幻想"更接近"幻象"。这也引导我们去思考,"大跃进"群众文艺到底"生产"出了什么"新"元素?如何来思考无法简单还原到"现实"的"幻想"的"现实性"?如果说上文基本是从"外部"厘清了"大跃进"群众文艺实践作为"文化革命"的面向,那

---

① 天鹰:《1958年中国民歌运动》,第127页。

② 参看毛泽东:"马克思主义告诉我们:人类的主要矛盾是人与自然之间的矛盾和人与人之间的矛盾,这两种矛盾就体现为生产斗争和阶级斗争,**在阶级消灭以后则体现为新旧斗争。**"毛泽东:《对周扬〈文艺战线上的一场大辩论〉一文的批语和修改》,《建国以来毛泽东文稿》第七册,第95页。黑体字为毛泽东的改写。

③ 参看魏正:《关于美学的哲学基础问题——与朱光潜同志商榷》,《美学问题讨论集》第六集。

④ 天鹰:《1958年中国民歌运动》,198页。

么接下来的部分将关注新民歌和新壁画的作品本身,关注其修辞及其他形式特征。我想强调的是,恰恰是这些群众文艺实践的"形式"透露出"外部"分析难以捕捉的历史"内容"。外在历史情境以更具张力性和真理性的方式"刻写"在作品内部。

二 "自然"之中的"自由":劳动、丰裕与"新"

就当时两本最为"权威"的新民歌选本《红旗歌谣》(郭沫若、周扬编选,《红旗》杂志社1959年初版)和《新民歌三百首》(《诗刊》社编,1959年初版)来看①,新民歌的"主题"或者说"题材"一般可以分为:歌颂共产党和毛主席、农业"大跃进"、工业"大跃进"和人民解放军保家卫国。其中分量最重的是农业"大跃进"题材(工业"大跃进"之歌有很大一部分属于地方工业和乡村工业,比如《新民歌三百首》所选的《钢炉顶天日不落》《半山腰里冒白烟》等②描绘的都是村社工厂大炼钢铁)。说新民歌源于劳动并非虚妄之词。开始于1957年秋冬的兴修农田水利运动带来了大规模协作劳动,新民歌"颂歌"式的特征以及偏重夸张、幻想的表达方式与其鼓动劳动激情的作用是紧密相关的。据说著名的陕西新民歌《我来了》和《龙王见了打颤颤》就诞生于大兴水利的过程之中。③ 而在1958年4月《人民日报》发表社论《大规模地收集全国民歌》之后,新民歌作为劳动人民"自造自用"的文学创作逐渐被纳入"文化革命"的轨道,其基本风格则延续了下来。后起于新民歌的新壁画1958年7、8月间在江苏邳县、河北束鹿发端;1958年8月份江苏邳县的壁画在北京展出后,全国很快掀起了大规模的壁画运动,由此形成一股群众美术创作的洪流。某种意义上,新壁画可以视为新民歌的"视觉

---

① 参看袁水拍:《新民歌的一二艺术特点》,《诗刊》编辑部编:《新诗歌的发展问题》第四集,北京:作家出版社,1961年,第270页。《红旗歌谣》和《新民歌三百首》都选录各地各民族新民歌共300首,显然是有追随《诗经》三百首之意。本节对于新民歌的评论也基本建基于这两本选集。
② 《半山腰里冒白烟》尤为明显:"半山腰里冒白烟,白烟冲过山那边,牧童见了哈哈笑,他说这是云升天。这回牧童看错了,村里工厂烧矿烟。"(《诗刊》编辑部编:《新民歌三百首》,北京:中国青年出版社,1959年,第238页。)
③ 参看天鹰:《1958年中国民歌运动》,第159页。

化",它具有"诗画结合"的特点,即多配以墙头诗和墙头题词。从主题内容上说,壁画则更为"直观"地涉及农村生产劳动(包括大炼钢铁)和日常生活(房屋建设规划图、人民公社"十三包"图景以及宣传节约储蓄的"家常图"等①)。某种意义上,新民歌和新壁画非常透明,看似没有秘密:不仅表达毫无晦涩之处,而且内容十分"单纯"。② 然而,正是因为诗画的对象格外明确,其"修辞"成分尤需注意。如果说新民歌和新壁画的核心对象或者说基本线索确是"自然"和"劳动",我们尤其需要关注这一对象是如何具体呈现的。

(一)新民歌与新壁画里的"自然"

为了落实我们对于"大跃进"群众文艺实践的形式分析并由此逼近所谓的"自然"议题,我们不妨以《红旗歌谣》和《新民歌三百首》这两本最具代表性的新民歌选本以及《河北壁画选》和《苏北农村壁画集》为例(江苏邳县、河北束鹿正是新壁画的发源地),先来厘清新民歌和新壁画中"自然"的意义层次,作为展开进一步讨论的基础。③

首先在经验归纳的意义上,我先将诗画中的自然表象较为机械地划分为以下三类。

第一,"自然"指的是作为"对象"的自然事物,当然需要指出的是,这里的"自然事物"并非"野性的自然",而是已然处于具体劳动生产关系之中的

---

① 参看《河北壁画选》,第38、57、70—76页。
② 值得注意的是,在当时语境中,"晦涩"成为"知识分子"矫揉造作的标志。比如有人就指责卞之琳《十三陵水库工地杂诗》(1958年3月号《诗刊》)"出现了许许多多使人'百思莫解'的句子"。他所举例句为:"奔水库投入海——荒山口蓝潮汹涌! 叫四山环抱我骨头,从此排千陵万陵! 自然有规律,缺头脑,什么主意也不管,别抱怨'天地不仁',我们造锦绣河山!"(见方歌今:《风格·形式·内容》,《新诗歌的发展问题》第二集,第140页。)
③ 当然这样做首先会面临一个方法论上的质疑:仅仅选择这些"选本"是否能见出"大跃进"群众文艺的特征? 我的基本回应如下:首先,正因为这些是经过"筛选"与"加工"的权威选本,恰可见出劳动者、知识分子与领导人各种因素的多元决定,从而呈现出当时更为"一般"的情感结构特征。另一方面,抱定一种不受侵染的天真的"民间因素",从而要求特殊的劳动群体"本真"的声音,很可能恰恰不符合当时的历史逻辑。当然,在可操作性的意义上,由于新民歌数量的巨大以及新壁画遗迹的缺席,使得我们也不得不首先通过一些权威选本来切入讨论。

自然,在很大程度上已然是李泽厚意义上的"人化的自然"(参看第二章对于李泽厚自然美论述的探讨)。这又可以粗略地分为:(一)劳作和收获对象,比如农业"大跃进"歌谣里的庄稼作物和农民壁画里的猪羊瓜菜(图18、图19)。① (二)水利建设对象——山岳河川,尤为显著的是引水开渠成为众多民歌的唱颂对象,比如这一首《渠水围村转》:"前天夕阳下,河水在西洼;今晨旭日红,渠水到村东;中午日正南,渠水围村转。"② (三)提供基本工作条件——"光亮"——的太阳月亮。两者多以拟人化形象出现,比如这首:"社员跟太阳比赛跑,累得太阳把替工找。月亮露面心里跳:'啊,我替不了来替不了'。"③ (四)呼应人类劳动的自然事物。它们本身可能并不内在于劳动过程——主要也以拟人化形象呈现。比如"荒山穿起花衣裳,变成一个美姑娘,白云看见不想走,整天盘绕在身旁"④里的"白云"以及"老头对老头,挖泥喊加油,引来老鹰停翅飞,乐得柳树直点头"⑤里的"老鹰"和"柳树"。

图 18

图 19

第二,"自然"指人"自身的自然",即人的体力、精力以及潜能,或许也

---

① 比如邳县壁画里多见大肥猪、"玉米王""水稻王"、大萝卜。《号猪去》——一只大肥猪乐呵呵地坐在马车上(《苏北农村壁画集》,上海:上海人民美术出版社,1958 年,第 5 页。)《叫我怎么进去!》——描绘了两个大萝卜进不了粮仓(《苏北农村壁画集》,第 6 页。)《挡住去路》——孙悟空被一颗犹如擎天柱的玉米挡住去路(《苏北农村壁画集》,第 7 页。)
② 《渠水围村转》,《红旗歌谣》,第 182 页。
③ 《找替工》,《红旗歌谣》,第 129 页。
④ 《白云看见不想走》,《红旗歌谣》,第 230 页。
⑤ 《老头对老头》,《红旗歌谣》,第 155 页。

图 20

可以涵括具有自发特征的情感,即民歌时常表现的"情"。当然,这一"自然"始终是受到社会——历史中介的,用马克思的话说,人自身的自然始终在人与自然的"物质变换"过程中发生着改变,因此更严格地说,这是人的"第二自然"或"第二本性"。有趣的是,新民歌(包括其视觉形式——插图或体现其"诗意"的壁画)所呈现的"人"的劳动能力大多被修辞化了。譬如这一首:"腰里揣着四十条,浑身好像火炭烧,干活力气添百倍,刨得天动地又摇。"①而劳动主体的形象多被设想为巨人,也是一个值得注意的形式特征。尤其在《新民歌三百首》中,《我来了》里的"我"由插图直接赋形为一个巨人(图20)。② 在当时的批评话语看来,"巨人形象"表现了"工人阶级和集体农民的集体英雄主义"。③ 劳动主体的另一个特征就是投身于打破作息"常规"的超强劳动:"公鸡拍翅叫出窝,家里人儿没一个。原说公鸡比人早,哪知家家都是空被窝。"④

第三,"自然"更深一层的意味即法则、规律或者说人类难以克服和超越的外在与内在因素,即作为"必然王国"的"自然"。由于新民歌和新壁画多以"夸张"和"幻想"现身,而且杂糅着许多"上天入地"的神话因素,因此这一"自然"似乎在其中并没有位置。事实上此种"自然"不但在"大跃进"

---

① 《新民歌三百首》,第 45 页。
② 参看《新民歌三百首》,第 57 页。关于巨人形象,更可参看《新民歌三百首》,第 58、59 页。集体主体与"巨人"形象,如《凭咱这双手》,见《新民歌三百首》,第 81 页。
③ 参看天鹰:《1958 年中国民歌运动》,第 190 页。
④ 参看《原说公鸡比人早》(《红旗歌谣》,第 100 页)。相关例证太多,不胜枚举,比如《月儿弯弯星未落》(《红旗歌谣》,第 102 页)以及《起三更,闹三更》(《新民歌三百首》,第 164 页)。

群众文艺中扮演着极为重要的角色,而且在作品中有其痕迹——虽然它往往以具体的拟人化形象出现,且处在一种被"征服"的状态。比如这一首:"正在好干活,太阳往下梭,赶快搓根索,套住往上拖。"①这里的"太阳"提供基本工作条件——光亮,因此也隐约指向工作时间。再细究之,这一虚构与其说指向克服时间流逝的现实冲动,毋宁说彰显出一种劳动意志,一种"主人"的劳动。可以说,整个"大跃进"群众文艺的形式驱动力之一就是在形象和修辞中不断地克服作为"规律"和"法则"的"自然"——包括一系列旧有的人性规定。

这第三方面尤为重要,这里存在一条与马克思主义政治经济学之间的隐秘通道,即关于"规律"的把握,尤其是对于"价值规律"的全新意识。此种意识规定了整个"大跃进"的基本特质。毛泽东在1958年号召党的干部阅读斯大林的《苏联社会主义经济问题》和苏联《社会主义政治经济学教科书》,他在相关谈话中强调了这样一种关于"价值规律"的看法:

> 价值规律作为计划工作的工具,这是好的,但是,不能把价值规律作为计划工作的主要根据。我们搞大跃进,就不是根据价值规律的要求来搞的,而是根据社会主义经济的基本规律,根据我国扩大再生产的需要来搞的。如果单从价值规律的观点来看我们的大跃进,就必然得出"得不偿失"的结论。从局部、短期看,大办钢铁好像是吃了亏,但是从整体、长远来看,这是非常值得的。因为经过大办钢铁的运动,把我国整个经济建设的局面打开了,在全国建立了很多新的钢铁基地和其他工业的基地。这样就使我们有可能大大加快建设速度。一九五九年冬,全国参加搞水利的人有七千七百多万。我们要继续搞这样大规模的运动,使我们的水利问题基本上得到解决。从一年、二年或者三年来看,花这么多的劳动,粮食单位产品的价值当然很高,单用价值规律来衡量,好像是不合算的。但是,从长远来看,粮食可以增加得更多更快,

---

① 《太阳往下梭》,《红旗歌谣》,第117页。这里尤其涉及"大跃进"时期的关键问题——"时间"。参看一丁:"如果说,资本主义者最宝贵的是金钱的话,那么,共产主义者最宝贵的是时间。"(《共产主义者的时间观念》,《大跃进杂文选第三集——智慧的海洋》,第54页。)

农业生产可以稳定增产。那么,每个单位产品的价值也就更便宜,人民对粮食的需要也就更能够得到满足。①

在所谓"不能以人们的意志来改变"、类似于"自然规律"的"价值规律"②面前,毛泽东凸显了"大跃进"的"政治经济学"本质:它看似是对于"等价交换"原则的暂时打破(所谓"得不偿失"),却为整体性的"快速发展"奠定了基础——这被视为"丰裕"的真正基础。工业上新基地的纷纷建立以及农业上水利条件的完善,将会为社会主义生产提供前所未有的条件。当然,这也意味着此种"积累"首先需要无数的劳动者在"大跃进"这个特殊的历史瞬间付出超常的努力。毛泽东在这里看到的不仅是一种可能性,而且是一种"现实性",即"大规模的运动"已然搞起来了,成千上万的普通劳动者已然投入了看似"得不偿失"的生产活动。因此,不但自古以来人的"自然"规定是可以商榷的,人性在特定的历史瞬间是可以改造的,而且如"自然"一般的经济规律也是可替代的。如果不考虑到"大跃进"这一基本的政治经济学规定,我们就无法理解"大跃进"群众文艺实践的诸多特点。然而,另一方面,这里所许诺的"未来"并不简单意味着一种留待将来的"兑换",即鲁迅所谓未来的"黄金时代"的虚设。劳动者此刻的超强劳动也并不仅仅停留于"为子孙万代谋幸福"的"牺牲"精神(虽然对于此种"牺牲"之意义的强调充盈在关于社会主义"美德"的言说之中)。如果只是这样,社会主义的时间就和历史主义的"空洞"时间了无分别了。所以我们会看到"文化革命"和"人民公社"实践的同步展开,即每一个时间的细胞都充满了转型的力量,时间具有了质的特征。单纯用"牺牲"的"谎言"来定位"大跃进"对于"价值规律"的超克,正是源于无视这一历史瞬间所具有的转型特征。

正是在此种"价值规律"暂时被打破的氛围里,新民歌和新壁画的诸多修辞(甚至是整个"大跃进"的修辞)才是可理解的。固有的"自然"突然产

---

① 《毛泽东读社会主义政治经济学批注和谈话(简本)》,第263页。
② 参看薛暮桥:《社会主义制度下的商品生产和价值规律》,《红旗》1959年第10期;孙冶方:《论价值——并试论"价值"在社会主义以至于共产主义政治经济学体系中的地位》,《经济研究》1959年第9期。

生了松动与摇摆。它所带来的强度突然使"社会主义"内部产生了一个"断裂点"——所谓"共产主义社会"突临所带来的震惊感。面对此种难以表现的、"早熟"的、充满歧义的"新",文艺诸多的"媒介"形式承担了艰苦的"翻译"工作,某种程度上也可以说是一种"妥协",一种"情感结构"的"缝合"工作,一种感觉与习惯层面的接续和转化。接下来我将围绕"时间""劳动"和"爱情"这几组新民歌的基本主题,来分析新旧转型是如何在艺术媒介中发生的,同时审视固有的"本性"或"自然"是如何既得到表现又受到改造的。

(二)"时间的寓言"及其他

1. 时间的寓言

正如上文所说,"时间"在"大跃进"新民歌中是一个独特的主题。由于农村的集体劳动依赖自然光照,因此新民歌所构造的"留住光亮"即意味着延长劳动时间。除了上文所引"太阳往下梭"一诗外,与之相近的还有这首:

> 太阳落坡坡背黄,
> 扯把蓑草套太阳,
> 太阳套在松树上,
> 一天变作两天长。①

其中委婉道出的劳动观念往往被盛赞为"共产主义劳动"。然而这与其说是经典马克思主义话语所设想的"自由"劳动,毋宁说是在主观上突破"必要劳动与剩余劳动"的架构。这是一种"赢得"时间,延长劳动过程从而增加"财富"的单纯想法,因此烙刻着整个"大跃进"最为根本的时间意识。它不但是对于"劳动/休息"这一惯常框架的暂时打破,也是一种"时间"的竞争:用唯一可以顺利"投资"的因素——时间因素——来克服生产资料与生产条件上的劣势。所以,就不难想到"大跃进"时期会有这样的表述:"如果说,资本主义者最宝贵的是金钱的话,那么,共产主义者最宝贵的

---

① 《一天变作两天长》(四川奉节),《红旗歌谣》,第116页。

是时间。"① 其实仔细想一下,资本主义者最宝贵的也是"时间"。只要将"金钱"理解为"资本",就会发现"剩余价值"的实现始终关联于"时间"——无论是通过单纯延长劳动时间来获得"绝对剩余价值"还是通过改变必要劳动时间和剩余劳动时间"比例"来获得"相对剩余价值"。更重要的是,如普殊同所说,资本主义生产方式最为重要的表现就是"一种转型与重新建制的辩证法",即社会一般生产力层级以及社会必要劳动时间的量的规定不断发生变化,然而它却一再重建了"起点"——新的社会必要劳动时间和生产力的基础层级。普殊同谓之"跑步机效果",不断跑,却依旧在原地,然而还是动力性的。这一不断上升的生产力和社会必要劳动时间之间的交互规定具有规律般的特质,绝非仅仅是幻觉。② 普殊同揭示的是资本主义社会"绝对此刻"或"抽象时间"的政治经济学基础。在他看来,所谓"价值规律"就是这一动力性的"辩证法"而非市场平衡论等。这就带来了一个重要的议题,即中国社会主义实践虽然在某种程度上抑制或克服了"市场"机制以及资本主义的"自发性",然而是否能够真正克服此种"跑步机"式的"规律"? 某种程度上说,一国建成社会主义多少要受到此种"强迫性发展"的折磨,"外部敌人"或"世界市场"试图使"跑步机效果"最终拖垮社会主义的理性的"计划"式进展。

从"大跃进"新民歌以及相关"大跃进"话语来看,关于延长劳动时间或节省既有劳动时间的考虑相对停留在较为单纯的层面,即将时间投资视为财富增长的必要条件。时间在这里并非是空洞的、抽象的,而是带有"转型"的意味,即同时包含着主体性的改变和整个社会的改造。然而在另一个意义上,所谓"共产主义者最宝贵的是时间"暗示出"外部敌人"的存在,暗示着一种"时间"的"斗争",一种"时间"的支配性甚至是强迫性。或许这就是"大跃进"新民歌所暗示出的更深层的"时间的寓言"。

2. 劳动的变调

我们已经看到,与"时间"紧密相关的其实是"劳动","大跃进"新民歌

---

① 一丁:《共产主义者的时间观念》,《大跃进杂文选第三集——智慧的海洋》,第 54 页。
② Moishe Postone, *Time, Labour and Social Domination*, p.290.

最为显著的特征也正是新的劳动观念的呈现。然而,"劳动"并非专属于新民歌,民国时期,北京大学所征集的"近世歌谣"中就有不少相关作品,只不过在"劳动"观念上与"大跃进"新民歌有着不小的差异:

> 火焰虫,亮蓬蓬,
> 大儿子,做裁缝,
> 二儿子,打长工,
> 两个媳妇取牙虫,
> 老妈妈糊灯笼,
> 白胡子老头挑粪桶。①

我们在这里看到的是全家齐上阵、劳动来致富的场景。这里显然包含着对于"劳动"的正面评价,然而其重心却落在"户"或"家"的利益之上。又比如这一首:

> 若要富,
> 蒸酒磨豆腐。
> 第一穷,
> 赶狗入蓬垅。②

《若要富》这首民谣清晰地展现了值得赞赏的"劳动"与私人财富的积累紧密相关,诸如"打猎"这类穷人为之且吃力不讨好的"劳动"是得不到肯定的。我们在"大跃进"新民歌中所看到的,却是劳动者积极投身"超强劳动"的场景,劳动仿佛被描绘成劳动者自身不可遏止的"欲望"的实现。值得注意的是,此类歌颂"共产主义风格"的劳动歌谣一般很少或几乎不涉及"直

---

① 《火焰虫、亮蓬蓬》,收入《北京大学日刊》第 209 号(1918 年 9 月 21 日出版),原编者注释为:"安徽旌德江冬秀搜集,原无题。此歌写一家人没一个吃闲饭的人。'取牙虫'乃旧日的'牙科医生',多以妇人为之。"(《中国近代文学大系·民间文学卷》,本卷主编钟敬文,上海:上海书店出版社,1995 年,第 386 页。)

② 《若要富》,收入《北京大学日刊》第 210 号(1918 年 9 月 23 日),原编者注释为:"广东梅县丘继良搜集,原无题。县中造酒做豆腐,颇能生财。赶狗入垅,即猎户,多贫人为之。"(《中国近代文学大系·民间文学卷》,第 391 页。)

接"的劳动收益或财富回报,比如这首《原说公鸡比人早》:

> 公鸡拍翅叫出窝,
> 家里人儿没一个。
> 原说公鸡比人早,
> 哪知家家都是空被窝。①

歌谣将"公鸡"和"空被窝"放置在一起,唤起了一种颇具幽默感的情境(想象公鸡面对一堆空被窝时的无措),超常劳动成为"不在场的在场"。上述歌谣采用的是侧面烘托,而这首《闹三更》则是对打破惯常作息节奏的"劳动"进行了正面的诗意化:

> 起三更,闹三更,
> 弯弯月儿满天星,
> 桥上行人桥下影,
> 出工不等太阳升。②

这类片段化的短小歌谣所铭刻的正是经典的"大跃进""劳动—时间"观,而另一类篇幅更长的歌谣则补入了"成果"的呈现或"丰裕"的幻景,由此构成更为完整的"大跃进"劳动叙事,比如这首《月儿弯弯星未落》:

> 月儿弯弯星未落,
> 又打铜锣又吹角。
> 梦里怕是起了火,
> 却是社员早上坡。
>
> 张果老岩陡坡坡,
> 要叫荒岩变粮窝。
> 麻绳系在腰杆上,
> 口含种子手挖窝。

---

① 《原说公鸡比人早》(湖南),《红旗歌谣》,第100页。
② 《闹三更》(湖南零陵),《新民歌三百首》,第164页。

> 金子山，高又高，
> 金子山上白云飘，
> 悬岩陡坎变梯田，
> 社员劲头比山高。①

诗歌第一小节是相当典型的新劳动观的迂回表现，第二节写出了劳动劲头的具体指向——"要叫荒岩变粮窝"，而第三节则更为直接地透露了"丰裕"的想象。相比于那些短小的歌谣所孤立出的"自觉劳动"瞬间，社员劳动"劲头"的根源在这里有了交代。"物质刺激"摆脱了其"直接性"，然而作为"符号"依旧发挥着其作用。也就是说，在"大跃进"话语中，某种介于"政治挂帅"（或所谓"精神鼓励"）和"物质刺激"之间的"图式"发挥着更大的作用。在具体的改造过程中，或许这种"图式"是更为有效的。

3. 情的变调

在民歌的谱系中，"爱情"或者说"情""爱恋"始终是极为重要的主题。此种"情感"甚至是"情欲"与经典的西方"爱情"话语并不一样。② 它毋宁说是"自然"与"文化"之间的中间地带，并且形成了一系列"格式"或者说"句法"。比如"近世歌谣"里就收录了好几首以"养媳妇"为对象的民谣，一般都用"知止花开"起兴：

> 知止花开六瓣头，
> 养媳妇并亲今夜头，
> 清早晨光等不到夜，
> 刻刻开窗望日头。③

以及：

> 栀子花开来六瓣头，

---

① 《月儿弯弯星未落》（湖北利川），《红旗歌谣》，第102页。
② 参看黑格尔对于"爱"的分析：《美学》第二卷，朱光潜译，北京：商务印书馆，1979年，第326页。
③ 《知止花开》，选自胡德编《沪谚》卷下，民国三年（1914）铅印，见《中国近代文学大系·民间文学卷》，第422页。

养媳妇并亲今夜头,
一刻时辰等勿得,
开出西窗望日头。

或许可以说,情歌所传递出的并非是独特的情感,而是模式化的情感,它的力量并不在于"差异化"而在于"重复"。民歌正是通过一种"格式化"的表达传递出一种普遍性的情感力量。

更为常见的情歌则是"哥""妹"或"姐"之间的独白或对唱。比如这首:

姐在河边淘菜心,郎在对岸采红菱,
采仔红菱见秤卖,丢只红菱姐尝新。
"多谢情哥好片心,丢只红菱奴尝新,
吃仔你红菱分外敬,送你三尺六寸花手巾。"
"多谢姐妮好片心,送我三尺六寸花手巾,
用仔你手巾分外敬,送你三绞丝线四绞金。"
"多谢情哥好片心,送奴三绞丝线四绞金,
做仔你丝线分外敬,就拿你丝线做双花鞋送郎君。"
"多谢姐妮好片心,做双花鞋送吾行,
着仔你花鞋分外敬,送你一只金钗钱八分。"
"多谢情哥好片心,送奴一只金钱钗钱八分,
戴仔你金钗分外敬,到青帐里叙私情。"①

如上所述,这里的情哥哥与情姐姐也并不是独一性的人物,而是"类"的表现。换言之,民歌并不关心"个体"而关心"类"的情感。"采红菱"所表现的是"情"物的交换或礼物的交换,这是一种"风俗"或最广泛意义上的"礼",然而它又不是完全被"教化"了的行为方式(有趣的是,情歌所诉诸的"欲望"对象很少直接是"金钱"本身)。然而,在"大跃进"民歌的"情歌"一类中,我们所看到的却是"历史"的瞬间渗入"情感",促发情感的动因不再

---

① 《采红菱》,见《中国近代文学大系·民间文学卷》,第437页。

是"自然性"或由旧风俗所中介的"爱欲",而是新的"风俗"。比如这首《映红桂姐脸蛋蛋》:

> 哥哥打井打的好,
> 上了社里大字报。
> 大字报,贴的高,
> 叫来桂姐瞧一瞧。
> 桂姐看着大字报,
> 悄悄念着眯眯笑。
> 大字报,红艳艳,
> 映红桂姐脸蛋蛋。①

"上了社里大字报"是一种新的象征价值,它取代了旧有身体性以及单纯劳动好、能干活的吸引力(其实所谓"身体性"事实上也是符号化了的)。当然,促动"爱慕"的关键还是"劳动",只不过这样的"劳动"已然嵌入在"集体"背景之中。情歌情妹的"调情"也已置于新的"教化"的规范之下,比如这首歌谣:

> 喜鹊高叫尾巴翘,
> 全社社员锄麦草。
> 我俩锄在最前头,
> 情哥连连把我瞧;
> 低声叫声好哥哥,
> 谢谢你呀不要瞧;
> 莫为瞧我失了手,
> 漏了杂草伤了苗。②

新民歌中的"情歌"之所以重要,正是因为它以全新的方式中介了"自然"和"历史",试图更深地介入人的自然冲动和自发性(虽然这一过程阻力甚

---

① 《映红桂姐脸蛋蛋》(陕西),《红旗歌谣》,第146页。
② 《锄麦草》(江苏海门),《红旗歌谣》,第135页。

大)。新民歌中出现了一种调节"情欲"的新因素。许多新民歌的批评者认为新民歌只不过是旧有民歌形式和新的思想内容的简单结合,不过是"旧瓶装新酒";可是他们并没有注意到"旧瓶"本身的意味,未能关注这一形式的"内容",更没有考虑到新民歌在这一"形式"延续中所蕴含的"改造"的意义。

(三)"形式"的"内容"之一:从"浮夸"说起

接下来我将转而分析更为隐秘的一种信息。

上述"自然"(包括"情感")在新民歌和新壁画中的呈现方式都是高度修辞化和风格化的,因此绕过"虚构"去直接探讨"内容"——无论是读出客观方面的"时代内容"还是读出主观方面的"英雄气概"——可能仍会错失这一形式本身的意义。虽然"大跃进"时期的群众文艺实践必然嵌入整个"大跃进"的"语法",但是过于简单地在现实批判和文艺批判之间建立短路性的关系,亦会损耗历史经验的复杂性。接下来我尝试考察新民歌和新壁画的几个核心"设置"及其"修辞"特征。首先就从征服"自然"(尤其是作为"规律"的"自然")这一问题谈起。

严格来说,批判"大跃进"群众文艺实践过于"浮夸",实质指的是新民歌和新壁画普遍呈现出对于"必然性""规律"(不管是自然规律还是经济规律)的想象性克服,或是它们为不可能之事提供了虚构性的形象。比如新民歌里的"石头捏出清水"、扁担"挑着一座山"、拉住太阳拖住月亮等表达超常劳动意志和能力的诗句①,或是"麦堆赛过大山岗""一座粮山高万丈"②,以及新壁画里表现得更为"直白"的"丰裕"场景——农民爬上高粱树、攀上大南瓜、小朋友围着大树一样的白菜玩耍等(下页图 21、图 22、图 23)③。与之形成对照的是,"大跃进"时期曾刊出颇具"科教"性质的《农业大跃进中的珍闻》等"纪实"性文献,当时的新闻摄影也提供了大量粮食果蔬"卫星"

---

① 《红旗歌谣》,第 34、116、174 页。
② 同上书,第 219、220 页。
③ 参看《苏北壁画选》,第 9、10 页;《河北壁画选》,第 7 页。值得注意的是,农村壁画并不全是呈现此种"幻想"或"夸张"形象的图画,也有较为写实的对于劳动与生活的描绘。参看邳县运河镇农民壁画:"刨鱼鳞坑",《苏北壁画选》,第 4 页。

图 21　　　　　　　　　图 22

的镜头(包括所谓"建国以来最有影响的虚假照片"——于澄建拍摄的《一颗早稻大"卫星"》①)。乍一看,新民歌和新壁画似乎亦内在于这样一种呈现"人间神话"或"奇迹"的叙述脉络。1958 年,"现代汉语研究班新民歌研究小组"在谈论新民歌的"夸张"特征时,并不让人感到意外地提到:

图 23

> 一亩土地生产出几万斤粮食,油菜比人高,一个南瓜要三人抱;一夜之间工厂林立,钢水沸腾,山沟里也闪耀着照亮的电灯;到处是学校,家家户户有读书声,科学院士是普通的工人、农民;小猪变小象、鸡蛋变鹅蛋,河水上高山,吃饭穿衣不要钱……这一切不正是美丽的人间神话吗!因此,我们说这种富有革命浪漫主义的"夸张"手法正是劳动人民移山倒海的英雄气概的表现。②

这段叙述为我们呈现了"大跃进"时期各种"珍闻"的拼贴,最终缝合出一种

---

① 晋永权:《红旗照相馆——1956—1959 年中国摄影争辩》,北京:金城出版社,2009 年,第 109—114 页。
② 现代汉语研究班新民歌研究小组:《谈新民歌的修辞特点》,《北京师范大学学报》1958 年第 6 期,第 30 页。

现实与幻想相混合的"人间神话"景象。然而,作者所引"体现劳动人民移山倒海英雄气概"的民歌却恰恰因其极度"夸张",撑破了现实的"幻象":"脚一踢,高山飞翻,山神逃滚沙滩!口一吹,海水翻天,龙王吓奔荒山!"①换句话说,大跃进文艺实践恰恰因其比"幻象"更"夸张",因其将想象再推进一步,反而具有了逃脱"幻象的瘟疫"的可能性。我所关注的正是这一诗歌和绘画"生产"所产生的剩余性因素——不可完全化约为上述"幻象"的因素。这也使我尤为关注"修辞"及其他形式因素。新民歌在"想象"中征服"自然",往往会带来"童话"特征。虽然围绕新民歌的评论多采用"神话"一词,但多是流俗性的使用,即指新民歌里出现诸如嫦娥、龙王、孙悟空等神话人物,而并未上升到概念层面。其实,"神话"恰恰指向人类屈从于自然的情境,它包含着人类的原初恐惧。相比之下,在"童话"里,自然事物变得不再陌生,它们不但驯服于劳动的主体,而且呼应着他的行动,成为人类的"助手"或"盟友"。正如本雅明所言:"童话告诉我们人类早期如何设法挣脱神话压在人们胸襟的梦魇。"②进言之,童话经验中没有真正的恐惧,却有人类(尤其是孩子)的机智和奋勇。

与童话特征紧密相关的就是拟人化这一修辞手法,或者说,拟人化是童话特征得以落实的关键要素。天鹰曾将新民歌对于自然的拟人化归纳为三类:一、对人所要征服的直接目标的人格化。二、对一般自然物、那些与人的日常生活有密切联系的动植物的拟人化(类似于传统童谣里的拟人化)。三、借用自然界事物的活的反应来加强所描写事物的气氛。③ 其实这三种拟人化的自然形象可以分为两大类:驯服的自然,比如"牵着淮河鼻子走,叫它乖乖向北流,流到那,富到那,万亩旱田变稻洲"④;以及亲和的、呼应的自然,比如上文所举的"老头对老头",又譬如这首"新水井":

---

① 现代汉语研究班新民歌研究小组:《谈新民歌的修辞特点》,《北京师范大学学报》1958年第6期,第29页。
② 本雅明:《讲故事的人》,汉娜·阿伦特编:《启迪》,张旭东、王斑译,北京:三联书店,2008年,第112页。
③ 参看天鹰:《1958年中国民歌运动》,第206—211页。
④ 《牵着淮河鼻子走》(江苏涟水民歌),《新民歌三百首》,第65页。

新水井,亮闪闪,
好像姑娘水汪汪的眼;
看得玉米露牙笑,看得地瓜浑身甜,
看得谷子垂下了头,
看得高粱羞红了脸,
看得粮食堆成山,
看得日子像蜜甜。①

而在新壁画里,拟人化主要呈现为笑逐颜开的巨型庄稼农作物,玉米王、水稻王、小麦王等"各显神通"(图24)②。拟人化是一种克服距离的方式,通过赋予自然事物以人的脸庞(有时是赋予其声音,不过这在新民歌和新壁画中倒不多见)和人的动作,它暗示出一种形象或想象中的和解,即一种将外部事物吸收进自身生

图24

活世界的方式,而与之形成对照的或许是一种彰显人类有限性的自然形象,一种不对称的、不可穿透的关系。诚如威廉斯(Raymond Williams)所言,人与自然关系的表述源于人与人之间的关系。③ 依此逻辑,新民歌和新壁画中拟人化的自然——无论是驯服还是亲和——实则表征出一种对于新型的社会关系的渴望。可以说,这里的自然形象关联着劳动群众废除臣属性、生成为主人的问题,同时也暗示出劳动群众某种普遍的愿望。

在"夸张"和"拟人"之外,还有一个"比喻"的问题值得关注:一方面新

---

① 《新水井》(山东临清张志鸥),《新民歌三百首》,第118页。
② 比如《各显神通》,《苏北农村壁画集》,第13页;《集体照相》,《苏北农村壁画集》,第13页。
③ Raymond Williams, "The Idea of Nature", in his *Culture and Materialism*, p. 84.

民歌在表现农业劳动以及新农村之"美"时，往往会运用手工艺的"语汇"；另一方面，表现工业"大跃进"的新民歌往往会引入自然形象。关于前者，可参看这两首歌谣：

哥在田中织绫罗

哥在田中织绫罗，
四肢着泥忙投梭。
织出绫罗千万匹，
织了大墩织山坡。

哥在田中织绫罗，
手脚忙忙心里乐。
绿绫要换黄金谷，
一亩千斤还有多。①

田似绿毯河似线

庄连庄来坡连坡，
小河弯弯接大河。
田似绿毯河似线，
缝的牢牢撕不破。②

第一首《哥在田中织绫罗》虽然表现的是农耕，然而用的却是"织""投梭"这一手工艺活动，更将农作物比作"绿绫"这一"织物"。第二首《田似绿毯河似线》在呈现农村风光时同样运用了手工艺的语汇，将整片农田比喻为一件"缝"得极好的织物。单纯在修辞的意义上，这两首诗或许并没有特别出彩之处，然而值得追问的是，为何"手工艺"会渗透进农业的美学呈现？为何这两种"劳动"的其中之一更切合"美学化"？这一审美化的历史内容到底是什么？

另一方面，相比于"工业"来说，"农业"和"手工业"其实都更接近"自

---

① 《哥在田中织绫罗》（江西），《红旗歌谣》，第121页。
② 《田似绿毯河似线》（湖南武冈），《红旗歌谣》，第168页。

然"。在"工业"跃进之歌中,我们能够看到一个相当值得玩味的现象,即"工业场景"的"诗化"往往会征用"自然"意象,工业产品和场景往往会被比喻为自然形象或与"自然"相当切近的事物。比如以下几首民歌:

顶住日不落

钢水红似火,
能把太阳锁,
霞光冲上天,
顶住日不落。①

小高炉

小高炉,像宝泉,
铁水源源汇成川。

小高炉,像笔杆,
蘸着铁水画乐园。

小高炉,真好看,
吞下矿山吐铁山。

小高炉,全民办,
全国竖起千千万。②

无论是第一首里的"太阳""霞光"还是第二首里的"宝泉",都是用自然意象来比喻工业场景。而《小高炉》里的"笔杆"一语更是用"书写文化"的符号来表现工业生产资料。再看这首《烟囱》:

高高伸向白云边,
青烟缕缕飘蓝天。
哪棵大树有你高?

---

① 《顶住日不落》(湖北大冶),《红旗歌谣》,第 293 页。
② 《小高炉》(山东青岛),《红旗歌谣》,第 306 页。

哪根天竹有你甜？

你是一根铁手臂，

高呼口号举上天；

你是一支大毛笔，

描画祖国好春天。①

这首歌谣里的多层次"比喻"赋予"烟囱"多种象征意义，"大树""天竹"是将之"植物化"，"手臂"是将之身体化，而"毛笔"则是"书写文化"甚至是旧有"高级文化"对于工业的"转码"。有意思的是，此种"修辞"处理并不仅见于新民歌中，而是为诸多现代诗歌所共享。反过来说，我们却很少见到将自然物表现为"工业"产品的写法，也很少看到对于"自然"的"工业化"处理（当然也不是没有例证，比如本雅明提到的格兰维尔的漫画②）。在这个意义上，"修辞"本身就包含着丰富的历史信息，或者说受到具体历史性的规定。然而我们需要在此进一步辨识的是，"大跃进"群众文艺此种表征"惯例"在何种程度上关联于更为普遍的现代性难题，又在何种程度上表达出自身独特的历史经验。这里或许透露出这样一种意味："大跃进"的整个感觉机制未能随着短暂的"跃进"式发展产生根本性的变化。"跃进"有着一种内在的"不平衡性"。这种不平衡性与其说体现在新民歌的"主题内容"上，毋宁说表现为"形式"的"内容"——尤其经由特定修辞的重复以及某些"表达"的不可逆推性得以呈现。

（四）形式的内容之二："诗画转化"与主体出场

从艺术效果上来说，非人的事物拥有了人的特征，意味着"表现"的"轴心"已然确立，从而某些未知的事物可以部分获得"熟悉"的肢体形象。因此"拟人化"更容易带来视觉表现的可能性。这或许是新民歌和新壁画可

---

① 《烟囱》，《红旗歌谣》，第273页。

② Walter Benjamin, "Paris, Capital of the Nineteenth Century: Exposé of 1939", in *Arcade Project*, trans. Howard Eiland and Kevin Mclaughlin (Cambridge and London: Havard Unveristy Press, 1999), pp. 17-18.

以互相"转化"的一个关键因素。后者由于是对农民生活世界之中现实事物的夸张性"模仿",问题相对要简单一些。而对于新民歌来说,由于语言自身包含着并不能完全转化为视觉经验的因素或者说抵制视觉化的因素——比如诗歌中的抒情主体(指示出来或未指示出来的"我"或"我们"),因此视觉化总会留下剩余物。虽说有些新民歌本身就带有很强的视觉性特征①,甚至有些就是以壁画为中介来构思的②,但有一些若充分视觉化,即采用图画形式来表现,意味就会显得有所耗损。这首《一颗红心跳蹦蹦》就是一个有趣的例证:

> 一片灯火一片红,
> 一颗红心跳蹦蹦;
> 跳得瓦刀点头笑,
> 跳得红砖漫天跑。
>
> 跳得砖墙随风长,
> 转眼烟囱入云霄;
> 心啊心啊为啥跳?
> 总路线啊宣布了!③

这首新民歌一方面有着很强的拟人化特征和视觉表现性,另一方面,如果对之进行充分视觉化,就会发现只能以类似于"漫画"的方式来表现,而且其中存在难以妥帖再现的因素,譬如"红心""总路线":"红心"在这里暗示一种激情的主体性,而"总路线"更是一个难以简单视觉化的"概念"。《一颗红心跳蹦蹦》其实具有很强的运动感,很难为画面所固定下来(或许更适合于动画电影来表现)。更重要的是,其中的抒情性因素——特别是最后一

---

① 比如这首《社里高粱长得大》:"社里高粱长得大,长到天宫织女家,织女探头窗外望,撞了一头高粱花。"(《新民歌三百首》,第179页。)又比如与新壁画有着互文性的《包谷杆儿高齐天》,《新民歌三百首》,第182页。

② 参看天鹰:《1958年中国民歌运动》,第326页。作者所举的是河北束鹿县的一首民歌:"一个谷穗不算长,黄河上面架桥梁;十辆汽车并排走,火车驰过不晃荡。"值得注意的是,这里颇有一些幽默的成分。

③ 《一颗红心跳蹦蹦》(黑龙江富拉尔基),《红旗歌谣》,第50页。

句"总路线宣布了!"——更是难以直接再现的对象。寻常来说,我们大多认为新民歌是一种单纯、简单,甚至是非常套路化的艺术形式,某种意义上也就是认为它普遍可以视觉化,甚至主要是可以"漫画化"——这一潜在的评价又与所谓"浮夸"的批评紧密相关。而新壁画恰恰又为之提供了现实的对应物,仿佛更加确证了新民歌的"单纯性"。但是我在这里想换一种路径来进入这个问题,即从诗、画两种媒介的可转换性以及难以转换性来展开思考。"大跃进"群众文艺两种最重要的形式——民歌和壁画——确实是值得比较的对象。通过绘画经验来思考诗歌经验或者相反的方式,正是看到两者紧密联系又能见出其中微妙差别的方式。而这为我们把握"大跃进"群众文艺实践的政治内涵提供了基本的形式线索。

对于群众诗画经验的差别,其实在当时已经有人注意到了,而这又直接关系到所谓"革命现实主义"和"革命浪漫主义"相结合的问题。废名以下一段评论尤为关键:

> 我们读通川的一首新民歌:
> 阳春三月好风光,
> 四川出现双太阳
> 青山起舞河欢笑,
> 人民领袖到农庄。
>
> 这首诗二三句所表现的盛大的感情,谈何容易写得出来,而在汉语里显得非常不费力,汉语的东西具有"载华岳而不重,振河海而不泄"的方便!曾见报纸上将通川这首新民歌加了插图,图上就画了两轮红日,很显得笨拙,失掉了诗的新鲜活泼精神很远很远。这位画家是企图用现实主义的表现方法来写"四川出现双太阳"的"景",很显然,这是不可能的。中国戏台上不能布景,相当于"四川出现双太阳"难以容得下一幅插图,这说明中国艺术的民族形式不是现实主义的表现方法所能范围得了的。①

---

① 废名:《美学讲义》,《废名全集》第六卷,第 3139 页。《新民歌三百首》为这首诗歌配了插图,参看《新民歌三百首》,第 27 页。

废名所谓的"现实主义的表现方法"并不单指文学,而是关乎一种以视觉为中心的创作方式。① 在这篇文章的前面部分,他谈到"中国小说的传统表现方法"重于"说",而鲁迅的《药》为代表的现代小说则"不是设想由作者说给读者听,是设想有那么一张照片似的,或者象舞台上的布景"②,即其重在一种视觉经验。废名想要提出的是,如何在民族传统中来理解"浪漫主义"以及现实主义和浪漫主义相结合的问题。在我看来,"浪漫主义"难以视觉化这一提示对于理解新民歌十分重要。在《新民歌三百首》里,著名的《我来了》也配有一幅插图(第216页图20),画面上一个农民巨人推开两座山峰,脚踏滚滚江流。抒情主体则喊出:

> 天上没有玉皇,
> 地上没有龙王,
> 我就是玉皇,
> 我就是龙王,
> 喝令三山五岳开道,
> 我来了!③

虽然诗歌中的"我"获得了一种巨人形象,但是仍然显得不够妥帖,无法将集体主体生成的强度展现出来。这个抒情主体"我"其实颇难形象化。其难以再现的特点可以反过来引导我们来思考新民歌实践甚至新壁画实践中主体性生产的问题。我们看到,新民歌首先呈现出一种可形象化或视觉化的特征,尤其是自然的拟人化特征使民歌和壁画更加容易发生互相转化或跨媒介"互译"。这首先是因为新民歌与新壁画分享了同一个生活世界的基底,是对"大跃进"劳动实践的表现(当然正如上文所指出的那样,这一"表现"又是经过诸种修辞中介的,因此不可视为"生活现实"的"镜像化");所有对象都直接源于劳动人民此刻的生活世界(这并非说这些对象

---

① 废名:"外国的小说、戏剧、电影本来都是一个性质的表现方法,通常谓之现实主义的表现方法。"(《废名全集》第六卷,第3133页。)
② 废名:《美学讲义》,《废名全集》第六卷,第3132页。
③ 《我来了》,《新民歌三百首》,第57页。

是对现实事物的"再现",而是说对象的范围不溢出于现实生活)。因此在"大跃进"群众文艺中,此种形式的"自然的人化"屡屡出现就不令人奇怪了:劳动条件、劳动对象和劳动过程,尤其是农民的生活资料和生产资料在新民歌和壁画中直接呈现出人的面庞。后于民歌出现的壁画运动则更加强烈地表现出农村劳动群众对于"丰裕"的渴望。在这里我们也可以看到农业和工业之间的差异:工人与其生产资料及生活资料之间的关系有别于农民。正如赵树理曾提到工人不会想到将火车头带回家。农业因其与"自然"更为接近的位置,呈现出更为直接的丰裕想象,其中别有一种暧昧的意味。

图 25

然而值得注意的是,在巨大的玉米、高粱、肥猪的呈现以及劳动场景和劳动者形象的再现之中,不仅可以看到劳动者(尤其是处于新的生产关系之中的农民)对自身生活世界的极大肯定,而且能体味出一种难能可贵的"幽默"态度。这种"幽默"尤其表现为"夸张"。譬如一颗谷穗架在黄河上,这不能够简单读作"浮夸",而是蕴含了一种"虚构"所带来的欢乐(图25)。如今极易忽略的是,新民歌甚至新壁画还包含了一个不那么容易视觉化或者具现的部分——一个劳动者在创造诗画过程中生产自己的过程,一个"我来了"或"我们来了"的"主人"到场的瞬间。这里同样也有"幽默"的成分,即在新民歌和新壁画的修辞性生成中(注意不是"现实主义"),工农成了"作者"——一种超越"模仿"本身的虚构的态度。可视觉化的部分与不可视觉化的主体性部分都是非常重要的环节,而相比之下,后者更容易被忽略,但它是"消失的艺术"真正消失的部分。

(五)"重复"的辩证法

值得注意的另一个重要问题是,"重复"是整个新民歌和新壁画的根本特征之一(甚至是所有民歌的特征)——无论是事例的重复,还是语言与表达法的重复("双太阳"的意象,山河欢笑的形象,拖太阳、留月亮等等)。民歌的"可重复性"其实是民歌以及诸多民间艺术的本质规定之一。当然,一方面,这可以非常实际地读解为工农创作的贫乏性,他们只拥有有限的、套路化的表达手段,也只着眼于有限的题材,特别还受到时事政策的极大影响。但是这一解释落入了"遵命文学"的阐述俗套,也是从今天的眼光来苛求工农创作。如果从更为内在的脉络来看——譬如上文提到的"文化革命"、工农克服臣属性、生产新主体的问题,"重复"的问题就会呈现出更为复杂的意味。"重复"的辩证意味在于:它是对于生活世界的一次次肯定,呈现出生活世界的有限性特征。这种"节奏"内在于民歌可重复性的"仪式"基底,毋宁说表现出一种独特的更古老的时间性。民歌与其说是一种诗的词汇汇集,毋宁说是一种"句法",有其"句式"的力量。民歌正如黑格尔所说,并不具备"普遍"人性,后者指的是黑格尔所理解的无限的自我复归精神所具有的特征。相比之下,民歌却具有封闭和有限的特点。马克思主义作为一种现代思想,其一大特征即是走出了对于古代世界的怀旧。如果说古人提供了一种狭隘的满足,那么现代世界则让人们不满足。① "大跃进"所带来的时间意识根本上取消了局限于有限满足的可能,而是开启了通向无限的旅程——这特别明显地体现为走向"共产主义社会"的历史运动。因此,新民歌自身包含了一种时间的悖论。求新的欲望(无限)与有限的形式——有限的形式背后是更古老的时间性的持存、仪式性时间的持存——相结合,就产生了重复。

另一方面,"重复",或者更确切地说,由"重复"所带来的"单调"也暗示出政治经济学的秘密(比如"分工"的持留)。如果用美学讨论中李泽厚的"眼光"来看,这一"重复"以及"单调"就透露出了劳动时间结构的秘密。当劳动生产对象和劳动过程成为诗歌意象,当牛羊瓜菜成为绘画元素反复出现时,就透露出劳动时间对于劳动者的紧紧掌握,因此他们也还是被作为必然性的"自然"所掌握。李泽厚的整个构想涉及另一套文化解放的思路,

---

① G. A. Cohen, "The Dialectic of Labour", in his *History, Labour and Freedom*, p. 200.

特别是暗示出现代的"教养"概念。在他看来,新民歌与新壁画所"重复"的不只是"形式"更是"内容",这种"重复"暗示出某种利欲动机的"直接性",相反,应该是"美"的"形式"扬弃"内容","形式"才是"自由"的象征或标记。但是,李泽厚的美学话语或许过于轻视了"大跃进群众文艺"的"修辞",忽视了这一"内容"亦有"形式"。他无法理论化的是,劳动群众在想象及形象中克服"自然"时到底"生产"出了什么。上文已经提到,"大跃进"中的诗画实践将政治空间、生产空间和生活空间同时转化为某种艺术空间。此种转化并不遵循"现实主义"的再现逻辑,但也不是体制化或稳定化了的现代主体抒情表现。我们从中可以看到"重复"和"模仿",但是与内容和形式的"重复"一同到来的却是一种"文化革命"的瞬间。

可以说"大跃进"群众文艺实践显现出一种混杂:首先是"丰裕"和自觉劳动的混合:"早迎日出夜迎星,干起活来快如风,不计荣誉和奖金,只求今年好收成。"①或是:"社里高粱长得大,长到天宫织女家,织女探头窗外望,撞了一头高粱花。"②这种"混杂"本身是一种历史规定,而在我看来,这是一种介于"政治挂帅"和"物质刺激"之"间"的重要"图式"。更重要的是,一方面"自然"在想象中获得克服(尤其呈现为拟人化的形象),在这一克服的过程中,劳动群众体验了从未有过的"我"和"我们"的"到来"——政治上的主人同时是幽默的、进行虚构的"作者"。同时,劳动却没有从根本上走出"必然王国"的束缚。"大跃进"群众文艺实践的悖论在于:人人成为画家和诗人的理想并没有真正实现,消灭社会分工的设想也遭受了挫败,尤其是"缺乏""饥饿"甚至是死亡的到来,仿佛扑灭了所有激进的渴望。然而,我们不得不提到一个高度紧张的瞬间,这一瞬间被流俗意见所遮蔽、抹除。可视觉化掩盖了不可视觉化,忽略了想象中克服"自然"所具有的政治意味和乌托邦信念。

---

① 《只求今年好收成》(河北丰润李庆东),《新民歌三百首》,第173页。
② 《社里高粱长得大》,《新民歌三百首》,第179页。相类似的丰裕设想,参看《白米要在天上收》,《新民歌三百首》,第155页;《云彩挂在高粱上》,《新民歌三百首》,第180页;《庄稼就像芭蕉树》,《新民歌三百首》,第186页;《低垂果子碰你头》,《新民歌三百首》,第189页等。

我想强调的是,掺杂在"丰裕"想象之中的还有一种"政治—诗学(生成)"的瞬间。说"大跃进"是个短暂的瞬间,是因为这一种短暂的欢快时刻很快为"短缺"所打断——或者说,这本身就是在短缺中向共产主义社会过渡。但是它通过一种近似短路化的"劳动生产—艺术创造"的运作(不按照经典马克思主义所谓的"全面"发展的路径),带来了一个超越劳动主体的被束缚感和有限性的瞬间。这也就是"文化革命"克服臣属性、使劳动群众翻身为文化主宰的历史冲动之呈现。无论是在具体历史现实中,还是在艺术不断被"体制化"的过程中,这个时刻都可谓转瞬即逝。因此"大跃进"群众文艺必然呈现出"消失"之势。它在本质上是黑格尔意义上的"浪漫艺术",即内容与形式处在"不相合"状态。从政治上看,"大跃进"群众文艺实践的真正"内容"正是这种无束缚的解放瞬间的生成——"从无到有"的"创生"行动。这是为以往历史一直压抑的部分。也就是说,"生成"这一行为本身是艺术生产的真正内容,因此它是自然限度中的无限,或者说难以视觉化和再现的"自由"。也正是在这一时刻,我们捕捉到了劳动群众或工农主体摆脱有限性、克服历史必然性、超越现实劳动分工的乌托邦瞬间,即生成"新"的瞬间:

> 诗意味着:第一次的制作,或者说每一次都是第一次,每一次都是原初的行为的制作。[1]

这是"新"作为"诗"的生成,悖谬的是,同时也是一种消逝。正如新民歌无数的诗篇在短时间内以无法读尽的速度诞生,新壁画"量"上的堆积并不是真正指向"意欲"和"效果"。它不是为了使之成为商品进入市场,也不能直接帮助生产,而是使其从无到有,使它诞生。但其所遭遇的根本难题是:这一瞬间性的"主人"的到场,消磨在具体的历史条件之下;"政治"的逻辑在文化中获得了强度,但却无法相容于相对惰性的、厚重的生活世界肌理与习惯性的经济生活构造。"政治"易流为"行政",激情则会转化为愤恨。

---

[1] Jean Luc-Nancy, *Multiple Arts: The Muse II*, ed. by Simon Sparks (Stanford, CA: Stanford University Press, 2006), p.7.

由"大跃进"群众文艺实践所带出的另一个颇值得探讨的问题是：如何来进一步解析社会主义实践中的"大众"艺术或"群众通俗"艺术？在本雅明探讨"机械复制时代"之"艺术作品"的经典文献中，我找到了一个非常有用的概念，即"分心""涣散"或"消遣"（distraction）。在本雅明看来，所谓"distraction"是与"contemplation"相对照的感知方式，如果说后者已经凭借资产阶级美学话语确立了自身的"领导权"，并塑成一种相当重要的领会艺术和感知艺术的"体制"，那么前者的凸显则拜赐于19世纪中后期以来突飞猛进的机械复制技术与视觉技术。"distraction"这种包含了一定程度上的"被动性"、暂时性和偏转性的感知方式却与所谓的"群众"感知，与非精英化甚至无需高度"教养"的感知关系紧密。甚至在本雅明看来，革命艺术或政治化的艺术的关键就在于如何激活此种感知。这不仅是克服所谓"资产阶级"—贵族趣味领导权的最后突破口，也是"结合"普罗大众，进而"改造"普罗大众的根本赌注。这是对于"美学"—感性学之"古义"的恢复，首先是一种"触知"而非"凝视"，因此首先与"建筑"相关：

> 自原始时代以来，建筑就已陪伴着人类了。诸多艺术形式生生灭灭。悲剧肇始于古希腊，却随着希腊衰亡而衰亡，在许多世纪之后方才复兴。史诗导源于初民之时，却在文艺复兴的尾声中消逝。板面绘画是中世纪的创造，却没有什么能保证这一传统不被切断。然而，人类对住所的需求却是永恒的。建筑永远没有不活跃的时期。建筑的历史比任何一种艺术都要漫长，而我们应该在任何一种说明"群众"和艺术作品的关系的努力中，辨识出建筑的效果。建筑以双重的方式被接受：使用和感知。或者，更确切地说，以触知的方式和视觉的方式被接受。这种接受无法用旅行者在伟大建筑面前聚精会神来解释。在触知这一面，并不存在视觉这一面的静观的对应物。触知性接受与其说转向"关注"的方式，毋宁说转向的是"习惯"的方式。习惯在很大程度上甚至决定了对于建筑的视觉性接受，它自发地具有偶然的、不经意的"注意"的形式，而不是聚精会神的观察。在某些环境中，这一由建筑塑形的接受方式要求着正典化的价值。因为，人类的感知机制正处在一个历史转折点上，面对这一转折点的（革命艺术）任务无法再简单由视觉

方式——即"静观"——来履行。这些任务将从触知接受中得到提示，经由习惯来逐步地实现，逐步掌握。①

也就是说，真正的"大众艺术"绝非是"大众"的"教养化"与"精英化"，而是将"革命的力量"转为一种"触知"的接受，一种"习惯"。当然也正是在这里，包含着最为深刻的辩证法：所谓的"群氓心理学"和法西斯美学同样征用的恰恰也是这个领域。更困难的是，中国革命所展开的过程，"社会主义现实主义"的传播过程与"典型"的流通—教育机制，是否一直以来过于依赖了"视觉性的""静观的"、聚精会神的感知方式？所谓的"道德化"是否暗示着一种革命主体的"聚神"？而"聚神"却在无形中失却了另一个领地，即"分心"的文化铸造？因此，我们在高度质疑革命文化的"总体化"时，是否错过了这样一个问题：其实革命文化并未真正地确定自己的"战场"？

回到"大跃进"群众文艺实践上来，我们会发现，新民歌与新壁画通过"空间实践"，在很大程度上已然触及了"触觉感知接受"的场域，然而最终它们的挫败不能不说与"习惯"上的"败退"有关。归根到底，"大跃进"群众文艺所召唤的依旧是纯然聚精会神的革命"主人"或主体，那一含混的、模糊的"分心"地带，却暗暗地、逐渐地被"非革命"甚至反革命的因素所占领。这里面更深层的原因已经由上文的"政治经济学"分析部分揭示出来了。另一个值得一提的要素是"技术"中介的缺乏。这从新民歌的"修辞"方式中可以找到些许痕迹。群众习惯的转型实际上相当依赖"物质基础"——尤其是技术基础。这是1950年代末的"大跃进"群众文艺实践无法摆脱的历史规定性。而在今天，我们有理由去思考那"从未被写出的东西"，去思考"尚未发生的起源"，去展望和构筑全新的大众文化的可能性。

"大跃进"群众文艺如今之所以令人不快，一方面固然因为"形式"（单纯、粗糙、非"教养"），但更关键的恐怕还是"内容"，尤其是对于超强劳动和丰裕场景的夸张呈现。不难想见"大跃进"群众文艺实践极易被读解为没

---

① Walter Benjamin, "The Work of Art in the Age of Its Technological Reproducibility (Second Version)", in *Walter Benjamin: Collected Works* vol. 3 (Cambridge and London: Harvard University Press, 2006), p.40.

有现实根基的夸饰,或是听从行政命令的伪饰。我们确实也看到,在1958年末,人民公社的"生活"问题就已经被反复提及,这表明改造生活方式遭遇到了不小的危机。① 此外"大跃进"和人民公社运动中的其他各种问题也逐渐暴露了出来。② 我们需要承认,此种激进的历史实践确实造成了巨大的代价。不过,任何全盘否定某一段历史时期的措辞都是值得怀疑的。劳动虽然在现实中并未从"沉重的负担"变成"生活的第一需要",但是大规模的群众文艺创作却带来了一个绽出的历史时刻。其中,劳动与文艺创造/生产在历史上第一次如此"有意识"地互相接近,劳动群众在文艺"生产"的过程中瞬间性地生产出了新的自我——虽然是不稳定的自我意识,而在诗歌和壁画中,我们看到了突破传统关于人的规定的尝试(时间观、劳动观、爱情观等)。与其说它是在现实中叩问"自然"的边界,毋宁说主要是在想象和虚构中叩问自然的边界。这一突破边界的尝试,即是一种新的"主体性"的瞬间生成。

但是,这里所呈现的是一种不稳定的"新"(人)状态。通过对于"大跃进"群众文艺创作的"形式"分析,我们也看到了这一"实践"所包含的深刻的历史危机与历史悖论。"大跃进"落潮后,超常劳动的主体形象的幻灭同丰裕想象的崩溃缠绕在一起。文化翻身也为饥饿所干扰、所掩盖,甚至是全然淹没。类似于新民歌和新壁画这样大规模的群众文艺创作在社会主义历史上再也没有出现。立足于打破社会分工的共产主义文艺萌芽更是难寻踪迹。从审美表现来看,"新人"可以说从单纯劳动领域逐渐转移了出来,劳动与休息的分殊又再次得到强化。"大跃进"群众文艺实践的真正困难,在于其缺乏将"例外"转向"常态"的中介。在这一历史情境中,更为稳固持久的新人是否可能成了一个问题。此种"新人"有着更为稳定的道德心性以

---

① 参看谭震林、廖鲁言:《关于农业生产和农村人民公社的主要情况、问题和意见》(1958年11月16日),《建国以来重要文献选编》第十一册,第591页;《中共湖北省委关于做好当前人民生活的几项工作的规定》(1958年12月),《建国以来重要文献选编》第十一册,第657页。

② 参看毛泽东:《在郑州会议上的讲话》(1959年2月27日),中共中央文献研究室编:《建国以来毛泽东文稿》第八册,第65—66、70页。

及相对恒久的内在自然——或者也可以这样说,不仅是具有一种较为稳定的主体认知,而且在"习惯"方面也渗透进了"新"的要素。这就使我转过来考察"大跃进"转入调整期时所发生的一场喜剧问题讨论。"新人"为何会呈现为喜剧形象是一个值得细究的问题。更关键的是,作为电影的喜剧更为直接地涉及社会主义教育的问题,即如何通过笑来教育观众,这最终关乎观者的内在自然的重塑。在下一章里,我还将论及"分心"与触知感知方式的问题——鉴于笑的经验很大程度上包含了"分心"的呈现,而且联通着对于"无意识"问题的探讨。

第四章　社会主义喜剧与"内在自然"的改造

在中国社会主义文化实践脉络里,"笑"的问题为何重要?一方面,"笑"可以视为自发性的标记。另一方面,笑也与社会行为相关,不但指向"逆反"或"叛逆"的姿态,同样也有"规训性的笑"。① 简单地说,"笑"的现象提示出社会主义改造尤其是人的改造的某个重要维度。以往关于中国社会主义文艺实践的研究,并未能充分关注此点。在我看来,"笑"与"放松"之间微妙的关系,与人的日常状态之间的联系,尤其是与"新人"的行动、心理之间的关系及其在社会主义教育中扮演的角色,值得深入探讨。本章所将展开的,不是单纯的理论性讨论,而是尝试进入中国社会主义"喜剧"实践的脉络,揭示"笑"的问题的理论强度、历史意味及其难题结构。

---

① 比利吉(Michael Billig)看重笑作为社会行为的意义,其说法值得我们注意:要成为一个社会的社会化的一员,不仅意味着学习在公共场合如何表现,也涉及学习如何去笑那些表现得不妥当的人,因为有礼的成人一定能够用临时性的、没心没肺的嘲笑来规训社会性的违背行为。然而,规训似乎并不为那些正在施行规训的人所意识到。见 Michael Billig, *Laughter and Ridicule: Toward a Social Critique of Humor* (London, Thousand Oaks and New Delhi: SAGE Publications, 2005), p. 230。同时,作者还特别强调所谓"规训性的笑"(disciplinary laughter),与所谓"叛逆性的笑"(rebellious laughter)相对立,或压抑性的幽默与抗争性的幽默之间的对立,往往也具有一种模棱两可性,即嘲笑不仅确保了社会秩序的再生产,而且在看到秩序被[临时]打断时,产生了一种叛逆性的快乐。Michael Billig, *Laughter and Ridicule: Toward a Social Critique of Humor*, p. 231.

第一节　笑的批判：旧喜剧与新喜剧

在"大跃进"时期，所谓"歌颂性喜剧"（电影）登上了历史舞台。而1960年开始的"喜剧电影讨论"可以说是新中国历史上第一次集中围绕喜剧问题展开的学术论争。① 如果说"大跃进"时期的新民歌和新壁画主要呈现的是"新人"的生产活动，因此重在表现劳动主体，那么稍晚于这一文艺实践的社会主义新喜剧则主要聚焦于"新人"更为广阔的生活状态，甚至可以说侧重于表现"日常状态"中的人。比如被当时的批评家视为歌颂性喜剧典范的《今天我休息》，展现就的是民警马天民在休息日的经历；《五朵金花》则描绘了白族青年阿鹏"寻找爱人"的过程。如果说"大跃进"群众文艺实践中的"笑"还处在一种相对"单纯"的状态，那么喜剧电影实践及其讨论则直接反思了笑的经验。如果说"大跃进"群众文艺中所呈现的"笑"主要是一种外在于人的任何缺点的"欢乐的笑"②，那么喜剧电影所引发的笑则是一种更为复杂的喜剧经验。而在当时的语境中，喜剧与笑的问题内在于广义的"社会主义教育"的脉络，即社会主义喜剧"一方面要引人发笑，使观众得到满足，因为正常的笑就是满足的表示，另一方面要观众得到社会主

---

① "喜剧电影讨论"之前的知识准备以及之后所产生的影响亦值得关注。譬如，中国电影出版社在1957年3月出版了苏联学者的论文集《论电影喜剧》。而在1962年，《电影艺术译丛》第2辑"为了配合关于喜剧问题的讨论"，编辑了由社会主义国家的电影理论著作、资本主义国家的电影理论著作、电影喜剧演员经验谈三部分组成的"喜剧电影问题专辑"。参看《电影艺术译丛》编辑部编：《电影艺术译丛》第2辑，北京：中国电影出版社，1962年。

② 普罗普曾经区分出一种"欢乐的笑"：它们与人的缺点没有任何关系。这些类型的笑不是由滑稽引起的，它们其实是心理学方面而不是审美方面的问题。见普罗普：《滑稽与笑的问题》，杜书瀛等译，沈阳：辽宁教育出版社，1998年，第148页。"大跃进"群众性文艺中所呈现的"欢笑"颇近似之，但我不认为这仅仅是一个心理学问题，它关乎政治，尤其是政治主体性。在喜剧电影讨论中，许多讨论者会将这种并不能严格称为喜剧经验的欢乐的笑视为生活之喜剧性的根基。虽然有着混淆的倾向，但不能不说这一问题的提出，本身就是一种症候。

教育,从笑里把(喜)剧中所揭露出来的资产阶级思想清除出去"①。笑无疑首先是一种"身体"现象。② 就如同其他自发的身体反应一样(譬如性兴奋、哭泣),笑包含了一种不可控的成分,它是自控力的暂时丧失,仿佛"人与其身体之间产生了断裂"③。在这个意义上,中国社会主义文化实践反思笑的经验,进而试图重新定义"正当"的笑,或者说正当的笑的习惯,无疑突入了"改造"的深处——人的"内在自然"。另一方面,歌颂性喜剧问题在1950年代末的浮现,直至1960年代中期以后喜剧形式再次退出历史舞台,无疑是值得深思的现象。歌颂性喜剧(电影)在这个意义上就不单纯是一种具体的文艺类型,而是特殊历史情势和经验的美学表征。由此引发的关键问题是:社会主义"新人"何以要成为喜剧人物?这种全新的喜剧人物是否以及如何引发别样的笑?在接下来的分析中,我会逐一揭示出这些"问题"所承载的理论与历史含义。

一 高与低,新与旧

在具体探讨中国社会主义喜剧电影之前,有必要先弄清楚社会主义喜

---

① 顾仲彝:《论滑稽戏——从滑稽戏谈到社会主义喜剧》,中国电影出版社编:《喜剧电影讨论集》,北京:中国电影出版社,1963年,第312页。值得注意的是,在社会主义国家阵营中,"喜剧问题"构成一种相当有趣的"美学的政治":一方面强调社会主义社会的新状态,喜剧需要有全新的表现;另一方面又不愿或不能放弃诸如讽刺等手段,强调新旧"过渡"、转变过程中某些旧有喜剧性方式作为"教养"手段的作用。喜剧因而与表现何种矛盾以及如何表现紧密关联在一起,且与人的意识的塑造,或毋宁说与人的感觉的塑造紧密联系在一起。

② 参看勒内·基拉尔(Rene Girard):"笑的诸多生理表征要比泪更容易模仿,但真正的笑呈现时,这些表征也会变得自然而然、情不自禁。整个身体痉挛般颤抖;空气通过类似于咳嗽和打喷嚏那样的反射运动急速地从呼吸道里排出。所有这些反应具有和哭相似的功能。这里,身体的反应又好像是有什么实际物质需要排出。唯一不同是涉及了更多的器官。"(勒内·基拉尔:《双重束缚——文学、摹仿及人类学文集》,刘舒、陈明珠译,北京:华夏出版社,2006年,第168页)。

③ Simon Critchley, *On Humor* (New York: Routledge, 2002), p.3. 当然笑的可能性也植根于某种"共同文化"。用柏格森的话来说,与笑相随的是一种不动感情的心理状态,并且笑总是涉及某种同谋性——暗示笑的社会性特征。参看柏格森:《笑》,徐继曾译,北京:北京十月文艺出版社,2005年,第3—5页。或许可以说,这种"自然"之中的非自然特质,正是笑这一现象的有趣之处。此外,基拉尔强调了真正的笑与装笑之间的区别,见勒内·基拉尔:《双重束缚——文学、摹仿及人类学文集》,第168页。

剧问题的一些理论假设与基本的对话对象。无论在西方经典诗学话语还是在苏联美学话语中,"喜剧"总是涉及比"一般人"更差的人物类型。亚里士多德曾对之有如下界定:"喜剧倾向于表现比今天的人更差的人,悲剧则倾向于表现比今天的人好的人。"①亚里士多德关于"人"的规定,无疑同西方古典政治相关,此处的"高"与"低"因而有着特殊的含义,尤其涉及城邦中的政治身份。不过,"喜剧"与人物类型高低之间的关系,往后便成了一种阐释传统,提示出某种基本的喜剧经验的"根据"。当然,这远未穷尽西学脉络中的笑之阐释。曾有学者指出,西方关于笑的理论大致可归纳为三大类型,即优越论(the superiority theory)、缓释论(the relief theory)和不一致论(the incongruity theory):

1. 在这第一种由柏拉图、亚里士多德、昆提良以及现代早期的霍布斯所代表的理论中,我们出于自己相对于他人的优越性而笑,"通过与他人的缺点或自己以前的缺点相比较,因自身的某些出众之处,荣誉油然而生,从而爆发出笑声。"……一直到18世纪前,这一优越论始终支配着哲学传统关于笑的思考。

2. 缓释论出现在19世纪赫伯特·斯宾塞的著作之中。其中,笑被视为受到压抑的神经能量的释放。这一理论最为人所知的版本是弗洛伊德1905年的《笑话(或诙谐)及其与无意识的关系》中所阐明的观点,即笑所释放的能量会提供某种快感,因为它有效地利用了通常会被用来遏制或压抑心理活动的能量。

3. 不一致论的源起可以追溯到1750年弗朗西斯·贺奇森所写的《关于笑的反思》,不过,康德、叔本华和克尔凯郭尔都对之做过相关而各有特色的论说。如詹姆斯·罗威尔在1870年所写的那样,"从对于幽默的初步分析中就可以看出,它是一种不一致的感觉"。幽默是这样一种经验,它由我们所知道或所期待的事物同笑话之中实际发生的

---

① 亚里士多德:《诗学》,陈中梅译,北京:商务印书馆,1996年,第38页。

事情之间的不一致造成。①

在这三种理论之中,"优越论"更为古老,也更为切近"喜剧"这一文类的最初规定。它首先涉及剧中人物和观者之间的"等级"关系。十分耐人寻味的是,所谓继承了"革命民主主义"唯物论倾向且以马克思列宁主义为其"科学"基础的苏联美学,其实也依赖"优越论"来处理笑的经验。曾经以苏联专家身份在中国任教的斯卡尔仁斯卡娅的下述说法应该是那一时期马列主义美学的"共识":

> 根据车尔尼雪夫斯基和赫尔岑的见解,深刻的幽默和笑提高了人的自尊心,加强了对陈旧腐朽的东西的批评,使人感到自己对陈旧和腐朽的东西的优越性。……马克思列宁主义就指出,尽管讽刺和幽默所反对的反动力量和旧东西目前还占统治地位,还在压迫新的进步的东西,但是它们是历史上注定要灭亡的——这就是对待某些社会现象所采取的充满着深刻幽默的讽刺态度的基础。……人类从来都是笑着同自己的过去诀别的,因为他们意识到自己在思想上和道义上高于过去的东西,高于必定死亡的衰朽的东西。②

在社会主义国家内部,这一理论脉络里的"笑"就与否定"旧世界"建立了联系。因此"讽刺"被苏联美学视为"喜"最为重要的表现手段(这里所谓的"喜"不仅涉及喜剧,也包括漫画等形式),承担着展现新旧斗争的任务。其

---

① Simon Critchley, *On Humor*, pp. 2-3. 关于此三种"理论"的批判性评估,可参看比利吉的论述:不一致论代表了理解幽默的第二种主导传统。其基本的方法发展于18世纪,乃是对霍布斯关于笑的论点(即"优越论")之反驳。不一致论不再在人的动机中寻找笑的根源,而是将世界的种种不一致特性确认为唤起笑的要素。而缓释论起源于19世纪的唯物主义哲学。这一理论可以追溯到两位英国思想家——赫伯特·斯宾塞(Herbert Spencer)与亚历山大·拜恩(Alexander Bain)——之间的论争。在用生理学术语描述人类心灵的过程中,斯宾塞与拜恩各自发展出了缓释论的版本。此后达尔文也参与了关于笑的问题的论争。他在《人与动物的情感表达》(1872年)一书中引用了斯宾塞和拜恩的相关著作。因此,缓释论形塑于一个思想史上的关键时刻。斯宾塞与拜恩的论争不仅预示了心理学的新观念,而且也赋予了优越论与不一致论这一古老的冲突以新的内容。见Michael Billig, *Laughter and Ridicule: Toward a Social Critique of Humor*, pp. 57, 86-87。

② 斯卡尔仁斯卡娅:《马克思列宁主义美学》,第336、337页。

实无需追溯到西方古典时代那类与"政治"关系紧密的"诗"(譬如雅典喜剧或谐剧往往涉及一些重大的社会问题和政治问题)①,就是"资产阶级哲学家"也并未将"笑"简单视为消遣娱乐,反而突出了笑的社会功能。柏格森就以为:笑的目的在于消除身体、精神和性格的僵硬性,从而使社会成员能够拥有最大限度的弹性和最高限度的合群性。② 在苏联美学家的眼中,资产阶级喜剧文化从未丧失自身的"教育性"。比如有人曾明确指出,其实莫里哀的喜剧也是旨在教导资产阶级。③ 而苏联美学所捍卫的"真正深刻的笑"——由"应该受到嘲笑的东西"所引发的笑——则与洗涤人们意识中的资本主义残余性有关。④"受到嘲笑的对象"总是和新社会格格不入却又努力进行伪装的旧元素。譬如"在社会主义社会里,一切独创精神和积极性都会受到鼓励,正因为这样,所以懒汉和二流子都伪装积极"⑤。在这个脉络里,所谓喜剧或喜感的源泉是指:以假装有内容和现实意义的外表掩盖空虚和无意义。⑥ 这并非简单是一种"形式"规定,而有其历史所指,即与社会主义改造相关。进言之,虽然"喜剧"总是同一系列特殊的形式特征联系在一起(比如重复、巧合、极度夸张等以及这里的"表里不一""不协调"),但社会主义文化无疑更倾向于将喜剧置入历史哲学脉络中进行讨论。这也是马克思的《〈黑格尔法哲学批判〉导言》(它同样是中国喜剧讨论重要的理论

---

① 参看奈丁格尔:《柏拉图与雅典喜剧》,张文涛选编:《戏剧诗人柏拉图》,刘麒麟、黄莎等译,上海:华东师范大学出版社,2007年,第448—449页。
② 柏格森:《笑》,第14页。值得注意的是,巴赫金曾对于柏格森有如下批评:只知道笑所具有的消极的一端,即笑——是改正的手段,可笑的东西——是不应有的东西。在巴赫金看来,真正喜剧性的(笑谑的)东西分析起来之所以困难,原因在于否定的因素与肯定的因素在喜剧中不可分地融为一体,它们之间难以划出明显的界限。巴赫金所强调的是笑的积极一面:其本性具有深刻的反官方性质。笑与任何的现实的官方严肃性相对立,从而造成亲昵的节庆人群。见《巴赫金全集第四卷:文本、对话与人文》,晓河等译,石家庄:河北教育出版社,1998年,第60—61页。
③ 参看波德斯卡尔斯基所引用的卢那察尔斯基之语,见《电影艺术译丛》第2辑,第50页。
④ 参看苏联高等教育部社会科学教学司编,乐俟枢译、王智量校:《(苏联)马克思列宁主义美学基础教学大纲》(初稿1954),北京:高等教育出版社,1956年。亦可参看P.尤列涅夫:《人民所喜爱的》,《电影艺术译丛》第2辑,第15页。
⑤ 斯卡尔仁斯卡娅:《马克思列宁主义美学》,第344—345页。
⑥ 同上书,第335页。可见,"不协调性"于此亦成为喜剧的重要表现。

根据) 被"马克思列宁主义美学"反复征引的关键原因:

> 现代德国制度是时代错乱,它公然违反普遍承认的公理,它向全世界展示旧制度毫不中用;它只是想象自己有自信,并且要求世界也这样想象。如果它真的相信自己的本质,难道它还会用一个异己本质的外观来掩盖自己的本质,并且求助于伪善和诡辩吗?现代的旧制度不过是真正主角已经死去的那种世界制度的丑角。历史是认真的,经过许多阶段才把陈旧的形态送进坟墓。世界历史形态的最后一个阶段是它的喜剧。在埃斯库罗斯的《被锁链锁住的普罗米修斯》中已经悲剧性地因伤致死的希腊诸神,还要在琉善的《对话》中喜剧性地重死一次。历史竟有这样的进程!这是为了人类能够愉快地同自己的过去诀别。①

在革命历史观里,"用异己外观掩盖自己本质"的旧事物具有一种"喜剧性",其"毁灭"亦带有一种喜剧感。马克思后来在《路易·波拿巴的雾月十八》中再一次使用了类似的表述:一切伟大的世界历史事变和人物第一次是作为悲剧出现,第二次是作为笑剧出现。② 马克思揭示出了历史事变的"重复"所带来的喜剧性,"真正的主角"已经不在其位,有的只是上文所提及的"丑角"。"丑"在这里并非意味着形象的缺陷,而是"处在错误位置的对象"。③ 因此,喜剧或笑剧的根源在于一种"时代错乱"或"错位"。④ 而在马克思主义脉络里,能够洞察这一"错乱"的则是真正的历史主体。显然,

---

① 中共中央马恩列斯编译局编译:《马克思恩格斯全集》第三卷,北京:人民出版社,2002年,第203—204页。
② 中共中央马恩列斯编译局编译:《马克思恩格斯选集》第一卷,北京:人民出版社,1995年,第584页。
③ Slavoj Žižek, *The Abyss of Freedom* (Ann Arbor: University of Michigan Press, 1997), p.21.
④ 此种"错位"确实塑成一种基本的喜剧经验。卓别林曾在一个迥然不同的语境中谈及:"更可笑的是这个被嘲笑的人尽管处于可笑的情况中,可是还极力否认他遇到了什么不平常的事,仍旧固执地要维持他的体面。举一个最好的例子来说:一个从言语和步态上都可以明白看出是喝得酩酊大醉的人,却特别庄重地想使你信服他一点酒也没喝过。这比一个直率地在众人面前显出醉态而对大家看出他喝醉了也满不在乎的人,还要可笑得多。"(卓别林:《我的秘诀》,《电影艺术译丛》第2辑,第163页。)

马克思笔下的"喜剧"并不涵盖一切旧事物,因为他也曾提到旧制度的历史也可以是悲剧性的。① 然而,随着社会主义国家的成立以及社会主义实践的展开,旧制度、旧的生活世界因失却了"悲剧性"的历史情境,会日益呈现出"不在其位"、格格不入的喜剧特征。在此基础上,苏联美学并不刻意区分悲剧性的衰亡和喜剧性的衰亡,而是强势地确认:旧东西的死亡含有喜剧的因素,"重要的是教会人们嘲笑这种在历史运动前面软弱无力的东西"②。

因此可以说,在社会主义文化脉络中,喜剧所引发的笑总是同否定历史哲学意义上的"旧"联系在一起。然而社会主义文化建设却面临着更为艰巨的任务,即"翻身"后的劳动群众,尤其是"工农兵"成为政治主体(主人)之后,如何在趣味、情感和审美上确立自身的普遍性,赢得真正的文化领导权;进言之,即如何通过文化、教育机制,使工农兵在文化领域落实主人感。也就是说,问题的关键不仅是嘲笑"旧",更是呈现"新",并且进一步将"新"(新人、新的生活方式、新的社会制度)确立为"自然"正当。因而,如何呈现劳动人民的形象在当时成了一种重要的"美学的政治"。早在1942年延安文艺座谈会上,毛泽东就对"讽刺"做了限定,这也是对批评或否定"旧"提出了"政治"要求:

> 讽刺是永远需要的。但是有几种讽刺:有对付敌人的,有对付同盟者的,有对付自己队伍的,态度各有不同。我们并不一般地反对讽刺,但是必须废除讽刺的乱用。③

与上述政治性要求相对应的就是,早在新中国成立初期(甚至可以追溯到解放区文艺实践④),一系列戏曲和美术改造运动就将摒除舞台和画面上的"丑陋"形象作为重要任务提了出来,文艺批评也反复提及"正确"塑造

---

① 见《马克思恩格斯全集》第三卷,第203页。显然,马克思的这一见解很大程度上源于黑格尔。
② 斯卡尔仁斯卡娅:《马克思列宁主义美学》,第338页。
③ 毛泽东:《在延安文艺座谈会上的讲话》,《毛泽东选集》第三卷,第872页。除了马克思《〈黑格尔法哲学批判〉导言》之外,这一论说成为中国喜剧讨论最重要的理论依据。
④ 关于此种"美学政治"冲动,极为精要地体现在毛泽东1942年《在延安文艺座谈会上的讲话》之中,尤其指向"普遍的启蒙运动"所开启的工农兵自我认识与自我发展以及知识分子与工农双向启蒙的历史过程。

正面形象的要求。① 在劳动人民"翻身"做"主人"这一政治前提之下,譬如蔡若虹就曾呼吁文艺工作者在刻画劳动人民形象的时候,要看到后者的"健康本质",这样才能将旧有受嘲讽的对象转化为"求新求变"的主体:

> 根据过去的经验,无论是画面上和舞台上,我们都看见过这些被嘲笑的形象,小脚老太婆的走路姿式、瘌痢头、瘸子、口吃者等等,都是当作笑料来处理的,同时又拿"形象的多样性"来作为掩护的。"形象的多样"只能在创作内容的需要之下来应用,而不是当作吸引观众的橱窗装饰。画破裆裤,画小孩生殖器,画古瓶,画小脚就完全不是从内容的需要出发的。小脚妇女是不是绝对不能入画哩?我想并不是的。过去有不少这样的事实,农村妇女拿着红缨枪放哨,她是小脚。老太婆敲钟开会,她是小脚。如果将这样的题材作画,说明觉醒了的中国劳动妇女,历史所遗留给她们的缺陷也阻碍不了她们去参加神圣的斗争。②

在塑造工农兵的形象时,广义的"旧"喜剧因素——更确切地说,滑稽③、噱头④、丑角受到了质疑,原因是延续下来的滑稽及闹剧因素总会显露出"贬低"和"嘲讽"的倾向。嘲笑或者说因对象的缺陷而引发的笑遭遇到了政治界限。看似只为增添气氛或为人物增加"色彩"的各式笑料也开始成为问题。在当时的批评者看来,这些因素的不当运用涉及文艺工作者的世界观和思想立场问题。比如侯金镜就认为:

---

① 参看蔡若虹:《美好的生活和健康的形象》,《人民日报》1950年4月16日第5版;侯金镜:《严肃准确地创造战士形象》,《人民日报》1951年2月25日第5版;酒泉:《反对轻佻和庸俗的感情》,《人民日报》1951年5月13日第5版;冯征:《应该正确地塑造人民解放军的英雄形象!——评影片〈关连长〉》,《人民日报》1951年6月17日第5版;马少波:《清除戏曲舞台上的病态和丑恶形象》,《人民日报》1951年9月27日第3版。

② 蔡若虹:《美好的生活和健康的形象》,《人民日报》1950年4月16日第5版。

③ 这里也需要提一提中国古典传统对"滑稽"的把握,以供比较参考。在《文心雕龙》中,"谐辞""隐语",皆为"滑稽",而所谓滑稽,乃转利之称也。滑,乱也。稽,同也。言辩捷之人言非若是,说是若非,能乱异同。

④ 关于"噱头",法国的马尔斯提过一个颇有意思的规定:"不管是什么样的噱头,噱头就其起源来说都归来自一个物体。……丑角……只有把他身躯的一部分当成不是他自己的,而是独立的,就像一件工具那样任人摆布,他才能作出真正的噱头"。(《电影艺术译丛》第2辑,第124页。)

如炊事员,这些对部队战斗和训练的物质保证起着重要作用的人物,他们艰苦、朴素、任劳任怨,有些年岁较大的炊事员,他们有着诙谐的富有风趣的性格,他们关心战士,战士也尊敬他们。但是在舞台上表现他们的时候,却常常是强调肮脏(围裙、脸上、手上),政治觉悟低,成为战士们打趣取笑的对象。……可笑的成分超过了使人尊敬的成分,优秀的品质被插科打诨遮盖了。①

表现"工农兵",就是呈现"更高"的人的类型(虽然还未必能说是"新人")。毛泽东早就提出,"知识分子出身的文艺工作者"需要改造自身的资产阶级和小资产阶级情感。加之新中国成立后知识分子普遍卷入思想改造运动,因此在政治上或者说在"理念"上,"文艺工作者"相比于所要再现的对象"工农兵",恐怕难说有任何的优越性。(当然,比起"工农"劳动者来,大部分"文艺工作者"其实在经济待遇上要优越得多。此种视角的引入可以纠正许多偏颇的"定见"。②)而采用"滑稽"、可笑的方式来呈现劳动人民,更是不被允许。由此也就不难理解,为何新中国成立后喜剧电影会一度沉寂。③ 就算抛开新中国成立前那些噱头十足的娱乐喜剧片,社会主义喜剧往往也会聚焦于"敌人"或"人民"中的"落后者",但显然这已不是中国社会主义文艺的主攻方向。

具有症候意味的是,自 1950 年代中期以后,尤其是"双百"方针提出之

---

① 侯金镜:《严肃准确地创造战士形象》,《人民日报》1951 年 2 月 25 日第 5 版。着重号为笔者所加。

② 比如,张硕果在其著作《"十七年"上海电影文化研究》中指出,至少从 1953 年开始,电影系统内部已经实行了基薪加酬金的工资制度。1950 年代工人的工资大约就在 20—30 元之间,而电影工作者的收入普遍高于百元,有的竟达数百元。国家虽然一再强调知识分子学习马列主义、毛泽东思想,与"工农兵"相结合,但是知识分子的社会经济地位和生活方式却对这一目标构成严重的妨碍。参看张硕果:《"十七年"上海电影文化研究》,北京:社会科学文献出版社,2014 年,第 163—166 页。

③ 据李道新说,新中国成立后 90% 以上的喜剧片都产生于 1956 至 1963 年这短短的八年。参看李道新:《新中国喜剧电影的历史境遇及其观念转型》,《电影艺术》2003 年第 6 期,第 15—16 页。另有人指出,"十七年"喜剧电影的创作时段应为 1955 年到 1965 年。参看秦翼:《重读〈满意不满意〉——兼论"十七年"喜剧电影的艺术特点》,《南京师范大学学报》2010 年第 4 期,第 151 页。

后,新中国迎来了喜剧复兴的时刻。喜剧电影再次涌现,同新中国政权的巩固及其在建设社会主义过程中愈发自信有关。据说1955年文化部电影局就开始着手成立喜剧研究室。① 此一时期政治气氛相对宽松,知识分子问题也暂时得到了"解决"。中共中央1956年1月14日至20日在北京召开关于知识分子问题的会议,周恩来代表中共中央作了《关于知识分子问题的报告》,指出:

> 知识分子已经成为我们国家各个方面生活中的重要因素,他们中间的绝大部分是工人阶级的一部分,正确地解决知识分子问题,更充分地动员和发挥他们的力量,为伟大的社会主义建设服务,已成为我国完成过渡时期总任务的一个重要条件。②

这好比为知识分子"松绑"。导演吕班就在这一情境中"摸摸路子看看行情",拍摄了后来被指为"毒草"的《新局长到来之前》等"讽刺"喜剧。从内容上看,《不拘小节的人》"讽刺"了作家李少白不守公德,另两部明显指向社会主义体制内的官僚作风:《新局长到来之前》里的牛科长以及《未完成喜剧》中的朱经理成为遭到讽刺的喜剧人物。1956年之后诞生的一系列新喜剧片(除了吕班的作品外,还有《球场风波》《寻爱记》等)题材直指当下,多用旧式制造笑料的方法。譬如《新局长到来之前》里的朱科长大啃鸡腿、丑态毕露。当其得知新局长就是"家具店老板",一时恍惚将茶水倒入痰盂的场景,令人忍俊不禁。《球场风波》对于张主任的"报告"瘾也处理得颇具喜感。在笑闹之中,锐利的锋芒对准了"人民内部矛盾"。但万不能忘记,如何呈现"人民"的"美学政治"要求,并未因政治氛围短暂的宽松化而发生根本改变。特别是在"反右"运动之中,"讽刺的乱用"极易被视为"政治"的越界。

如果将社会主义政教—美学机制考虑在内,显然此类喜剧电影的问题

---

① 王华震:《未完成的喜剧——吕班讽刺喜剧的创作及对其的批判始末》,《电影新作》2009年第6期,第44页。

② 周恩来:《关于知识分子问题的报告》,中共中央文献研究室编:《建国以来重要文献选编》第八册,第14页。

就不仅仅在于"过火"的讽刺与暴露,更在于制造滑稽与可笑的方式并不正当,特别是其所引发的笑声并不可欲。莱辛曾言:喜剧的真正的普遍功用就在于笑本身,在于训练我们的才能去发现滑稽可笑的事物。① 可见,引导笑与养成正当的笑,并不是社会主义政教—美学机制的发明,只是后者更加激进而已。进言之,令之焦虑的情形,不仅表现为讽刺喜剧"歪曲"了党和人民的形象,更是观者屡屡无法自控地爆发出笑声——无论所笑的对象是敌人还是朋友。喜剧问题一方面涉及作者、作品,另一方面指向观众的正当反应。这也是批评者反复强调"笑只能作为手段,不能作为目的"的根由所在。② 所谓"作为目的的笑",字面意思就是"为笑而笑"。更确切地说,是指游离在"意义"之外的笑。这种笑尤其指涉一种自我失控的状态,因此显得相对"外在"。相反,作为"手段"的笑,则是意义生成的一个环节,因此是一种相对"内在"的笑。在社会主义喜剧批评话语中,作为目的的笑总是同"旧趣味"以及"低级趣味"联系在一起,从而成为一种亟需改造的感性活动。以下推断或许并非无理:笑的改造关系到趣味的改造。理想的观者并非面对所有低级、庸俗的可笑事物总是不由自主地爆发出笑声,而是在笑的过程中甚至在笑之前,就能分辨出政治、道德界限。说得彻底一点,这需要塑成一种新的可欲的"自发性",一种全新的笑的"习惯"。新的社会主义喜剧实践(包括批评话语)力图从根本上暴露笑的经验的历史与阶级根源,力图论证根本不存在纯粹"中性"的笑;同时追寻可笑的根源,并将之历史化和政治化。这一喜剧改造、批判工程隐约指向着人的感官变革及其"内在自然"的重铸。当然,最终所指向的"自然"一定会更深地卷入"自发"与"自觉"的辩证法。为了具体地澄清这一问题,可以来看一个著名的案例:1957 年喜剧片《球场风波》所引发的一场规模并不算小的批判。

---

① 莱辛:《关于悲剧的通信》,朱雁冰译,北京:华夏出版社,2010 年,第 20 页。
② 参看鲁思:《没有风波的"球场风波"》,《中国电影》1958 年第 5 期,第 34 页;胡锡涛:《也谈喜剧》,《喜剧电影讨论集》,第 24 页;张葆华:《喜剧与笑》,《喜剧电影讨论集》,第 40 页等。

二　成问题的"笑"

　　《球场风波》由唐振常编剧、毛羽导演,李天济则是《球场风波》文学剧本的责任编辑。据说影片上映后,立即在观众中引起强烈反响,影院几乎场场爆满。① 然而,这部旨在"嘲笑官僚主义反对体育""不关心群众",同时树立"充满热情、生气、对生活无限热爱、对群众无限关切的新的形象——赵辉"的喜剧电影②,很快就被嗅出了"不健康的趣味"。在"反右"余波之中,这部影片甚至被指斥为"宣传罗隆基思想"。据说康生《在制片厂厂长座谈会上的谈话纪要》(1958年4月21日)有过如下论断:"片子里有罗隆基的思想,比吕班的《未完成的喜剧》高明的多了,吕班的《未完成的喜剧》只是天然辛石,吃了不过泻泻肚子,毒不死人,而《球场风波》则是'化学'药品……"③然而,就我所看到的批判文章来说,针对《球场风波》的批评并未完全上纲上线到"反右"的程度,主要还是批评电影的"趣味低级"(许多不适当的丑化、嘲弄和噱头,譬如洒水车数次淋到主人公)和宣扬资产阶级生活方式(追女人、体育的竞标主义),歪曲了"生活真实",且看不到人物的真正"变化"等。④ 其中分量很重的是姚文元的一篇文章。他仿佛充当着阶级的感知器官,触摸到了影片的"病灶":

　　　　看了"球场风波",内心涌起强烈的反感,第一个念头就是这是一部受了资产阶级艺术思想深刻侵蚀的影片,是一部以小市民庸俗的低级趣味(即"噱头")来代替健康的笑的影片。……首先,这部影片整个气氛,充满了庸俗的灰暗的色彩。在银幕上看不到新中国蓬蓬勃勃的

---

① 金宝山:《一部喜剧片连遭三大人物炮轰》,《世纪》2005年第2期,第73页。
② 李天济:《吸取教训,大胆前进——略谈"球场风波"》,《中国电影》1958年第5期,第36页。
③ 参见吴迪编:《中国电影研究资料:1949—1979》中卷,北京:文化艺术出版社,2006年,第188页。
④ 参看鲁思:《没有风波的"球场风波"》,《中国电影》1958年第5期;顾仲彝:《一部有恶劣倾向的影片》,《中国电影》1958年第5期;安宁:《致"球场风波"导演毛羽同志》,《中国电影》1958年第5期;易木:《与李天济同志商榷》,《中国电影》1958年第6期;瞿白音:《对影片"球场风波"的分析——在上海创作思想跃进大会上的发言》,《中国电影》1958年第7期。

朝气,看不到我们这个伟大的社会主义时代的时代精神——为实现共产主义理想、为社会主义事业的胜利前进而奋不顾身地劳动、斗争的顽强精神,看不到崇高的集体主义的道德品质。……整个环境(不是个别的官僚主义者)却是沉闷、灰色、无聊的,很多画面仿佛是解放前的旧中国。一开始工友老王面容枯瘦弯腰曲背打哈哈的形象,就完全是旧机关中被生活折磨得只知向上级逢迎捧场的小职员的形象……钱正明是一个道德品质极其堕落的个人主义者。就是作为"正面人物"来表现的赵辉,我们也感不到他有什么先进思想,他为体育工作努力没有一个明确的为祖国、为社会主义的政治目标(这点"女篮五号"是突出的),仿佛全为兴趣,因此也引不起观众的什么激动。他穿着笔挺的西装在马路上谈恋爱的形象,则是一个资产阶级或小资产阶级青年的形象。①

姚文元对于"个别官僚主义者"的刻画并不特别在意,而是对影片的"整个气氛"与"色彩"极为不满。他所点出的"小市民"趣味、"旧机关"的"小职员"形象以及"穿着笔挺的西装在马路上谈恋爱"的小资产阶级形象,其实都与旧上海有着千丝万缕的关系。这里的趣味斗争,显然与改造整个城市文化有关。当然,以喜剧来教育,需诉诸独特的感官教育,因此,旧喜剧的策略就变得无法忍受了:

> 钱正明是一个坏蛋,骗取林瑞娟的照片,向张主任"告发"赵辉。但影片中对他并没有进行深刻的批判。他拿着林瑞娟的照片吹着口哨坐在椅子上团团转的形象,向话筒亲吻的姿势,丑恶极了! 简直令人作呕。但影片上引起的却不是憎恨的嘲笑,而是由有"噱头"的动作引起了欣赏性的笑。这样的人本来可以尖锐地揭发他的灵魂,并用喜剧的方式嘲笑他在新社会中必然的失败,结果观众并没有看到这个场面。社会主义的喜剧描写丑恶的事物是为了引起人们憎恨它、消灭它,用笑的火焰把它烧掉;如果效果上使人竟欣赏这种行为,那就是走到资产阶

---

① 姚文元:《不健康的趣味——评"球场风波"》,《中国电影》1958 年第 5 期,第 32 页。

级的"喜剧"道路上去了！现代资产阶级的"喜剧"，正是用"笑料"来灌输、宣传落后的趣味和下流的意识的。①

姚文元的"反应"——"令人作呕"——在这里值得"重"读。其潜台词正是，看到类似场景感到"恶心"才是一种"正常"的反应。但他并没有直接对观者提出要求，而是将矛头指向了《球场风波》本身：正因为电影没有惩罚这类引人发笑的"丑恶"人物，故而"笑料"变得"孤立"起来（即没有被整合进整个叙事），只能"在效果上"引发显得相对"自发"的"欣赏性的笑"。更关键的是，在他看来，这一"欣赏性的笑"并非"笑笑"而已，即不仅仅是"鉴赏"。"欣赏"在这儿或许还隐含了下意识"认同"的意味。这样，姚文元就否认了真正"无目的的笑"的存在。他试图将"笑"从细琐的日常状态、从看似"无意义"的"中性"状态中"解放"出来。或许可以这样说，在姚文元眼中，不是社会主义喜剧，就是资产阶级喜剧；不是"社会主义教育"，就是资产阶级伦理的巧妙灌输。与其说中性的、常态的笑是不可欲，倒不如说是不可能的——因为反面"阶级教育"就栖身在中性、无意义的细节当中。可我的追问是，在触及喜剧经验甚至是更为"低层次"的可笑性时，"政治"的逻辑所具备的"集中化"效用（毛泽东语）是否真正适用？这一点似乎依旧悬而未决。进言之，这里的难点在于，真正的社会主义喜剧与"资产阶级喜剧"，究竟哪一种显得更为"自然"，更加符合"绝大多数人"的"需要"？——当然这一需要并非是天然确定的，而是在历史进程中不断得到重塑。两者所引发的"笑"，哪一种更具有普遍化的能力？如果前者暂时是一种"理想"，那么需要何种"机制"来使之成为可能，进而使之"实现"？

虽然此部影片号称批判"官僚主义"，但是显然所说出的信息要更多。1958年针对此片的批判抓住了这一特征。与姚文元的批评文章同期刊登的一首打油诗所指出的毛病，远比"并不很准确地嘲笑了一个官僚主义者"②要多得多：

---

① 姚文元：《不健康的趣味——评"球场风波"》，《中国电影》1958年第5期，第33页。
② 李天济：《吸取教训，大胆前进——略谈"球场风波"》，《中国电影》1958年第5期，第36页。

球场本无波,编导乱挑唆。
野草充香花,难解其为何?
侮辱新社会;"疗械"无事做。
周饰胖主任,创作走邪路:
毫无革命味,遇事尽马虎。
玩世不恭样儿,演技欠严肃。
丑化"做报告",无浪起风波。
片中青年们,游手好玩乐;
国家职员里,少爷何其多?
导演挑女角,未免太庸俗;
只须线条好,其余可不顾。
此片实浪费,"多快好省"无。
拍成坏片子,编导立场错。
以上仅管见,愿众指教我。①

此种批判无疑牵涉到这部影片未加明言却已然通过镜头传递出来的"趣味"。尤其是打油诗指责影片在挑选女性角色时态度"庸俗"("只须线条好"),更是涉及社会主义美学的核心问题之一:如何呈现"美"且"正当"的人物形象。这里的"线条"好,或许应该读得更实在一些。可以发现,片中女主角林瑞娟的穿着打扮确实很难和旧上海的淑女形象区分开来,尤其是其旗袍装扮。此外,林的女伴的打扮,也显然与1950年代中期所倡导的新中国女性美有所不同。(下页图26、图27)

因此,虽然1958年的批判措辞略显粗暴,但的确不是空穴来风。如果我们更加细致地分析影片的视觉"语法",就会发现,赵辉与林瑞娟的"恋爱形态"是指向小家庭模式的。在影片的1小时10分,赵与林并肩走在林荫道上,摄像机机位放低,聚焦在两人的脚上,足足跟拍了10秒钟。(下页图28)而影片的结尾也是收束于赵林两人的背影——漫步走在林

---

① 艾叶:《"球场"本无波》,《中国电影》1958年第5期,第33页。

荫路上,牵着手逐渐走远。(图29)

图 26

图 27

图 28

图 29

在"社会主义"政教—美学体制中,一切文艺都需要明确自身所表达的特殊性与普遍性的关系。美学形象的偏差会带来认知的偏差,而"认知"的偏差或者说"误认",则会产生有害的实践性的效果。张人杰夸张的"做报告"瘾、郑晓秀与老夫子一胖一瘦的传统"滑稽"设置、几处非常巧妙的"错位"戏,都引发了观众不由自主的笑声。然而,正如批评话语所强调的那样,影片的"呈现"本身就包含着编导人员对于新社会的生活、人物、阶级关系等方面的态度,即有其"爱憎"与"向背"。① 为笑声所遮蔽的,或许是已然被作为"第二自然"接受下来的人物的举动、生活的样态和城市的景观。关于后一点,当时最为激进的批评话语也没有能够完全道出原委。

事情的复杂和有趣之处在于,一方面,吕班等导演的"讽刺喜剧",或更具体地说,更多遵循"旧法"的喜剧,也就是"讽刺"更低、更差的人或嘲笑旧事物的喜剧(往往将矛头指向了新社会的可笑之处,或"名实"不符的"新"、处在"新"的形式中的"旧"),在"反右"运动中多被判为"毒草",进而在"大跃进"高潮时又一次遭到"清算"。② 另一方面,"喜剧"问题并未就此终结。随着1958年"大跃进运动"的到来,又产生了社会主义新喜剧实践及其论争,从而引出了一系列新问题:"反映"劳动人民正面形象的喜剧何以可能? 笑声是否能够由更高的人(社会主义新人)来引发? 这又是何种类型的"笑"等。这也说明了,社会主义文化实践无意于也不可能取消笑,而是要塑成新的笑的经验、新的"主体性"——当然不止于"意识"状态,而且要重构"无意"状态。

三 正面形象与崇敬的笑

事实上,在1958年批判《球场风波》以及其他"有毒"喜剧的过程中,真

---

① 参看瞿白音:《对影片"球场风波"的分析——在上海创作思想跃进大会上的发言》,《中国电影》1958年第7期,第42页。

② 这一"清算"内在于1958年整个电影生产的转型。1958年4月18日,周恩来在与故事片厂厂长会议代表座谈时,批评了《寻爱记》《幸福》《凤凰之歌》《乘风破浪》和《上海姑娘》5部1957年拍摄的影片,他认为"这些片子有的是原则问题,有的是风格、情调低级,不能反映时代,没有伟大理想的召唤。基本思想是资产阶级个人主义,是作者没有实践"。随后又约见了故事片厂厂长会议代表,正式向各故事片厂提出建议,要求各厂迅速组织创作人员到"大跃进"火热的斗争中去,到生活中去,拍摄一些"艺术性的纪录片"。1958年5月,文化部电影局在长春召开了长影、北影和八一三厂电影跃进会,会议传达并学习了周恩来和康生的《在制片厂厂长座谈会上的谈话纪要》。陈荒煤等也纷纷撰文检讨1956—1957年电影的错误。参看吴迪编:《中国电影研究资料:1949—1979》中卷;张硕果:《"十七年"上海电影文化研究》第二章第三节:"从'大跃进'到'社会主义文化革命'"。

正的"社会主义喜剧"的问题已经被提了出来。自认为"外行"的姚文元也忍不住要扯两句：

> 我们非常需要社会主义的喜剧,因为我们生活中到处充满了愉快的爽朗的笑声。我们的喜剧的基调应当是革命的乐观主义。它在人民心中引起乐观、光明、朝气、欢乐、开朗的情绪,能够把人民的感情引向一种轻松的、充满革命干劲而又非常活跃的状态,满怀信心活力地去建设社会主义。社会主义的喜剧也用各种偶然的细节及外形的夸张来构成笑,但这种笑却和看了哈哈镜里奇形怪状而引起的笑有着本质上的不同,它有思想意义,在偶然的细节中闪耀着对社会主义新生活的乐观精神。能够从笑中去启发人的深思,促人猛省。对于讽刺,它区分敌我;对于形象,它反对用"噱头"的方法去进行歪曲的或纯生理性的夸张。①

值得注意的正是,"充满愉快爽朗笑声"的"生活"与"社会主义喜剧"之间构成了某种因果关系。作为日常表述的"喜剧"与作为文艺类型的"喜剧"可以相互"滑动"。② 与其说这一"滑动"混淆了喜剧所引发的笑和其他类型的笑,毋宁说它凸显了社会主义实践对于全新的笑的吁求。姚文元将此种主体情绪确认为"革命的乐观主义"。这是投身社会主义实践必备的主体姿态:不仅紧张,也要轻松;总是充满干劲,满怀信心。③ 换句话说,社会主义喜剧的目的或者说"笑的目的",就是帮助"催化"此种主体性。这里的另一个关键点是笑"主语化""名词化"了,它不再仅仅是一种生理反应,而是有着具体内容规定("思想意义")的情感状态。这正是社会主义喜剧批评最为根本的论述前提之一。笑的现象在此种修辞运作中成为一种可加评判的客观对象。不妨说,姚文元最看重的正是社会主义喜剧所引发的笑的

---

① 姚文元:《不健康的趣味——评"球场风波"》,《中国电影》1958 年第 5 期,第 33 页。
② 注意 1961 年以后("大跃进"后的调整期,整个电影政策也有所改变),有人就把这个问题摆了出来。参看颜可风:《喜剧电影讨论中的一个问题》,《喜剧电影讨论集》,第 235 页。
③ 在诸多刻画"新人"的社会主义小说中,我们看到了此种革命乐观主义已经成为主人公的基本精神姿态之一,比如《创业史》里的梁生宝、《艳阳天》里的萧长春。

性质,以及经由"笑"来实现新的"教养"、新的习惯。当然,在这儿他还只是从"正确"的讽刺态度以及有别于"生理性夸张"的制造笑的方式,来间接谈及这一新喜剧的特质。

"新喜剧",更确切地说,"歌颂性喜剧"的"真正"诞生主要关系到1959年摄制完成的两部电影:《今天我休息》(李天济编剧,鲁韧导演)和《五朵金花》(季康编剧,王家乙导演)。① 有意思的是,这两部电影的现实"起源"同上述以讽刺和嘲弄见长的喜剧截然不同。《今天我休息》的编剧李天济曾提及他本来是要写一部"纪录性艺术片",并称"剧本中所发生的大大小小的事件,就事件本身来说,是几乎没有、或者很少虚构、加工的"。② "纪录性艺术片"是"大跃进"时期的新事物,甚至可以说与"大跃进"实践同兴衰。这类"迅速反映当前大跃进中新人新事和英雄事迹"的影片介于"故事片"和"纪录片"之间,一度被誉为"革命现实主义与革命浪漫主义"的电影实例。③ 然而,也就是在1959年"大跃进运动"初步暴露出弊端之后,文化部就已经开始否定"纪录艺术片",称其"有很多浮夸和缺乏国际主义精神的表现"④。虽然1960年仍有诸如蔡楚生等撰文肯定之,但现实情况是1959年后各大电影制片厂已很少再摄制此类影片。⑤《今天我休息》有其"纪录性艺术片"的起源,无疑是一个十分关键的信息。这可以部分解释此部影片的风格特征。李天济特别强调不是刻意拍成喜剧,而是因为"生活本身

---

① 在当时的批评话语里,关于"新喜剧"主要有两种意见:第一种是以讽刺性喜剧与歌颂性喜剧来暗示新旧喜剧的区分,尤见周诚《试论喜剧》;第二种则是更为主流的意见,即认为新喜剧不能局限于《今天我休息》《五朵金花》之类的范围,"新喜剧就是社会主义喜剧",可以包含新社会的讽刺喜剧,也有幽默喜剧或歌颂喜剧。本章接下来所讨论的新喜剧,主要集中谈所谓"歌颂性喜剧"这一类型。这里的"新"主要是针对传统喜剧文类规定而来的,具体指的是新人作为喜剧人物这一问题。
② 李天济:《要学习、要歌颂——写作〈今天我休息〉的感受》,《喜剧电影讨论集》,第3页。
③ 参看陈荒煤:《向革命的现实主义和革命的浪漫主义前进的开始(1958年12月)》,吴迪编:《中国电影研究资料:1949—1979》中卷,第242页。当时被广为传颂的"纪录性艺术片"有《访问黄宝妹》《钢人铁马》《第一颗红钻石》《英雄赶派克》等。但因为这类影片大部分已被销毁,所以今天很难公正地评价之。
④ 吴迪编:《中国电影研究资料:1949—1979》中卷,第271页。
⑤ 参看张硕果:《"十七年"上海电影文化研究》,第148—149页。

充满欢喜"。这一说法与延续而来的"纪录性艺术片"的类型特征也不能说没有关系。另一方面,《五朵金花》则是"建国十周年"献礼片(往往被类比于苏联的"抒情喜剧")。据说其诞生还是源于周恩来的亲自指示:"是否写一部以大理为背景,反映边疆少数民族载歌载舞的喜剧影片。"①导演王家乙在1961年曾"回忆"此片的剧本创作和拍摄过程,显然他的表述受到了已然展开的喜剧电影讨论的影响,因此特别点出此片的"新喜剧"特征:

> 我设想《五朵金花》是新喜剧,是要在笑声中迎接新社会的到来。歌颂式的喜剧如何搞呢?……主题确定,那就要让观众相信影片《五朵金花》中发生的事是真实的,所以影片表现要立足于真实可信。……失去分寸,那就会使人们不相信这是我们的当代社会:那是戏,不是生活。……我不希望看影片的观众哈哈大笑,而希望观众在观赏影片的时候有会心的微笑,心情舒畅地从头看到影片结尾。从心里很爱他们,值得回味地含笑,这也叫喜剧。我不追求哄堂大笑,希望观众淡淡的笑,笑在脸上也笑在心里,在微笑中承认我们这里的一切都是美好的。②

在"命名"新喜剧的过程中,批评话语的位置尤为关键(当然也需注意1961年之后批评话语姿态的转变)。或者,毋宁说批评话语(包括编导的自述)试图确认一种能够催生出不同于旧有讽刺性喜剧经验的笑("会心的微妙""从心里很爱他们""值得回味地含笑"),并且同时能催生"认同"的新型喜剧。从王家乙关于"真实可信"的讨论中,可以发现,"新喜剧"依旧内在于"社会主义现实主义"美学机制(其中所包含的"矛盾",后文还将详加探讨)。如果说传统的讽刺喜剧是将观众与所笑对象"拉远",在两者之间刻意制造出"距离"或不认同的关系。那么,"新喜剧"或"歌颂性喜剧"则试图拉近两者的关系,甚至刻意造成"戏"与"生活"之间的"滑动"。

---

① 转引自袁成亮:《电影〈五朵金花〉诞生记》,《党史文汇》2006年第3期,第39页。
② 王家乙:《王家乙导演谈影片〈五朵金花〉创作》,《电影文学》2010年第1期,第145页。

更值得一提的是，批评话语似乎看到了突破"喜剧"经典性规定的契机。① 最早提出"歌颂性喜剧"和"讽刺性喜剧"分类法的周诚就以为：

> 歌颂性喜剧是喜剧的新品种，是大跃进中的产物，是党的百花齐放政策的产物。这种喜剧突破了喜剧的传统的讽刺框框，它既可以不反映敌我矛盾，也可以不反映人民内部矛盾——或主要的特征不是反映这两类矛盾——而只是歌颂新人、新事、新的道德品质，从而反映时代的面貌。②

依此逻辑，以《今天我休息》和《五朵金花》为代表的"歌颂性喜剧"所引发的笑，就不简单是普罗普所谓"善意的笑"或同情可敬之人身上的"微瑕"③，而是"崇敬的笑"（注意联系上文王家乙所说的"从心里爱他们，值得回味地含笑"）："观众的笑，不是表示对事物的讽嘲和蔑视，而是对新人物的出自内心的崇敬，或感到喜剧中的人物比自己高尚和优越。"④甚至有评论者指出："我们笑马天民是笑他不照目前社会上普通人所做的那样办事，笑他是表示对他崇高品德的敬爱，也笑自己思想中还可能存在的'普通人'的资产阶级思想作风的参与。"⑤这一"反转向自己"的规定显然带有理想化的色彩，但急于揭露此种评论的武断性和主观性，无助于将问题推进。我进一步的追问是：一、在理论的意义上，所谓歌颂性喜剧的喜剧经验到底"新"在何处，以及这一"新"和新人的"新"是否有着内在联系？二、在历史经验的意义上，歌颂性喜剧究竟与 1950 年代末 1960 年代初的历史实践，构成何种缠绕性的关系？有意思的并不是批评话语给出的答案，而是其问题的提

---

① 相比而言，苏联美学虽然也肯定"喜剧的正面人物"以及"正面的喜剧形象"在社会主义实践中的重要性，但似乎依旧强调"讽刺的否定同欢乐的肯定的结合"应该成为"社会主义现实主义喜剧的最高形式"。参看 P. 尤列涅夫：《人民所喜爱的》，《电影艺术译丛》第 2 辑，第 11 页。换言之，似乎苏联美学并没有生产出一种关于"歌颂性喜剧"的独特话语。

② 周诚：《试论喜剧》，《喜剧问题讨论集》，第 13 页。这一关于"不反映"矛盾的论说触发了极大的争论。

③ 参看普罗普：《滑稽与笑的问题》，第 138 页。

④ 范华群：《略论新喜剧的矛盾冲突》，《喜剧电影讨论集》，第 52 页。

⑤ 顾仲彝：《漫谈喜剧的矛盾冲突》，《喜剧电影讨论集》，第 21 页。类似的评价可参看姚萌：《喜剧的正面形象问题》，《喜剧问题讨论集》，第 57 页。

法。摆在这儿的还是那个老的问题架构,却有了新提法或者说发生了"反转":此类社会主义喜剧指向"歌颂新人",也就是表现比今天的一般人更好的人。旧喜剧所引发的大部分笑是嘲笑,而这里所具有的是"歌颂的笑""敬爱的笑"。

这里需要先行厘清的是:喜剧里的正面形象未必就是严格意义上的喜剧形象。两部电影的上映掀起了白族地区"万朵金花"运动和民警"学习"马天民活动,但与其说这是因为电影中的新人可笑,毋宁说是因其可敬——当然,这一"可敬"与正剧所唤起的"可敬"之间有何微妙的差别,是可加讨论的问题。其次,引观众发笑的未必就是新人的可敬之处,笑的反应难免存在种种"错位"的情形。① 最后,虽然在"大跃进"时期,"喜剧"的语义边界有了极大的扩张,但是歌颂性喜剧电影离不开必要的形式规定性。这不只是说喜剧作品总会关涉到"表演者"和"观者"的二元结构以及其他一些"文类"规定,因此不能简单视为引发兴奋和喜悦的"颂歌"。② 电影的镜头运用等特殊的技术手段所带出的"形式"规定,亦是不可忽略的要素。③ 但是在这一系列难点面前,我们首先需要关注的是中国社会主义喜剧实践的自我理解,甚至需要从批评话语显见的"缺陷"和"含混"中追索历史之"新"。而一旦从现在僵化的立场与视点(包括艺术和政治两方面)出发,"歌颂性

---

① 一是《今天我休息》:"例如,为了走横道线而失去见面的机会,虽然观众笑了,但观众笑的是横道线阻碍了他们的会面,不是笑马天民半路退回来走横道线的'高贵品质'。"(《喜剧问题讨论集》,第130页。)"甚至当那个叫'爱兰'的年轻人,硬拉着要请马天民的客,感谢马天民给他找回了丢失了的皮夹子,热忱地向马天民'交心',谈到他如何由不安心工作而转变为热爱兰州——因此更名'爱兰'……按常理说,这些本来应该感动人的、有意义的内容,但观众的反映不一致,有的在笑,有的在生气,甚至有的观众讨厌了这个本来不应该被讨厌的人了。"(《喜剧问题讨论集》,第160页。)二是《五朵金花》,观众笑的最厉害的是瘦子画家和胖子音乐家赶不好驴车,一下子将路旁电线杆子撞倒,截断了阿鹏和金花的通话。见《喜剧问题讨论集》,第212页。

② 参看陈瘦竹:《关于喜剧问题》,《喜剧电影讨论集》,第79页。喜剧讨论中,"喜剧"这一文类和生活的"欢快"之间的"张力",是批评话语始终的焦虑所在。

③ 参看徐昌霖:《电影喜剧的蒙太奇》,《喜剧电影讨论集》,第199—224页。比如,与舞台剧或其他艺术样式相比,电影在讽刺夸张方面具有更为丰富的可能性;对具有特征意义的细节的突出表现、音响跟它的自然根源的分离、话语和滑稽形象的对比、快摄与慢摄、蒙太奇的使用等等。

喜剧"难免遭到粗暴的否定。① 更富有生产性的方式毋宁说是,继续追问批评话语已有所考虑但未能"充分"回答的核心问题,甚至在某种程度上,需要将这一问题有点蛮横无理地推到极端:"正面形象"何以引人发笑?

如果说"崇敬的笑"仅仅是一种主观的设定因而并不可靠,那么新喜剧中的喜剧经验是否能够还原为旧有笑的经验? 由于社会主义喜剧实践内在于社会主义政教—美学体制之中,因此新人的喜剧形象必然关联着现实的道德教育(注意批评话语总是在意于喜剧的"真实性")。如果喜剧经验可以视为某种独特的审美经验,那么亦需追问此种审美经验与其他经验之间究竟是如何建立联通机制的。

另一个关键然而并不十分显豁的前设性问题是,呈现新人(所歌颂对象)的品质为何需要喜剧的形式,即"正面形象"为何需要引人发笑? 这里包含了某种未能明言的看法,即社会主义实践需要一种轻松的因素,需要一种喜剧性的新人形象作为"教育"人民的"典型"人物。笑的现象与"自发性"始终有着某种关联。人们在笑的时候总会体验到暂时的失控感或不由自主性(当然,也不排除装笑、假笑的存在,然而,这需要从另一个角度切入讨论②)。喜剧里的笑总是对于外在可笑之物的"回应",却指示出最为内在的属己反应。可以假笑或装笑,但却无法强迫人"真"笑。换句话说,社会主义实践最终想要"移植""掌握""治理"的,正是这一"反应"的状态。既然有

---

① 譬如一篇较近的论文这样评判这两部电影:"马天民并不是一个生动丰满的人物典型。在这一人物身上充满了虚假、做作和矛盾。他只是作者某种思想、意念的寄托者,只是恩格斯所说的'时代精神的传声筒'。……在《五朵金花》的'五遇金花'和《今天我休息》的'四次失约'的主要情节中,全是误会、巧合的堆砌,显得牵强、不自然。"(胡德才:《对十七年"歌颂性喜剧"的反思》,《南京大学学报》2005年第5期,第66、67页。)

② 关于"假笑"问题,基拉尔认为另当别论。因为"假笑"所涉及的身心机制以及所调动的情感状态有所不同。"当现代人的确没什么可笑的时候,他们不断地装笑。笑是唯一能为全社会所接收的净化形式。结果,有很多被误以为是笑的,其实根本不是笑:礼貌的笑、世故的笑、公关的笑。笑本来应该缓解紧张,但所有的假笑往往会增加紧张,这类笑里面无疑不会包含有真挚的、自然而然的生理反应,特别是没有泪。"见勒内·基拉尔:《双重束缚——文学、摹仿及人类学文集》,第168页。值得进一步讨论的是,当假笑者装"笑"时,他所想"征用"的显然是"笑"的功能,使之能够与"真笑"者拉近距离,也当然已经预设了"真笑"的某种应有状态,或对之已有所理解,有所感受。

生理性的低级的笑在传播"低级"的趣味,崇敬的感情、新的主体性的养成为什么不能同样在"笑"这一更为"自发""自然"的过程中实现?这些对于社会主义实践尤其是文化建设来说,实在是非常关键且富有挑战性的问题。此外,喜剧形式本身的兴衰起伏同样也是历史情境转换的表征。这个非常短暂的、仅有的属于社会主义"新人"的喜剧时刻,变成了人之"内在自然"改造的寓言。

第二节 喜剧主体与"新人"

一 "人不仅仅是人"与"革命的分心":新喜剧的主人公

(一)

在喜剧电影讨论中(1960年至1962年),喜剧的分类以及新喜剧中的矛盾问题是两大核心争论点,而触发这两大问题的又主要是《今天我休息》和《五朵金花》。① 两部难说反映任何重大题材的喜剧电影,却引发了电影和戏剧界长时间的关注,无疑是一个十分耐人寻味的现象。因此不能仅仅将这两部电影划归在特定的艺术门类之内来进行考察,也不能认为两者仅仅牵涉到传统的美学问题。可以看到,1961年之后,即从"大跃进"转入调整期后,针对"歌颂性喜剧"的批评就逐渐多起来。强调"矛盾"或戏剧冲突的论述也逐渐形成强势。随之而来的是对于"讽刺"(喜剧)的重新评估,以及对于真实、丰满(反"机械性")的人物形象的再次强调:

> 关于《五朵金花》和《今天我休息》这两部影片的正面喜剧形象的塑造,我认为是不够鲜明的。我们并没有在影片中看到阿鹏和马天民性格发展的具体过程。看完影片以后,他们的形象在观众脑子里很快就被淡忘了……人毕竟是人,它有着极其复杂的心理活动。当他与外

---

① 参看艺军:《试论社会主义的电影喜剧》,《喜剧电影讨论集》,第108—109页。

界接触的时候,必然要有种种矛盾和斗争。它绝不会像机械那样,按着确定的轨道,向着既定的方向,做着机械的等速运动。①

需要注意,批评者在此强调"人毕竟是人",并且极为反感喜剧人物身上的"机械性"。这可不只是一种美学异议。我们还能看到,许多批评者对于"歌颂"与"讽刺"这一"形而上学"式的分类法极为不满,也不认同歌颂性喜剧的主流地位。② 批评话语不断暗示"愁苦"依旧存在,也就是间接否定了欢喜、欢快论调的至上性。③ 在这个意义上,那种因生活本身充满欢乐从而再现生活(尤其是"大跃进"式欢快)就可以产生喜剧的看法,隐约地遭到了反驳。进言之,由《今天我休息》所引发的对于此种"新喜剧"的界定以及对之的充分肯定,经历了戏剧性的反转。但是,如果跟随批评话语的转变趋势,重新强调所谓"(社会主义)现实主义"的要求,强调"人的复杂性",强调"内心冲突"和"矛盾斗争",《今天我休息》里的马天民只能置身于"机械"和"表面化"之列了。我并不否认,此种美学要求有其合理之处。在"大跃进"的弊端逐渐暴露出来之时,"新人"逐渐向"常人"偏转也合于历史的逻辑。然而,无反思地依循这一逻辑,难免又遁入"太阳底下无新事"的轨道。"新喜剧"所带出的问题,并不是这一论述框架可以简单把握的。我们恰恰需要继续推进批评话语所构造出的难题:新的人、更高的人何以是喜剧

---

① 李成诚:《试就〈五朵金花〉和〈今天我休息〉谈电影喜剧的几个问题》,《喜剧电影讨论集》,第171—172页。另外可参看张葆华:《论戏剧冲突》,《喜剧问题讨论集》,第139页。

② 比如季洛明确提出"不同意把新喜剧的内容局限在像《今天我休息》《五朵金花》一类狭窄范围",而认为"新喜剧就是社会主义喜剧","不能因为它们讽刺了什么就不算作新喜剧",进而认为"只看到一种花是新品种,显然是不全面的。把歌颂与讽刺对立起来看问题,是把任务与手段,把态度与方法混为一谈"。(季洛:《也谈喜剧的分类问题》,《喜剧电影讨论集》,第70、75页。)又可参看李成诚的评价:这两部片的矛盾冲突不够鲜明,没有深刻地反映出生活中的矛盾和斗争。只能说它们是社会主义喜剧中的一种类型或者一种风格,决不能把它们作为社会主义喜剧的主流和方向。见《喜剧电影讨论集》,第167页。

③ 譬如,颜可风就说:"连年的自然灾害,给我们的建设事业带来了一定的困难,为了使三面红旗更高地飘扬,人民内部还需要进行细致、复杂的思想教育工作。对于社会生活的这些方面,难道就不值得文学艺术去表现? 表现这些社会生活矛盾的喜剧影片,在社会价值上难道就真的比'欢乐的影片'低下?"(颜可风:《喜剧电影讨论中的一个问题》,《喜剧电影讨论集》,第236页。)又如陈白尘:"我们社会里'充满了欢乐',但不等于说没有愁苦,而欢乐也正是从不断的斗争胜利中取得的。"(《喜剧杂谈》,《喜剧电影讨论集》,第246页。)

人物。当然也包含着对于此种笑的性质的执拗追问。具体落实在《今天我休息》和《五朵金花》两部电影上，就是马天民等在什么意义上可以称为"喜剧人物"（或喜剧主体、喜剧性格），当然这同时也是对于一种新型喜剧的追问，其中包含着对于新的人性的想象。

许多喜剧讨论参与者并不愿意在"新人"形象和"喜剧"问题之间建立明确的关联，而更愿意通过诸如"幽默、诙谐"（语言）或是巧合、误会等情节、结构设置来迂回地谈及歌颂性喜剧的喜剧特性，或是简单归诸"生活的欢乐"本身。但是创造"鲜明的正面的喜剧形象"又被视为社会主义喜剧建设的一个"严重的课题"。因此当时的讨论者无法回避以下看似悖论的要求：喜剧中的正面人物既要让观众发笑又要使观众对他抱有崇敬之感。如果顺着这个问题意识继续思考，必然就会遭遇这一问题："新人"与"喜剧"具有一种相对"外在"的关系还是相对"内在"的关系？两者会引出关于"社会主义喜剧"的不同认识。乍一看毫无问题的结合，却蕴含着难以消解的矛盾：新人形象的塑造无疑联通着"社会主义现实主义"美学；但喜剧因素的引入，却一定会冲击"真实性"和"典型性"（两者相关，但并不等同，"真实性"更多关乎生活气息，而"典型性"有其理想性与普遍性追求）。在原则上，社会主义喜剧需建立在某种全新的"笑"之上，而不能是旧有喜剧元素和新人形象的"混合"。针对这一问题，稍早时期的讨论曾给出某种回应或者说暗示。首先是范华群在点评马天民这一人物形象的"急公好义"时，提出了与那种强调"人毕竟是人"的批评截然不同的看法：

> 为了更好地说明马天民思想中的共产主义思想和资产阶级思想之间的矛盾斗争，是否有必要让人物在决定义不容辞跑去关心群众的事情之前，先来一下个人的思想斗争呢？表现一下动摇、迟疑、表现一下患得患失呢？如果真要这样做的话，那倒反而是一种降低和削弱人物思想品质的做法了。马天民的毫不犹豫急公好义的表现，正说明了这个人物的风格高尚，否则也不用称他为新人物了。①

---

① 范华群：《略论新喜剧的矛盾冲突》，《喜剧电影讨论集》，第51页。

范华群在这里说的还是"新人物"的思想品质,并未将它与喜剧及可笑问题直接联系起来。也就是说,在他这儿,毫不犹豫、急公好义是一个新人应有的姿态和反应。新人不需要"斗争"和"迟疑"的行动,这说明他呈现出一种别样的"自发性",甚至于说,体现出一种"自动化"的特点(因此后来也会有"机械性"的指责)。但需要注意的是,新人此种"自发性"特质在电影镜头中呈现为一种独特的"形式"。艺军后来在评价作为喜剧人物的马天民的特征时,进一步确认了此种"毫不犹豫"的形式感:

> 这种喜剧性格的构成,在于人物性格的某一方面或某几方面得到非常突出而夸张地表现(其夸张程度往往超过正剧中的人物),这种性格中的非常强烈和执着的一面,使人物对周围环境作出某种超乎常情的反应,并往往暂时产生与初衷相违背的后果,这就使我们感到可笑。①

这里有两个问题值得关注。首先是喜剧人物(喜剧性格)拥有非常执着的一面,对于"周围环境"有着超乎常情的反应,即超于"常识"或"一般人"的反应。其次,喜剧人物会遭遇"暂时与初衷相违背"的结果。在纯粹形式的意义上,即喜剧中总有本该发生的未发生、该得到的暂时未得到的情形。更确切地说,喜剧中总是存在着种种"错位",总是有"过剩""过度"的情况发生。两者一同构成了"可笑"的来源。一者是喜剧主体的规定,一者是喜剧情境的规定:一方面是喜剧人物近乎夸张的执着;另一方面是某种"不一致"场面屡屡发生、无法掌控。不过在歌颂性喜剧中,后者往往与前者有联系。正因为新人执着于大事、公事(特别需要联系上文所谓的"毫不犹豫"、不加反思的特点),所以本来的意愿与企图("私事")会不断被打断。譬如马天民本是为了相亲,却不断被"阻"。因此,不妨首先将喜剧人物执着而超乎常情的反应,视为新喜剧核心特征之一。在这个较为基本的"形式"意义上,新人和新喜剧便产生了直接的关联。这里的"新人"本身就是一种喜剧主体。这不仅是说作为正面形象的新人在喜剧中是"主人公",更是说新人的行动本来就带有喜剧性。曾有批评者认为,马天民除了最后姗姗来迟

---

① 艺军:《试论社会主义的电影喜剧》,《喜剧电影讨论集》,第 116 页。

在女友家脱帽道歉露出只理了一半的阴阳头这样的笑料外,几乎无喜剧性可言(然而我倒不记得影片特别凸显过这一点)。① 我觉得这一批评并没有抓住上述喜剧人物的核心特征,而且过分倚重某种隔膜于当时喜剧脉络的趣味标准。且看电影里的这一组镜头(图30—图33)。马天民在弄堂里找到正在替里弄搞清洁工作的华占魁和黄飞,黄婶婶让其劝说中午还得在钢铁厂上班的儿子和华占魁赶快休息:

图 30

图 31

图 32

图 33

  华占魁(抱着女儿花花):哎,老马,今儿不是你休息嘛,还来帮忙啊?

---

① 胡德才:《对十七年"歌颂性喜剧"的反思》,《南京大学学报》2005年第5期,第67页。

第四章 社会主义喜剧与"内在自然"的改造 | 273

马天民:你怎么不听里弄小组长的话?

华占魁:没有啊,不信你问黄婶婶(即里弄小组长)。

马天民:还不承认,你们转炉车间不搞高产日啦?你们不是提出保证,要提前完成国家指标二十万吨。

黄飞:是啊,我们今天要大战一场呐。

马天民:还是啊,那还不赶快回去休息。回去。

黄飞:是。

黄婶婶:不听话……就有人治你们(马天民跑出镜头)……老马(镜头一下子扫到马天民,他正爬上梯子)……怎么你也上去了?

马天民:我干一会……(笑)

黄婶婶:下来,给我下来,听见没有。

马天民(憨笑):我……

(在这当口,所长来找马天民,跟他说约会刘萍的事儿。)①

这里的"喜剧性"在于,黄婶婶"就有人治你们"话音刚落,马天民就已经在另一个镜头里了:正在爬上梯子准备接手华占魁冲刷屋顶的活计。前一刻他还正正经经地要求别人休息,后一刻却如"弹簧"般地不可抑制地投入到并非分内的工作之中。所谓歌颂性喜剧里的新人形象之所以引人发笑,同这一主体状态恐怕是极有关系的。已有评论者指出,作为正面喜剧人物的马天民并不是那种风趣、幽默、机智的喜剧角色。后者屡屡被视为"中国正面喜剧形象"的特质,如评论者反复提到的《葛麻》里的长工葛麻。马天民倒与民间文艺创作中的"天真的老好人"形象颇为相似。② 毋宁说,马天民首先是一个天真的形象。因此,也可以想见,这一人物更不是因其滑稽的外形或丑角式的特征而招来笑声。在这个意义上,传统的"优越论"得到了一

---

① 《今天我休息》,上海海燕电影制片厂,1959 年,编剧李天济,导演鲁韧。此段为 14—15 分钟。

② 波德斯卡尔斯基曾提及这样一种西方民间形象:"糊涂的贡札三次被打发到集市上去卖乳渣。贡札通常要从一个水池旁边走过,在这里他看见青蛙从水里伸出头来哇哇地叫着。贡札想,青蛙大概饿了,他就把应该卖掉的全部乳渣倒给了它们。"(《电影艺术译丛》第 2 辑,第 65—66 页。)往往这样的"天真好人"最终会因其善良得到命运的眷顾或他人的垂青。

定程度的束缚。

（二）

新人的喜剧形象反而能将黑格尔关于"可笑"(the laughable/Lächerliche)和"喜剧"(the comical/Komischen)的区分带出来。在黑格尔看来，"可笑"表现为：本质与现象的对比或目的与手段的对比显示出矛盾与不相称，从而导致现象的自我否定，或对立在现实中落空。可笑的事物所引发的笑往往是自矜聪明（表示见出可笑事物的矛盾而获知自己的高明）的体现，也会有讥嘲、鄙夷、绝望等特征。黑格尔同样认为"讽刺"(Satire)称不上有喜剧性，笨拙或无意义的言行也没有多少喜剧性。在这个意义上，一般意义上的"喜剧"只是对应于黑格尔所谓的"可笑"。而他所谓的喜剧性"却要提出较深刻的要求"，有着更为严格的规定：

> 喜剧中的主体一般非常愉快和自信，超然于自己的矛盾之上，不觉得其中有什么不幸；他自己有把握，凭他的幸福和愉快的心情，可以使他的目的得到解决和实现。……本身坚定的主体性凭它的自由就可以超出这类有限事物（乖戾和卑鄙）的覆灭之上，对自己有信心而且感到幸福。①

值得注意的是，黑格尔所嘉赏的喜剧尤指以阿里斯托芬的剧作为代表的古希腊喜剧。对他来说，喜剧（古希腊喜剧创作本身指示出喜剧的本源"概念"②）并不对真正符合伦理实体的东西（真正的哲学和宗教信仰、优美

---

① 黑格尔：《美学》第三卷下册，第291页，第293—294页。黑格尔《美学》英译相关内容见 G. W. F. Hegel, *Aesthetics: Lectures on Fine Art Volume II*, trans. by T. M. Knox (London: Oxford University Press, 1975), pp. 1199-1200。

② 关于此种"喜剧"概念在黑格尔"体系"中的位置，参看劳（Stephen C. Law）的讨论：喜剧在本质上高于悲剧，因为喜剧免去了悲剧所唤起的怜悯与恐惧。悲剧式的怀疑和不确定性为喜剧的偶像破坏即自我确定性铺平了道路。喜剧精神不知怜悯也毫无恐惧。黑格尔的喜剧英雄是自主的、自我确定的，他自己决定了什么是重要的东西而什么不是。他本身就是万物的尺度。见 Stephen C. Law, "Hegel and the Spirit of Comedy: *Der Geist der stets verneint*", William Marker ed. *Hegel and Aesthetics* (Albany: State University of New York Press, 2000), p. 117。值得追问的正是，这种黑格尔喜剧观背后的人或主体性的设定，与社会主义喜剧中所呈现的人之设想，究竟有何关系？

的艺术)开玩笑。喜剧破坏的是实体性的假象(比如古希腊政治生活中的诡辩、古代信仰和道德的破坏等等)。在黑格尔那里,"阿里斯托芬的喜剧英雄的特征是,他是笑声的参与者而不仅仅是被笑的对象(我们能够与他一起笑,而不是笑他)"①。虽然黑格尔意义上的喜剧指向一种辩证否定的过程,喜剧主体也并不算是"正面"的英雄,但是这一喜剧性所指示出的主体特征,却和歌颂性喜剧中的喜剧主体形成有趣的呼应。

曾有批评者指责《今天我休息》设置了过多的巧合与误会,违反了生活逻辑,而马天民也失去了"人的本来面目"。②批评本身可能过于简单化,但并非"无根之水"。其实当时的喜剧讨论已经暴露出了一种类似的焦虑,即喜剧形式与"真实""自然"(在这里可以把握为"符合人情")之间的关系如何处理才算恰当。③ 在社会主义现实主义美学的前提下,任何一种文艺类型都必须厘清自身与"现实"(或者说"真实")之间的关系。所有文类都参与到对于同一种"真实"的表征之中。因此,喜剧的形式规定或体裁要求无法拒绝此种更为普遍的美学——政治要求的渗透。比如这里对于"真实"的要求,从上述王家乙的发言中也可见出这一点。

但新喜剧的形式难点却把这种美学——政治的"界限"给暴露了出来:自然与不自然、真实与虚假等标准自身的"预设"变成了可争议的对象。这不仅仅是戏剧、电影空间内部的问题,更指向当时的社会空间。由于歌颂性喜剧主要意在呈现新人,问题的关键又回到了"人"。但是何种"人"才算是"真实"的甚至"自然"的"新人",无疑是一个可以争辩的问题。上文已经提到,歌颂性喜剧中的喜剧主体同黑格尔笔下的喜剧主体有着形式上的相

---

① Stephen C. Law, "Hegel and the Spirit of Comedy: *Der Geist der stets verneint*", William Marker ed. *Hegel and Aesthetics*, p. 119.
② 胡德才:《对十七年"歌颂性喜剧"的反思》,《南京大学学报》2005年第5期,第67页。
③ 参看马少波:"罗爱兰留马天民饮酒吃饭一节,是不大符合生活规律的,当罗爱兰强留他饮酒吃饭的时候,他完全可以说明七点钟有人约他吃饭,何必这样吞吞吐吐呢?"田汉:"有些地方笑料还需要进一步搞得更自然、更深刻。……女的(刘萍)做了菜自己端出来,兴致蛮高兴特意请他吃饭,拿一般人之常情吃得再怎么饱,总也得多少吃一点,接受人家的好意,断不应该说:'我已经吃过饭了',没有那么傻的求婚者,这只能说明马天民这个人不懂礼貌。……这是失礼的、不通人情的。"(《〈今天我休息〉座谈会》,《电影艺术》1960年第6期,第35—36页。)

似性。而从黑格尔意义上的喜剧主体来看，要害不在于设定"人"，而是呈现一种"主体"和"实体"的辩证运动。虽然这种典型的德国观念论措辞难免让人生疑，但是我们也必须警惕，过分执拗于"人"本身，也会陷入另一种形而上学——"有限性"的形而上学①；用固化的人性本质，甚至用理性经济人来规定"人"。我在这里不想陷入关于"合乎人情还是不合人情"这类意思不大的提问方式，而是进一步追问：喜剧性和新人的结合到底意味着什么？如何在一种强的意义上，把握作为喜剧人物的"新人"？

在解释黑格尔的喜剧概念时，斯洛文尼亚学派哲学家祖潘西奇（Alenka Zupančič）提示我们，喜剧不是主体异化的故事，而是实体异化的故事，实体在其中已成为主体。② 虽然她的用词非常哲学化，意思倒并不复杂：喜剧主体不是那种物化或者异化为非人形象的本真的人，而是某种超越人本身的东西变成了人的形象在行动。"喜剧不是对于普遍性的破坏，而是普遍性自身转化为具体的事物；它不反对普遍性，而是普遍性自身的具体劳作。"③ 因此，喜剧主体具有一种不可摧毁的特征，这并不是说这个具体的、有血有肉的人不可摧毁，而是普遍性的运动自身不可摧毁。事实上，新人的"新"即在于他能够超越有限的、固化的人的规定，开始和一种更为普遍的事物或运动——无论是集体性协作、社会主义国家的事业甚或是"世界革命"——关联起来，使后者内在于自己的"肉身"。在这个意义上，喜剧"主体性"——更确切地说，"实体—主体性"——便和新人有了一种更为内在的联系。或者说，正是喜剧为新人呈现了一种把握他的"人性"的直观的、相对单纯的形式。也正是喜剧为之提供了一种不容易受到俗常人性规定干扰的表现方式。简言之，喜剧文类提供了一种"超保护"机制，在主流的"现实主义"框架内，提供了一种表现不可思议之人或事的契机。当然，这种表现

---

① 在祖潘西奇（Zupančič）看来，传统的形而上学在破却了"超验性"与"无限性"之后，容易堕入一种关于"人"的唯心看法。真正的喜剧精神与之对抗，它是唯物主义的，因为它赋予了物质性的僵局和矛盾以声音和身体。参见 Alenka Zupančič, *The Odd One In: On Comedy* (Cambridge and London: The MIT Press, 2008), p.47。
② Alenka Zupančič, *The Odd One In: On Comedy*, p.28.
③ Ibid., p.27.

并不一定是有意为之的,在很大程度上,还是出于文类的"惯性"。在后一种意义上,"社会主义喜剧"与其说提供了一种明晰的解决方式,毋宁说本身是可供解读的"症候"。

真正的喜剧经验总是在有意无意地挑战俗常经验。当然有的喜剧观也会肯定俗常经验。譬如认为喜剧接受了我们仅仅只是人这个事实:人有着缺陷和弱点,它帮助我们认识到微小、贫乏和日常事物中的美。① 但是这是一种相对保守的喜剧观点,或者说它无法展现出喜剧真正的哲学内涵。沿着祖潘西奇的思路,可以说,喜剧并不回到诸如"……也是人"的逻辑,而是揭示出这样一种瞬间——"人"并不完全等同于"自身",或"人不仅仅是人":

> 喜剧看似是非现实地对于不可毁灭性的坚持,对于某种执着的、始终再次肯定自身而不会偏离的东西的坚持——比如"人"已经死亡但是"抽筋"还在继续,呈现出一种真正的"真实"。在这个方面,可以说喜剧人物的错误、夸张、过剩以及所谓人类缺陷,极为准确地说明了他们"不仅仅是人"。更确切地说,他们让我们看到了,所谓"人"只是存在于某种越过人的"剩余"之中。②

可见,喜剧激活的是关于"人性"并不充分自足的思考。这种激进的喜剧观或许难以完全服从于主导的政教—美学机制。也就是说,它并不直接提供一种通往"新人"或"超人"的道路,而只是给出一种瓦解原有"自然"的人性设定的"物质性"力量。这一特点体现在喜剧人物身上,尤其表现为所想要的或者本想要的和所"满足"、所享受的始终不一致。这为我们思考新人的喜剧表现以及由其活动所形塑的喜剧情境,提供了更为具体而隐晦的路径。

(三)

两部歌颂性喜剧中尤为"出挑"的"失约""误会"问题,由此可以得到

---

① Alenka Zupančič, *The Odd One In: On Comedy*, p. 48.
② Ibid., p. 49.

新解。以往的评论话语较为忽略的是造成"失约"的动力。在喜剧电影讨论中,由这部电影引发的关键争执之一是:如何看待其中的"矛盾冲突"。"矛盾"话语是当时非常重要的理论中介,是使喜剧问题与其他问题相联系的关键概念装置。评论者普遍以为,不能说这两部力主歌颂、没有反面人物的电影"不反映矛盾",毋宁说它们是通过失约与误会这一形式,透露出个人私事与群众利益、个人与集体之间依然会产生矛盾,从而透过主人公的"选择"(但在何种意义上称得上选择?)来达到"教育"观众的效果。① 但是,有趣的是,在电影里,无论是马天民还是阿鹏,一旦碰到"大家的事情"和集体的事情,并没有半点犹豫,也无需通过斗争来做出选择。而且他们选择为集体先做事时,还表达出一种满足感。作为"新人"的马天民的喜剧特征之一在于:他为别人和集体做事所获得的"满足",超越了完成"赴约"这一满足。② 这并不是说,恋爱赴约这一设置只是次要的、技术性的,而呈现新人品德才是根本。这种读法显然没有考虑到喜剧的结构性特征。对于喜剧主体来说,"我"本想要的或计划想要获得的,同我所享受的之间发生不一致,从而呈现出一种微妙的"裂隙"(而非程度更为严重的"分裂"),是其不可化约的感性外观。可以设想,如果观众已然察觉喜剧主人公对于私事只是"假在意",实际上心里只有公事、大事,会有何种后续反应。③《五朵金花》里的阿鹏同样有着这一特征。他去苍山洱海寻找爱人这一"核心行

---

① 参看范华群:《略论新喜剧的矛盾冲突》,《喜剧电影讨论集》,第 50—51 页;戴厚英:《关于"歌颂性喜剧"的矛盾冲突》,《喜剧问题讨论集》,第 146—147 页。另外,戴厚英认为,范对于马天民的恋爱介绍人姚大姐的批评是过度阐释,同上书,第 148 页。

② 这种"满足"也是跨文类的。在《艳阳天》里,主人公萧长春亦表现出此种"满足"。具体分析,参看本书第五章第二节。

③ 这里有一个很值得讨论的问题,即上文所提到的,"假装积极"的"落后分子"往往会唤起读者、观众嘲讽性的笑,那么,"先进分子"或新人假装在意"私事"(某种程度上可以视为"假装落后")却实际一心只想"公事",会不会因为此种"不一致"的"揭示"而招来观者的笑?首先,喜剧问题讨论没有涉及这一问题。其次,讨论所引述的观众反应,也几乎没有涉及这一问题。这种在"结构"上可能、然而实际上却几乎"缺席"的笑,究竟指向何种问题呢?这至少提示我们,抽象的"不一致"论,其适用性是有限度的。因为,喜剧性及其效果,与具体的历史中的人性状态、与人的习惯与认知紧密相关。必须同时考虑到有着复杂的政治含义的"优越论"问题。

动",也为种种杂事所羁绊——给访问公社的音乐家、美术家带路,帮助"积肥模范"金花打捞掉在河底的镰刀,帮忙苍山炼铁厂炼铁等。虽然作为一部表现少数民族风情的电影,《五朵金花》偏重于表现阿鹏寻找爱人的曲折旅程,寻爱的动力与为集体做好事更为紧密地缠绕在一起,但是"即使在情绪极端恶劣的时候,还是热情地对待集体事业,热情而负责地帮助人民公社钢铁厂炼钢"①这一特征,亦呈现出阿鹏身上新人的"喜剧性":得不到本来所追求的爱情却仿佛在一系列杂事中获得了满足。这里所凸显的,毋宁说是一种特殊的"分心"或"偏转",即歌颂性喜剧中的主人公会不留痕迹地、"自发地"从"私己"的事儿"偏转"向大家的事儿,同时又包含一种"偏转"回来的可能性(注意主人公并未完全放弃自己的生活)。喜剧主人公完成高尚行为的过程,并不诉诸意志与决心,而是看似"自然而然"地实现"转向"。我暂时将此种特征称为"革命的分心"(在接下来关于"新相声"的讨论中,我会从其他一些角度来分析这一机制)。正是凭借这种机制,革命生活与日常生活之间的界限就不是不可逾越的。同时,两者因此也并不能够全然混淆在一起。

柏格森曾认为滑稽形象的本质在于机械性和僵硬性,这其实是以一种充实的、自足的、不能重复的生命为前提的。然而反过来也可以说,这一滑稽性揭示出人的生活或生命无法全然还原为自身。关键是如何重新来解释这一状态。上述讨论已然说明,喜剧主体是反对常识的、天真的甚至是无法击倒的主体。他身上存在着"生命"的剩余性。这恰恰为把握革命主体和新人的"生命"或"人性"提供了线索。社会主义文化实践的难点之一是,需要在阶级的人与普遍的人之间构造出一种崭新的关系。一方面,阶级性或阶级情感是对于旧有抽象"人性论"的否定。另一方面,阶级性又面临着如何普遍化或超克自身的问题。在社会主义现实主义美学的框架下,由"典型"所揭示出的人的形象,往往是一种试图"和解"阶级性与旧有人性规定的形象。其中隐含着对于充分自足生命的设想,即有机的人、整全的人。在这个意义上,社会主义现实主义"正剧"需要不断纳入对于人的"有限性"的

---

① 范华群:《略论新喜剧的矛盾冲突》,《喜剧电影讨论集》,第51页。

考量，需要纳入人情、常态化的人性等，同时又需表述"新"的经验，因此往往会导致自我瓦解的局面，当然，有时候也会因其"灵魂的复杂"而得到嘉赏。相比而言，喜剧则"形式化"了"新人"诞生过程中新旧生命相互并存的存在状态。从哲学的存在论视角来看，喜剧的本质并不建立在自我充分的整全的"一"之上，反而是"一"内部的"裂隙"的呈现。简言之，喜剧"赋形"了新人内部超越"人"的成分，其首要意义在于提出了一种并不局限于"有限的形而上学"的"人性"视点。另一方面，抱有革命乐观主义的主体同歌颂性喜剧主体之间亦有联系：真正的乐观既是对未来满怀信心，又是始终在此刻有着真正的满足。这很少是个人私己的欲望的满足，而是存在于我之中的"我"的满足。但是两者不同之处在于，它并未充分呈现为喜剧性的"裂隙"。

或许结合《今天我休息》的具体内容来讨论，更能将这一"裂隙"微妙的历史含义看清楚。一方面，这部影片嵌入在"大跃进"语境中，强调新型的社会关系，因此它所展现的公私、劳动（工作）与休息（休闲）、人际关系，有别于新中国成立前以及刚成立时的构造。譬如我们在这里，就感受不到《球场风波》那种指向"小家庭"的叙事冲动和"工作、娱乐（体育）"之间的分割。另一方面，这部影片所塑造的人际关系与1960年代"学习雷锋"运动所展示的关系，似乎又有所不同。"无私"没有成为绝对，"自我"依旧渴望寻常的日常生活，公私处在一种比较有弹性的关系之中，并没有互相取消对方。第三个值得关注的要素则是"警察"这一身份。他既不同于普通百姓，又不是解放军。相比于前者，他是国家机器的代表之一。相比于后者，他更少所谓的"集体性"，更接近所谓的"公仆"。接下来的问题就是：为何警察的形象可以置入一种轻松而富有喜感的脉络里面？其实，警察的滑稽化倒不是没有先例。比如，1950年代的新滑稽戏《七十二家房客》以及作为其前身的某些独角戏段子，就刻画了一个蠢笨而贪婪的旧式警察形象——"三六九"。然而，针对"三六九"的笑，基本是讽刺性的。而由马天民这一形象所唤起的笑，却不是。正如上文所指出的，此种笑包含着某种"认同"而非"不认同"。但这种笑是否可算作一种敬仰或崇敬的笑，还需进一步分析。不过，可以肯定的是，此种歌颂性喜剧起着一种"中介"作用，不仅软化了、亲和化了国家机器的刚性,而且也在召唤一种新型的人际关系,以及人与国家机关之间的关系。而为此种"喜剧"性表现奠定条件的要素之一,毋宁说是上海这座城市已有的空间多样性、较高程度的流动性与日常(生活)状态的坚挺性。《今天我休息》试图建构一个不具有"上海味"(即刻意地取消一切与旧上海的刻板印象与典型符号相关的特征)的上海,试图对于已有的市民阶级文化进行"扬弃"。它所选取的警察形象——一个从外地来的孤儿,却深深地进入到上海的诸多空间的肌理之中,建构出一种可欲的人际关系以及人与机制之间的关系。当然,在这里依旧可以追问,电影最后的"大团圆",如果不是导向"小家庭"模式,那么马天民与刘萍的家庭如何处理自身与更大的社会环境的关系?那种市民文化的残余,在很大程度上依旧在发挥其效用。此种难度,或许可以通过此部电影中"笑"的暧昧性传递出来。这就需要我们更加具体地回到歌颂性喜剧诞生的历史情境,来追问此种喜剧形式本身的历史意味。

二 "裂隙":歌颂性喜剧的美学政治

(一)

歌颂性喜剧试图召唤一种"崇敬的笑",实际上是旨在召唤一种新的观众,一种新的感知方式,一种新的"内在自然"。这才是社会主义喜剧的教育本质所在。但是当时的批评话语难以在喜剧主体和此种理想的"笑"之间建立现实的、具体的关联,毋宁说只是提供了一种颇为主观的设想或者说"设定"。从我们对于歌颂性喜剧中新人喜剧形象的分析来看,其喜剧性在于:这一执着而自信的人物身上呈现出一种"生命"的"裂隙",本来所欲求的东西不断被自身另一种"欲求"打断。或者说,相对私己的事务"自然"地偏转向公共的事务。转向"公事",对于作为"新人"的喜剧形象而言,可以提供一种满足,且并不存在明显的分裂和斗争。对于观众而言,这种喜剧主人公的"天真"以及由他的"革命的分心"行动所带出的种种"巧合",却恰恰是笑的根源所在。与之相比,因"崇敬"而笑或因对比的羞愧而笑自己,反而是一种较为薄弱的解释。① 如果说，在弗洛伊德笔下，"天真"之所以能招来笑声，源于禁忌对"天真者"来说完全失效，或天真者根本不知道"禁忌"（因此，弗洛伊德指出天真者往往是孩童或理智不发达的人），且观者把握到了这一点②，那么，歌颂性喜剧主人公的"天真"，就不是无视"禁忌"而触犯禁忌，而是总能使自己的行为符合"规范"，且仿佛一点不费力气，仿佛来自一种"本能"。但关键问题是，观众的态度究竟如何把握？在原则上更崇高的"新人"的"天真"面前，观众究竟如何摆放自身的位置？观众是否能在新人看似无视禁忌然而却毫不违背禁忌的行动中，体味到一种微妙的感觉？一种仅仅形式上的无视"禁忌"，能否带来快感？如果说，笑确实是因禁忌的暂时悬搁、精神注意力的"踏空"而"流溢"出来，那么，针对更高的人的笑，在"现象"的意义上，是可能的么？

　　观众可以崇敬天真的新人，认为电影中的人物比自己高尚，但是就笑的产生而言，还需要一些条件：一方面是上文所提到的喜剧主人公的种种特点；另一方面需要一种不带"强制性"的比较过程。简言之，"喜剧性"的笑，源于观众与喜剧人物之间尚有距离，前者以自身的状态来感知与审视新人的状态，而且此种"比较"不会带来太多的道德、政治压力等。进言之，喜剧形式本身似乎能够生产出一种"中和"或"稀释"的力量。如果说新人的行动是值得模仿的行动，那么笑或许表明受教育者（观者）对于此种行动持有模棱两可的态度。也就是说，喜剧电影讨论虽然在某种程度上把握到了新人喜剧形象的喜剧性特征，但是难以最终证成这一特征与"崇敬的笑"之间的联系。关键问题是，观者是否会同新人一样获得那种溢出自身的"满足"。如果获得了满足，是否还会有笑的产生？（这里的"笑"不仅是一种现

---

① 当然，这种解释也有其理论支撑。比如，正面探讨此种"崇敬的笑"，让我联想到了弗洛伊德晚期的"幽默"理论。在他看来，幽默意味着某种"温和"的"超我"来看待"自我"，使自我显得相对渺小琐碎。因此，幽默根本上是一种自我嘲笑。这是一种肯定性的超我，允许自我发现自己的愚蠢来提升自己。可参见 Simon Critchley, *On Humer*, p.103。这恰恰对应了社会主义教育或自我教育的一种基本机制，是"内省化"与"典型"美学的一种变体形式。

② Sigmund Freud, *The Joke and Its Relation to the Unconscious*, trans. Joyce Crick (London and New York: Penguin Books, 2002), p.178.

象学经验,更是社会主义改造主体的形式提示。①)换句话说,如果观众都成了"天真者",笑声还会产生么? 或者说,所产生的笑声,是喜剧性的笑声么? 更可能的情况是,观众的笑的经验里混合着一种崇敬感(注意崇敬也会转变为一种压力,这就与喜剧经验形成矛盾,因此,这一崇敬的程度究竟如何把握,就变得十分微妙了),但形成笑声的关键却在于以下两点:一是观众从更传统的感知方式出发,见出"新人"的"不自然"——新人比自己要高,但自己可以从"常态"视角出发,见出其"僵"与"傻"。二是源于一个更为复杂的过程:观众较为认同电影的叙事逻辑与人物设定,然而见到人物可以天真地遗忘"禁忌"而生活,却下意识地感到难以企及。他们瞬间捕捉住了那一溢出"常人"本身的要素,却未察觉明显的道德与政治压力。由此,"笑声"受到多元决定,而且的确混杂了诸种新旧元素。

(二)

这正是喜剧形式的暧昧之处,也是喜剧在政治空气日趋紧张后无法持存的关键原因之一:喜剧形式及其所带来的笑声,暗示出喜剧主体和观者之间尚存在间隙与距离(未必是讽刺性的关系)。当然这还是更多地从"形式"出发来思考,主要是从喜剧主体或喜剧人物出发来思考。进一步地,还需考察"喜"的氛围或者说歌颂性喜剧的具体历史情境。这与"喜剧主体"的"理论"问题未必有直接关系,但却构成其现实环境,是其"现实性"达成的根本条件。

首先,《今天我休息》的"休息"这一提示十分关键。一方面当然是强调

---

① 这里有一个很有意思的问题,即笑与人性的老话题。有一种质疑或许以为:如何看待(嘲)笑"权威人物"? 我尝试回应如下:一如任何文类都与历史相关,"社会主义喜剧"亦是旧有情感结构与新的塑造冲动相交织的产物。如果社会主义喜剧仅仅聚焦于"旧有"的讽刺性,而这讽刺性又包含着对于等级、权力进行颠覆、颠倒与消解的"本性"的话(卓别林有个说法有意思,我们往往会笑一个胖的贵妇人的滑稽丑态,但看到一个贫穷的老妈妈擦着香蕉皮,或许会笑不起来),那么我们对权威人物的笑总是会暗示出社会主义实践在政治方面的未完成——权力、等级、距离的依旧存在。然而,一旦权威人物真正与我们达到了平等(真正民主的实现,比如工人管理企业,进而管理国家),我很怀疑这种笑会依旧存在,到那个时候或许依旧可以笑权威人物,但纯粹如笑一个平凡人或一个小动物般。这又是一个准科耶夫命题。

休息与工作的边界的游移,突出"新人"能够打破工作与休息的边界,时时关注别人的事和集体的事。然而"休息"在这里还需要进一步读实。尤其是婚恋和家庭生活等相比于革命、生产斗争显得更为"自然"的因素(也可以说是"传统"的习惯与生活方式),是营造欢快与轻松氛围的重要前提。一句话,常态性的生活或没有激烈冲突的"日常生活"构成了"歌颂性喜剧"的基本氛围。同样,《五朵金花》亦是以"恋爱"为主线,而电影开场时少数民族的"集市"尤其值得注意。"集市"中人的活动及其交往关系不仅是一种经济活动,更是一种相对古老而"自发"的生活方式。许多喜剧讨论者都断定生活本身充满了欢喜,所以电影必然呈现出"喜剧"特征,这一论说虽说失于简单,但也暗示出当时的新喜剧对于具体情境和基本题材有着要求。因此,有些题材很难改编为喜剧,引起了不少人的注意。有人就认为正面形象不能使人发笑和题材的选择有关。譬如滑稽戏对于《红色风暴》《烈火红心》的改编,就很难取得成功。① 换句话说,革命历史题材和革命英雄形象使喜剧形式遭遇到了自身的边界。这并不是说革命英雄形象不会呈现出喜剧主体的某些特征,而是满足观者的喜剧氛围难以营造出来,即喜剧经验没有完成自身的"循环"运动。对于观者来说,歌颂性喜剧所具有的"喜"的现实氛围非常重要,而它往往是同所谓具有"自然"根基的东西相关——比如婚恋、日常伦理和商品交换等等。那是否也可以说,"喜"的氛围或者喜剧经验的实现条件,必然包含着对于某种最低程度的常态性经验的承认,或是对于旧形式的接受——不仅是物质生活形式,也包括主体性设定,包括习惯与风俗?这样是否就暗示出一个政治逻辑无法全然渗透的领域,一种模棱两可的经验?而这或许就是"新世界"现实化自身的过程中必须在内部重新予以塑造的诸环节。② 更中肯地说,"日常"在这里与其说是一种本质化的生活想象,毋宁说是缓解观众紧张感、使之卸下意识包袱的一种运作。如果再进一步反思的话,可以说,并不是喜剧形式本身无法承载革命、战争与阶级斗争题材,而是对之的喜剧性表现必然会包含一种"偏转",从而造成

---

① 姚萌:《喜剧的正面形象问题》,《喜剧电影讨论集》,第60页。
② 参看黑格尔:《精神现象学》,先刚译,北京:人民出版社,2013年,第8页。

所想要与所实现之间的裂隙和错位。正是喜剧形式所固有的"分心"的运作与"中和化"能力(倒不一定是将革命拉回到"日常生活"水平),成了抵制崇高性与悲剧性的根本所在。

(三)

从"矛盾"话语入手,或许是把握此种"分心""偏转"的另一种有效思路。有研究者曾指出,"十七年喜剧"的基本特点在于不存在重大矛盾冲突,而歌颂性喜剧尤是如此:

> "十七年"喜剧中绝不存在重大的矛盾冲突。虽然新中国的学者一再批评三四十年代的所谓"资产阶级"电影中充斥着"茶碗里的风波"。但审视"十七年"电影,至少是喜剧电影,未必就不是在恋爱、家庭、个人工作等方面的小误会、小冲突的情节中打转转。……故事内容的局限使得"十七年"喜剧电影在剧作技巧上费尽心机,无休止的误会、巧合,几乎构成了"十七年"喜剧所有作品的情节。①

不能不承认,歌颂性喜剧得以产生的历史瞬间是一个矛盾弱化的时刻。新人的喜剧状态正是黑格尔意义上的自信与满足状态。我们在其中难以看到"斗争"的迹象,当然激烈的斗争从根本上也无法纳入这一形象。而主导观者经验的一个核心要素,正是这一未有激烈冲突甚至有些细琐的环境或氛围。这也与电影这一文艺类型主要植根于"城市"有关。虽然不能武断地说"观者"就是城市居民,但是从当时电影放映流通的机制来看,观者的主要身份却很可能是后者,而且很可能主要是"社会主义"自己生产的"中产阶级"。② 这样的观者有其意愿看到的东西,但却未必是喜剧主体的"执拗"与"天真"。《今天我休息》和《五朵金花》这两部仅有的歌颂性喜剧引发了观者自发的笑,然而所笑的很可能是他们身上的某种"剩余性"(正如上文所说,"天真"的喜剧主体本身并不察觉这一点)。这里的笑呈现出一

---

① 秦翼:《重读〈满意不满意〉——兼论"十七年"喜剧电影的艺术特点》,《南京师范大学学报》2010 年第 4 期,第 152 页。

② 关于"社会主义"自己所生产的"中产阶级"说法,参看蔡翔:《革命/叙述》,第 342 页。

种模棱两可的状态。当观者已然成为新人或接近于新人时,或许喜剧主体将不再可笑,喜剧的内部"分裂"亦将消失。某种程度上,歌颂性喜剧的"裂隙"是双重性的:一方面是喜剧人物身上的"裂隙";另一方面是喜剧整体空间内在的裂隙。在这个意义上,歌颂性喜剧的经验本身就是一种暧昧的经验,是一种结构性矛盾的显现。或许可以这样说,这里的喜剧成为政治伦理共同体结构的一种"寓言"。

关于歌颂性喜剧是否表现矛盾是喜剧讨论中的一个核心问题。但与其追问歌颂性喜剧是否超越矛盾之上,不如去追问此类喜剧对于矛盾有何独特的表现。作为喜剧主体的新人延续了"大跃进"新人的某些特征。后者所表现出的劳动者的满足、欢乐,在喜剧中转化为喜剧主体充分的自信与满足。在这儿,"内在自然"并未表现出斗争。"一"尚未分裂为"二","狠斗私心"的历史情境尚未到来。也就是说,喜剧性并不完全内在于"一分为二"的逻辑,它所依赖的,也不是"合二而一"的逻辑。① 喜剧所呈现的是一种"一"的"裂隙"状态。这一方面是喜剧主体或者说"新人"喜剧形象自身的"剩余性":"生命"内部仿佛还有另一种"生命"。这里的辩证要点在于,新人"同时"追求一种并不全然是新的、革命性的生活方式,比如恋爱、家庭等。另一方面是喜剧主体和观者之间的不一致、错位。这是一种更大的集体性生活内部的裂隙,但还未充分矛盾化。若要具体把握这一问题,仅有"哲学思辨"并不足够。柄谷行人对于"基础"的重新思考或有启发意义。也就是说,需要同时思考中国社会主义实践的"无意识"状态。这里指的是关于"生产方式"以及"生产关系"的另一种思考方式。

1962年中共八届十中全会重新强调"阶级斗争","一分为二"的对抗和斗争逻辑首先漫延到整个人文社科领域,随后逐渐向整个社会生活领域渗透。1963年12月、1964年6月毛泽东两发对于文艺的批示,他对文艺界不去接近工农兵,不去反映社会主义革命和建设极为不满,斥其为"跌到了

---

① 比如1960年代初由周谷城《礼乐新解》《艺术创作的历史地位》等文章引发关于"时代精神"及"表现人之常情"的争论。周谷城特别强调两点:第一,"仗不能天天打",非矛盾状态依旧是存在的;第二,"时代精神"强调的是不同阶级不同思想意识"统一"的可能性。详见第五章第一节的讨论。

修正主义边缘"。① 在"政治"的逻辑逐渐强化之后,笑的问题也被进一步政治化。在"文革"中,"娱乐论"遭到极力驳斥,强烈的战斗性和紧张状态则得到进一步强调。② 不过值得一问的是:各类喜剧的确是在1962年之后淡出了历史舞台,但是喜剧问题是否终结?如何终结?显然,一方面,"讽刺"及"嘲笑"并没有终结。其紧扣"敌我"矛盾的批判锋芒依然一以贯之地体现在政治宣传画和政治漫画之中。另一方面,喜剧主体的"不可能性"可以这样来理解:首先,喜剧新人的"天真"与常人的"惰性"始终处在或明或暗的冲突之中。其次,这一类"自信执着"的主体会被更为激烈的"内心"斗争、每时每刻的新旧挣扎所取代(所谓"灵魂深处闹革命")。也就是说,新的革命主体无法信任"喜剧主体"直接的"自信执着",他要求将喜剧主体内部的"裂隙"进一步强化,并最终使之有意识地分出高下。而所谓"三突出"标准下的"主要英雄人物"往往从其阶级出身与"革命家谱"中获得一种理念支撑,主体状态显得尤为稳定,反而丧失了与"矛盾"共在的能力。因此可以说,歌颂性喜剧的确是中国社会主义实践某个特殊时刻的一种形式表征。

令人好奇的是,喜剧主体是否可能进行真正的自我"扬弃",即如何从主观的状态下解放出来,使之关联于具体的生产、分配与消费环节?更进一步说,喜剧新人能否获得更为充实的"内心生活"?这一"内心生活"并不是简单否定"资产阶级哲学"的规定(自我规定、理性、反思性等),而是将之扬弃在内部。这又是何种"新"的状态?在这个意义上,社会主义喜剧当然是一种指向"新"的"过渡"或者说"桥梁",但它或许是一个必要的环节。在社会主义的美学政治框架之中,喜剧经验的政治意味得到了独特的展示。因此,也正是在具体的"形式"意义上,歌颂性喜剧呈现出了一种辩证运动。"一"的"裂隙"成为真正的辩证环节,成为对于"一"与"二"话语的反思。不过,这种"裂隙"又是一个无法自持的环节,在这个意义上,它受到情境历

---

① 毛泽东:《对中宣部关于全国文联和各协会整风情况的报告的批语》(1964年6月27日),中共中央文献研究室编:《建国以来毛泽东文稿》第十一册,北京:中央文献出版社,1996年,第91页。

② 洪途:《斥"娱乐论"》,《人民日报》1974年6月4日第3版。

史的规定。从此种思路出发,可以进一步追问整个社会主义政教文化的难题性。正如马天民的"警察"身份所暗示的那样,"喜剧"也是"国家"—"政党"的一种新的布局或配置方式,一种新的"感知的分配"。《今天我休息》显现了一个城市中真正"内景化"的不可能性。然而,"喜剧"到底是被"扬弃",还是如阿尔都塞所说,依旧是一种"残余"?① 歌颂性喜剧实践提示我们:笑的领域与"政治化"有着一种微妙的关系。这里的笑并非颠覆性的"狂欢",也不是生理性的失控,而是喜剧"固有"的形式经验(在很大程度上,我将其把握为"分心"—"偏转")。其中是否也打开了一种思考"政治"的新的可能性?而这,是否也意味着关于"辩证法"与其实体性(国家、政党、阶级、共同体)之间关系的反思的重新开始?

"笑"作为集体经验,在漫长的"类"的演变与文化形塑中生成,可以说是人的"第二自然"的指示形态之一。因此喜剧改造的难度,折射出人之改造与生活世界改造的难度。然而,我们如何避免以非此即彼的方式来讨论"内在自然"的改造经验? 在接下来的讨论中,我将以"新相声"为例,具体来展现"革命与分心"的机制及其持存的意义。

第三节 "革命"与"分心"
——以1950—1960年代新相声为例

老舍曾言:"在民间的杂耍里,相声是最难创作与改编的。"②在1950年代社会主义改造的历史语境中,相声同样肩负着由"旧"入"新"的职责。"改造"的方式首先是:"替那些老段子恢复了讽刺,同时要把讽刺的对象弄清楚,好教相声也担起点宣传的、教育的责任。"③然而,难度也是显见的。

---

① 参看阿尔都塞:"旧因素保持下去或死而复生……这在没有多元决定的辩证法中是不可想象的。"(《保卫马克思》,顾良译,北京:商务印书馆,1984年,第93页。)
② 老舍:《谈相声的改造》,见上海文化出版社编:《相声论丛》第一辑,上海:上海文化出版社,1957年,第97页。
③ 同上。

譬如说，旧有相声运用最多的是"矛盾律"（近于上文所分析的"不一致性"），"这个定律是说着说着正面，冷不防来个反面，非常好笑。可是这就使相声很难尽由正面宣传的责任，也就是相声极难改编的主因。去了哏吧，不成其为相声；保留着吧，又只是泄气"①。如同其他类型的社会主义"喜剧性"文艺一样，"新相声"不能单纯停留于"讽刺"；当时的相声编创者与评论家对于新的"内容"（诸如宣传婚姻法等）与滑稽的"形态"之间"游离"的关系，也无法满意。② 这里的"改造"指向一种更为深远的变化。因此，类似于上文"社会主义喜剧"议题的出现，就并不让人奇怪了：

> 新的相声是否可以写新的生活呢？我想这是完全可以的。我们今天的时代是喜剧的时代。把人民幸福美好的生活，社会上的新气象写到相声里去，这是完全必要的。格拉西莫夫曾指出过：新的喜剧给人以欢欣之感；它们的基础是现实中美好的生活。③

如果说歌颂性喜剧电影尚能部分实现此种要求，新相声的实践却在很大程度上"问题化"了社会主义文艺的总体性设想，尤其是对于过分注重"显白教诲"的政教—美学机制提出了挑战。换言之，相声中笑的生产机制凸显出社会主义政教美学体制的盲点或者说薄弱处，却也提供了重新思考中国社会主义文化实践的契机。我暂且将新相声实践所引出的难题命名为"革命与分心"。简单地说，我尝试以此一议题勾勒出某种非常基本的"前三十年"文化—心理机制。在社会主义喜剧的经验领域内，所谓"革命"与当时显白的政教话语有着直接关联，因此指向一种聚集心力与精神的状态；而"分心"则是由诸种喜剧性机制所催生、在一定程度上偏离但并不必然违背政教话语的松弛状态。接下来的讨论将处理三个问题：一、相声文类的规定性以及与之相关的"改造"设想。二、以"大跃进"为界，讨论新相声的转型。三、集中分析突出"正面""先进"与"新人新事"的新相声，由此再次切入"革命与分心"议题。

---

① 老舍：《谈相声的改造》，见《相声论丛》第一辑，第97页。
② 参看陈驷彤：《对相声改革工作的意见》，《相声论丛》第一辑，第103页。
③ 同上。

一　新相声的基本机制

侯宝林在 1950 年代曾对相声艺术的表现形式、结构与表演等问题做过较为细致的梳理,他的讨论以及其他人的相关论述,对于反思相声的文类特殊性极有助益。尤其值得一提的是,他们是在改造旧文艺这一大背景下来展开论述的。因此,相声在新时代起什么作用,怎么起作用,显然是这些相声从业者的基本关切点。此种"内行"经验看似"形式化",却更为触及问题的核心:探问相声的基本机制及其与特定文化政治的关系。

首先,相声是民间说唱艺术的一种,"民间说唱艺术形式在表演上主要的一个特点,是演员和观众直接的情感交流"①。这不仅道出了相声的起源与定位,而且指明了它运作、实现的基本方式——表演者与观众之间的情感交流。侯宝林所说的"直接",当然是指传统相声舞台表演。一旦相声被影像化,显然达不到此种直接性,但不可否认的是,不停调动"匿名"观众的情感与心智,引其发笑,依旧是相声表演的关键所在。在这个意义上,相声也可以说是一种机巧性的装置。需要进一步厘清的是,虽然"说相声对观众心理影响最大的是语言",但是这一语言不能是或不能直接是宣传性的、"政教"式的语言,而是被相声机制形塑的语言。② 特别是,"相声演员在表演过程中,不能引起观众任何心理上的紧张和不自在"③。这些都是非常重要的体制性规定:相声诉诸特殊的情感状况——紧张或不适是这一状态的反面;生产、调动特殊的意指对象;引出非常"自然"的"笑"则是其效果达成的基本标志。

其次,相声有其特殊的表演形态,常见的是"单活"和"对口"。前者只有一个演员或者说叙述人,他可以进入剧情里扮演各种角色,但又不完全受故事情节和人物性格的束缚。后者是两个演员进行表演——"逗哏"和"捧哏",对话主要以"聊天"方式进行(这一"聊天"形态亦可算一种机制)。

---

① 侯宝林:《相声的表演》,上海:上海文艺出版社,1959 年,第 4 页。
② 关于相声的语言,见侯宝林:《谈相声的语言》,《相声论丛》第一辑,第 33 页。
③ 侯宝林:《相声的表演》,第 1 页。

"对口"的设置尤需注意,侯宝林就指出,"新相声"或可采纳这样一种"对口"形态:

> 捧哏对逗哏所叙述的故事,无论他了解与否,都应该用极大的热情使"逗哏"更有兴趣地叙述下去。……要求"捧哏"演员站在先进的立场,对叙述人所叙述的故事加以评论,促使"逗哏"角色更清晰、更有力、更鲜明地把故事内部的细节、特点和矛盾揭示出来。①

"捧哏"的"先进"常常对应着"逗哏"的"落后"。"捧哏"的想法往往接近于当时社会意识的"正常状态",因此重合于或略高于预想中观众的想法。捧哏的"捧"与"踹",逗哏的层层暴露、自相矛盾,对应着观众心理过程的起伏变换。而在侯宝林看来,此类相声之所以能使观众发笑,其基本运作机制在于"把社会上普通的一般现象的内在矛盾,或隐藏在内部的缺陷,加以强调和夸张,使它成为具体的容易发觉的,然后突然地予以揭露,明确的显示出它们内在和外在的缺乏逻辑性,和内容和形式间的不谐调"②。无疑,这是"不一致论"的论调(当然也有"优越论"的影子:观者见出逗哏所表演的对象的"缺失"),也是"讽刺喜剧"重要的理论基础之一。③ 老舍所谓"恢复了讽刺",重心也是放在这上面。不过这还不够。显然相声无法外在于政教美学体制,因此,社会主义喜剧的要求渗透进了相声:

> 相声的"笑"不是目的,而是作为一种表现事物的"手段"。……相声是通过"笑"刹那间把一些思想的本质揭示出来,观众笑的不是演员幼稚的恶作剧,而是嘲笑这种错误思想。④

在此,我将解读重心首先放在"刹那间"一语,这关乎独特的"笑"之体验。用弗洛伊德的话说,当我们开始惊叹于笑话(或滑稽的事情)中"错误"的东西时,我们已经开始笑了。我们的注意力已经不知不觉被抓住了,抑制性的

---

① 侯宝林:《谈相声艺术的表现形式》,《相声论丛》第一辑,第 4 页。
② 侯宝林:《相声的结构》,《相声论丛》第一辑,第 18 页。
③ 关于新中国讽刺喜剧的具体特征,李诃写于"双百语境"中的《关于讽刺喜剧的几个问题》(《人民文学》1957 年第 1 期)可加参考。
④ 侯宝林:《相声的表演》,第 5 页。

"欲力投入"(cathexis)被释放了,其流溢已经完成。① 也就是说,"笑"包含着多个几乎同步展开的过程;笑总是同步于甚至仿佛先于"思想"发生,并且与人的意志行为构成一种微妙的张力。笑因其"自发性""不可控性",引发了围绕权力—意识形态运作以及政教文化实践的多重思考。② 回到上述引文,侯宝林强调的则是,相声表演本身应该成为一种"意指过程",即好的相声可以"自然而然"地将观众引向"他物"。社会主义相声(其实是一切社会主义喜剧)都得求诸一种后续过程:不是让笑的能量耗散在"娱乐""分心"本身(即笑是目的),而是转移到一个更加理性的领域,甚至迁移到生活实践中去(笑是手段)。这就必然要求在"笑声"之外增补一个笑后反思的过程(这一"增补"内在于社会主义文化的结构)。但难点在于:这个过程未必能与上一个过程"有机"地结合在一起。当时的社会主义喜剧话语反复强调笑的"意义",便是试图将笑有机地整合进政教文化(但后者往往表现为给定的"思想",因此,社会主义喜剧究竟生产了什么? 一种情感状态还是新的认知? 尚有待具体分析)。如下表达本身即是一种症候:一方面警惕于笑之能量的"无用"耗散(往往会被阐释为实现了相反的目的——比如滋生资产阶级情趣),强调笑的意义指向。另一方面又不满于笑声的缺失,强调"笑声"需从"题材本身自然产生出来"。③

最后,相声的展开过程有其基本的排布方式:有"垫"——预先埋伏下条件或因素;有"支"——在"垫"以后故意虚伪地将观众的意识摆布到另一

---

① 转引自 Samuel Weber, "Laughing in the Meanwhile", *MLN*, Vol. 102, No. 4, French Issue (Sep., 1987), p. 702。

② 关于此点,韦伯(Samuel Weber)的梳理颇具启发性:笑与"主体"之间有着奇怪的联系,首先,笑(当然不包括装笑这一社会现象)不是主体以意志施行(或避免)的行为,而是人将自身放弃给笑。在这个意义上,笑既是危险又是暴力的:即笑者被"剥夺了"权力(即使是神);笑针对他者。参见 Samuel Weber, "Laughing in the Meanwhile", *MLN*, Vol. 102, No. 4, French Issue (Sep., 1987), p. 693。当然,"笑"也会被视为意识形态更"本真"的实现方式,笑仿佛内在于意识形态,取消任何外加的束缚,获得一种自由的一致性,以及自发性的外观。此外,在精神分析的意义上,笑与"大他者"的关系如何,也值得思考:谁的笑声? 谁在代替我们笑? 参见 Alenka Zupančič, *The Odd in One: On Comedy*, pp. 3-4。

③ 参看佟雨田、王志民:《谈谈相声》,《相声论丛》第一辑,第 92 页。

个迥然不同的境遇里去①；最后要有"底"，也就是推向一个高潮性的结尾。这样，相声的叙事结构就与事物的"矛盾"发展形成对应关系。"底"不仅有演出上的意义，而且也被视为事物发展的必然结果：

> 因为相声艺术是以喜剧手法来揭发现实生活中的矛盾的。……组织到一段相声中的一些生活现象，已经逐步随着戏剧的每一运动过程给以分析和批判了。并且它已经暗示出这件事物发展的必然结果，因此就不需要再费一些情节来结局了。但是，我们感觉最重要的是在戏剧的高潮和矛盾最尖锐的时候结束，会给观众留下一个最深刻的最强烈的回味线索，因为那时使揭露事物内外部（不?）谐调最显明有力的时候，而迫使观众再去认识我们所提出来的那一段事情。②

相声的独特性，在很大程度源于这个具有"震惊"效果的"底"，一种彻底"暴露"与"高潮"。因此，"说到最后一定要博得响亮的笑，否则真比挨顿揍都难受"③。这或许是讽刺性相声最为重要的形式特征。在一个并不排斥变形、荒诞与错谬的喜剧空间中，"矛盾"拥有了一种独特的"表象"。比如这一出"南北话"就被1950年代的评论者称为拥有好"底"：

> 甲：哎！您还别说，有一天他漏一空（注：逗哏扮演总想赚钱的买办，服务于一个小气的公馆老爷）。他叫我："某某某买一块钱竹杆。"（南方口音）
>
> 乙：什么？
>
> 甲：就是竹杆，支蚊帐用的竹杆儿，那地方竹杆儿是五角钱一根，一块钱两根。他没开条儿："买一块钱竹杆。"我听错了。
>
> 乙：您听什么呢？
>
> 甲：我听说买猪肝儿，猪肠子猪肺头猪头肉，不有猪肝儿吗？我寻

---

① 参看张善曾：《谈相声的"垫"和"支"》，《相声论丛》第一辑，第31页。

② 侯宝林：《相声的结构》，《相声论丛》第一辑，第23页。需要说明的是，从上下文来看，引文"因为那时是揭露事物内外部谐调"之中的"事物内外部谐调"应为"事物内外不谐调"。《相声论丛》原文如此，"部"疑为原书印刷错误。

③ 参看佟雨田、王志民：《谈谈相声》，《相声论丛》第一辑，第93页。

思那个猪肝儿呢!我拿着一块钱就跑猪肉铺去了:"掌柜的,来八角钱猪肝儿。"

乙:哎,他不是让你买一块钱的吗?

甲:赚他两角,我可得一机会。八角钱猪肝切完了,用手拿着,那两角钱揣兜里我又怕他翻去。我一瞧猪耳朵不错,来两角钱耳朵。

乙:你买耳朵干什么?

甲:我晚上卷饼子吃啊!我把这耳朵弄张纸包上,我就揣兜里了,拖着猪肝儿就回去了。我一进门老爷就翻了。"老爷我买来啦。""什么,我让你买竹杆,你怎么买猪肝来啦?""是啊!这不是猪肝儿吗?""我让你买竹杆!你怎么买猪肝来啦!你耳朵呢?""我耳朵在兜里呢!"全掏出来了。①

这是一出相对"传统"的讽刺性相声。逗哏所扮演的"买办"想尽一切办法揩油,他所服侍的老爷却特别小气。两者都是被挖苦嘲笑的对象。"我耳朵在兜里呢!"则为这出相声的"底"。据引述者说,听众"听到此处,没有不笑的"。方言差异造成理解"错位"(竹杆—猪肝),人物的"心机"使之错上加错(从竹杆/猪肝到"猪耳朵")。最后是"错位"的直接敞露,一种古怪的并置与"短路",字面与譬喻的碰撞(猪耳朵与"你的耳朵")。在这里,由上一个错误所产生的"实物"(猪耳朵)是关键要素,提示了喜剧运行的基本方式。在此,"底"的呈现就是这一要素更富有强度的呈现。"错上加错"则是"喜剧宇宙"自身的逻辑。社会主义相声在其"成功"的意义上,一定是善于转化与吸收此种招笑机制的。然而,正如上两节所提到的"高低"问题,如果社会主义文艺意在呈现"新"而非单纯否定"旧",如果要在"讽刺"机制中置入另一种要素———一种旨在"歌颂"的动机与实践,新相声又会发生什么变化呢?

二 "大跃进"与新相声的转型

在回应此一问题之前,我们还是值得将目光稍稍回溯一下,来看一看

---

① 参看佟雨田、王志民:《谈谈相声》,《相声论丛》第一辑,第94—95页。

"大跃进"之前的"新相声"的基本特征。粗略地说,这一时期的相声几乎都是"讽刺性"相声,指向较"低"的人物类型。这里的"低"不是指传统意义上的人物身份、社会地位,而是指向所谓的"落后"。一般来说,被讽刺的对象由"逗哏"来扮演(但需注意,以后此种逗哏与捧哏的配置会发生变化)。且看以下相声片段,讲的是某厂员工跟着厂长外出"考察",实则挪用公款吃喝玩乐:

甲:一日三餐,鱼肉俱全,白天逛公园,晚上投旅店,乐了看京戏,渴了打茶尖,一概不从腰里掏钱。就找的这个机会。

乙:吃喝存站,一概不从腰里掏钱?

甲:当然吗!您不信就瞧瞧咱这个长袍,浑身上下没兜儿。

乙:现在咱俩不是说相声吗,游西湖,您哪能穿这套服装啊。

甲:为了不从腰里掏钱,还真穿这个长袍去的。您要不相信就到我家去看看,在北京颐和园照的相片儿可以作证明。

乙:您不是游西湖去了吗,怎么还跑到北京去了?

甲:您不懂地理呀,上杭州西湖不是路过北京吗?

乙:北京是我国人民的首都,一定很繁华,有什么见闻,您学舌学舌。

甲:三月十八号上午八点钟在北京东站下车,走到前门大街,我们王厂长就说了……

乙:怎么?你们王厂长也去了?

甲:以我们王厂长为首,率领八名大员呢。一个人游西湖有啥意思呀。

乙:王厂长说什么?

甲:他说:同志们坐了很长时间的火车,大家一定都饿了。

乙:他腰里有钱,要请你们大伙儿吃饭?

甲:他也穿长袍去的。

……

乙:都穿长袍去的,掏不出钱来,人家可不能答应你。

甲:没兜儿,我不会从皮包里拿?

>......
>
>乙：那个皮包从哪来的？
>
>甲：这暂时不能说，再等两分钟。①

显然，这是一出讽刺贪污公款行为的相声，然而值得玩味的并不是这个一眼就可看穿的主题，而是"显现"的"形式"本身。换言之，探究相声，更需驻留于"现象"而非直奔"本质"。因为现象才真正现实有效：引来笑声。这里的招笑要点在于：一、"穿长袍"所引发的滑稽联想。二、去西湖却先游北京这一"延宕"，开放出一个不受原有"目的—手段"关系束缚的喜剧空间，凸显了"考察"的虚假性。三、暂时不说穿"皮包"秘密却允诺两分钟后就揭晓的"自反表演"（表演空间与所述空间的错乱）。这里的逗哏身份显然具有一种"多重性"：虽然他声明自己就是那个跟着王厂长"游西湖"的工作人员，但观众却知道这是一种"表演"。此种讽刺—批判的"间距"尤需注意。因此，不同于电影所带来的直接移情，相声的批判往往首先是"面具"的批判。此外，如果要探究相声的实质"内容"，与其说"新相声"的主题值得分析，毋宁说其运作"场域"更值得探讨。相比于更为"严肃"的文艺类型，此一时期的讽刺相声往往从侧面出击，触碰"重大题材"的"边角料"，呈现了"八小时"内与外的"张力"，暴露了不那么上得了"台面"的心思、情绪与行为。概言之，正是在相声这一文类机制中，社会主义社会中的"落后"现象得到了较为充分的赋形。譬如以下这一出《联合大会诊》，讽刺的就是一个平时爱无端请病假、等到评工薪时又不愿少拿的落后工人：

>甲：在评薪会上，我说：在这一年工作中，我是埋头苦干哪，既不迟到又不早退，连个工都舍不得耽误，照我的积极性大家看着评吧。话还没说完，张大夫直瞅我。
>
>乙：瞅你怕什么？
>
>甲：张大夫用眼睛盯着我说：老王一点也不虚心，一个月请十五天病假，有什么病？整天坐在家里打扑克，有名的扑克大王，光面酸梨就

---

① 孔令保：《游西湖》，《游西湖（相声集）》，长春：吉林人民出版社，1956年，第2、3、6页。

赢了三十多斤。

　　乙：揭老底啦，倒有这个事实没有？

　　甲：不是既往不咎吗？前些日子我听说要评工薪，病假没满我就上班，早就改过自新了，这不冤枉好人吗？①

此处逗哏依旧是作为"落后"人物出场，将其缺陷或者说"不一致"暴露在观众面前。而所谓"联合大会诊"不过是将错就错式地把逗哏的"病"当作病来治，而且始终有将事态"搞大"的倾向，一种喜剧性的"过剩"于是凸显了出来：

　　甲：张大夫一看，我这个病有点缠手，没法儿，就召集了个全所医务会议，给我找病。

　　乙：阵势大了。

　　甲：经过大家研究，说是非得解剖不可，说是病在心眼里。一听这话，我这心里崩崩直跳，动手术不是件便宜事，挺好个人不能吃这个亏，我又变了个道儿……

　　乙：心眼全用到这儿了。

　　甲：我说：张大夫您不用费这么大的事，我就是心跳。张大夫一摸我心口窝，像打鼓似的，赶忙给我开了个处方，叫我回去安神，说是神经刺激过大……

　　乙：听说要解剖吓的。②

无论张大夫是在戏弄他（此种戏弄的成本只有在喜剧空间中才可忽略不计），还是在认真地履行职责，整出戏只会朝着逗哏愈发不可控的局面一路奔去。此种"过度"一发而不可止，最终因老王（逗哏）装腿疼而查不出病灶时，"联合大会诊"的名医们给出了对策："刮骨疗毒。"可以看到，在新相声中，落后者虽想尽办法维护私利，却往往会遭遇"将错就错"的对手，使他骑虎难下，最终只能自我暴露与自我供认。此种回应策略一方面对于落后现

---

① 孔令保：《联合大会诊》，《游西湖（相声集）》，第23页。

② 同上书，第25页。

象具有揭穿—批判效果,却同时也是一种夸张、过度乃至荒诞的喜剧策略,两者无法完全剥离开来。或许可以这样说,此处呈现的,不是一个严厉的"大他者",而是一个温和的"大他者"。喜剧这一文类的独特性亦在于此:在聚焦主题与施加批判的同时,往往又内含中和化、距离化、偏转化的效果;因此,此类讽刺性相声往往与表征"人民内部矛盾"以及"惩前毖后、治病救人"有着较为亲和的关系。

概言之,1950年代早中期的"新相声"运作于一个"弱"政治领域(政治性的、"非此即彼"的敌我划分相对无效的领域),往往指向社会主义条件下的工作伦理、职业规范甚至是业务能力①,以及更广泛的"社会主义公德"议题。招笑机制往往部分地"中和"了人物的缺陷,由此也"中和"了政治划分的尖锐性。特别值得一提是,这一类相声中的"逗哏—落后者"往往蛮不讲理,带有很强的"个人主义"色彩,甚至是规则破坏者。② 然而,此种落后者终会落入滑稽的自我否定的境地。这构成一种独特的喜剧—教育机制:不由自主的笑声与见证其自我否定几乎同步。由于新相声所涉及的议题围绕着新旧转型过程中的"公私"矛盾展开,而不少观者隐秘地分享着落后者的意识,因此,此种"自发"的笑声不啻是见证了自身的"分裂":哂笑他人的同时,打开了指向自身的可能性(我在笑"他",但"我"不也是?……)。故而越是细小的矛盾,越是常见的不合规矩,越能激发此种独特而暧昧的"教育"功能(容纳进"我")。我将要讨论的下一则相声就涉及当时农村中十分常见的矛盾:一个农村生产合作社社员一面要求换自留地,一面把粪偷埋在已有的自留地里。喜剧高潮爆发在这样一个时刻——当社主任通知他社里同意给他换地时,他却因为舍不得事先埋在地里的粪,开始假装"先进",不料"将错就错"的机制又不可遏制地运作起来。

甲:……我说:"社主任!……社主任,不,不行!不用换啦,我的

---

① 可参看侯宝林的《医生》,讽刺的是粗心大意的医生。侯宝林等:《医生(相声选集)》,北京:大众出版社,1956年,第21页。
② 关于此种"规则破坏者",可参看郎德沣等《夜行记》,讲的是一个不遵守交通规则最终吃瘪的人。见《医生(相声选集)》,第2页。

个人利益不需要照顾,以前那是政治不开展,思想落后,现在我的觉悟大大提高了,懂得了个人利益要服从公家的利益,这是一个社员最起码的条件。"

乙:说的很漂亮。这回不给你换了吧!

甲:社主任又提出了新问题。

乙:怎么样?

甲:这回差点没露了馅。社主任说:"那正好!社里需要这块地,决定在这块地里打机井。"

乙:这一下公家利益和你的个人利益结合起来了。

甲:和我的病根结合起来了。

……

甲:跟社主任谈完以后,当天夜里,我担着粪筐,拿着铁镐,就往地里跑。

乙:干什么?

甲:刨肥料。

乙:真赶劲儿!

甲:我正刨着呢,就看见……

乙:粪刨出来了?

甲:有人来了!

乙:谁?赶紧跑!

甲:跑不了啦,社主任领着一帮子人,打着手电筒,扛着锹、镐,灯笼火把的来(按:青年队连夜来为打井做准备工作,甲继续搪塞)。

……

甲:我说:"社主任,是这么回事儿……我说刨界石、拾粪,都不是真的,这回我跟你实说了吧!"

乙:承认是刨粪来了。

甲:我说:"社主任,我是来帮青年队挖井来的。我听说今天晚上要挖坑,先来一步……"

乙:真会编造!

......

甲：社主任和青年队长商量了半天，偏偏就决定在我埋粪的那块儿挖井坑！

乙：你怎么办哪？

甲：我说："社主任、队长，千万不能在这里挖井！"

乙：为什么？

甲："你们不知道我的地，我摸底，这儿挖不得！"

乙：怎么挖不得？

甲：这底下有……

乙：粪！

甲：有个墓！天长地久，把坟疙瘩都平没了。

乙：对付得妙！

甲：社主任说："既是有墓，就避开点。"结果，往旁移了五六尺。

乙：这回可没危险了。

甲：没危险？往下一挖，可就出事了！

乙：怎么搞的？

甲：这并不是靠着我埋粪的地方往下挖吗？

乙：是呀。

甲：挖了半人深，就有人喊起来了！

乙：怎么了，碰见流沙了？

甲：碰见"流粪"了！①

在这里，私心与算计遭遇到了一种非意志力量的"阻碍"，落后者越用心用力，情况就越发"恶化"，这几乎构成一种自动化效果。在这样一个过程中，不合时宜的"个人"孤零零地凸显了出来，而编织那种不可掌控的力量之网的，则是"集体"及其合乎"规范"的行动。当然，新相声总会为落后者留下改正的机会，"一顿批评"是常见的收尾法。

---

① 吴电、殿刚、笑凤：《"葬肥"记》，见河北省文化局曲艺工作组辑：《夫妻关系》，上海：上海文化出版社，1956年，第5—11页。

在上述相声中,对于"正面人物"少有涉及,歌颂先进的成分亦不多见。"落后性"是得到着力表现的议题,"先进"或"正常"的形象与力量则是作为背景存在的。落后者就算是一开始呈现出"先进"特征,随后也多半会被揭穿为假装先进。① 在"双百"语境中,甚至一度产生"(讽刺)喜剧"未必要有正面人物的呼吁。② 不过,随着"大跃进"的到来,"正面"与"歌颂"开始成为更加明显的"指涉物"。在后1958年语境中,开始出现别一种相声形态:旨在彰显诸如人民公社等新生事物的特点。当然,表现"落后"的相声机制并没有同时消失,而是经过改造后顽强地持存了下来。

就前一类型而言,逗哏开始脱离固有的"低"或落后的特征,捧哏反而因其"正常"意识,显得一时赶不上"变化"了:

> 甲:哎!有了,南边有一片红砖瓦房。我迈步就奔红砖瓦房走,正走之间忽然看到庄后边黑烟滚滚,火光冲天,我一看不好,失火啦!
>
> 乙:快救火吧!
>
> 甲:我把挎包一扔,顺手拿个水桶,一边敲一边喊:"救火呀,救火呀!"咚!咚!咚!到跟前一看,嚄!这火越看越旺,一片红堂堂。乡亲们也在这呢!
>
> 乙:那么大火!
>
> 甲:大家围着拍手大笑,我一看心里这个乐呀!也照样(拍手),好哇!烧的真好!
>
> 乙:哎!你们这些人都疯了?
>
> 甲:你才疯了呢!那是人家小土高炉出铁了!眼见铁水奔流,红光冲天,你不乐吗?③

---

① 工人创作者王国斌的创作值得注意。其创作的相声《飞油壶》刻画的是一个表面热心生产,后来被揭穿的落后工人形象。这部相声的"底"是这样来设置的:在同志和爱人的帮助下,改了晚期迟到的毛病,而最后一次差点迟到,一阵风似的赶,却没想到是星期天。见王国斌:《飞油壶》,《医生(相声选集)》,第34—40页。

② 参见李诃:《关于讽刺喜剧的几个问题》,《人民文学》1957年第1期,第89、91页。

③ 李成祥、胡辛良:《家乡变了样》,《夸公社(相声集)》,长春:吉林人民出版社,1959年,第5页。

在此,相声与"现实"之间必要的"间距",恰恰打开了一种表征"非常态"的"大跃进"情境的可能性。当然,此种展现"大跃进奇观"的相声在一定程度上摆脱了已有讽刺相声的套路,因而也就丧失了某些固有的招笑机制的力量。不过,有一类"大跃进"相声(经过改造了的表现"落后者"的相声)却呈现出更加复杂的面貌。不同于展现"奇观",此类相声重在凸显"正常者"在非常态情境中的吃惊与不适感。譬如一位消极怠工的汽车售票员(逗哏)被拖到郊区去见证"大跃进"。逗哏用惯常思路来看待挑灯夜战修水库,笑料由之产生:

> 甲:喔?那些人真是在修水库哇?你这个老乡,也真会开玩笑。你们白天挑不行吗?你们都是自愿来干的吧?
>
> 挑:大跃进还能强迫吗?现在白天黑夜一齐干,我们已经苦战了十昼夜了。社员同志们干劲不让人哪,提出口号是:把阴天当晴天,把黑天当白天,毛毛细雨是好天。现在的大跃进,是一天等于二十年的时代呀!同志。
>
> 甲:老乡,这些人都是雇来的吧?一天多少钱哪?
>
> 挑:你这位同志是……
>
> 甲:汽车公司的。
>
> 挑:应该学着开快车。你有点跟不上来了,落后了吧。
>
> 甲:喂!你老乡怎么随便扣帽子呀?
>
> ……
>
> (甲看到两个老大娘穿着红罗裙,扭着秧歌舞)
>
> 甲:我说不是吧!原来是文工团演街头"活报儿"戏的。
>
> 乙:你又弄错了,不是文工团的,是两位年高的老大娘。你看,文工团的女同志的脚才这么点吗?
>
> 甲:呵!哎呀,真是两个老大娘,老张呵,他们怎么啦?是不是有神经病?①

---

① 袁学超、迟守耕:《跃进中的小镜头(相声剧)》,南昌:江西人民出版社,1958年,第5—6,7—8页。

从"文工团"等信息见出,逗哏的感觉与思路基本停留在常态层面,其他人物则已经"跃进"了。虽然在结构上,依旧是逗哏指向落后者,而捧哏指向"正常"或先进者。但显然,相声所依赖的"正常"样态已经不同于1950年代早中期了,即不再局限于合乎规范或公德,而是转为一种突破规范的"先进性"。讽刺、批评落后的策略,逐渐向歌颂先进的策略倾斜,最终催生出具有鲜明"歌颂性"特征的新相声。在相声形态上,有两个变化尤需注意。首先,逗哏很少扮演落后者,而主要成为正面先进人物、事迹的讲述者(即先进者的"身边人")。其次,逗哏与捧哏的"高低"关系发生颠倒,捧哏往往承担了"常人"意识,逗哏因为与先进者关系更近,则多表现出"先进"意识。因此,前文论及的落后者身处不可控的错误——自动化环境中自我暴露这一形态,发生了变化。招笑机制亦有所调整。不过,需要说明的是,相声中的"歌颂"依旧嵌入某种喜剧机制,因而并不能化约为一般意义上的歌颂。比如,《你追我赶》歌颂劳动模范王师傅,其中充斥着赞扬之语,然而大量四字短语的"联排"却产生了一种微妙的滑稽效果:"王师傅是我们厂里的老工人了,是市级劳动模范,那真是政治挂帅,一心向党,思想先进,工作积极,老老实实,勤勤恳恳,依靠领导,联系群众,老将出马,一个顶俩。"①这里有种刹不住车的自动机效应,仿佛量上的"过剩"会招致歌颂本身的"悬置"状态。一方面是夸赞,但另一方面是形式上的过度。因此可以说,此种歌颂形态亦包含着微妙的"偏转"作用。这种"过度"或"过剩"并非孤例。且看如下相声片段:

　　甲:打从你认识我那天起,你见我流过泪没有?
　　乙:没有哇!
　　甲:是嘛!铁水烫焦了我的腿,铁锤敲痛了我的手指,我都没哼过一声。
　　乙:是呀!
　　甲:可是昨晚上我在港务局的旅客候船室里流了泪啦!

---

① 陈笑暇:《你追我赶》,上海:上海文艺出版社,1959年,第5—6页。

乙:啊!这是为什么?

甲:为了大跃进。

乙:什么?

甲:你不信?(摸出手帕)有手帕为证,还没干。①

把握此种相声形态,对于厘清"大跃进"之后相声的根本特征来说十分关键。它恰恰显现了"革命"与"分心"的复杂关联,也就是说,正因为革命文化内部日益强调"歌颂"的要求,使得相声实践在一定程度上离开了固有的"讽刺"轨道。同时,固有的文类特征与招笑机制努力与前所未有的历史情势达成一致。一方面,固然可以说,"革命"在一定程度上损耗了笑的能量,但另一方面,相声实践却也在严肃的政教话语中置入了一种无法化约的喜剧维度,至少"革命"与"分心"第一次获得了某种肯定性的联结。虽说这种联结并不稳定甚至极为脆弱。但在我看来,后者是一个不限于喜剧问题本身的文化—政治难题。下面的讨论,正是尝试通过展示新相声的进一步演变,来逼近这一难题本身。

三 1960年代的新相声及其"革命/分心"机制

并不夸张地说,随着"大跃进"的展开,由逗哏来扮演落后者自我暴露的讽刺相声形态已经终结了(当然,讽刺相声并未消失,而是转移到了表现敌我矛盾领域——讽刺美军、国民党等②)。1960年代前期至"文革"之前,随同"社会主义教育"运动的铺开以及"反修防修"意识的普遍化,相声实践在很大程度上延续了"大跃进"时期的歌颂形态。"新相声"之"新"则获得了更为清晰的界定:

> 相声是一门群众性很广的曲艺形式。传统相声大都是讽刺的。解放后,特别是大跃进以来,业余、专业相声作者对歌颂新人新事和反映

---

① 刘祖炳:《候船记》,上海文艺出版社编:《家庭会议(相声)》,上海:上海文艺出版社,1960年,第5页。

② 譬如刘宝瑞、吴捷创作的《南方捷报》写的就是1960年代的越战题材。上海文化出版社编:《新相声集》第一集,上海:上海文化出版社,1965年,第6、8页。

人民内部矛盾的题材进行了探索和创作实践,取得了不小的成绩。相声的题材宽广了,表现手法、艺术技巧都有了不少革新和发展,优秀创作不断涌现出来。①

1960年代相声题材的拓宽,首先表现为部队题材大量涌现。然而讲述部队题材的相声并不容易创作。这跟纪律、服从等硬性原则相关,也与部队生活相对远离个人与私我意识有关。换言之,编写者在处理部队题材以及观者在接触相关作品时,不容易直接进入放松状态。不过,需要说明的是,从新相声作品来看,部队题材的具体形态与一般歌颂新人新事的相声,似乎并无多大差别。也就是说,虽然细节有所差别,但相声所呈现的招笑机制却十分相似。比如《三学郭兴福》②里的"笑点"就在于"临时装扮"(即逗哏或捧哏被安排临时充当一个其他角色,甚至是"物")以及"重复"(自动化)。这出相声讲的是甲乙两位战士谈学习郭兴福,而我关心的首先依旧是形式。

甲:……同志们,利用地形地物的目的大家知道不知道哇?

乙:知道!

甲:知……你说"知道",我还说什么呀?

乙:没得说啦?

甲:我是按"不知道"准备的呀!你说"知道",我不乱了套啦!

乙:嗐!这我哪儿摸底儿呀!

甲:重来吧!——利用地形地物的目的,大家知道不知道哇?

乙:知……不知……不知知道不知道!

甲:这是怎么回答问题哪!回答问题要短促、洪亮,"不知道"三个字,回答出来要像两个字一样:不(知)道!记住了没有?

乙:记住啦!

---

① "编者的话",《新相声集》第一集。

② 在1964年1月,中央军委发出了全军学习郭兴福教学方法的指示。参看《中央军委关于全军学习郭兴福教学方法的指示》(1964年1月3日)、《叶剑英关于推广郭兴福教学法的报告》(1963年12月27日),见中共中央文献研究室编:《建国以来重要文献选编》第十八册,北京:中央文献出版社,1998年,第22—25页。

甲：重来一遍。——知道不知道哇？

乙：不(知)道！①

这一"知道/不知道"成了这部相声最显眼的笑料。逗哏先是反复提示捧哏要说"不知道"，因为他要先"排演"学习郭兴福之前"老方法"，即预设战士一下子没理解，得要捧哏用"不知道"来接。然而，捧哏也由此被训练得有些条件反射了——开始脱口而出"不知道"，而不考虑情境。随着相声的逐渐展开，捧哏又开始表现出"落后"一面，面对各种训练与实战情境，"受不了"成了他脱口而出、不断重复的口头禅。

甲：放炸药包儿！

乙：炸药包放置完毕！

甲：拉导火索！

乙：拉开导火索！

甲：把炸药包抱回来！

乙：抱回来呀？受不了！马上爆炸啦！

甲：导火索失灵啦！

乙：好嘛！吓了我一头汗。

甲：你要继续完成为后续部队开辟道路的任务！

乙：这……我用手榴弹炸敌人暗堡！

甲：暗堡坚固，手榴弹爆炸能力太小。

乙：我把四个手榴弹捆在一起，从枪眼里扔进去！

甲：枪眼里有铁丝网挡着，扔不进去！

乙：我从暗堡后门投弹！

甲：暗堡后门关闭！

乙：这……我不干啦！

甲：你不干啦？

乙：全让我赶上啦？！

---

① 吴恩龙、朱光斗：《三学郭兴福》，《新相声集》第一集，第66—67页。

甲：战斗越接近胜利，情况越艰苦，越复杂。这时候我们要想到党的教导，想到人民的期望，想到对敌人的阶级仇恨，困难再大，也要克服！

乙：对呀！办法是人想出来的呀！——我用圆锹朝敌人枪眼里扬土，掩护后续部队前进！

甲：好！你表现得机智勇敢，应当受到表扬！

乙：可算完成任务！

甲：敌人窜出暗堡！……①

逗哏在这里恶作剧式地向捧哏施加环环相扣的"障碍"，后者只有一边叫着"受不了"，一边在前者的鼓励下全部接招。但这并非此部相声的全部形式要点，需加以注意的是，它也嵌入了相当"正面"的言说。毋宁说，让人严肃起来的言辞与招笑机制互嵌在一起，才构成此类新相声独特的结构。此种"革命"与"分心"的混合结构，表征出社会主义文化实践的要点与难点。这是单纯用政教规训—纪律话语与娱乐消费话语都无法恰当解释的结构。其中包含着能量，同样也蕴藏着危机。在这个意义上，《"接骨专家"》是一个值得分析的文本，它充分呈现了此种"革命"与"分心"的配置。相声歌颂的是甲（逗哏）的师傅、汽车汽配厂焊工组组长薛师傅，他被戏称为"接骨专家"。一开始就来了一段正面颂扬："那真是一员革新老将，处处听党的话，刻苦钻研焊接技术，连续突破四十八项重大技术关键，为国家节约了大量财富。"②然而，正面言说很快就偏转到了富有喜感的部分，为了演示薛师傅"焊气缸"的事迹，逗哏让捧哏来临时扮演"气缸"：

甲：眼睛好比气门座儿，鼻子好比螺丝眼儿。

乙：我这个气缸上就能安两个螺丝？

甲：一个也安不上。

乙：怎么？

---

① 吴恩龙、朱光斗：《三学郭兴福》，《新相声集》第一集，第73—74页。
② 郎德澧：《"接骨专家"》，《新相声集》第一集，第14页。

> 甲：里面没有螺丝扣哇。
> 乙：废话,鼻子眼儿里扣丝扣?
> 甲：没有丝扣,拧不进螺丝去。
> 乙：拧进去我也受不了哇！①

捧哏的意识于是就在气缸与自我之间建立了强迫性的关联,这成为此部相声的核心笑料。不过,很快逗哏就陈说了一段政论式的言辞：

> 甲：送进我们厂修理的大部分都是外国生产的旧车,厂牌有三十多种,帝国主义对我们实行经济封锁,不卖给我们零件。
> 乙：那就甭修理啦?
> 甲：喔,在帝国主义面前屈服?
> 乙：你怎么给我扣帽子?
> 甲：我师傅这样想：我们国家正在大搞社会主义建设,各个部门都非常需要汽车,就因为气缸上有点裂纹儿,整个汽车就不能用了,这损失太大啦。他感到这样是没有尽到自己的责任,我们中国工人阶级是有志气的,我们要用劳动的双手,坚决把它修好,让帝国主义看看我们中国人民的意志和力量。
> 乙：有骨气！②

由此,《"接骨专家"》的形式本身成为一个重要的症候。"革命"（使人聚神的成分）与"分心"（使人从政教言说中偏转的成分）互相穿插,塑成了一种喜剧媒介独具的经验：

> 甲：我师傅整天围着气缸转,左看看,又看看,一边看,一边琢磨。(向乙)心里想,我究竟怎么样整治你哪?
> 乙：怎么整治我也受不了哇。
> 甲：我说的是整治气缸。
> 乙：您看着我说,我心里害怕呀。

---

① 郎德澧：《"接骨专家"》,《新相声集》第一集,第16页。
② 同上书,第17页。

第四章 社会主义喜剧与"内在自然"的改造

甲:我师傅想,毛主席在《实践论》里说得很清楚,一切认识来源于实践。路是人走出来的,只有通过实际干,才能找出经验来。他决定先用气焊试试。

乙:有道理!

甲:(向乙)我师傅左手拿着焊条,右手举着焊枪,对准焊口,"嗞——"

乙:嚯!您倒是慢着点呀!

甲:甭害怕,烫不着您!

乙:这要是神经衰弱,非吓趴下不可!①

这里存在两种秩序,但却"焊接"在了一起。两者互相影响甚或"干扰",但却无法完全化约为单一方面。此种"分心"机制在此部相声中还表现为上文反复提及的"重复"—自动化。逗哏本身的言说并无滑稽之处,反而是很严肃的,然而他对于捧哏的任何回应连续判以"错误",却制造出了"偏转"效应。

甲:除了出现新裂纹以外,又多了些气眼儿。

乙:还不如从前哪,那就别焊啦。

甲:错误!领导和同志们都在盼望着我们的成功,全国人民都在等着我们成功,革命事业非常需要我们的成功,有这么点困难我们能够退却吗?

乙:那就接着再焊?

甲:错误!您没看见焊完了又出现了新的裂纹和很多气眼儿吗?再焊个三次两次的,气缸非变漏勺不可,浪费人力物力您就不心疼吗?

乙:要不然就送到别的厂区修理?

甲:错误!

乙:我就知道得错误。

甲:我们工人阶级要树立把困难留给自己、把方便送给别人的共产

---

① 郎德沣:《"接骨专家"》,《新相声集》第一集,第18页。

主义风格,您倒好,把困难给别人,您这是什么态度?

乙:干脆……

甲:错误!

乙:我还没有说话哪。

甲:没说话也错误。

乙:没说话也错误?

甲:对技术革新漠不关心!

乙:嘿嘿!

甲:对失败者进行嘲笑!

乙:咳!

甲:士气低落,唉声叹气!

乙:(低头不语)

甲:自暴自弃,悲观主义!

乙:我合着没好啦!①

此处的重复不仅带来了自动化效应,而且还引出了不懈的批判性与喜剧主体执拗性相混合的状态。当然,更为关键的是"革命"与"分心"两种话语形态在此处的并存,以及相互之间的偏转。这必然能带来短暂的精神松弛状态,甚至能为更具活力、韧性与批判意识的心理机制之到场提供条件。当然,更为关键的是此处两种秩序的并存、相互之间的偏转,带来了一种暂时的心理释放。上文说过,社会主义喜剧始终在"讽刺"和"歌颂"之间斡旋,同时又有"放松"和"教育"这一双重功能。以新相声为例,此种喜剧文化对于整个革命文化的一大贡献,就是提供了一种不那么严肃的、富有弹性的情感与认知状态,为更为完整的社会主义日常生活创造了必要的基础。简言之,它有效地补充了史诗性、悲剧性、崇高性的革命文化,创造了一个以笑为媒介的交往空间,允许"革命群众"暂时的"分心",也允许一定程度的"反讽"与"距离"。当然,最后需要将"心"收回到革命教育与政教文化之中。

---

① 郎德澧:《"接骨专家"》,《新相声集》第一集,第18—20页。

从 1970 年代以后的新相声实践来看，此种"革命"与"分心"的机制依然一以贯之地存在，只不过比例有所调整："革命"部分愈发明确，对于政论言说的"引用"更加直白。那一时期的批评话语一方面强调对于相声媒介进行全面渗透，即试图用"革命"完全改写此一媒介。另一方面，却也不能不保留招笑机制。因此，"革命"与"分心"之间的结构依旧以一种微妙的方式持存了下来：

> 旧相声由于作者的立足点不对，所以它们或是从地主资产阶级立场出发，去歌颂剥削阶级，暴露丑化无产阶级和劳动人民；或是从"自我"出发，卖弄低级庸俗的噱头，博取观众廉价的笑声，使旧相声成为毒害人民灵魂的精神鸦片。我们今天则是站在无产阶级的立场上，运用相声形式满腔热情地去歌颂无产阶级的先进人物先进思想，唱颂工农兵，揭露阶级敌人恶毒阴险、腐朽垂死的反动本质，为无产阶级政治服务，为党在社会主义历史时期的基本路线服务。……如何塑造工农兵英雄人物，这对过去一向以暴露、讽刺为主的相声来说，确实是个新课题。但只要我们牢牢地掌握住《讲话》这个锐利的武器，以革命大批判开路，认真学习革命样板戏的创作经验，调动相声原有的艺术手段，吸取其他艺术形式的长处，大胆实践，相声是可以塑造好工农兵英雄形象的。……相声还离不开逗、"包袱"（笑料），离不开"重复""对比""误会"、比喻、倒反、谐音等手法。①

此种批评话语同时显露出一种"超相声"的冲动，即用社会主义政教美学的同一性来改写新相声实践，使之在表达上趋同于其他各类文艺实践：

> 我们还感到要塑造好工农兵英雄形象，光靠相声原有的一些手法远远不够，还必须跳出相声的框框，吸取其他艺术形式的长处，来弥补相声的不足……为主人公安排一段紧张曲折能够体现人物思想境界的情节，而这用相声原有手法就不一定能充分表现，因此我们就借用了评

---

① 火山水：《相声创作中的几点体会》，洛阳市文化馆编：《相声集》，1973 年，第 232、234 页。

书和讲故事的手法来表现。①

如果新相声只是围绕"塑造工农兵英雄人物"这一轴心展开,其自身的喜剧性教育经验就会相应减弱。社会主义政教美学话语无法把握的,正是这一无法完全被同一化的"革命—分心"经验,它自然也无法完全解释此种蕴含于社会主义喜剧文化内部的矛盾—动力结构。进言之,已有的社会主义文化实践及其话语因为种种历史条件的限制,无法真正积极地面对喜剧机制的作用,无法有效地回应人们在听相声以及观看喜剧电影时对于放松状态的期待,无法真正把握喜剧这一媒介的"中和化"效应,无法将笑的不可控性、不可驯服性及其"非同一"的特点纳入自身的思考框架。在这样一种前提下,批评话语所强调的"为塑造工农兵英雄形象服务的健康的笑声"②在很大程度上就成了一种主观的言说。如果能按照既有要求有效地引导笑声,最终人们都能"从心所欲不逾矩"地笑,那么人的内在自然的改造可能也就几近成功了。革命的政教文化在当时的历史、技术条件下,无法真正解决这一矛盾。当我们匆匆将"自然"("第二自然")简单"历史化"甚至是简单"政治化"的时候,反而可能是回避了这一"历史—自然"的辩证法。

---

① 火山水:《相声创作中的几点体会》,洛阳市文化馆编:《相声集》,1973年,第235页。
② 同上书,第236页。

第五章　激进时代的"心"与"物"

1962年9月召开的八届十中全会提出"阶级斗争必须年年讲,月月讲,天天讲"的政治路线,标志着中国社会主义实践的一次重要转型。此前,"全党正实行对国民经济的调整。这个调整方针或路线,是经过中央政治局常委形成意见,并经毛泽东首肯的"①。然而,随着中苏矛盾进一步加剧以及党内对于形势和困难的估计产生分歧,"反修防修"开始成为首要议题。② 本章所谓"激进"之义,即导源于后1962年的历史脉络:1963年展开农村"四清"、城市"五反"运动,"社会主义教育"运动在全国铺开;1963年夏秋中苏分歧彻底公开化,"九评"开始;1964年5月,毛泽东在中央工作会议上提出了革命事业接班人的"五个条件"。③ 在思想文化领域,中共中央于1963年12月发出通知,要求把"反修"批判扩大到整个哲学社会科学和文学艺术领域,随后对于杨献珍的"合二而一"论、周谷城的"时代精神汇合"论、冯定的"庸人哲学"、翦伯赞的"让步政策"论等进行了大规模的批判。④ "千万不要忘记阶级斗争"则成为此一时期核心话语表征。中共八届十中全会公报的纲领性表述如下:

---

① 钱理群:《中华人民共和国史第五卷(1962—1965):从挽救危机到反修防修》,香港:香港中文大学出版社,2008年,第267页。
② 同上书,第268页。
③ 同上书,第294—295、318、358页。"五个条件"是指:一、真正的马克思列宁主义者。二、全心全意为中国和世界的绝大多数人服务的革命者。三、能够团结大多数人一道工作的无产阶级政治家。四、党的民主集中制的执行者。五、谦虚谨慎,戒骄戒躁,富于自我批评精神。关于此一问题的具体表述,参看安子文:《培养革命接班人是党的一项战略任务》,《红旗》1964年第17—18期。
④ 同上书,第391—392页。

> 在无产阶级革命和无产阶级专政的整个历史时期，在由资本主义过渡到共产主义的整个历史时期（这个时期需要几十年，甚至更多的时间）存在着无产阶级和资产阶级之间的阶级斗争，存在着社会主义和资本主义这两条道路的斗争。被推翻的反动统治阶级不甘心于灭亡，他们总是企图复辟。同时，社会上还存在着资产阶级的影响和旧社会的习惯势力，存在着一部分小生产者的自发的资本主义倾向，因此，在人民中，还有一些没有受到社会主义改造的人，他们人数不多，只占人口的百分之几，但一有机会，就企图离开社会主义道路，走资本主义道路。在这些情况下，阶级斗争是不可避免的。这是马克思列宁主义早就阐明了的一条历史规律，我们千万不要忘记。这种阶级斗争是错综复杂的、曲折的、时起时伏的，有时甚至是很激烈的。这种阶级斗争，不可避免地要反映到党内来。……①

这里的关键在于"过渡"一语。它揭示出社会主义自身的动态性——"由资本主义过渡到共产主义的整个历史时期"。这个时期"存在着阶级、阶级矛盾和阶级斗争；阶级斗争是贯穿于过渡时期发展全程的最基本的客观事实"②。这一判断在当时的立论基础是：一方面国内被推翻的反动阶级不甘于灭亡，他们"在经济上被剥夺之后，其政治观点、意识形态、世界观等等，作为阶级的东西并不立即消失"③。另一方面，国际资本主义的包围、帝国主义国家的武装干涉以及和平瓦解的阴谋活动，依旧猖獗。更令人焦虑的是，"使新的资产阶级分子不能重新产生的条件尚不具备或尚不成熟。譬如说，小生产者的自发资本主义倾向就是重要条件之一；商品货币关系的存在也是一个非常重要的条件"④。八届十中全会之后的历史时期之所以关

---

① 参看《中国共产党第八届中央委员会第十次全体会议的公报（1962年9月27日通过）》，见《建国以来重要文献选编》第十五册，北京：中央文献出版社，1997年，第653—654页。但需要说明，1962到1965年基本是继续调整。相关分析可参看钱庠理：《中华人民共和国史第五卷（1962—1965）：从挽救危机到反修防修》，第306—308页。
② 赵林：《关于过渡时期阶级斗争的几个问题》，《新建设》1963年11月号，第14页。
③ 同上书，第15页。
④ 同上书，第16页。

键,正在于中国社会主义实践对于自身的矛盾性与难题性有了愈发明确的认识,并且希望在更高的历史目标指引下,保持继续革命的动力。而"阶级斗争"成为当时统领性的回应方式。需要说明的是,此一时期关于"阶级斗争"的理解,本身也在向更加激进的样态过渡。① 因此,只有具体地把握"阶级斗争"的样态、策略与限度,才能逼近八届十中全会之后至"文革"之前这段历史时期的经验特质。我想先从两个维度来"具体化"此一时期的"阶级斗争"。

首先是毛泽东在1963年5月以后反复强调"哲学"的重要性,最终导致"一分为二"这一"革命辩证法"的确立。毛泽东在1964年8月与康生、陈伯达等人的谈话中,明确表达了关于"哲学"与"阶级斗争"关系的看法:

> 搞哲学的人,以为第一是哲学,不对,第一是阶级斗争。压迫者压

---

① 保罗·斯威齐对于此点的归纳颇值得注意。在他看来,有三种关于"阶级斗争"的思路可加区分:一、马克思主义者人都会同意,阶级斗争在革命之后的社会是必要的。因为推翻资产阶级社会或封建制度并没有消灭旧的压迫阶级,后者会抓住一切可能的手段来进行复辟。二、旧有统治阶级的观念、价值、思维习惯和行为习惯不会立即消亡。它们深深植根于社会基层。摆脱这一继承下来的精神负担,也是真正意义上的阶级斗争,虽然马克思主义者在此点上并非意见一致。三、第三种倾向是最复杂、最少得到理解的:革命成功之后,社会的运转需要行政人员、管理者、技术官僚、各类专家。他们与普通工人、农民相比收入更高,享受额外津贴,掌握更大的权力。不管其阶级起源如何,也不管其从属于旧有支配观念的程度如何,这些享受特权地位的人很快就会聚焦于自身的利益。他们会有意无意地把这些特权与利益传给下一代。马克思主义者并不否认此点。但是从斯大林时期的正统政治理论来看,这些权力与特权的问题总是被作为官僚问题的一部分,而非阶级问题来看待。正统理论认为,随着生产力的发展(凭借消灭生产资料意义上的私有财产来释放生产力),那些导致官僚阶层的状况就将会逐渐消失。同时反对官僚的斗争会采取控制剩余的手段,以及对官僚进行诱导,让其更具社会责任。简言之,此种苏联式看法的要义在于:精英在很长时间内都将存在(直到其或多或少地自动消失),不过他们应该成为具有良好表现的精英。另一方面,如果采取这样一种立场——即管理层不是这个意义上的官僚而是一种初生的统治(以及剥削)阶级的话,那么反对它的斗争必定会是一种阶级斗争。其最终目标不是管住它、让它更具社会责任,而是将之彻底消灭,从而实现真正的无阶级社会。这反过来意味着这样一种信念:工农通过漫长的斗争,可以掌握并承担原来由特权管理者以及官僚在革命后的最初期所承担的功能。在中国1950到1960年代的政治讨论与论辩中,"阶级斗争"这一术语逐渐从对于第一种意义的强调,转向第二种和第三种意义的结合,而第三种意义在"文革"末期显然获得了支配性地位。见 Paul Sweezy, *Post-revolutionary Society* (New York: Monthly Review Press, 1980), pp. 92-94。

迫被压迫者，被压迫者要反抗，想出路，才去寻找思想武器。我们都是这样过来的。……我曾找艾思奇谈话，他说现在只讲概念上的分析、综合，不讲客观的分析、综合。怎么综合？一个吃掉一个，大鱼吃小鱼，就是综合。从来的书上没有这样写过，我的书也没写。因为杨献珍提出合二而一，说综合是两种东西不可分割地联系在一起。世界上有什么不可分割的联系？有联系，总要分割的。没有不可分割的事物。要从生活中间来讲对立统一。分析时也要综合，综合时也要分析。……我不相信那两个范畴质量互变、否定之否定同对立统一平行并列。这是三元论，不是一元论。就是一个对立统一。质量互变就是量和质的对立统一。对立统一也包括否定之否定。没有什么否定之否定。肯定——否定，肯定——否定，每一个环节既是肯定，又是否定。总而言之，一个吃掉一个，一个推翻一个。一个阶级消灭，一个阶级兴起，一个社会消灭，一个社会兴起。发生、发展、消灭，任何事物都是如此。①

毛泽东把"阶级斗争"放在"哲学"之前，并将恩格斯提出并在苏联被"教科书化"的辩证法"三个规律"概括为"一个对立统一"。这对于把握1960年代语境中的"革命辩证法"十分关键。"革命"在这里指向"破旧立新"，即促进事物的"分割"与"对立面的转化"。② 辩证法的任务"不是掩盖矛盾，而是揭露矛盾，找出解决矛盾的正确方法，促进矛盾转化，达到革命地改造世界的目的"③。为"辩证法"加上"革命"这一限定语，又与当时的论辩及批判相关；其主要对手是杨献珍的"合二而一"论。1964年8月号《红旗》杂志曾给出如下总结："这是一场坚持唯物辩证法同反对唯物辩证法的斗争，是两种世界观即无产阶级世界观同资产阶级世界观的斗争。主张事物的根本规律是'一分为二'的，站在唯物辩证法一方；主张事物的根本规律是'合二而一'的，站在反唯物辩证法一方。"④一方面固然可以说，"哲学"是后于

---

① 中共中央文献研究室编：《毛泽东年谱：一九四九——一九七六》第五卷，第388—389页。
② 参看《红旗》杂志评周谷城的反"辩证法"倾向，1964年第20期，第17—18页。
③ 《红旗》报道员：《哲学战线上的新论战——关于杨献珍同志的"合二而一"论的讨论报道》，《红旗》1964年第16期，第8页。
④ 同上书，第7页。

阶级斗争及其他实践的（当时称之为"三大革命运动"①）；但另一方面，这一革命辩证法又以相当简明的方式，提供了一种把握事物的方式与态度，由此反过来成为图式化"阶级斗争"的途径。

其次，"阶级斗争"与"日常"领域日益缠绕在一起。其依据源于"公报"中"小生产者的自发的资本主义倾向"一语，展示的是"旧习惯势力"的根深蒂固性与"阶级斗争"的"错综复杂性"。② 话剧《祝你健康》（1964 年改编为电影《千万不要忘记》）作者丛深的一席话，十分清晰地表达了此种问题意识：

> 在 1962 年 10 月党的八届十中全会公报发表以后，使我进一步具体认识到"千百万人的习惯势力"，小业主的"日常的、琐碎的、看不见摸不着的腐化活动"，"小资产阶级的自发势力从各方面来包围无产阶级，浸染无产阶级，腐化无产阶级"等生活现象，这就是从社会主义过渡到共产主义时期的阶级斗争。党的八届十中全会公报照亮了我正在酝酿着的剧本的主题。……社会上还存在着资产阶级的影响和旧社会的习惯势力，存在着一部分小生产者的自发的资本主义倾向。我豁然开朗起来。原来我想写的正是这后一种阶级斗争。……"亲人对亲人的'包围''浸染'和'腐蚀'"正是错综复杂的阶级斗争。③

这一时期的文艺实践在很大程度上都是对于此种"错综复杂"性的表达。当然，它会进一步具体化、感性化当时的历史命题。譬如，一、"接班人"问题：表现"遗忘"与重新"唤出"阶级情感的机制；在叙事配置中凸显革

---

① 关于"三大革命运动"的提出，参看中共中央文献研究室编：《毛泽东年谱：一九四九——一九七六》第五卷，第 221、222—223 页。

② 八届十中全会之后，"旧习惯势力"的问题日益得到重视，当时对于此一范畴的定位是：旧社会遗留下来的、反映旧社会制度并为其服务的旧观念、旧传统、旧风俗、旧习气等。它是千百年来形成、巩固和流传下来的，掌握了千百万群众，成为一股阻碍社会主义革命和社会主义建设的根深蒂固的社会力量。旧习惯势力是旧意识形态中最为流行、最有影响、最为顽固的那些部分，如私有观念、宗族观念、家庭观念、封建迷信以及所谓"万般皆下品，唯有读书高""学而优则仕"、服务行业低人一等、重男轻女、夫权思想和摆阔气、讲情面等。见包定环：《试论旧社会的习惯势力》，《厦门大学学报》1964 年第 2 期。

③ 丛深：《〈千万不要忘记〉主题的形成》，《中国戏剧》1964 年第 4 期，第 28 页。

命家史的核心地位,展示"红色保险箱"的失效及其回应方法(如《千万不要忘记》中丁少纯,《年青的一代》里林育生的转变)。二、敌我矛盾与人民内部矛盾的交错:破坏社会主义的潜藏敌人、走资本主义道路的自发势力与"退化干部"的组合,在各种文艺类型中频频出现(比如《丰收之后》里王学孔、王老四和王宝山的组合,《艳阳天》里马之悦、弯弯绕、马连福的组合)。三、"一分为二"前提下的无产阶级新人及其道德问题:"雷锋式"新人在叙事中往往拥有一种结构性功能(《千万不要忘记》里的季友良、《年青的一代》里的萧继业、《丰收之后》里的王小梅)。① 需要看到,这些都是被"主题化""前景化"的成分。我更关注的则是作为"背景"与"前提"存在的部分。在很大程度上,所谓"激进化"正是使此种原本不言自明的"背景"与"前提"问题化、前景化、主题化,就是不断使"千百万人的习惯势力"成为批判的对象。

虽然可能失之于简单,但我还是暂以"自发"与"自觉"的矛盾来指称此种激进实践。这一列宁主义式的构造凸显出社会主义政治、经济乃至美学实践的基本冲动与焦虑。② 我将之概括为对于主动与透明的向往,以及对

---

① 中国人民解放军总政治部于1963年2月9日发出通知,号召全军迅速展开宣传和学习雷锋同志模范事迹的活动,自此军队学习雷锋运动全面铺开。1963年3月2日出版的《中国青年》刊出"学习雷锋同志专辑",并刊登了毛主席的题词"向雷锋同志学习"。1963年3月5日《人民日报》转新华社社论,题为《中国青年》出版学习雷锋专辑,毛主席题词向雷锋同志学习、周恩来董必武等同志的题词和诗文同时发表",其后全国总工会等组织发出通知,号召向雷锋同志学习,从而掀起全国范围内的"学习雷锋"运动。1963年4月,《雷锋日记》出版。"雷锋式新人"赋予了共产主义道德某种具体性,尤其表现为:怀有鲜明的阶级感情、"螺丝钉"精神、自觉遵守纪律、永不骄傲(骄傲被视为先进分子的最大敌人)。在"文革"前夕出版的一本《工农兵论共产主义道德》中,"共产主义道德"则分为七个方面:一、听毛主席的话,树立"毫无自私自利之心的精神",做一个高尚的、纯粹的、有道德的人。二、自觉劳动,忘我劳动。三、革命的集体主义(破除资产阶级的个人主义)。四、心怀祖国,放眼世界。五、憎恨敌人,热爱人民。六、吃苦在前,享受在后。七、为革命而生,为革命而死。见《哲学研究》编辑部编:《工农兵谈共产主义道德》,北京:中国青年出版社,1966年。

② 见苏联哲学家罗森塔尔、尤金合编《简明哲学辞典》中的"自发性和自觉性"词条(《简明哲学辞典》,第179—180页)。

于被动与晦暗的恐惧。① 在那一时期,"阶级斗争"话语向所有社会生活与思想文化领域渗透,却在两个场域中遭遇到了顽强且具实质性的抵抗:一是"心理",二是"经济"。虽然两者在新中国成立后经历了"改造",可依旧联通着强而有力的(西方)主流现代性建制;而且在很大程度上确认了无法完全根除的"自发"特征或者说保留着难以渗透的"自然性",同时规定着关于"人"的霸权性阐释,或者说,内在地规定了现代"生命政治"的形态。②

就前者而言,罗斯(Nikolas Rose)的福柯式分析揭示出,"心理学"在19世纪中期的"学科化"标志着一种新霸权的成形:

> 首先是治理理由和方案的转型;其次,权威的正当性的转型;第三,伦理学的转型。……从"宏观"来看,涉及福利、安全和劳动规约的机制;从"微观"来看,个人工作场合、家庭、学校、军队、法庭、监狱、医院以及个人的管理,都具有了心理学色彩。对于行为的反思与管理,以及种种策略、方案、技术和装置,用福柯的话来说,即治理性或单纯谓之治理都已经"心理化"了。现代的政治权力之施行已经内在地关联于关于人之主体性的知识。……鉴于其依据某种关于某些身为主体之人的知识来执行。权威的本性同时也改变了,权威的执行成为伦理性的了。它与其说是诉诸服从与忠诚的要求、控制和命令,毋宁说是提升个人能

---

① 关于"主动"与"被动"的讨论,可参考雨田:《主动与被动——学习毛泽东著作的笔记》,《新建设》1965年11—12月合刊。"透明"一说,我受到了图斯卡诺(Alberto Toscano)的启发。后者在现实社会主义政制——尤指苏联——的"计划"方式中,看到了一种"透明性"的渴望:无阻的可见性会带来压抑性的乌托邦神话,同时也会招致机器式管理的去政治化状态。虽说如此,由此而生产的社会透明性概念——特别是针对资本主义非理性的无政府状态的计划及其透明性——可以看作对于资本主义危机的一种特定的而非一般的否定。因此,社会透明性的认知、经济和艺术的形态,总是被视为资本主义不透明性的对应物。见 Alberto Toscano and Jeff Kinkle, *Cartographies of the Absolute* (New York: Zero Books, 2015), p.59。

② 关于心理学的"自然主义"倾向,见章志光:《论心理现象和社会现象的关系——和郭一岑先生商榷》,《新建设》1963年11月号。相关自我批判可见曹日昌:《关于心理学的基本观点》,《心理学报》1965年第2期。经济方面的"自然性",可参看孙冶方论"价值规律",见其《论价值》,《经济研究》1959年第9期。心理学划出了一块讨论人的"自然性"的领域,而且得到了唯物主义的保护。经济学则用"理性"来作为保护伞。

力以施加权威于自身。……这里的权威之施行，就成了一桩诊疗的事情。①

追问激进的革命话语如何处置此种"心理学化"及其所依托的现代性霸权，无疑是打开社会主义现代性内部复杂面向的一条线索。这里的关键不仅是"内面"之"发现"，更是灵魂的可治理性以及对于"治理"的另类抵抗。我以之为本章的第一个要点——激进时代之"心"的线索。

就后者而言，阿甘本对于西方"经济"话语的谱系学分析提供了一种可加参考的思路。他点出了西方经济学的"神学"根源：基督教神学具有两个维度。一是政治神学"将主权权力的超验性建立在单一上帝之上"；二是经济神学"用 oikonomia（按：经济学一词的古希腊词源，字面意思为'家政学'）的观念取代了前一种超验性，它是一种内在的对于神圣及人类生命的规范"②。以此观之，以亚当·斯密学说为代表的"政治经济学"思路并没有外在于这一谱系，反而是其中某一极的扩张：

> 政治经济学即神恩性的 oikonomia 之社会的理性化。……绝对内在的秩序之原则，就如同"胃"，而非像"脑"一样工作。……自由主义代表了一种倾向，它推到一个极端——即"内在的—秩序—政府—胃"之极的至上性，以致到了这样一个点：几乎排除了"超验的上帝—王国—脑"之极。……当现代性废除了神圣一极，源于神圣的经济将会使自身从其神恩范式中解放出来。③

当然，马克思主义政治经济学是以批判此种政治经济学而成立的，然而从斯大林《苏联社会主义经济问题》、苏联《政治经济学教科书》下册"社会主义"部分，到毛泽东谈"社会主义政治经济学"，直面的是更加困难的社会

---

① Nikolas Rose, *Inventing Our Selves: Psychology, Power and Personhood* (Cambridge and New York: Cambridge University Press, 1996), pp. 62-64.

② Giogio Agamben, *The Kingdom and the Glory: For a Theological Genealogy of Economy and Government*, trans. Lorenzo Chiesa and Matteo Mandarini (Stanford, CA: Stanford University Press, 2011), p. 15.

③ Ibid., pp. 281, 284.

主义"建设"。从1958年"资产阶级法权"问题的提出开始①,作为"过渡时期"的中国社会主义革命与建设阶段必然残留着某些产生资本主义因素的条件,这在当时已成共识。但问题的关键是如何应对这些内在的"他者"。某种程度上,如今的主流经济学话语正是通过压抑过往的激进经济学批判,隐秘地恢复了自身的"神学"地位。我在本章中试图呈现的,一方面是革命实践重构"经济"的努力,另一方面是固有方式的某种局限。自然,我并不准备也无力进行经济学分析,所作的毋宁是探究一种独特的"经济的感性学"(the aesthetics of the economy)②,即叙事与形象的美学配置如何表征"经济"及其周边,如何表征"心物"关系,并且追问这一表征与中国当时的经济学批判话语又构成何种联系。这是本章第二个要点——激进时代之"物"的线索。

因此,本章拟从"心理"与"经济"这两种现代性霸权建制切入,讨论"后1962时代"以"阶级斗争"为主轴的思想文化实践在表征与批判两者时所遭遇到的抵抗,分析其中被遮蔽的历史经验与理论教训。首先,我试图在"反修防修"语境中阐释两种"哲学的政治"——"一分为二"与"合二而一",探讨"心"的辩证化及其困境;并以周谷城美学批判为例,展示"阶级斗争"及其哲学表征的洞见与盲点。其次,我会以1964年的冯定批判为中介,过渡到新中国的心理学话语批判。重心最终还是落在"阶级斗争"对于心理问题的渗透及后者的抵抗之上。再次,我尝试依托毛泽东1958年关于"社会主义政治经济学"的谈话,重思"见人"与"见物"议题,并且结合"价值规律""按劳分配"等讨论,语境性地把握中国社会主义"经济"实践的难题性。最后,我会以《丰收之后》与《艳阳天》为例,切入"经济的感性学",不仅扣住"前景"而且分析"背景",展示社会主义"第二自然"的美学构成及其难点。

---

① 《人民日报》1958年10月13号第7版转载张春桥曾发表于上海《解放》半月刊上的《破除资产阶级的法权思想》一文,并由毛泽东亲自撰写按语,号召展开讨论。在1958至1962年间,《人民日报》《哲学研究》等报纸杂志就此问题进行过讨论,主流意见不甚认同张春桥较为片面且激进的看法。相关材料可参看辽宁省革命委员会宣传组编:《1958—1962年围绕资产阶级法权问题论战的部分文章汇集》,1975年。

② Alberto Toscano and Jeff Kinkle, *Cartographies of the Absolute*, p.31.

第一节　激进时代与"心"的线索

一　"一分为二"、辩证的生活与"领导权"的挑战

（一）

在中国社会主义实践过程中,"哲学大众化",更具体地说,就是让广大干部和普通群众掌握"辩证法",是一条重要的思想脉络。比如,1952 年知识分子思想改造语境中,艾思奇就宣传过"如何学习矛盾论",将"改造"与"矛盾"转化联系起来。① 在 1958 年取消"体脑差别"的"文化革命"脉络里,"工农兵学哲学"运动勃兴起来,号召群众用唯物辩证法来处理矛盾、促进生产、推进技术革命等。"辩证唯物主义"在此被通俗化为"工人、农民在日常生产中和阶级斗争中的道理",而且"我们工人天天做的就是唯物辩证法的事"。② 而在 1964—1965 年批判"合二而一"论的过程中——被批判的对象还包括周谷城的"时代精神汇合论"、冯定几本哲学畅销书中的"修正主义"论述、《北国江南》《早春二月》等"修正主义"文艺实践等,"一分为二"成了全民哲学运动的基本符码。③

"哲学"的民主化本就内在于现代启蒙方案。黑格尔在《精神现象学》中已提到"科学"(即哲学)的"非秘传性":"科学的可理解形式是一条呈现

---

① 参看艾思奇、赖若愚等:《学习〈矛盾论〉》第一辑,北京:新建设杂志社,1952 年。
② 参看艾思奇等:《破除迷信大家学哲学》,北京:中国青年出版社,1958 年,第 13 页。
③ 参看河北人民出版社编:《工农兵谈"一分为二"》,天津:河北人民出版社,1965 年。河北人民出版社编:《"一分为二"是革命的武器》,天津:河北人民出版社,1965 年。上述种种哲学大众化的集体性实践,或许可用黑格尔的"普遍""特殊"与"个别"三个环节来把握。首先,其中蕴含着"普遍性",即联通着共产主义的理念——实质平等、真正的民主,同时它又是"特殊"的,为特定历史阶段的内外形势所规定,最终呈现为"个别"——这个"问题"、这场争论、这种形式。作为具体的普遍性的"个别",恰恰是诸种历史矛盾的结晶化,因此,应该成为分析的重点。

在每一个人面前、为每一个人平等制定的走向科学之路。"① 只不过,自马克思在《关于费尔巴哈的提纲》中提出"哲学"与"改造世界"的关系之后,传统"理论"与"实践"的位置得到了重组,哲学不再是"密纳发的猫头鹰",不再"来得太迟"。② 在中苏社会主义实践中,"马克思主义哲学"(包括辩证唯物主义和历史唯物主义)成为"革命的工人阶级的世界观"。③ 虽然1964—1965 年的"一分为二"与"合二而一"之争在"对立统一"的理解上存在分歧,但是无论批判方还是被批判方都坚持认为,体现"事物根本规律"的辩证法应该是制定政策的"出发点"。④ 因此哲学在社会主义政制中的地位十分重要而且独特,既是关乎生产的具体思维方式,又是关乎道路选择的大经大法;不但关乎具体政策,而且牵涉政治的"根基"。毛泽东的《论人民民主专政》就极为雄辩地说明了,作为世界观或宇宙观的哲学是以何种方式成为政治之基础的:

> 我们和资产阶级政党相反。他们怕说阶级的消灭,国家权力的消灭和党的消灭。我们则公开声明,恰是为着促使这些东西的消灭而创设条件,而努力奋斗。共产党的领导和人民专政的国家权力,就是这样的条件。不承认这一条真理,就不是共产主义者。没有读过马克思列宁主义的刚才进党的青年同志们,也许还不懂得这一条真理。他们必须懂得这一条真理,才有正确的宇宙观。他们必须懂得,消灭阶级,消灭国家权力,消灭党,全人类都要走这一条路的,问题只是时间和条件。⑤

在辩证的宇宙观中,万物都处在否定运动之中。无产阶级的国家是通向国家自我扬弃的途径,无产阶级的政治是通向既有政治自我扬弃的中介。

---

① 黑格尔:《精神现象学》,第 8 页。
② 黑格尔:《法哲学原理》,范扬、张企泰译,北京:商务印书馆,1961 年,第 14 页。
③ 艾思奇:《辩证唯物主义历史唯物主义》,第 1 页。
④ 艾恒武、林青山(中共中央党校学员):《"一分为二"与"合二而一"——学习毛主席唯物辩证法思想的体会》,《人民日报》1964 年 7 月 17 日第 5 版(原载《光明日报》1964 年 5 月 29 日)。
⑤ 毛泽东:《论人民民主专政》,《毛泽东选集》第四卷,北京:人民出版社,1991 年,第 1468 页。

"心"的辩证化与物的辩证本性共振。用马克思主义哲学的语汇说,就是主观能动性与"客观事物的发展规律"达成一致。① 真正接受此种"宇宙观",意味着辩证的主体自觉地投身于不停歇的否定运动。1965年国庆日,《红旗》的社论"用无产阶级的宇宙观创造我们的新世界"就充分彰显了此种特征,也为那一时代的"激进"赋予了更为具体的内涵:

> 无产阶级是在批判旧事物中创造新事物,在批判旧世界中创造新世界的。这个批判的武器,就是无产阶级的宇宙观。……资产阶级取得政权,意味着革命的结束。无产阶级取得政权,只是革命的开始,创造新社会制度的开始。因此,无产阶级必须更高地举起批判的旗帜,彻底地同各种陈腐的思想、观念、习惯、传统决裂,才能有保证地使一个崭新的社会制度建立起来,并且巩固起来。……新思想可以利用旧形式,这是大家知道的。旧思想也会利用新形式,我们许多人却是警惕不够的。……对于一切不利于人民、不利于社会主义的旧东西,要毫不姑息地加以清除。……新社会制度否定旧社会的制度,同时也消化了旧社会的遗产。……一切批判,最后都要落实到建设上来。②

警惕旧思想利用新形式,正是那一时期"反修防修"的要义。需要指出的是,这段话同样包含着一些难题。比如,"消化了旧社会的遗产"指的是哪些遗产,又如何消化?"新"与"旧"的界限如何划分?"批判"与"建设"的平衡性如何掌握等。这显然又回到了列宁所说的"具体问题"以及毛泽东所强调的"矛盾的特殊性"。如果说无产阶级宇宙观的确立意味着"心"的辩证化,那么这也"只是革命的开始",关键还在于"时间和条件"。归根到底,"哲学"大众化、哲学与政治的相互规定,不是哲学的事情而是广义的政治以及"政教"的事情。然而,这在实践中,至少遭遇了两个基本困难。

首先,辩证唯物论向日常行动转化,必然分化为诸种领域的行动,由此需承受各领域自身的规约。虽然社会主义实践在原则上希望用"辩证法"

---

① 艾思奇:《辩证唯物主义历史唯物主义》,第68—69页。
② 《红旗》杂志社:《用无产阶级的宇宙观创造我们的新世界》(社论),《红旗》1965年第11期(10月1日出版),第1—2页。

统摄所有领域,但还是主要停留在"说"而无法完全诉诸"做"。更关键的是,"辩证法"在日常转化过程中很有可能会产生赫勒(Agnes Heller)所说的"过分一般化"的惰性状态:"如果我接受了我的社会或我的社会阶级的规范和评价,如果我把它的全部经验进行归类,那么我将不仅可能而且确有可能熟知我自己的共同体的方式:从日常生活的观点来看,我将能做所有正确的事情。"①任何一场群众性运动都会产生此种跟从式的惰性,因为这是最安全且省力的。这时,真正发挥作用的,恐怕就是各个领域自身的特殊"法则","辩证法"就会愈加停留在言辞层面。事实上,始终保持对于"物化意识"与"形而上学"的辩证克服,是极为困难的。② 因此,最终的试金石还不是"心"的辩证化,而是辩证的生活形态何以可能。

其次,"无产阶级宇宙观"同"时间与条件"之间的矛盾始终存在。梅洛-庞蒂写在1950年代前期的《行动中的辩证法》比较粗暴地提出了这个问题:

> 作为自我扬弃的无产阶级的观念,或者不断革命的观念,也就是说一种内在于历史的内在机制中的持续否定的观念。……力图让无产阶级掌握政权的党会预料到这种否定性,而它所准备的社会,按定义是永远自我批判的无阶级的社会或真正的社会。不幸的是,一个政府(即使一个革命的政府),或一个政党(即使是一个革命的政府)并不是一种否定。为了在历史的土地上安营扎根,它们必须肯定地存在。③

彻底的无产阶级宇宙观,其实近乎康德所说的"理性的幻相"。革命斗争的确可以从中汲取信念,但无法汲取赢得胜利的策略与战术,其中也并不包含具体的建设步骤与方略。更何况,现实的社会主义革命与建设脱胎于旧世界,与所要否定的对象分享着同一个世界的物质与思想条件。庞蒂所把握到的矛盾,比不羁的"否定性"本身更有意义,因为这涉及辩证法的"现实

---

① 赫勒:《日常生活》,衣俊卿译,重庆:重庆出版社,1990年,第191页。
② 参看 Fredric Jameson, *Valences of the Dialectic*, pp.60-61。
③ 梅洛-庞蒂:《辩证法的历险》,杨大春译、张尧均译,上海:上海译文出版社,2009年,第99—100页。

性"(黑格尔意义上的 Wirklichkeit)。① 他追问的是辩证法的否定性如何保持在持续的肯定、建设甚至是不可避免的"物化"过程之中。这就关涉到,社会主义实践如何生产出一种辩证的因此也是蕴含否定于肯定之中的基本生活形态——既包括人的塑造也包括"物"的改造。

"后 1962 年"中国围绕"辩证法"的争论,在某种程度上可以视为对于如何保持辩证的生活形态的一种争执。虽然在当时,"一分为二"对于"合二而一"论的压制是全盘性的,几乎看不出"争辩"的强度,但这并不意味着其中没有可加讨论与提炼的问题。

(二)

"一分为二"与"合二而一"之间的争执,涉及对于"人"与"生活状态"的理解差异。前者的提出,确实和毛泽东的想法相关,他早在 1957 年 11 月莫斯科共产党和工人党代表会议上就专门谈过"哲学",强调阶级社会"没有一处不存在矛盾","关于对立面的统一的观念,关于辩证法,需要作广泛的宣传","辩证法应该从哲学家的圈子走到广大人民群众中间去"。② "一分为二"于是成为通俗化辩证法的一种路径:"其实我们的支部书记是懂得辩证法的,当他准备在支部大会上作报告的时候,往往在小本子上写上两点,第一个优点,第二个是缺点。一分为二,这是个普遍的现象,这就是辩证法。"③ 只是在这一时期,随着"反修防修"气氛的日益浓郁,"一分为二"开始成为"革命辩证法"的唯一体现:"一分为二的规律,无论是在自然界、人

---

① 皮平曾对这一辩证的"现实性"概念做过这样一种界定:在评估某个概念的充分性时纳入对于实现或现实化之考量,并不意味着诉诸某种外部的事实。而是意味着这样一种尝试:确认何种现实性的概念、何种一般的事实概念是通过赋予经验或行为以某种特征而被预设的。因此,这也是这样一种尝试——考察是否这一特殊的经验的所有要素与这一现实性的概念相一致。见 Robert B. Pippin, "Hegel's Political Argument and the Problem of Verwirklichung", *Political Theory*, Vol. 9, No. 4 (Nov., 1981), p. 518。黑格尔的现实性概念既不是从纯粹的形式理性原理中抽象出来的,也不是那种功利主义算计的根基,或"给定"的基础,而是一种概念扬弃自身的辩证运动。

② 中央文献研究室编:《建国以来毛泽东文稿》第六册,第 642 页。

③ 同上书,第 643 页。

类社会和人们的思想中都是普遍存在的。它是不以人的意志为转移的客观规律。"①因此,"一分为二"最终需从"事物本身"汲取权威。这也就不难理解,为何毛泽东对于 1963 年《自然辩证法研究通讯》上日本学者坂田昌一讨论"基本粒子"无限可分的文章十分激赏。② 一方面,毛泽东早已抱有激进的辩证宇宙观,这一视域是超政治的,甚至是超人类的。③ 另一方面,"一分为二"应被视为辩证真理的某种"下降",这是哲学无法避免的日常转化。这里需要澄清这样一个问题:由驳斥"合二而一"论而产生的"一分为二"证成,是一种纳入了时代情势、有着明确对手意识的论辩话语。其所希望的是在存在论层面捍卫"政治"。除此之外,还有大量活用"一分为二"的通俗化言说,这一脉络更相近于"大跃进"时的"工农兵学哲学"。另外,还有各式各类活用毛泽东思想的例子,雷锋的所言所行亦可纳入这一范围。这或可被视为某种辩证生命的实现。不过,我更在意的是围绕"辩证法"尤其是毛泽东的"辩证思想"展开的分歧性阐释。这从侧面暗示了,"一分为二"辩证法是一种遭遇到他者的哲学的政治。这个他者就是"合二而一"。在当时的主流评论看来,两者"根本分歧"在于:

> "合二而一"论否定了矛盾的斗争性,排斥了对立面在一定条件下的相互转化,把矛盾双方的联系看作是无条件的、绝对的。④ ……
>
> [我们]决不是否认与承认矛盾的同一性之争,问题是如何理解矛盾的同一性。矛盾的同一性,是相对的,还是绝对的? 这是我们同"合二而一"论者的一个根本性分歧。⑤

---

① 齐振海:《坚持革命的辩证法,反对调和矛盾的形而上学》,《新建设》1964 年 8—9 月合刊,第 15 页。尤可注意《自然辩证法研究通讯》对于自然科学中"一分为二"的说明。
② 中共中央文献研究室编:《毛泽东年谱:一九四九——一九七六》第五卷,第 389 页。
③ 见洪子诚注:《材料与注释:毛泽东在颐年堂的讲话》,《现代中文学刊》2014 年第 2 期,第 7 页。
④ 齐振海:《坚持革命的辩证法,反对调和矛盾的形而上学》,《新建设》1964 年 8—9 月合刊,第 17 页。
⑤ 马丁:《我们同"合二而一"论的根本分歧在哪里?》,《新建设》1964 年 8—9 月合刊,第 6 页。

这里的症结是:将矛盾双方的联系("合"或"同一性")看作绝对的,还是将矛盾双方的斗争("分"或"对立")看作绝对的。此处隐喻显然是政治性的。艾思奇在批判杨献珍的文章中,更是凸显出"阶级斗争"这一"现实生活的辩证法"与"合二而一"论相互抵触:

> 阶级矛盾和阶级斗争是最明显、最不容易掩盖的现实生活的辩证法,它和"合二而一"论的对立,是非常清楚、非常尖锐的。因此,在杨献珍同志等人的讲课和文章中,都采用了这样一种狡猾的手法,就是尽量回避直接谈到阶级矛盾和阶级斗争的问题;在不能不谈到的时候,也只是蜻蜓点水、一掠而过;或者只谈某些阶级之间的统一战线问题,强调"求同存异""共同的要求",不谈阶级对抗和阶级斗争。他们把主要的力量,用在不是直接属于阶级斗争的、比较容易隐蔽自己的思想原形的问题上去,用在红与专、劳与逸、质与量、工业与农业等等的结合问题上去。结合这个名词,望文生义,比较容易被曲解成"合二而一";好象其中只有着两个对立面联系起来的问题,而不存在对立面的斗争,相互依存的破裂、分解和一方战胜、克服另一方的问题。杨献珍等同志就是着重抓着"结合"这个名词来制造矛盾调和论的。①

艾思奇一直以来就坚持,矛盾的同一性是有"必要条件"的,认为毛泽东的《矛盾论》发挥了"列宁关于对立斗争的绝对性的思想",当然他也承认"对抗只是矛盾斗争的一种形式"②。只是在"后 1962 年"语境中,艾思奇赋予了"阶级斗争"更加重要的地位。"一分为二"正是为阶级斗争找到了一种简明的认知方式与回应策略。更要害的地方在于,此种"划分"与感知方式试图渗透进所有领域与非常具体细微的环节。这就反过来要问,杨献珍的"合二而一"论究竟涉及何种历史经验,提供了何种可能性。

有趣的是,杨献珍在整个批判过程中并没有主动参与,也没有正式发表过谈论"合二而一"的文章。触发批判的,是中共中央党校学员艾恒武、林

---

① 艾思奇:《不容许用矛盾调和论和阶级调和论来偷换革命辩证法》,《人民日报》1965年5月20日第5版。

② 艾思奇:《从〈矛盾论〉看辩证法的理解和运用》,《学习〈矛盾论〉》第一辑,第29页。

青山发表在1964年5月29日《光明日报》上的《"一分为二"与"合二而一"——学习毛主席唯物辩证法思想的体会》。当时主管宣传的康生看到样稿后,即认为是在宣扬修正主义的阶级调和论。一方面他安排文章正常发表,另一方面立即追查中央党校内此说的始作俑者,并组织刊发反对文章。毛泽东在获悉后,曾于1964年8月的中央工作会议上提到:"一分为二"是辩证法、"合二而一"恐怕是修正主义阶级调和论。① 从此,"合二而一"就成了矛盾调和论的代名词。从艾、林之文中可以看出,他们确实对于"矛盾论"有所修正,认为"'一分为二'的两分法,是认识事物的根本方法。……事物本来是'合二而一'的,这是不以人们的意志为转移的客观规律"②。更关键的是,他们提出"在制定路线、方针、政策和办法的时候,要把对立着的两个方面联系起来,结合起来"③。艾、林的说法在1964年语境中出现,非常不合时宜,甚至有"时代错置"之感。而这些说法又的确源于杨献珍。杨1964年4月在中共党校新疆班讲课时,比较具体地阐述过自己关于"对立统一"的看法。他以毛泽东1957年莫斯科共产党和工人党代表会议上的"哲学"谈话为出发点,在摘引了"一分为二,这是个普遍的现象,这就是辩证法"之后,给出的解释是:"一分为二就是从对立统一规律来的。"④ 在进一步解释"统一"时,他十分赞赏列宁提到过的"不可分性"(源于黑格尔),认为"这个用语有时比统一更好"。杨对于"合二而一"即其所理解的"对立统一"的集中表述如下:

> 对立物的统一,意即任何事物都是由对立面构成的,或矛盾构成的,不是铁板一块。"一分为二""合二而一""二本于一"。中国语言中把物叫做"东西",说明物本身就包含着正(东)反(西)。物叫"东西",实即表达了"对立统一"的意思。或"合有无谓之元"的意思。……(辩证法研

---

① 邢贲思:《中国哲学五十年》,沈阳:辽海出版社,1999年,第292—293页。
② 艾恒武、林青山(中共中央党校学员):《"一分为二"与"合二而一"——学习毛主席辩证法思想的体会》,《人民日报》1964年7月17日第5版(原载《光明日报》1964年5月29日)。
③ 同上。
④ 杨献珍:《要学会掌握对立统一规律去做工作,在实际工作中尊重辩证法(提纲)》,孙春山编:《合二而一》,重庆:重庆出版社,2001年,第21页。

究对立怎样能够是同一的，——毛主席的《论反对日本帝国主义的策略》这篇文章是典范。）……又是冤家又聚头，对立面的统一，又对立，又统一。……我们的多快好省地建设社会主义的总路线，就是对立面的统一规律的体现，而要很好地去实现这个总路线，就必须使干部都能掌握这个对立统一规律去工作。学会能把两个思想联系在一起。①

杨所努力总结的，是中国革命容纳"差异"并从诸种势力中汲取共同能量的经验。因此他很看重毛泽东作了1935年瓦窑堡会议的《论反对日本帝国主义的策略》及其"统一战线"思路，认为这就是"辩证法研究对立怎样能够是同一"的典范。认为杨完全是在宣扬"和解"论，恐怕过于苛刻。② 但是，"合二而一"论又确实指向一种事物的"统合"或"统识"状态，指向一种相对稳定但非静止不变的非对抗状态。在其申辩文章中，杨献珍坚持认为，讲辩证法总要讲联系，而以艾思奇为代表的"不可分性"批判论，实质上是否认"有机联系"而滑入"无机联系"。③ 这种哲学话语成为抵御"一分为二"政治性渗透的"缓冲"，而且隐含地关联着中国社会主义实践的"领导权"问题。

（三）

从这一线索出发，周谷城美学论述的核心关切就比较容易看得清楚了。其实，周谷城的言说及其批判要早于"合二而一"论批判；但是在针对后者的批判大规模展开之后，前者的面目仿佛立刻清晰化了。一种"修正主义"逆流被勾勒了出来：

> 把"合二而一"说成是事物发展的一个独立阶段，把"一分为二"说成是事物发展的另一阶段，把事物发展的整个过程描绘成从"一分为二"到"合二而一"的更迭，这是"合二而一"论目前流行的第二种

---

① 杨献珍：《要学会掌握对立统一规律去做工作，在实际工作中尊重辩证法（提纲）》，《合二而一》，第31—32、34页。
② 杨献珍：《关于"合二而一"问题的申诉》，《合二而一》，第6页。
③ 同上书，第4页。

形态。……这个阶段,是没有矛盾,没有斗争的阶段,是和谐一致的阶段。正如周谷城所鼓吹的那样,是个"无差别的境界"。……黑格尔的辩证法的不彻底性,不仅表现在他的辩证法的唯心主义方面,也还表现在他没有始终如一地坚持矛盾斗争的绝对性这一点上。……从黑格尔的"绝对理念",到德波林的"绝对同一的环境",一直到今天的"合二而一"和"无差别境界",完完全全是按着一个样板炮制出来的,完完全全反映着同一个形而上学的世界观。①

强调事物的运动、对抗与相互转化,被视为"辩证法";而一旦涉及相对静止与"综合",就被冠以"形而上学"之名。这是当时哲学论述的一大特征。如果承认,哲学无非也是被把握在思想中的它的时代。② 那么,我们就应该细致分析,这种哲学话语自身的时代的实质内容。真正的历史辩证法,需要将看似非辩证或不够辩证的环节纳入自身来思考。周谷城的美学论述,或许就是这样一种环节。

周谷城集中被攻击的两篇文章——《礼乐新解》和《艺术创作的历史地位》都作于1962年。有批评者认为,周谷城在这个国内外阶级斗争都很激烈的当口重新抛出具有实用主义倾向的美学观点,正是"资产阶级在阶级斗争中寻找'可行之路'的理论表现"③。这种决绝的阶级分析遮蔽了一些微妙的东西。对于周谷城来说,谈论艺术与美学当然指向更大的问题,但未必是替资产阶级开路。在《礼乐新解》中,周谷城"修正"了矛盾的普遍性,提出一种"断而相续"的生活形态:

> 祖国美学原理有最突出的一条,曰由礼到乐。用现在的话来说,就是由劳到逸,由紧张到轻松,由纪律严明到心情舒畅,由矛盾对立到矛

---

① 马丁:《我们同"合二而一"论的根本分歧在哪里?》,《新建设》1964年8—9月合刊,第7—8页。作者认为此种逆流的第一种形态是把"合二而一"说成是矛盾的一种属性,即矛盾的同一性,而把"一分为二"规定为另一种属性,说成仅是矛盾的斗争性。第三种形态则把"合二而一"说成是一类矛盾的特性,把"一分为二"说成只是另一类矛盾的特性,借以证明对某一类矛盾来说,"合二而一"是天经地义的规律。
② 黑格尔:《法哲学原理》,第12页。
③ 李习东:《周谷城的实用主义认识论》,《新建设》1965年2月号,第17页。

盾统一，由对立斗争到问题解决，由差别境界到绝对境界，由科学境界到艺术境界。①

周试图将"乐"的境界纳入中国社会主义实践之中。他用新柏拉图主义者普罗迪纳（Plotinus）所谓"销魂大悦"和宋代理学家程颢的"动静皆定"来指称这一境界，显得极其不合时宜。周更具挑衅性的地方，在于提出了一种"礼乐"教育论以重塑人的"内在自然"：

> 礼乐的第三层功用，即第一层和第二层上的加工。第一层发现规律，树立信仰。第二层依规律为纪律，化信仰为现实。第三层则于此二者之上加工，使心理习惯倾向于发现规律，遵守纪律；使感情表现，固定于几种方式，自然中和。《乐记》谓"礼节民心，乐和民声"，正是指此。……节民心的专科教育，可以称之为礼的教育；和民声的感情教育，可以称之为乐的教育。②

在批评者看来，这种诉诸"礼乐"的措辞不仅忽视了其阶级基础③，而且鼓吹"乐"的"无差别境界"，正是资产阶级美学家的滥调。周谷城看来必须面对如下严厉的逼问："难道作为阶级斗争的工具的革命的艺术，其目的是在于把群众带进什么虚无缥缈的无差别境界中去吗？"④可是，周的要义却并不是停留于此种境界，而是强调礼乐、劳逸、对立统一的转换相续，从而凸显某种"相对静止的状态"的必要位置。周其实在构想一种社会主义生活的"常态"环节如何可能。

继《礼乐新解》之后，周谷城的《艺术创作的历史地位》抛出了在当时看来更成问题的"时代精神汇合论"："封建时代又有各种思想意识，汇合而为当时的时代精神。各时代的时代精神虽是统一的整体，然从不同的阶级乃

---

① 周谷城：《礼乐新解》（原载 1962 年 2 月 9 日《文汇报》），《新建设》编辑部编：《关于周谷城的美学思想问题》第一辑（内部发行），北京：三联书店，1964 年，第 269 页。
② 同上书，第 275 页。
③ 参看殷学东：《评〈礼乐新解〉》，《新建设》编辑部编《关于周谷城的美学思想问题》第二辑（内部发行），北京：三联书店，1964 年，第 161 页。
④ 茹行：《从哲学观点评周谷城先生的艺术观》，《新建设》1963 年 10 月号，第 154 页。

至不同的个人反映出来,又各截然不同。"① 这很快招来猛烈的批评,其中姚文元的《略论时代精神问题》可谓当时的标准化言说:

> 时代精神既是一种意识形态,它在阶级社会中就必然反映一定的阶级内容,不可能是超阶级的东西。相互敌对的阶级意识,从来也没有共同构成"整体"的时代精神,而总是一种革命思潮代表了时代精神向反动的思潮进行剧烈的斗争。……社会主义社会中,无产阶级同资产阶级进行着你死我活的斗争,无产阶级思想同资产阶级、封建阶级思想当然也进行着尖锐的斗争,而不可能"汇合"成什么"统一的整体"。②

周谷城随后给出了自己的反批评。他敏锐地看出,姚的言说本身就折射出革命话语的焦虑:"一提到统一整体,就意味是杂凑的一锅,不合逻辑;一提到分别反映,就以为替资产阶级讲话,破坏了时代精神。姚先生这种理论是有问题的。"③ 也就是说,革命话语一方面宣布要与资产阶级这一对立面展开殊死搏斗,另一方面却不断切割自己与对手的联系,先行保证了自己的胜利与对手的失败。也正是通过强调对立面必然缠绕在一起,周谷城的言说与"合二而一"论分享了相近的问题意识:

> 不同阶级的不同思想既已进行尖锐斗争,那么自始就已在统一整体之内;不在统一整体之内,便不能进行你死我活的尖锐斗争。古今中外的阶级斗争都不是背对背的,而是面对面的;都不是隔了铜墙铁壁进行的,而是深入彼此的阵地的。……斗争把不同的思想拉在一块,构成对立斗争的统一整体;单纯一致的思想放在一块,自始就不会有斗争,更没有整体可言。④

---

① 周谷城:《艺术创作的历史地位》(原载《新建设》1962 年第 12 期),《关于周谷城的美学思想问题》第一辑,第 287 页。
② 姚文元:《略论时代精神问题——与周谷城先生商榷》,《关于周谷城的美学思想问题》第一辑,第 84 页。
③ 周谷城:《统一整体与分别反映》(1963 年 11 月 7 日《光明日报》),《关于周谷城的美学思想问题》第一辑,第 169 页。
④ 同上书,第 171 页。

这里尤其值得注意的是"深入彼此的阵地"一语。这不禁让人联想起葛兰西关于"领导权"及"阵地战"的论述。陈越曾就此给出十分深刻的论述：

> 葛兰西告诉我们，"市民社会"无非是一个"阵地战"的战场。……一个"阵地"完全不同于任何抽象的空间位置的特点，在于它的彻底的**历史具体性**，它并不先于斗争而存在，甚至也不先于占领而存在：谁占据了这个阵地，它就被转变并确立为谁的战斗的"立场"。①

我并不否认周谷城的言说投射着特殊的甚至是"阶级性"的审美趣味，也承认周的"汇合"之说在客观上会产生阶级"调和"的效果；但是如果也以"一分为二"的态度对待之，就会发现，这里或许可以打开一个富有生产性的问题空间：一方面彰显了既有主导性革命话语的某种"强迫性的重复"，另一方面指向"领导权"及其特殊斗争形态的追问。不过，故事还没有完。姚文元对之又展开了进一步的回击。这一次他更加明确地征用了"革命辩证法"，而且始终从"革命者视点"来衡量、评价对手：

> 他把"统一整体"中各个阶级及其阶级意识调和起来，像回避触着痛处一样，矢口不谈矛盾的转化，矢口不谈斗争是为了达成革命的转化，更矢口不谈新生力量和腐朽力量的区别。……周先生的否认[革命的]转化、飞跃、质变的"汇合"论，客观上适合于保卫腐朽的旧事物的不受灭亡。……革命者的任务，正是要在数量变化阶段就看出事物质变的可能性和必然性，积累力量，组织力量，积极地一步一步地促进革命的飞跃的到来，而不是消极地等待质变的到来。"于无声处听惊雷"，正是要我们善于在似乎平静的境界中看出正在酝酿着的革命飞跃。②

---

① 陈越：《葛兰西的孤独》，《现代君主论》，上海：上海世纪出版集团，2006年，第160页。粗体为原文所有。
② 姚文元：《评周谷城的先生的矛盾观》（原载1964年5月10日《光明日报》），《关于周谷城的美学思想问题》第一辑，第136、141页。

这或许让周谷城无言以对。周在1963年底写成回应朱光潜的《评朱光潜的艺术论评》之后,便再未公开发表辩驳文章,因此其态度不得而见。不过,周或许也很难再在"理论上"对姚作出反批评了,因为姚已经占据了所有的"政治正确"要点。然而,姚文元的论说本身是很值得玩味的,它展示了强势性革命话语的基本运作方式:

> [周在]这里的错误在于把奋斗和享受对立起来,抛弃了两者之间的辩证关系。事实却并非如此,在社会主义社会中,任何一个阶级都是奋斗和享受的辩证统一,是栽树和乘凉的辩证统一。……无产阶级的革命战士决不应沉溺于所谓"宁静生活"的幻想,而要清醒地正视矛盾、分析矛盾、揭露矛盾,投入火热的群众斗争生活,积极地去推动矛盾的解决,从改造客观世界的实践中去得到主观的满足,从人民群众的革命斗争中去获得"心情舒畅",得到幸福和快乐。①

首先,姚的论说是在严格的理论逻辑里展开的,即是在"应然"逻辑里展开的。它看似非常辩证,却可以抽离于"历史的具体性"。更关键的是,姚文元声称的是"事实并非如此"。因此,无论从意图来说还是从客观作用来说,都是使"理想"与"实存"产生了混同。用里特尔(Alfred Sohn Rhetel)的话说,这很容易滑落为"必然的错误意识"。后者"并不是不健全或有过失的意识。相反,它在逻辑上是正确的,是一种难以纠正的意识。所谓'错误',并不是针对其自身的真理标准,而是针对社会实存而言的"②。进一步地,姚的后半段话讨论了"无产阶级革命战士"应该如何获得"满足",看似给出了限定范围,但随着革命话语的传播,这种限定又很容易弱化,转而就成为对于所有人的规范性要求。这样,就极容易抹杀生活实践整体中的矛盾、差异与不一致性,最终遮蔽与简化历史难题。如果说,姚此种在理论逻辑上永远正确的言说容易滑向"必然的错误意识",那么周谷城看似有着

---

① 姚文元:《评周谷城的先生的矛盾观》,《关于周谷城的美学思想问题》第一辑,第143页。
② Alfred Sohn Rhetel, *Intellectual and Manuel Labour: A Critique of Epistemology* (London: Macmillan Press, 1978), pp.196-197.

"修正主义"倾向且在理论上千疮百孔的论说①,倒可能是部分地把握着真理的意识,尤其是引出了"领导权"的挑战。

(四)

有趣的是,当周谷城静默之时,金为民、李云初站出来将这场讨论继续了下去。② 他们针对《评周谷城先生的矛盾观》,提出了以下质疑:

> 众所周知,我们还处在过渡时期……用我们的说法,则是思想意识领域里"谁战胜谁"的问题,尚未最后解决。我们是否可以断言,在这整个历史时期,不论在何时何地,总是"无产阶级彻底革命精神"占主导方面,而不存在暂时的局部的倒退、变质的可能性呢? 我们以为[姚]这种论断,不管作者是否愿意,它在实践上可能产生的后果是:以作者的"革命臆想"去代替革命发展中的现实……从而引导出:越是使正面人物理想化,就越有典型性,也越能充分体现时代精神的结论,为拔高"历史"和当代的英雄形象的反历史主义的倾向开辟道路。至少,我们觉得从姚文元同志关于时代精神的提法中,看不到有防止上述偏向的可能。③

金、李二人更加关心文学实践中的人物塑造问题。前一年 10 月份,两人就合写了《从〈归家〉评价想到的几个问题》,同样是在批评某种"革命臆想",不过

---

① 比如,茹行看到:"周先生采用了一些不伦不类的比拟,把时代精神比作中国历史、中华人民共和国,仿佛后者既然可以由不同部分构成,时代精神之由不同部分构成也就不言而喻了。这样把性质不同的东西乱加比拟,难道不是诡辩么?"(茹行:《从哲学观点评周谷城先生的艺术观》[原载《新建设》1963 年 10 月号],《关于周谷城的美学思想问题》第一辑,第 158 页。)

② 有趣的是,毛泽东在看到金、李的文章后,发表了一段耐人寻味的按语:"这两篇文章,可以一读。一篇是姚文元驳周谷城的,另一篇是支持周谷城反驳姚文元的。都是涉及文艺理论问题的。文艺工作者应当懂一点文艺理论,否则会迷失方向。这两篇批判文章不难读。究竟谁的论点较为正确,由读者自己考虑。"(《毛泽东年谱:一九四九——一九七六》第五卷,第 371 页。)

③ 金为民、李云初:《关于时代精神的几点疑问——与姚文元同志商榷 1964 年光明日报之文》(原载 1964 年 7 月 7 日《光明日报》),《新建设》编辑部编:《关于周谷城的美学思想问题》第三辑(内部发行),北京:三联书店,1964 年,第 5 页。

具体指向当时的文学批评基本措辞法。有趣的是,他们提出了"常人"视点:

> 如果写了英雄人物也有与常人相同的思想感情,写英雄人物在主要的方面表现出常人所难能达到的光辉品格,同时也写了他们在日常生活里,在其他的比较次要的方面,也有这样那样的毛病、缺点或"难能免俗"的地方,是否算"非英雄化"了?如果是这样,我们认为是既不符合生活中大量存在的真实,也不能更有力地达到教育人们的目的。……第一、这个英雄因为和人们生活中遇到的是那么不同,因而使人难以相信他是个真实的活人,既然不相信,也就谈不到打动人们的心,人们也就不愿向他学习了。第二、即使人们相信了,也仍不免认为这是一个与众不同的、超凡入圣的人物,凡夫俗子是难以学得的,因而也不想去学习了。……失去了教育普通人民的作用。……也许作品中这样的英雄人物是可以教育生活中的英雄吧,但是我们要教育的对象,该不是少数本来就是先进的人们,而该是绝大多数的普通人民吧。①

金、李的论说虽然有着"保守"倾向,但是却抓住了一种"历史具体性"——英雄人物若过分脱离"常人"特征,是否能起到"教育"普通群众的作用?这里谈的是文学,却指向范围更广的社会主义政教文化实践。两人进一步的讨论与周谷城对于"阶级感情"的批评形成呼应②,点出了"新人、英雄形象的人情味问题",并且追问"怎样理解人情味的阶级性",使其难以认同的,正是以"阶级性"与"阶级划分"来切割"情感"。他们所在意的,则是一种"中间"状态:

> 在许多优秀的革命文艺作品中,我们也感受到极丰富的人情味,其中有许多仍然是属于无产阶级、革命的人情味的,但也有许多似乎是这

---

① 金为民、李云初:《从〈归家〉评价想到的几个问题》(《文汇报》1963年10月19日),《关于周谷城的美学思想问题》第三辑,第8页。

② 周谷城:"阶级感情四字太无一定,是资产阶级对无产阶级的仇恨?是无产阶级对资产阶级的仇恨?是小资产阶级温情主义的感情?这样含糊的名词在这里不能使用;要使用还须另加说明,倒不如不用。"(周谷城:《评王子野的艺术批评》[原载1963年7—8期《文艺报》],《关于周谷城的美学思想问题》第一辑,第65页。)

个概念所不能概括,至少是显得很牵强(当然也并非属于对立概念,如资产阶级、反革命人情味)。列宁形象中有,高尔基的《母亲》尼洛芙娜形象中也有;……许云峰、江姐、朱老忠……林道静、李双双、鲁大成也有,只是丰富的程度不同罢了。这种人情味就包含在我们惯常称之为"鲜明、动人的个性形式"和"浓厚的生活气息"之中,在那些令人想起"所理解所喜欢的生活"的描写之中,在那些健康的情趣和正当的爱好之中,在那些令人感到亲切、可爱的品性、脾气之中,在那些富有民族作风、民族气派的传统道德之中……所有这些,自然都不能不打上阶级烙印,但又是某个阶级的属性所不能完全包括,也不是"革命"这个有特定内涵和局限性的概念所能包括的。①

"人情味"既有着阶级烙印,却又成为"阶级性"的增补,这是金、李二人所点出的问题。或许,"情感"正是打开"领导权"的一把钥匙,正是最为焦灼的"阵地战"的显现。然而,批评话语却再次以强势的理论逻辑掩盖了可能生长出来的洞见:

> 并非是广大的劳动人民不喜欢我们文学作品中的英雄,而只是少数不与人民站在一条线上的人不喜欢这些英雄;金、李所提倡的"人情味"不是无产阶级革命的"人情味",而是腐蚀和瓦解无产阶级的封建的、资本主义的"人情味"。这样,金、李的这一片"好心"的实质就昭然若揭了。那不是要我们放弃无产阶级文学的党性原则,用丑化以至取消无产阶级英雄人物的方法,去迎合封建阶级、资产阶级和小资产阶级吗?这样一来,无产阶级文学与为封建阶级服务的封建文学、与依赖于资本家钱袋的资产阶级文学还有什么两样!这样一来,不是无产阶级战胜和改造资产阶级及一切非无产阶级,倒是被它们改造了!②

---

① 金为民、李云初:《关于新人、英雄形象塑造诸问题的质疑——与阮国华、田本相同志商榷》(1964年8月27日《文汇报》),见吉林省哲学社会科学学会联合会吉林省文学艺术界联合会编:《周谷城美学思想批判文集》,1964年,第473页。

② 戴厚英:《揭出所谓"人情味"的底牌》(原载1964年9月7日《文汇报》),《周谷城美学思想批判文集》,第378页。

年轻气盛的戴厚英在"广大劳动人民"与"少数不与人民站在一条线上的人"之间划出了一条"情感"分界线,同样用"应然"的理论逻辑取消了错综复杂、你中有我的"领导权"斗争。这向我们提出了一个严峻的问题:"一分为二"的哲学政治,是否能够有效地把握并且处理中国社会主义现代性的复杂进程?是否如阿尔都塞所言,排除了"否定之否定"的"一分为二",是对辩证法内部目的论结构的批判,从而真正体现出辩证法的否定性力量?① 还是如齐泽克所言,"一分为二"坚持划分先于综合或统一以及拒绝黑格尔式"否定之否定",恰恰说明了它陷入了"斗争"这一坏的"无限性"?"综合"是否就一定导向"调和"或妥协,而不能生成"真正的否定"?②

> 真正的胜利(真正的"否定之否定")只发生在敌人也说你的语言。在这个意义上,真正的胜利是失败中的胜利:当某个特殊的信息被接受为普遍的框架,甚至为敌人所接受时,胜利才到来。③

或许这样的胜利,才是"领导权"的胜利。而"一分为二"哲学话语之所以总以必胜的姿态出场,是因为依赖着缺乏真正的内部否定环节的历史目的论。在这个意义上,既可以说"后1962年"的革命文化实践(主要指其显白部分)过于激进——过于"政治化"、过分强调了革命的目的论结构;但也可以说还不够激进——辩证法在其通俗化的过程中生产出了相对简化的图式,未能渗透到现实的他者之中,未能充分展开"阵地战"。归根到底,未能使自身驻留在否定性与"现实性"之中。

当然,哲学以及美学的论争运作在马克思列宁主义哲学与毛泽东思想的直接"领地"之上,势必受到主导革命话语更多的规约。考察激进时代"心"的线索,若转入更加专业化的领域——"心理学",更能见出革命话语的抱负及其危机。事实上,针对周谷城的某些批判,已经踏入了这一领域:

> 周谷城根本否认社会实践,否认人的思想同社会实践的关系,他所

---

① 参看阿尔都塞:《马克思与黑格尔的关联(1968)》,见《黑格尔的幽灵——政治哲学论文集[I]》,唐正东、吴静译,南京:南京大学出版社,2005年,第360—361页。
② Slavoj Žižek, *In Defense of Lost Causes* (London: Verso, 2008), pp.185-186.
③ Ibid., p.189.

规定的生活上的困境和痛苦,只不过是生物个体的身体活动受到阻扰,生理活动与心理活动不能统一;既然只是生理的身体活动发生问题,也就只能产生调节生理活动的心理反映,而不是对客观世界的认识。生理心理的刺激反应,是许多动物的本能,也是作为生物的人所具有的本能,像周谷城所举的婴儿遇到阳光刺眼会叫,饥思食,渴思饮之类都是……杜威和周谷城所说的由困境产生出思想,与其说是从生物的心理学出发,倒不如说是从生物的病理学出发更恰当些。①

批评者对于人之"生理化"的厌恶,正是1960年代激进化的征兆之一。在当时的历史脉络中,毛泽东在战争环境中提及的"自觉能动性"被反复征引,成为界定人之主体性的重要资源:

> 思想等等是主观的东西,都是人类特殊的能动性,这种能动性,我们名之曰"自觉的能动性",是人之所以区别于动物的特点,一切根据和符合客观事实的思想是正确的思想,一切根据正确思想的做或行动是正确的行动。我们必须发扬这样的思想和行动,必须发扬这种自觉的能动性。②

"自觉"与"能动"关联着理性、计划、目的性等问题,成为社会主义之人的基本存在状态。不过,人显然还存在其他面向,特别是"心理学"这门"中间科学"同时应对着人的"社会性"与"自然性"③,因此必然或多或少地确认了人的"自觉能动性"之外的诸种存在状态(包括"神经衰弱"、妄想症等病态,也包括"非随意"运动与非自觉状态等)。"阶级斗争"话语如何渗透进这一学科,又遭遇到何种抵抗,无疑是一条把握中国社会主义现代性及其"心"之规定的重要线索。

如上文所示,围绕周谷城的批判已经展示出某种心理学批判的征兆。此外,金、林二人论证文学形象的"阶级性"与"个性"时,其实也不自觉地关

---

① 李习东:《周谷城的实用主义认识论》,《新建设》1965年2月号,第12页。
② 毛泽东:《论持久战》,《毛泽东选集》第二卷,北京:人民出版社,1991年,第477页。
③ 关于"中间科学"之定位,参看高觉敷:《中国心理学史》,北京:人民教育出版社,1985年,第396页。

联着当时心理学讨论的一个热点问题:如何把握心理现象的"阶级性"及"个性"问题。① 不过,真正勾连起当时的"反修防修"文化批判与心理学批判的,是 1964 年 9 月至 1965 上半年间的冯定批判。接下来的讨论,就先从这里谈起。

二 "心理"的"剩余":1960 年代心理学批判视域中的"情感"及其他

(一)

对冯定(时任北京大学教授,因毛泽东曾看重其对于民族资产阶级两面性的分析,从华东局宣传部副部长调任北大教师②)哲学观点的批判,是从自称"学习很差"的"普通读者"张启勋给《红旗》杂志的来信发表后开始的。《红旗》1964 年 17—18 期(9 月 23 日出版)"通讯"栏以"评冯定的《共产主义人生观》"为题,号召对冯数本颇为畅销的通俗哲学读物进行批判。除《共产主义人生观》③,主要受到攻击的是冯定著于新中国成立前、此后不断修订的《平凡的真理》④。《红旗》1964 年第 21—22 期(11 月 21 日出版)可谓冯定批判专号,其中陆锋所著《主观唯心主义的大杂烩——评〈平凡的真理〉》是一篇展开全面批判的长文(此文被 1964 年 11 月 25 日《人民日报》转载)。文章点出《平凡的真理》是"一本庸人哲学"书籍,只讲个人"趋利避害",不讲阶级斗争和革命,让人放弃崇高理想,帮助资产阶级毒害青年;而且此书是主观唯心主义的大杂烩,用人性论来解释历史,宣扬生产力论与福利国家,由此汇入现代修正主义哲学大潮。⑤ 同期"通讯"栏刊出四

---

① 见曹日昌:《心理学界的论争》,《心理学报》1959 年第 3 期,第 138—139 页。
② 应是指冯定《关于掌握中国资产阶级的性格并和中国资产阶级的错误思想进行斗争的问题》,北京:人民出版社,1952 年。
③ 当时的主要版本为中国青年出版社 1956 年 11 月初版,1957 年 6 月第 2 版,1958 年 8 月第 7 次印刷,前后共印八十六万多册。
④ 新中国成立后的诸版本为中国青年出版社 1955 年 10 月出版、1959 年 9 月第 2 版、1960 年 1 月第 10 次印刷,前后共印三十九万多册。
⑤ 参看陆锋:《主观唯心主义的大杂烩——评〈平凡的真理〉》,《红旗》1964 年第 21—22 期,第 13—24 页。

封批判冯定的"读者来信",分别从"过渡时期没有阶级斗争吗?""敌我矛盾不容调和""英雄事迹从哪里来""驳'和平转变'论"角度展开驳斥。① 1965年1月25日,《人民日报》"编者的话"对冯定及其著述作出结论,认为"这是一株毒草。但是,毒草拔掉可以当肥料,冯定的这本书,经过批判,坏事可以变为好事。他为我们提供了一个很有用的反面教材。我们要用无产阶级的世界观去批判资产阶级的世界观,在破资产阶级的世界观中,立共产主义世界观"②。从而使冯定批判同社会主义教育,学习雷锋式新人,确立真正的无产阶级世界观、人生观结合了起来。此后《人民日报》上的相关讨论一直延续到当年3月。

在冯定批判中,有一条线索尤其值得重视:指责冯定运用"心理、生理学"知识"失当"。③ 在张启勋对于《共产主义人生观》的"初始"批判中,有这样一种指责后来被不断重复:

> 作者在阐述个人利益和大众利益发生矛盾时举例说:"比如董存瑞和黄继光,正因舍弃了一己的生命不仅可以挽救许多同志的生命,战役的胜利和革命的胜利不仅可以挽救更多的同胞的生命,而且还为新生、后代建立永久和平幸福的生活,于是就出现'视死如归'而使人可歌可泣的业绩来了。自然,董存瑞和黄继光,在一瞬间是不可能将一己的利益和大众的利益进行详细的比较、考虑和选择的,而可能只是一种正义的冲动。"……如果说他们在这种伟大动人的场合上只凭感情和冲动办事,这不是对我们英雄的诬蔑吗?……我们认为,董存瑞也好,黄继光也好,杨连弟也好,邱少云也好,罗盛教也好,他们在准备为祖国牺牲的时候,是经过了比较和考虑才做出选择的,因而他们在祖国需要的时刻,毅然决然地完成了党和祖国人民交给他们的光荣任务。我们的这些英雄是有远大理想的,有高贵的共产主义品德的,有正确的共产

---

① 参看《红旗》1964年第21—22期,第25—37页。
② "编者的话",《人民日报》1965年1月25日第5版。
③ 比如,王锐生就认为:"这本书甚至用大脑的兴奋和抑制来解释人的政治行为。"(王锐生:《〈平凡的真理〉所宣扬的是资产阶级的哲学》,《新建设》1964年10—11月合刊,第23页。)

主义人生观的。他们的牺牲,决不只是凭一时的冲动。这是为了国家为了整体利益牺牲一切的光辉榜样。①

这里的核心问题是:如何评价董存瑞、黄继光等革命烈士在牺牲那一刹那的心理状态。冯定认为这一刹那不可能存在"详细的比较、考虑和选择",只能是一种自发的"正义的冲动"。而张启勋及后来的批评者,则认为这是对于英雄的诬蔑。他们希望用一种始终自觉的、能够自我掌控的"能动"的状态来理解"心"的状态;而且强调从稳定的道德与理想层面来解释英雄的行动。这背后无疑体现着"自发"与"自觉"之争。有趣的是,如果做一点"索引",就会发现,与冯定相似的表述可以在心理学家那里找到。在1958年"批判心理学的资产阶级方向"运动中,北京师范大学心理学教师朱智贤的言论被挖出:"朱智贤甚至曾向一些学生说:黄继光、董存瑞英雄牺牲时的情感是属于一种'激情'。而按照'心理学','激情'是一种短暂的、不能持久的情感,持有这种情感的人,往往容易犯错误。"②或许朱智贤看过冯定之书,也许是冯定接触过朱的说法,这已无从考证。关键在于这种"互文"本身——"心理学"在提供一种解释的可能性,在不断生产关于"人"的"科学"认识。

1965年针对冯定《平凡的真理》一书贩卖"资产阶级心理学"的批评,首先便可在此种"人"的争执上来把握:

> 冯定正是借助于这种工具[资产阶级心理学],才毫不费力地把人变成动物,变成活的机器;把人的心理活动变成生物本能和生理反射;抛开人的真正的社会本质,抓住"人是高等动物"这一命题,把人的心理和行

---

① "张启勋同志给本刊的来信",《红旗》1964年17—18期,第20页。冯定原书在张启勋所引之语后面,还有如下表达:"然而这种冲动,对先代的义士们、烈士们来说,正是平时深明大义或者说是认识国家民族的利益高于一切的人才能有的;对现代的我们来说,正是平时深明革命的意义和不断接受共产主义教育的人才能有的。"(冯定:《共产主义人生观》,北京:中国青年出版社,1956年,第47—48页。)

② 《批判心理学教学中的资产阶级方向》,《自然辩证法研究通讯》1958年第3期,第64页。这显然源自巴甫洛夫的"激情"或者说本能性的"情绪"概念,可参看杨清:《论情感底本质并批判詹姆斯底情感论》,《东北师范大学学报》1956年第3期。

为都贴上生理学的标签,从而彻底抹杀了人的心理的阶级性和能动性。冯定在分析人的心理和行为时,也是借助于资产阶级心理学的观点,随随便便地就用生物学和生理学规律代替了历史唯物主义的阶级分析。①

但在这里,郭念峰的批判有意无意地略去了一个重要的"中介"——即构成整个苏联心理学基础、也一度成为新中国心理学基础的巴甫洛夫学说。②《平凡的真理》第一篇第二章"脑子的结构和机能"部分,明显是1953年后全国学习巴甫洛夫生理学的产物。冯定对此交代得也非常清楚:"脑子,历来是被人认为玄虚之门和神秘之宅的;然而经过进步的科学家们的不断研究,特别是经过苏联巴甫洛夫这样伟大的科学家的不断研究,现在这玄虚之门已开始被打进而这神秘之宅也开始被闯入了。"③具体说来,冯定依托的是巴甫洛夫的"高级神经活动学说"。④

当时的苏联及中国心理学界普遍认为,巴甫洛夫的高级神经活动学说为马列主义反映论提供了自然哲学基础。⑤ 因此,社会主义心理学话语的改造,主要就是由巴甫洛夫高级神经活动诸概念来塑造的:譬如,与低级神经中枢(如脊髓)相关的"非条件反射"以及与大脑相关的"条件反射";作为高级神经活动主要表现的"抑制"与"兴奋";与印象、感觉相关的"第一信号系统"以及与语言相关的"第二信号系统";神经系统四类型(强壮然而不平衡的"胆汁质",强张、平衡而灵活的"多血质",强壮、平衡而迟缓的"粘液质"和弱的"抑郁质")等。社会主义心理学一方面需要彻底祛除"唯心主

---

① 郭念峰:《对冯定著〈平凡的真理〉一书中两个心理学额问题的初步批判》,《心理科学通讯》1965年第2期,第23页。

② 关于新中国心理学界学习巴甫洛夫,参看潘菽、陈大齐:《十年来中国心理学的发展》,《心理学报》1959年第4期,第193—194页;高觉敷等:《中国心理学史》,第384—385页。

③ 冯定:《平凡的真理》,北京:中国青年出版社,1955年,第13页。

④ 高级神经活动认为"机体一切的生活机能都受着大脑皮质的调整和节制,任何一个器官的生理机能不能脱离大脑皮质的影响而独立地作用,这就是机体生理机能的整体性;同时机体的大脑皮质是不断地通过条件反射来正确地反应外界环境各种动因的刺激有规律地活动着的,大脑皮质的机能活动是不能脱离外界环境的影响的,这就是机能与环境的统一性"(丁瓒:《巴甫洛夫学说在中国的传播》,《科学大众》1954年第10期,第364页)。

⑤ 参看高觉敷:《中国心理学史》,第396页;吴江霖:《意识的本质及其发生和发展问题》,《自然辩证法研究通讯》1956年号,第83页。

义"阴霾,因此必然认为心理现象是可以客观理解的,研究心理学的方法则必须是彻底客观的。这就要求放弃"内省"的方式而从"心理的反射的观点出发"来研究。① 更具体地说,在坚持辩证唯物主义世界观这一大前提之下,实验方法和数学方法被视为心理学研究的可靠方法(当然,此种方法论取向在1965年以后的中国遭到严厉的批评)。② 这样就由巴甫洛夫这一中介联通了近代科学与技术现代性。另一方面,社会主义心理学有其"政教"指向。苏联心理学界曾特别强调人的神经类型的"可塑性",声称巴甫洛夫学说阐明了"人类性情的生理基础",展示出人之"心性"改造与培养的巨大可能性:

> 这位伟大的生理学家在科学事实的基础上,证明了改变先天神经系统类型的巨大可能性。……资产阶级那种年龄特征之不变性的所谓"学说",那种论述某一开始就有,而以后在一生的一定年限中永久持继着的所谓心理特征的学说,是完全荒唐无稽的。③

这就等于说,社会主义"新人"不仅要有高尚的情操,也需要有强健的神经类型,而且此种"自然"之"改造"是有着科学基础的。苏联心理学与生理学在此一维度上展开了自身的"生命政治":

> 最为重要的自然是如何使我们正在成长的一代能够发展成为最强的、均衡的、灵活性良好的神经系统。……神经型是一个可塑性很大的形成物,而且神经系统的基本性质在很大程度内可以加以训练。……正是在这方面,就建立坚强的神经系统来说,我们苏联的实际情况保障

---

① 《(苏联)心理学问题会议的决定》,朱智贤译,《人民教育》1953年第3期,第46页。
② 陈元晖:《心理学的方法学》,《心理学报》1960年第2期。批判陈元晖的文章,可参考李铮:《心理学的方法必须革命——与陈元晖同志商榷》,《心理学报》1966年第1期。对于心理学更具标志性意义的介入,也是从"方法"谈起,参看姚文元批判陈立的文章,见葛铭人(即姚文元):《这是研究心理学的科学方法和正确方向吗?——向心理学家请教一个问题》(原载1965年10月28日《光明日报》),《心理科学通讯》1966年第1期。陈立被批判的文章为:《色、形爱好的差异》,《心理学报》1965年第3期。
③ 萨哥罗夫斯基:《巴甫洛夫学说与儿童心理发展问题》,吴钧燮译,《科学通报》1952年第5期,第309页。

了最良好的条件。个人精神上自由的发展,对社会事业广泛的兴趣,自觉性和主动精神的发展,早期加入集体生活,有纪律的行动,智力生活和体育的平衡发展等——这一切正是锻炼着神经系统的某些特征(强度、均衡性、神经过程的灵活性),而使它变得非常坚强以防止可能的破坏。……但是在社会主义制度下并非一切惹起神经破坏的原因全部被消灭了。还遗留有:第一,各种不同的个人冲突,避免这些冲突往往是不可能的;第二,在某种其他疾病发作时,并发神经官能病的可能性。①

因此,社会主义心理学站立在坚实的"唯物主义"基础之上——具体来说就是巴甫洛夫所阐明的高级神经活动,它指明了所有心理现象的"物质根源",同时强调在先进的社会主义制度之下,培养坚强的神经系统成为可能。当然,现有的物质与精神条件尚无法完全解决神经方面的疾病,但其中有一部分可以积极介入加以改善。很有意思的是,"阶级"冲突在此仿佛已经不成为问题了。

中肯地说,此种"社会主义心理学"的话语实践,才是《平凡的真理》挪用"心理学"的基本知识语境。郭念峰对于这一事实的有意压制,本身需要细读。其中暗示着新中国对于巴甫洛夫学说评价的微妙调整,这背后无疑牵涉到中苏关系的变化。特别需要指出的是,郭念峰的论述产生在新中国心理学第二轮"激进化"大潮当中。② 1964 年 12 月底,中国心理学会和北京心理学会联合举行座谈,讨论心理学工作者为社会主义建设服务过程中所取得的经验与教训,特别是追问如何使心理学适应当前的"形势":

---

① C. H. 达维坚科夫:《神经官能病的预防原则》,周宗顺译,《人民军医》1955 年第 1 期,第 31—32 页。
② 第一次是 1958 年,"针对着当时在我国心理学研究和教学中存在的忽视阶级性、生物学化以及脱离实际等现象,树立了大破资产阶级方向的革命旗帜",但这次批判持续时间不长,而且对之的评价从 1958 年开始就有了分歧。(李铮:《心理学的方法必须革命——与陈元晖同志商榷》,《心理学报》1966 年第 1 期,第 16 页。)1958 年心理学批判的重镇为北京师范大学,可参考北京师范大学教育系心理学教研组编:《心理学批判集——对北京师范大学心理学教研组所编心理学讲义的批判》第一、二辑,北京:高等教育出版社,1958 年。

心理学应该参与三大革命[阶级斗争、生产斗争、科学实验]，特别是反帝、反修的斗争……其所以落后了，原因有二：一、心理学工作者革命化不够。……二、心理学学科本身需要革命化，需要大胆进行改革。心理学是由资产阶级发展起来的，其中包含了许多不科学的、甚至迷信的东西。……1958年对心理学中的生物学化、超阶级观点展开批判，但是后来没有继续深入地钻研下去。今后应在心理学工作者思想革命化的前提下，彻底审查、批判以至于根除这类错误观点。①

　　从新中国心理学发展史来看，自1958年以后，心理学界就着力于发展与社会主义建设紧密相关的劳动、医学与教育心理学；但还是保留了一定程度的"中性"专业领域，尤其是在"中间科学"这一相对"暧昧"的界定下，缓冲着显白性"政治"教导的全然渗透。心理学与"自然"及"政治"都有联系，但却是以"特殊"的方式与之关联："心理学研究的脑的机能要与生理学有分工，研究思维意识也不等同于逻辑和政治工作。"②不过，1964年底以后，情况有所变化。1965年至1966年上半年，针对心理学的"自然主义"倾向、心理现象的"阶级性"、人的主观能动性问题、心理学研究反阶级分析倾向直接展开了批判。③ 郭念峰对于冯定的批评需放在这一脉络中来理解。

　　具体来说，郭着力批判的是冯定的"情绪"和"气质"论述。这两个心理学问题都与巴甫洛夫学说有关。但是郭只在一条注释中谨慎地提到了巴甫洛夫。在评论冯定"情绪其实也就是基本的反射现象"一语时，郭在脚注中这样解释道："基本反射，就是巴甫洛夫提出的无条件反射，这种反射是本能的先天的东西。冯定故意变个花样，把这种反射叫做'基本反射'。冯

---

① 孙晔：《用革命精神改进心理学教学和研究工作——北京心理学工作者座谈会纪要》，《心理科学通讯》1965年第1期，第1—2页。
② 曹日昌：《心理学界的论争》，《心理学报》1959年第3期，第141页。
③ 参看曹日昌：《关于心理学的基本观点》，《心理学报》1965年第2期；司马烽：《德育心理的研究必须贯彻阶级分析原则》，《心理学报》1965年第2期；李铮：《心理学的方法必须革命——与陈元晖同志商榷》，《心理学报》1966年第1期。

定总是用自己的'独创'来麻烦读者。"①所谓"无条件反射"或"非条件反射"与人的天性相关,不需要经过学习、训练,自然而然就会发生。咀嚼食物分泌唾液、灯光照射眼睛眼睑即刻合拢就是此类反射的例子。在当时的心理学话语中,非条件反射是同物种所共有的,具有高度的固定性。但条件反射则是后天的,具有暂时、可变的性质。②郭念峰特别点出"非条件反射",意在暴露冯定对于"人"的"本能化"。但值得注意的是,郭念峰所针对的冯定那一段谈情绪的话,很可能是后者对于巴甫洛夫情感论的"挪用":

> [冯定]进而推论道:情绪分"积极和消极的两种:人在生活顺利的时候,往往表示欢喜、快乐、高兴、朗爽等等情绪,这是积极的;而在生活艰难的时候,往往表示畏惧、烦恼、愤怒、抑郁等等情绪,这是消极的。"这就是冯定关于人的情绪问题的全部理论。③

冯定更完整的原文为:

> 情绪其实也是基本的反射现象,所以在一般的高等动物中都是有的。情绪可以有不同等级的强度,其等级甚至多得不可胜数,但一般不外积极的和消极的两种:人在生活顺利的时候,往往表示欢喜、快乐、高兴、朗爽等等情绪,这是积极的;而在生活艰难的时候,往往表示畏惧、烦恼、愤怒、抑郁等等情绪,这是消极的。禽鸟畜兽,或者耸毛怒目,或者悠扬愉悦,也是情绪的表现。然而人的情绪,终究是和其他高等动物的情绪不同的。人的情绪,虽也由客观环境造成,然而其复杂和深刻的程度简直不好形容。比如人是和父母妻儿密切生活的,于是对这些人就产生了浓厚的感情,有时对某地某物也会产生感情,因而在和亲人生离死别时,在不能不舍弃某地某物时,就出现了消极情绪……情绪主要是间脑管理的基本反射;对习惯于这样那样反射的刺激表示积极,对不

---

① 郭念锋:《对冯定著〈平凡的真理〉一书中两个心理学问题的初步批判》,《心理科学通讯》1965年第2期,第24页,注释1。
② 孙振陆:《非条件反射与条件反射》,《护理杂志》1955年第2期,第52页。
③ 郭念锋:《对冯定著〈平凡的真理〉一书中两个心理学问题的初步批判》,《心理科学通讯》1965年第2期,第24页。

习惯于这样那样反射的刺激表示消极;这既是人当进入新的环境时,或者当原来不利条件变成有利条件时,或者当远大利益和近小利益彼此冲突时,情绪就不能不发生的缘故。情绪是比较保守的,有时常会和新的思想发生龃龉;情绪如不受思想控制,积极的就会变成乱冲瞎撞,消极的就会变成消沉颓丧。这样,人的意识活动的高强主动性,表现在情绪中,就是能够有意识地控制情绪,将爱好或者厌恶这样的感情和恰当的对象联系起来,使新的进步的思想随着感情的转移而巩固,而不致受情绪的影响而动摇或者改变。①

巴甫洛夫的情感论关乎其"动力定型论",以下表述与冯定的论述有着很大的相关性:

> 动力定型既经形成,愈重复互动愈固定,愈固定,活动也容易发生,而逐渐自动化,所需要的神经工作愈来愈少,所消耗的神经能量愈少,它的惰性也愈大。我们的习惯动作,总是毫不费力地发生,而又难于改变,就是这个原故。可是,动力定型终究是能改造的;新的动力定型也是不断在建立的;只是新的建立与旧的改造,常是沉重的神经劳动。新动型的建立与旧动型的改造的难易,与有机体神经特性有密切关系。

1932年巴甫洛夫在第十届国际心理学会上,曾把动力定型与人类情感联系起来。他说:"我有充分理由认为,上述大脑两半球的生理过程,是与我们主观上所称的情感是相应的。情感的一般形式,有积极的与消极的,或者由于它们的联合,或者由于它们不同的紧张程度,有无数的色调与变化。在这里,有困难与轻快、活泼与疲乏、满意与烦恼、喜悦、胜利、绝望等。我觉得在习惯的生活方式改变时,在失业时,在失去亲爱的人时,常常发生消沉的情感;至于智力的恐慌与信仰的破坏,就更不必说了。这些消沉的情感,是在旧动力定型的破坏与新动力定型建立的困难方面,有其生理根据的。"动力定型的破坏、改造与建立,

---

① 冯定:《平凡的真理》,第36—37页。

在人类常有相应的情感发生。①

但严格来说,冯定的论说与巴甫洛夫的"情感论"还是有出入。有学者曾区分出巴甫洛夫的"情绪"(ЧУВСТВО)概念和"情感"(ЭМОЦИЯ)概念。前者本为无条件反射(但在此基础上可以形成复杂的条件反射),与皮下的"情绪蕴蓄"(最靠近大脑两半球的皮质下中枢)活动直接关联,具有一定的勃发性、冲动性和原始性。新生期婴儿的感情表达即是此种。② 而后者即与上文"动力定型"相关:"大脑两半球在建立和维持动力定型时的神经过程就是通常所谓的情感,情感分为两种基本的类别——肯定性的和否定性的,并且分为无数等级的强度。定型底建立过程,建立底完成过程,定型底维持及其破坏在主观方面就是各种各样的肯定性和否定性的情感。"③不过,这里的要害之处,并非是冯定对于巴甫洛夫并不算精确的"挪用",而是他从"情绪"引出了"改造",以及"思想"与"情绪"存在矛盾的难题。在这一部分,冯定的讨论与巴甫洛夫所谓"动力定型"的破坏、改造与建立又关联在了一起。由此,社会主义条件下"第二天性"塑造获得了更加具体的表述。只不过,冯定所征用情感例证及其具体阐发,还不足以回答这样一个实际上极有"(生命)政治"意味的实践问题。

郭念锋介入"情绪"问题的方式,则彰显了在当时显得相当"强势"的革命政治逻辑。他同冯定一样,并不在乎"情绪"与"情感"在"生理机制"上的层级区分。但他这么做,用意显然不同。对他来说,情感或情绪范畴根本无需保留着这么一块联通着"本能"的部分:

> 由于社会历史的长期发展,尤其是人类经历了几千年的阶级社会,在人的情绪[按,也可表述为"情感"]中,生物本能的东西早已少的极为可怜了。甚至可以说,就连人在感知觉过程中所具有的情绪色彩,也

---

① 陈书编著:《巴甫洛夫的学说思想》,武汉:湖北人民出版社,1958年,第97页。着重号为引用者所加,可与上一段中着重强调的文字对比。
② 杨清:《论情感底本质并批判詹姆斯底情感论》,《东北师范大学学报》1956年第3期,第1—2页。
③ 《巴甫洛夫全集》第3卷第2册(莫斯科1951年版,戈译本),第240页,转引自杨清:《论情感底本质并批判詹姆斯底情感论》,《东北师范大学学报》1956年第3期,第4页。

> 无不和人的社会实践和人的认知密切相联。比如,一个革命战士,当他一眼望到红旗的时候,他会有一种振奋的心情,有一种说不出的激动在内心里产生。很显然这种情绪的产生,正是由于革命战士在亲自经历的革命斗争中培养起来的立场决定的。……在人的社会实践过程中所产生的情绪,总是和人的明确的目的性联在一起的。①

同上一小节姚文元批判周谷城的措辞类似,"革命战士"的"情绪"实质上成为一种"标准化"的情绪或情感样式。更关键的是,郭的言说方式中始终运作着一种"划分"。首先,坚决将"人"与"动物"切割开来。他非常警惕于说人身上存在任何动物性、本能性和自然性的东西,而将焦点置于"立场"与"明确的目的性"之上:

> 不顾人的真正本质,硬把生物学规律塞进人类心理领域的生物学化的作法。在这种理论中,根本不包含从动物到人类所发生的质的飞跃。把人的社会性、阶级性以及人的情绪的能动性一笔勾消了。②

反对"心理领域的生物学化"的呼声,早有先兆。这一思路被表述为"反对心理学中的自然主义",曾在 1962 至 1963 年间引发过短暂的争论。当时的出发点是:认为心理学是一门社会与自然糅合的科学,从历史唯物论尤其是"人化的自然"视点来看,经不起推敲。③ 但在此处,郭念锋的第二种"划分"才更能彰显"激进"之义——用"阶级性"对于冯定那种抽象的"社会性"情感进行了"一分为二":

> 我们可以看到这样的事例,千百万个真正的革命战士,当为了人民的解放走上战场离别父母妻子的时候,他们不是沮丧、悲观,并没有什么消极情绪产生。某些真正彻底背叛自己剥削家庭的青年,不去为自

---

① 郭念锋:《对冯定著〈平凡的真理〉一书中两个心理学问题的初步批判》,《心理科学通讯》1965 年第 2 期,第 24 页。
② 同上书,第 25 页。
③ 郭一岑:《论心理学中的自然主义——评格式学派的物理主义》,《北京师范大学学报》1962 年第 4 期。对于郭一岑的反驳,可参看章志光:《论心理现象和社会现象的关系——和郭一岑先生商榷》,《新建设》1963 年 11 月号。

己的地主和资本家的父母披麻戴孝、痛哭流涕。这些事实,是无法用冯定的理论解释的。的确,当全世界劳动人民听到我们伟大的革命导师列宁和斯大林逝世的消息之后,从内心里产生了无限的悲痛,当革命的战友在战场上牺牲和负伤时,我们会产生对同志的无限同情而对敌人更加仇恨,这些情感,绝不是什么"基本反射",而是由于真正的革命者的阶级自觉性,出自阶级的友爱和同情。①

如果说冯定的确在某种程度上陷入了抽象的"真实感情"的陷阱,那么郭念峰的回应同样带有一定程度的抽象性。毋宁说,更应该思考的是心理现象的"矛盾"本身,思考那些无法用"划分"方式处理的经验,甚至从消极性与被动性自身出发来展开思考。否则,实践过程中"说"与"做"之间的鸿沟会越来越大,也无法回应更为复杂的政治与伦理矛盾。革命话语尝试用"阶级分析"来穿透有着深厚"资产阶级科学"根源的心理学,这当然是对的。然而,这种"渗透"显然无法通过"切割"来完成,无法通过套用"动物与人""剥削者与革命者"这些先在的图式来完成,而是需要更深地卷入这一学科已然抵达的所有细微的经验,从内部去完成攻克与占领。

郭在讨论第二个要点"气质"时,同样有着上述成问题的倾向。一方面,他的确看到,神经类型这种"支配动物的生理学规律"被引入人类心理领域,具有"原则上的局限性";由此质疑了苏联心理学话语及其背后的意识形态倾向。但是另一方面,他又有意无意地"高估"了神经类型的"反动"作用,仿佛一触及"神经类型",就会"不从阶级和阶级斗争的角度看待人的行为和思想"了,并且一定会以为"颓唐、散漫沮丧不是没落阶级的世界观的反映,而是因为受不了高度的'抑制性的刺激'所致"。② 最终犯下阻碍"革命"的大错:

> 我们不要进行革命,因为革命的结果要使我们的社会日新月异,不断地消灭资产阶级的东西,和增长无产阶级的东西,这样就要造成冯定

---

① 郭念峰:《对冯定著〈平凡的真理〉一书中两个心理学问题的初步批判》,《心理科学通讯》1965 年第 2 期,第 26 页。
② 同上书,第 28 页。

所谓的"不稳定的环境",以至引起人的"神经中枢的协调失常",造成人的神经症。①

这里的嘲讽有些廉价,也反过来生产出一种太过单纯的无产阶级形象。如果说苏联心理学过于强调了社会主义的"光滑"一面——苏联的日常生活已为塑造坚强的神经创造了制度条件,因此消磨掉了政治意识,那么,此种"激进"的革命化言说,则同样刨光了真实的经验,从"生命政治"内部的斗争中抽身而出。

相比之下,另一篇批判冯定"气质"论的文章显得更加中肯。作者从流行于社会主义心理学话语领域的"气质论"及其基础"高级神经活动类型"说中看到了一种变异的"等级"论与宿命论色彩。因此,在这里,强调"人的本质在于他的社会性而不在于他的自然性",具有一种"解放"的效用:

> 在考察气质对人的行为活动的影响时,首先应该看到:基本神经过程的强、弱等特性,对于社会的、阶级的人来说没有决定的意义。……即使某个人从自然有机体方面、从生理方面来说可能是比较软弱的,但这并不能剥夺他作为社会的、阶级的一员发展的可能性,在相应的条件下,通过社会实践和教育的培养、锻炼,仍然有可能成为对社会发展起积极作用、进步作用的坚强的一员。②

作者质疑了巴甫洛夫学说的绝对有效性,认为神经系统的弱型并不像巴甫洛夫所说的那样是纯粹消极的,并不意味着只是皮层细胞工作能力不足,而是有其积极内容:"弱型的神经系统——这是有高度感受性、反应性的神经系统,具有自己的独特的长处。"③作者将"神经类型的可塑性"问题,转写为一定阶级的世界观和道德要求对于气质的统摄。④ 这里存在两种不同的"接合"方式,一种是将"神经类型"与社会主义新人的培养接合在一起,但

---

① 郭念峰:《对冯定著〈平凡的真理〉一书中两个心理学问题的初步批判》,《心理科学通讯》1965 年第 2 期,第 28 页。
② 吴重光:《驳冯定同志的人的气质论》,《自然辩证法通讯》1965 年第 3 期,第 53 页。
③ 同上。
④ 同上。

确实有"生理化"的倾向。"神经类型"被视为人进一步发展的"生理"条件,阶级政治在某种程度上被屏蔽在外。另一种则试图切断"神经类型"与社会主义新人之间的联系,以"生物化"之名将之屏蔽在外,并以主导的革命政治话语——特别是"阶级斗争"——处理人的气质与情感问题。在"后1962年"的"激进"时期,后一条道路对于前一种倾向形成了绝对的压制。我们如今需要探讨的是,此种压制丧失了什么,忽略了什么。有趣的是,"情感"依然以"强迫性重复"的方式在具体的论争中出现。这一问题依旧是激进时代的核心焦虑之一。

(二)

1963年至1966年间有一场围绕"情感"问题的三连环论争,进一步彰显了"心"之线索的激进化轨迹及其困境。这场讨论源于王启康发表在1963年第4期《江汉学报》上的《关于情感规律的几个问题》一文。其中的争论焦点是"情感"与"认识"的关系问题。王启康认为,只有把握情感生活自身独特的规律,才能更深地介入教育实践,因此他在文章开首就着力点出"情感"与"认识"的"矛盾":

> 情感过程在其发生与进行上有许多与认识过程不同的特点。情感的发生常常是出乎本人意料突然而至的;有时候,人对某种事物产生了一定情感,然而却不知道为什么应该产生这种情感;相反,在另外的一些场合,一个人知道应该对某一事物发生某种情感,然而却又无论如何不能把这种情感引出来。……[当然,]情感与认识在实际的心理活动中是不可分的。①

王启康强调,情感有其特殊的起源和本质。在提出这一看法的过程中,他批判性地重估了詹姆斯—朗格关于情感的"外周学说",认为"从最初的内部状态的变化向有认识内容的现实的情感转化的标本事例。对于我们理解情

---

① 王启康:《关于情感规律的几个问题》,《江汉学报》1963年第4期,第1页。

感的起源和发生很有意义"①。值得注意的是,王也引入了"情绪"与"情感"的划分:情绪是"在现实影响下发生的人的具体的体验过程",有着不断变动的特征;而情感是"人对现实对象或现实生活某些方面稳定的关系",因此是"情感生活中稳定的、本质的东西"。② 但是两者之间有着极为紧密的关联,"情感的发展变化正是通过情绪的变化,通过新情绪体验的发生、积累而逐渐实现的;由于情感的发展变化,作为情绪发生的主要的内因也就有了改变"③。作者所在意的,是一种社会主义的"情感教育"。通过厘清人的情感形成与发展的两个面向——生活中得到直接的情绪体验,以及对引起情绪体验的事物的意义有所理解,他描摹出从情绪"进阶"到"自觉的、有原则的情感"之路,尤其以儿童教育为例:

> 在要积累的情绪经验之间的关系中,首先应该注意的是它们在内容上必须是多方面的。即是说,它们应该涉及某对象的各种重要方面。例如,为了培养热爱严肃工作的情感,就必须让儿童在所从事的各种活动中(学习、劳动、社会活动)都体验到严肃认真地对待工作所带来的道德上的快感。……[同时]那些不满意的、不愉快的情绪体验在情感形成中的作用也是很大的,这种作用甚至是不可替代的。……在情感的形成与培养中,不只需要引起对对象、事物的各种不同的情绪,而且还需要对对象的作用与意义,这一对象为什么应该被喜爱或厌恶等有所了解。这种了解还应该与一定的政治的、道德的或美学的原则联系起来,使之达到一定的理论原则的高度。只有这样,才能形成人的自觉的、有原则的情感。……从生理机制上看,这种概括作用也就是在情感的对象与其所引起的各种情绪状态间形成第二信号系统水平上的概括性联系。……④

这样,王就回应了一开始提出的"认识"与"情感"的关系问题,并且较为强

---

① 王启康:《关于情感规律的几个问题》,《江汉学报》1963 年第 4 期,第 2 页。
② 同上书,第 3 页。
③ 同上书,第 7 页。
④ 同上书,第 8—9 页。

势地指出了"情感"的培养应成为社会主义主体性形塑的重要环节:

> 由于情感有其特殊起源,因此在缺少与这一特殊起源相联系、只有对事物意义的认识时并不能唤起相应的情感;当被认识的事物的某些特性或意义与这种特殊起源形成了稳定的联系,如果对事物的性质与意义的认识有所改变,就会发生已形成的联系的改造,于是同一的对象会引起完全不同的情感来。①

但正是在这一点上产生了分歧。1965 年,朱本在《心理科学通讯》上撰文驳斥王的情感"起源论",并且尝试修正其"认识"与"情感"关系说。他认为王启康错在未能把握情感的"本质":"情感是社会实践的产物,在阶级社会里,是阶级实践的产物。任何人的情感,总是带着鲜明的、社会历史的、阶级的色彩,总是阶级立场的最本质的表现。"②但这还是一个原则性的批评。王启康的要害尚不在说明"起源",而是在某种意义上赋予了"情感"相对自主的领域,而且给出了一条形塑情感的具体路径。朱本对此提出了异议:

> 按照王启康同志的理解……有了对某事物的认识,而缺少这[情感]"特殊起源"——内部状态变化的联系,就不能唤起与认识相应的情感。这样,他把认识和情感对立起来,认为情感是先于认识而独立地源于内部状态的变化,认识只是后来附加的;同时,要对所认识的事物产生相应的情感,非得和内部状态变化联系不可。结果必然导致抹煞情感的阶级性和实践性,掩盖情感的阶级根源,否定社会实践在情感的培养和改造中的决定作用。③

朱本的这一回应本身值得讨论。首先,指认情感有着"特殊起源","自觉的、有原则"的情感的形塑需要运作于这一"起源",是否就一定会掩盖情感

---

① 王启康:《关于情感规律的几个问题》,《江汉学报》1963 年第 4 期,第 3 页。
② 朱本:《试论情感的阶级性与实践性——与王启康同志商榷》,《心理科学通讯》1965 年第 4 期,第 13 页。
③ 同上书,第 15 页。

的"阶级根源"并否认社会实践在改造中的决定作用?其次,如果否认了情感的特殊起源或其特殊机制,如同朱本那样将情感确认为"一种观念",又需引入何种社会实践来介入情感的培养?在这个意义上,朱本的回答显示出"过分一般化"的缺陷——无非还是投身到阶级斗争、生产斗争和科学实验三大革命运动中去;站在革命的无产阶级一边,在实践中与剥削阶级的思想感情做决死的斗争,和革命工农劳动者的思想感情打成一片。[①] 不过,一旦朱本跳出对于"一般化"原则的重复而涉入具体问题,实际上他是以"修正"的方式"延续"了不少王启康的看法。这不失为一个重要的症候。首先,他认同了"直接的情绪体验阶段"和"自觉的稳定的情感阶段"这一划分——不过是用毛泽东"认识的感性阶段"与"认识的理性阶段"的划分来对应之。其次,他也强调"情感"相对于"认识"的特殊性——不过,他用"人与对象的社会功利关系在主观上的反应"这个定义来做区分。更关键的是,他"重复"了"认识"与"情感"不一致的问题:

> 认识和情感,由低级阶段向高级阶段飞跃上,彼此并不是完全相对称的。在某些情况下,可能情感已经由直接情绪体验向自觉的、稳定的情感阶段完成了飞跃,而认识过程的飞跃还没有完成,仍然处于低级的感性阶段。这就会发生认识跟不上情感的矛盾现象。也就是说,有情感而说不出为什么产生情感的道理来。在另一种情况下,认识已经完成了飞跃,而相应的情感还没有完成飞跃。这就会产生情感落后于认识的矛盾现象。情感落后于认识,还可能由另一个原因引起:即认识可由直接的途径来达到、特别是可以通过逻辑的途径来达到。而情感一般地都是通过直接的情绪体验而产生,并且只有在直接感受的基础上,逐步深化,达到自觉的稳定的情感阶段。当认识由逻辑的途径或其他方法,直接获得了理性认识,而情感的直接情绪体验跟不上,或根本缺乏直接的情绪体验,就会产生在认识上知道应该对某事物产生某种情

[①] 朱本:《试论情感的阶级性与实践性——与王启康同志商榷》,《心理科学通讯》1965年第4期,第13页。

感,而实际上,又无论如何不能把这种情感引出来的矛盾现象。①

请注意,朱本几乎重复了王启康关于"情感"形成的基本"叙事"。尤为关键的是,他保留了"情感"与"认识"无法全然一致的说法。不管他所给出的解决这一矛盾的方法多么合乎"革命"要求(如投身"三大革命运动"),这一"构造"本身成为新一轮批判的突破口。1966年第2期《心理科学通讯》刊文《情感和认识能脱节吗?》,直接对之进行了驳斥。两位来自北师大的学生开宗明义地亮出了自己的底牌:

> 情感起源于实践,认识是情感的基础。只有在社会实践中对一个事物有了深刻的认识,才会产生强烈的情感。如果一个人对某一事物认识很肤浅、表面,没有什么本质的认识,就很难想象他会对该事物产生强烈的稳固的情感。所以情感跑到认识前面,"认识跟不上情感"的情况是不存在的。例如,出身于剥削阶级家庭的青年,当他们对自己家庭的罪恶及剥削本质没有深刻认识以前,他就不可能与家庭划清界限,割断感情上千丝万缕的联系。只有在增强了阶级观点,对家庭进行阶级分析,认清剥削阶级本质以后,他的思想感情才会有所变化,从与父母的"亲子之爱"变成阶级恨。②

这里的"强烈的情感"不仅有"量"的意味,还有了"质"的"飞跃",换句话说,也可以读作"正确的情感"。这才是"情感与认识"相符论的根基。在此基础上,获得真理性认识之前的"情感"都是意识形态意义上的"虚假"之物——不是指情感的真切与否,而是指与现存社会结构的关系。因此剥削家庭的"亲子之爱"与"阶级情感"需要一决高下。在一致论看来,一定是后者战胜前者——"亲子之爱"变成阶级恨。同时,两位作者坚称,情感落后于认识的情况也不会发生。社会行动的主体不是冷冰冰的存在,而应饱含"革命热情":"人的心理不仅反映客体本身,同时也反映客体对主体的意

---

① 朱本:《试论情感的阶级性与实践性——与王启康同志商榷》,《心理科学通讯》1965年第4期,第16页。
② 郑日昌、景白令(北京师范大学教育系四年级学生):《情感和认识能脱节吗?——对"试论情感的阶级性"一文的一点疑问》,《心理科学通讯》1966年第2期,第70页。

义,主体和客体的关系。因此人在认识事物的时候,总是要有情感发生。二者不仅同时发生,而且一起发展,认识越深刻,情感便越强烈。"①这无疑体现出一种更强的要求,希望社会主义主体在知、情、意上取得完全一致。虽然作者给出的仿佛是一个事实判断("存在""发生"),但更可读作一种期待。

这一场"螳螂捕蝉、黄雀在后"的论争,标示出1963年至1965年间"情感"议题的不断激进化。在此一过程中,我们可以发现这样一种现象:流通在当时诸种媒介中的革命主导话语(比如"三大革命运动")成为主要的甚至是唯一的阐释前提。这些话语试图渗透进专业知识构型内部,用"本质"支配"现象",甚至是取代"现象"。需要看到,此种进程一方面动摇了现代"专业化"构造的自主性霸权,暴露了知识的政治性;但是另一方面,它也在相当程度上简化了问题,弱化甚至是取消了诸多"中介"与"中间阶段"。试举一例。在1964年以后,心理学服务于社会主义建设的要务之一便是助力"革命接班人"的培养。特别具体的一项工作就是在中小学甚至幼儿园里培养孩子的"阶级情感"。这可以说是上述"情感"论争的现实转化。上海市实验幼儿园工作人员曾在《心理科学通讯》上发文讨论这一问题,文章将"社会主义社会的阶级和阶级斗争"与"幼儿"关联起来,批评"片面强调儿童心理年龄特征""重智轻德"的"资产阶级教育"思路。那些为儿童教育屏蔽政治的做法遭到了否弃:

> 有些人认为,孩子生长在新社会,又有工人家长的教育,是不容易受到资产阶级思想影响的。对孩子的不良表现,也都用孩子的年幼无知来解释,完全背离了阶级观点。例如,有人认为说谎是由于孩子把现实与幻想混淆了,不诚实的行为是由于"喜爱"而引起的。又认为儿童年幼,在他们的思想中还没有阶级剥削和压迫的概念,讲些革命道理还"太早"。有的强调孩子神经系统"脆弱",不能让他们受"刺激",因此

---

① 郑日昌、景白令(北京师范大学教育系四年级学生):《情感和认识能脱节吗?——对"试论情感的阶级性"一文的一点疑问》,《心理科学通讯》1966年第2期,第71页。

不让孩子玩枪,做解放军游戏。①

自觉地在幼儿教育中引入"阶级观点",可谓深入了"儿童"这一现代"发明"的核心处。这也是"后1962年""千万不要忘记阶级斗争"问题意识更加激进化的表现。围绕"儿童"展开的设想往往暴露着一个社会的意识形态底色。这里同样存在着上面所提及的辩证法:一方面,中国社会主义实践有意识地用"阶级"视角揭露出曾经被遮蔽或中和化的矛盾,强行渗透到所有生活与学术领域,破坏这些领域的"自律性"。另一方面,这一"阶级观点"同时破坏了种种"中介",造成了"阶级斗争"这一机制的日益单调化。实际上,自1958年以后,心理学界就在不断讨论儿童的"阶级意识"培养问题。但如朱智贤这样的儿童心理学研究者担心,若不顾儿童的意识发展水平进行生硬的阶级教育,未必有效甚至可能会产生消极效果。② 更关键的是,那一时期的心理学用"人的心理活动的共同规律""心理活动的形式""一般意识活动"等范畴抵制着"阶级性"的全然渗透。③ "阶级感情"问题由此就没有成为统摄性的问题。但在1965年左右,社会主义过渡阶段的"阶级斗争"问题被不断强化。孩子的家庭出身、内在于日常生活本身的资产阶级思想和旧的习惯势力,都成为孩子获得"自发"的错误阶级意识与感情的土壤。由此,朱智贤曾经认为不和阶级意识发生关系的活动,也都被标示出了"阶级性"。④

但问题的关键还是在于如何具体地引入"阶级和阶级斗争"。那位幼

---

① 上海市实验幼儿园:《怎样培养孩子的爱憎分明的阶级情感》,《心理科学通讯》1966年第2期,第41页。
② 参看朱智贤:《关于人的心理的阶级性问题》,《心理学报》1959年第1期,第11页。
③ 参看吴书东:《谈人的心理活动的共同规律问题》,《心理学报》1959年第1期;朱智贤:《关于人的心理的阶级性问题》,《心理学报》1959年第1期;章志光:《论心理现象和社会现象的关系——和郭一岑先生商榷》,《新建设》1963年11月号。
④ 朱智贤:"第三种情况:某些意识活动,特别是低级的意识活动(如日常生活琐事)或无意识活动(如一些熟练习惯),可能不和阶级意识倾向发生联系。例如,具有资产阶级思想的人和具有无产阶级思想的人,在一些生活琐事上,如去买一顶帽子,下一盘棋,抽一支烟等,却不一定都和阶级意识倾向发生关系。"(朱智贤:《关于人的心理的阶级性问题》,《心理学报》1959年第1期,第14页。)

儿园工作者举了这样一个案例。班上有住在曹杨新村的孩子抱怨房子不好，下雨就会漏水，而且没阳台。教师给出的教育对策是：

> 为了让孩子知道解放前工人的痛苦生活，我们请了曹阳新村的老工人朱妈妈给孩子讲自己在旧社会的经历。解放前朱妈妈也生过很多孩子，但因无钱医治而相继死去。自己一天只能吃上两餐，每餐也是些剩菜烂饭。这些事实与孩子们每天三餐饭，两次点心相比，是个鲜明的对照。孩子们开始体会到今天的生活是多么幸福啊！我们召开家长会，争取工人家长配合，请他们向孩子讲自己的童年，丰富孩子们的感性知识。我们又带孩子们到附近的俞家弄去参观。那里也是劳动人民集居的地方。过去没有自来水，现在建立了公共自来水供应站，已经方便多了，但过去工人连俞家弄也住不上。我们还引导孩子们了解新村的变化。房舍周围绿化了，为了让更多的工人住到新村来，把原来二层楼的房子翻盖成三层楼，煤屑路换成了柏油路，各家还装上了煤气灶。通过实地参观、对比，加深了孩子们的印象，他们真正体会到我们新村好，我们生活是幸福的。①

可以发现，这里的基本措施还是"忆苦思甜""新旧对比"这些社会主义教育普遍采用的方式。而且文中的孩子来自工人阶级家庭。这就引出了如下问题：针对不同阶级出身的幼儿，是否还能采用此种教育法？如果说，孩子的确是易受感染的，因而以阶级斗争、两条道路为纲对之进行教育，确实会产生颇深的"烙印"——比如作者提到，孩子听老师讲完《半夜鸡叫》后认为，如果周扒皮伤了腿，长工就不该扶他②，那么随着年龄与经验的增长，同一模式的不断重复是否能保证其效果？究竟如何理解一种社会主义的"成长"经验？是否一定需要用"自觉"的标准来衡量所有有意识甚至无意识的行为？在这里，"政治思想工作"的主导是否会简化社会主义"治理"的难度？也正是在儿童的阶级情感培养这一点上，我们更加深入地看到了中国

---

① 上海市实验幼儿园：《怎样培养孩子的爱憎分明的阶级情感》，《心理科学通讯》1966年第2期，第42页。

② 同上书，第43页。

社会主义实践对于"人"的基本把握及其"培养"的主导方式。就情感而言，自觉的、有原则的情感（所谓"爱憎分明"）成为人的重要规定。这也就可以理解，为何冯定所提及的"正义的冲动"或朱智贤所谓的"激情"，不能被革命话语接受。这样就较为彻底地扫除了人的"生物化"的残留。不过，心理学联通"技术"的那一方面，依旧在生产着某种关于"人"的设想。

（三）

郭念峰在批判冯定时，除了驳斥"把人变成动物"之外，还特别点出了"把人变成活的机器"的错误倾向。后一种指责同样联通着一条重要的线索。我们知道，辩证唯物主义虽然从人的社会实践出发来把握人的本质，但它依旧是一种哲学话语；在表述人的主体性时，其所用的概念范畴有着颇强的观念论痕迹。巴甫洛夫以后的苏联心理学界则试图在辩证唯物主义基础上彻底"祛除"唯心主义的残迹，这就需要对于"自我""目的"等概念进行一番新的解释。具体说来，他们通过"随意运动"的概念将"自我"视为一种"幻觉"，将"目的"看作作为预感而起作用的"过去的认识的产物"。① 不论是阐述作为"自我"幻觉之基础的"自我调节"活动，还是论证"目的"内在于活动本身，都极大地利用了自动机器尤其是控制论机制话语。这一倾向同样进入中国心理学话语，心理学家陈立在1960年如此阐述道：

> 自我调节不是指有一个"自我"在调节我的活动，而是我的活动自身调节着我的活动，正如许多自动控制的机器一样。自然，随意运动的自我调节不是模拟着自动机的侍候机制的原则而来的，相反的，是现代自动机的制造模拟着生物的活动。……但因为意识与活动究竟是不可分的，我们说，人的随意运动的本质，仍不外乎是这里所强调的以活动来调节活动的原则，这就打破关于"自我"的许多唯心主义的精灵思想。……随意运动中的目的性意味着什么？……人在行动之前，在头

---

① 参看 A. И. 别尔格等：《控制论的哲学问题》，许醇仁译（译自苏联《哲学百科全书》第二卷，苏联百科全书，国家科学出版社1962年版），《哲学研究》编辑部编：《外国自然科学哲学资料选辑第四辑（控制论哲学问题选辑）》（内部发行），上海：上海人民出版社，1965年，第122页。

脑中就存在着行动结果的形象了。这个形象从何而来？在过去的活动中,活动的结果在大脑中引起兴奋,兴奋的痕迹经反复重演而巩固下来。尔后,条件刺激一出现,这些兴奋灶就被唤起,也就是在活动还没有结束,甚至在还没有开始时,作为活动结果的感觉复合体的兴奋灶就出现了。安诺兴(Peter Kuzmich Anokhin)将这种兴奋灶称为"活动受纳器",即"对已完成的反射动作的传入结果的受纳器"。①

陈立特别提醒,不能过于狭隘地理解随意运动中"意"的含义(包括意志但广于意志),人和动物分享着随意运动的某些共同机制。这是一种强的唯物主义决定论必须承认的事实。而从"反射"机制来看,原始的动因即反射的始端是客观世界的现实,反射的中间部分包括运动分析器的庞大系统及其他分析器,反射的末端则是行动的执行器官或效应器官。陈立认为这一完整的反射机制正符合毛泽东的"实践论"——"认识始于实践终于实践"。② 陈立在具体阐释这一点时,又一次使用了带有控制论特征的术语:

> 在随意运动中我们用返回传导的装置和"活动收纳器"来解释调节行动的机制。自然,我们不能说在社会实践中,人也是靠类似的反馈装置来指导行动的。不过它靠实践的结果来作为检验的根据,则和反馈的基本原理是相似的。毛主席所说的"实践、认识、再实践、再认识"这种反复实践的道理和反馈装置的自我调节自然是有性质区别的,因为毛主席所讲的是认识的原理,而反馈是从生理机制方面的说明。虽然如此,但从过程的形式讲,从构成的关系讲,则两者都强调活动与认识的不可分,所以还是符合毛主席的思想的。③

陈立在这里的讨论凸显了从"控制论"来理解"生命活动"的可能性。同时,他通过拓宽"意"的含义,将不同程度的自觉与不自觉意识活动,甚至"无意

---

① 陈立:《随意运动的机制》,《心理学报》1960年第4期,第218页。关于安诺兴(Peter Kuzmich Anokhin)的介绍,可参考格拉汉姆(L. R. Graham):《苏联生理学家阿诺辛的哲学观点》,钟学、苏宁译,《世界科学》1983年第6期。
② 陈立:《随意运动的机制》,《心理学报》1960年第4期,第220页。
③ 同上书,第221—222页。

识"、自动化行为等问题带入了讨论范围。这样就在很大程度上丰富了社会主义之人及其心理状态的问题维度。也正是在这一方面，彰显着社会主义经验与现代性技术经验之间的复杂关联。

这里有一个"现实社会主义"的历史脉络需稍加说明。在赫鲁晓夫时代，苏联对于由美国数学家维纳（N. Wiener）奠定的控制论的接受是非常积极的。控制论的哲学意义得到了充分的肯定：

> 控制论的哲学意义就在于它给依据精确方法深入研究客观世界的一组新规律奠定了始基，这些规律是与现实世界中不同性质的各个领域内的控制和信息处理有关的。……控制论就给宗教—唯心主义关于非物质的"精神"的信条、关于人的心理活动不能认识的信条、给不可知论、活力论、唯心主义和神学，带来了决定性的打击。控制论的产生和发展乃是唯物主义世界观的新胜利。①

但控制论对于苏联社会的意义，远非助力唯物主义世界观那么简单。1961年召开的苏共二十二大代表大会的文件多次提及"控制论"，将之视为创造共产主义技术基础"最完善的工具"。苏共纲领提出将加速采用高度完善的自动操纵系统，在核算和管理方面广泛应用控制论、电子计算机和操纵装置。② 当时苏联政界与学界的主流意见认为，"生产自动化的各种社会后果完全决定于生产资料所有制形式"③，社会主义制度本身保证了技术应用的积极效果。而从苏联社会主义的具体矛盾来看，赫鲁晓夫之所以鼓吹"计算机托邦"（computopia），为的是强化先锋党的领导权：

> 这些"从管理的手工与个人方式向自动化系统的彻底改进"的想

---

① А. И. 别尔格等：《控制论的哲学问题》，《外国自然科学哲学资料选辑第四辑（控制论哲学问题选辑）》，第 115 页。

② 参看 G. 克劳斯：《拥护控制论和反对控制论（关于第二十二次代表大会的看法）》，《德国哲学杂志》1962 年第 5 期，裘辉译，《外国自然科学哲学资料选辑第四辑（控制论哲学问题选辑）》，第 373、374 页。

③ C. 阿尼西莫夫、A. 维斯洛博科夫：《控制论中的一些哲学问题》，原载苏联《共产党人》1960 年第 2 期，光军译，《外国自然科学哲学资料选辑第四辑（控制论哲学问题选辑）》，第 113 页。

法,与那一时期赫鲁晓夫的经济措施的一般冲动是相一致的。不仅因为这些想法旨在提高党相对于国家官员的角色地位(因此在指令中强调政治),同时降低管理层的奖金。……确实,在戈洛维奇(Gerovitch)看来,赫鲁晓夫开始将控制论之控制与管理视为共产主义模式:"在我们的时代,这个原子时代、电子时代、控制论时代、自动化时代,流水线时代,所需要的是清晰性,是社会体系(包含物质与精神生产)中所有联系的理想化的调节与组织。"在1963年赫鲁晓夫对知识分子的讲话中,他又提到:"共产主义社会是一个高度有序的、组织化的社会。在这个社会里,生产将依照自动化、控制论和流水线来组织。"①

当然,赫鲁晓夫此种共产主义设想随着他1964年的下台而未获兑现。曾经从此种"计算机化"进程中感受到威胁的厂长经理和科层人员在勃列日涅夫时代获得了更多的自主权力。经济学家们也反对赫鲁晓夫此种"自动化"梦想,认为这"仅仅是保护了集中化的经济管理的陈旧形式"②,由此提出从"资本逻辑"来提高苏联经济的效率③。可以发现,赫鲁晓夫时代的确是控制论思想在苏联的"黄金时代",其中包含着丰富的社会主义经验与教训。而围绕控制论的哲学问题展开的争论中,"心理过程的技术模拟问题"是一大焦点问题,用通俗的话来表述,就是"机器能否思维"问题。④ 这也涉及人与机器的关系以及重新阐释"生命"等议题。⑤ 关键是,中国在当时是如何看待这些问题的。

这就涉及当时的中国对于新兴科学技术发展的基本态度及其与"心理"话语之间的关系。1962年第12期《新建设》上发表了一篇题为《自然科

---

① Michael A. Lebowitz, *The Contradictions of "Real Socialism": The Conductor and the Conducted* (New York: Monthly Review Press, 2012), pp.116-117.
② Ibid., p.118.
③ 对于此点的分析,参看 Michael A. Lebowitz, *The Contradictions of "Real Socialism": The Conductor and the Conducted*, p.119.
④ 参看马依捷耳、法特金:《苏联举行控制论的哲学问题会议》,《自然辩证法研究通讯》1963年第1期,第48页。
⑤ 苏联当时关于此问题的争论,可参看《自然科学哲学资料选辑第四辑(控制论哲学问题选辑)》。

学与心理学理论》的论文。作者比较简明地表达出那一时期关于上述问题的一般看法。首先是对于最新一次科技革命的承认,并且点出经由这一技术媒介重解人类心理的可能性:

> 我们现在所处的二十世纪中叶,一次空前的科学技术革命正在开花结果,这个革命是以核能利用和大功率火箭制造为标志的。科学技术的大变革同时带来了工业生产的自动化。……人类已经进入原子和宇宙航行时代了。现代科学技术的中心课题是制造能够使用这种能源的机器,并对其进行控制和调节。这就要求各门科学技术携起手来,形成一个庞大的综合科学体系。……现代工业技术为心理学提出许多应用方面的任务,使心理学的许多新分支迅速地成长起来了,如近年来工程心理学和劳动心理学的惊人的发展就是例子。另外,现代神经生理学知识也大为丰富了。……这一时代的科学技术对心理学的最大影响乃是现代综合科学技术的原理被直接用来解释心理现象。①

在作者看来,控制论在心理学中的应用是现代科学技术的直接产物,二战以后的自动控制和通讯技术给予心理学研究极大启发。具体说来,心理学家开始利用控制论原理来说明机体行为。一是通过将脑与电子计算机做比较,获得对大脑机制更为充分的理解,从而彻底打破心理现象的神秘性。二是发现脑的活动相比于计算机的优越性,借以改进计算机的设计。很有意思的是,作者点出了此种倾向的一大特征:"人用自己设计的机器的原理来说明人自己,即设计者先设计和制造出机器,然后又用他所制造的机器来说明设计者本身。"②在这一过程中,最为根本的是控制论为心理学家提供了共同的客观语言,即一种数学化的高度形式化的表达方式。作者对于以上走向的评价基本持肯定态度,但他对控制论在心理学研究中的普泛化是抵制的——譬如意义问题、目的性问题与创造性思维就无法用它来解释。归根到底,作者坚持了心理活动与自动机原理的"不同"。值得注意的是,控

---

① 荆其诚:《自然科学与心理学理论》,《新建设》1962年12月号,第43页。
② 同上书,第44页。

制论确实为"人是活的机器"这一想法提供了具体的思考路径。中国社会主义经验对之的基本"切分"造成了一种耐人寻味的"二元化":一方面控制论有助于探究人的神经系统内部过程,但这限于生理性理解;更关键的则是用毛泽东思想来把握人的"自觉能动性",用"阶级斗争"来理解心理现象的本质。中国从根本上反对克劳斯那种将控制论"一元化"的倾向。①

1963 年 9 月 26 日,北京自然辩证法学会筹委会和中国科学院哲学研究所自然辩证法组联合召开了控制论哲学问题座谈会。需要注意的是,此时正是中苏论战公开化的初始阶段,因此当时中国对于这一苏联的"热点"问题如何应对,就十分耐人寻味了。首先,龚育之在会上定了一个调子:马克思列宁主义和自然科学是一致的,这就需要重视控制论这门新兴学科。但另一方面,一些资产阶级学者和现代修正主义者利用控制论歪曲马列主义的哲学结论和社会政治结论。因此这里正是"现代自然科学哲学领域思想斗争的集中点"②。会上着重讨论了陆叁在 1963 年第 1 期《自然辩证法研究通讯》上发表的《围绕控制论科学成就的思想斗争》一文。

陆的文章颇能彰显当时中国对于控制论以及一般新兴技术的基本态度。他首先批判了那种认为"机器比人聪明""人将被机器所统治"的思潮,特别是那种企图将控制论代替唯物辩证法的看法,认为这是"阶级斗争在意识形态领域的一种反映"。③ 作者着重辨析出这一思潮的实质是帝国主义国家对于世界革命人民的技术讹诈;对于那些"现代修正主义"者,则认为他们无非是用控制论代替马克思主义的阶级分析,从而抹杀矛盾、阶级和阶级斗争。最终,陆叁强调了技术的"群众"之路:"人是机器的创造者,是

---

① 参看梁志学对之的介绍,及克劳斯自己的论文。梁志学:《G. 克劳斯论控制论中的哲学问题》,《自然辩证法研究通讯》1963 年第 2 期。G. 克劳斯:《拥护控制论和反对控制论(关于第二十二次代表大会的看法)》(原载《德国哲学杂志》1962 年第 5 期,裘辉译)、《控制论、德国统一社会党纲领和哲学的任务》(《德国哲学杂志》1963 年第 6 期,梁志学译),以上两文皆见《自然科学哲学资料选辑第四辑》。

② 曾里:《北京举行控制论哲学问题座谈会》,《自然辩证法研究通讯》1963 年第 2 期,第 48 页。

③ 陆叁:《围绕控制论科学成就的思想斗争——供讨论稿》,《自然辩证法研究通讯》1963 年第 1 期,第 2 页。

机器的主人,不论将来出现何种程序自动化的机器,它的总程序总是由人按照社会实践的需要来设计的,因而总是人控制机器,决不会机器控制人。……决定人类历史命运的是生产和管理机器的劳动群众,而决不是机器。"①这或许可以解释,为何中国在那一"激进"时期并没有产生西方的灾难性科幻和苏联的乐观性科幻文艺。这背后关乎一种人的想象。这里的"人"应被把握为集体之主体,而且是斗争之主体与自觉之主体,丝毫不存在在"机器"面前的被动性。

当然,这是一种理想化的表述。中国社会主义实践本身无法避免"机器""科层"等"自动化"机制的生产。如果从现代"社会理性"的脉络来看(其基本原则为:等价交换、分类与原理应用、耗费最优化与结果的计算,对应的是市场—科层组织—技术三种媒介)②,社会主义的基本实践无非是此种"社会理性"的辩证克服:比如,既利用价值规律又限制价值规律并最终尝试克服它;充分利用技术但用"政治"限制这一技术的"自主化";超越狭隘的经济理性与技术理性,企图抵达一种更具"德性"的心性状态。因此,革命实践的根本"矛盾"始终是内在的。虽然由于当时现实的物质条件的限制,"控制论"所引发的"人与机器"的关系以及人的心理—生理状态的再解释,没有成为一种群众性的讨论,但有的学者的意见已经凸显出了"机器"反过来决定"人"的可能性,这发生在一些"具体问题"上:

> [心理研究所徐联仓同志]说,在现代化生产中人的机能是与自动机的功能密切配合的,组成所谓"人——机器"系统。这方面研究的任务是在技术装备和人双方具有的局限性所容许的范围内保证发挥该系统的最大效率。技术装备的迅速发展使操纵人员感到许多困难,这一点是工程设计人员不能忽视的。例如,在操作超音速几倍的飞机时,视觉刺激从视网膜传到大脑皮质大约要经过 0.05 秒。而在这个期间,飞

---

① 陆叁:《围绕控制论科学成就的思想斗争——供讨论稿》,《自然辩证法研究通讯》1963 年第 1 期,第 5 页。
② Andrew Feenberg, "From Critical Theory of Technology to the Rational Critical of Rationality", in his *Between Reason and Experience: Essay in Technology and Modernity* (Massachusetts: The MIT Press: 2010), p. 159.

机已飞过很大距离。也就是说,当操纵者看到某一目标时,实际上它已不在那里。因而在许多情况下,必须用自动机来代替人的操作,而人的作用是监视自动机的工作是否正常。但又出现了另外的问题。由于操纵人员只处于一种看守的地位,时间一久,人的反应能力便会降低。一旦自动机出了故障,操纵人员往往惊慌失措,造成事故。因而,技术愈发展,工程人员和心理工作者的合作就愈是需要。①

这里包含着人在机器面前的深刻的被动性经验。虽说"人是机器的主人",但机器同时在对人及其心理与行为机制提出新的要求。1964年《自然辩证法研究通讯》发文介绍苏联心理学研究的新动向,其中之一便是控制论对心理学的影响,人和机器的关系问题为此一影响的具体表现。有一种意见指出,在现代化高度集中的控制系统中,人是其中的一个环节。工程心理学的要务即研究技术因素对人接受信息和处理信息的影响。这里包含着一种强的机器论阐释,与上文徐联仓的发言相关:

> 机器作为一种工具,不仅是一种物理的实物,同时也是社会的实物。因为在其中体现着历史上形成的劳动操作,在机器中有结晶化了的人的观念内容。从这个意义来看,机器的完善化不是脱离人类历史文化的独立过程。但是,由于机器的发展,人又要使自己的活动服从于在机器中巩固下来的劳动操作系统。因而,也可以说工具改造着人的行为,使人在劳动中形成他的新能力。②

这是一种非常重要的观察,意味着人的"第二天性"始终受到技术中介——包括管理"技术"中介——的改造。尤其暧昧的是,此种技术中介究竟在生产何种"主体体验"——新的主动的集体主义精神,还是被动的个人性?现代的阶级斗争不仅是争夺政权及其他类型的领导权,更是争夺对于技术、对于人的根本阐释权。现代性技术发展的一个后果是所谓"操作自主性"

---

① 见曾里:《北京举行控制论哲学问题座谈会》,《自然辩证法研究通讯》1963年第2期,第49页。
② 见徐联仓:《苏联心理学研究中值得注意的两个动向》,《自然辩证法研究通讯》1964年第1期,第40页。

(operative autonomy)的强化。这一自主性得以从"自然"与"真理"中汲取权威来抵抗"外行"的抗议,塑成一种独特的技术霸权。① 随着现代技术的发展,"技治主义"(technocracy)的倾向——主张由工程技术知识分子来管理经济生活甚至全部生活领域,实行技术知识分子专政——在很大程度上会滋生出来。虽然这一倾向本来也有"改良"甚至"批判"资本主义私有制的成分,但本身包含着很强的等级划分。此一时期的中国社会主义技术批判话语专门就此倾向展开过批判。1963 年第 1 期《自然辩证法通讯》刊登了刘堃《关于资产阶级技术主义》,称兴起于欧美 1930 年代经济危机语境中的"技治主义"以及 1940 年代的"管理革命"和二战以后的"机器人时代论",从根本上"夸大技术在社会生活中的作用,歪曲技术、经济和政治之间的关系",尤其是将矛头指向"马克思主义的革命的灵魂"——经由社会主义革命与无产阶级专政创造共产主义社会。② 批判"技术主义"及其表现之一"技治主义",即对于此种霸权性的操作自主性不予承认,并且反过来强调用"政治"强行渗透进这一领域,最终是为普通群众赢得一种集体的主动性与参与性。当然,因为当时的技术与物质条件所限,此种批判在很大程度上成了一种"早熟"的批判,因此也是一种未完成的批判。

在 1950—1960 年代的中国,人与机器的关系主要发生在生产领域。由于广大农村的现实条件所限,在消费领域尤其是日常生活领域,"机器"并没有成为一个重要的问题。但是冷战结构下欧美"消费文化"的兴起以及家用电器的普及,却已然极大地冲击着苏联的社会主义生活方式,修改着无产阶级生活的想象。因此,一种更为完整的人机关系思考,有必要纳入"消费"的环节。如何想象一种社会主义性质的"消费",是极富挑战性的问题。布莱希特在 1930 年代讨论收音机的小短文里已经提及一种"双向"的可能性:"对于收音机,我认为它的功能不只在于美化公众生活。……把这个发送消息式的工具变成一个双向交流的工具。收音机有可能会成为公共生活

---

① 对于"操作自主性"的批判,参见 Andrew Feenberg, "Critical Theory of Technology", in his *Between Reason and Experience: Essay in Technology and Modernity*, p. 70。
② 刘堃:《关于资产阶级技术主义》,《自然辩证法研究通讯》1963 年第 1 期,第 48 页。

中最好的交流工具……如果它懂得如何接收以及传递信息,如何让收听者既能听又能讲,如何让他进入一个人际关系当中而不是将自我隔离,它就能成为交流工具。"① 有趣的是,加拿大马克思主义者斯迈思(Dallas Smythe)在1971—1972 年访问中国时,曾同样向广电领域的负责人及大学学者建议,应将中国未来的电视系统设计成一个双向系统,使每个接收器能够发送视听信号给广播站,随后再被保存和转发。这种双向电视系统就好比"电子大字报",是激活民主生活的重要机制。② 然而,他所得到的一种学界回应是:"技术本身是没有阶级属性的,虽然它们可能会被用于服务特定阶级的利益。……我们以群众运动的方式来发展新技术,我们同样要吸收国外技术的优点。……不从资本主义国家借鉴任何东西这种观念是不对的。在中国共产党和毛主席的领导下,我们的发展速度会大大超过资本主义国家……"③ 斯迈思敏锐地发现,此种态度忽略了"技术"自身的意识形态,此种意识形态深深地嵌入在"设计"和"形式"当中,芬博格(Andrew Feenberg)亦谓之技术的"形式偏见"。④ 因此,社会主义国家对资本主义国家的技术必须实行"文化甄别"。⑤ 布莱希特和斯迈思的讨论提醒我们,如果想要塑形真正具有自觉能动性与政治意识的新人,所做的工作远远比"政治思想工作"要复杂。一种不仅关乎生产而且关乎日常消费的"人与机器"的关系尤需得到重视。中国激进的革命话语看到了既有心理与技术话语中人的动物化与人的机器化的危险,但无法或很难在根本上改变心理与技术意识形态生产的基础。这就导致了诸如"控制论"等话语其实是被暂时掩埋了,也间接导致了改革时代诸种被压抑倾向的轻易"复归"。这也提醒我们,激进

---

① 布莱希特:《作为交流工具的收音机》,见其《论史诗剧》,孙萌、李倩等译,北京:北京师范大学出版社,2015 年,第 66 页。

② 参看斯迈思:《自行车之后是什么——技术的政治与意识形态属性》,王洪喆译,《开放时代》2014 年第 4 期,第 98—99 页。

③ 同上书,第 99 页。

④ Andrew Feenberg, "Critical Theory of Technology", in his *Between Reason and Experience: Essay in Technology and Modernity*, p. 69.

⑤ "文化甄别"(cultural screening)一语出自斯迈思,见其《自行车之后是什么——技术的政治与意识形态属性》,《开放时代》2014 年第 4 期,第 105—106 页。

时代"心"的线索以辩证的方式联通着后一个时代,虽然其潜能尚有待在新的历史条件下重新评估与发掘。

第二节　激进时代与"物"的线索

一　"见人"与"见物":"经济"的政治及其挑战

(一)

从1958年11月开始,毛泽东频频提及社会主义政治经济学议题并号召全党干部批判性地阅读斯大林的《苏联社会主义经济问题》与苏联《政治经济学教科书》。① 他在组织阅读《苏联社会主义经济问题》时,曾发表过这样一席话:

> 斯大林是第一个写出社会主义政治经济学的。这本书中讲的许多观点,对我们极为有用,愈读愈有兴趣。但是,他这本书,只谈经济关系,不谈政治挂帅,不讲群众运动。报纸上讲忘我劳动,其实每小时都没有忘我。在他的经济学里,是冷冷清清,凄凄惨惨,阴阴森森的。不讲资产阶级法权思想,不对资产阶级法权进行分析,哪些应当破除,如何破除,哪些应当限制,如何限制。教育组织也是资产阶级式的。他过去说,技术决定一切,这是见物不见人;后来又说干部决定一切,这是只见干部之人,不见群众之人。他讲社会主义经济问题,好处是提出了问题,缺点是把框子划死了,想巩固社会主义秩序,不要不断革命。母亲肚里有娃娃,社会主义社会里有共产主义萌芽,没有共产主义运动,如何过渡到共产主义?斯大林看不到这个辩证法。在社会主义社会里,地富反坏右,一部分干部,一部分想扩大资产阶级法权的人,想退回到

---

① 见中共中央文献研究室编:《毛泽东年谱:一九四九——一九七六》第三卷,北京:中央文献出版社,2013年,尤其是第489—500页。

资本主义去；多数人想干共产主义。因此，必不可免地要有斗争，要有长期的斗争。①

"见物不见人"是毛对于斯大林的"社会主义政治经济学"思路乃至整个苏联政治经济学路向的一个核心批评，其中也折射出毛泽东自己关于政治与经济之关系的基本看法。他非常敏锐地见出，所谓"社会主义秩序"同样会产生"物"（尤其"技术"）对于"人"的压抑；而且此种压抑要比阶级剥削更加隐秘，更难得到反思。在1958年下半年的历史语境中，"物"的问题与上述引文所提及的"资产阶级法权"问题有着内在联系。同时，对于"物"的反思，也与"大跃进"时期向共产主义"过渡"的高亢基调有关。具体说来，"物"除了指毛泽东所谓"技术决定一切"或者说物质—技术条件决定论外，主要关乎"物质利益原则"或"物质刺激"。张春桥那篇臭名昭著的文章——开启了1958年—1962年"资产阶级法权"讨论的《破除资产阶级的法权思想》——正是从此点出发来驳斥苏联政治经济学思路及其中国"跟从者"的：

> 据说，由于在社会主义制度下，还保存着不少旧的分工的残余，即脑力劳动同体力劳动之间、工人劳动同农民劳动之间、熟练劳动同简单劳动之间的差别，因此，"工作者从物质利益上关心劳动结果和生产发展的原则"就被说得神乎其神。什么"等级工资制""计件工资制"可以刺激工人"对自己的劳动成果表现最大的关心"呀，可以刺激"社会主义竞赛的发展，因为劳动生产率高，工资也高"呀，这种制度是"整个国民经济发展的最重要的杠杆"呀，道理多极了。不过，说穿了，说得通俗一些，还是那句老话："钱能通神"。只要用高工资"刺激"，就像花钱买糖果一样，什么社会主义、共产主义都能够立刻买到手的。②

---

① 毛泽东："读斯大林《苏联社会主义经济问题》谈话（1958年11月9—10日）"，《毛泽东读社会主义政治经济学批注和谈话（简本）》（中华人民共和国国史研究会，2000年），第43页。

② 张春桥：《破除资产阶级的法权思想》，《人民日报》1958年10月13日第7版。

张春桥的引文可在《苏联政治经济学教科书》中找到。① 他对那类以苏联政治经济学信条为"尚方宝剑"的"经济学家"们十分不满,谓之"见物不见人""见钱不见人"。同时,张对新中国成立后实行的工资分级制度颇有微词,并且憧憬新中国成立前人民军队和革命根据地内部之"平等"状态的恢复。但是在1950年代末至1960年代初的历史环境中,张的论说并未成为主流。《人民日报》在刊发张文时就特别点出其"片面性",而且此种想法立即招来了更加系统性的批评。撒仁兴(据说是关锋、林聿时、吴传启合用的笔名)的《论破除资产阶级法权》则呈现了当时关于"资产阶级法权"问题的主流看法:

> 张春桥同志的"破除资产阶级法权思想",鲜明地提出了这个问题,是很好的。这篇文章,歌颂供给制,批判片面地强调个人物质利益刺激,批判把"按劳取酬"看作是不可动摇的永恒原则,对于这些,我们是完全赞成的。但是,我们觉得这篇文章缺乏理论分析,说服力不够,而且有片面性,有许多重要问题并没有说明白。例如,我们要大破资产阶级法权观念,但是,是否在实践上要立即彻底废除资产阶级式的法权?资产阶级式的法权在过去几年以至目前是否是不可避免的?如是不可避免,共产主义者应该怎样对待它?按照作者的论述,似乎他主张目前要立即完全取消资产阶级式的法权,并不承认(至少是没有明确承认)在社会主义阶段,存在资产阶级式的法权是不可避免的。如果是这样,我们是不同意的。尤其是这一点:张春桥同志似乎把社会主义制度下的工资制度说成是等级制度;如果是这样,我们认为是完全错误的。如果不把上面这些问题弄清楚,那是会在思想上和实践上造成混乱的。②

撒仁兴点出一种无法摆脱的客观性甚至历史必然性:目前无法在实践上彻

---

① 参看苏联科学院经济研究所编:《苏联政治经济学教科书》下册,第490—495页。
② 撒仁兴:《论破除资产阶级法权观念》,《哲学研究》1958年第7期,第20页。关于命名,值得一说,此文作者强调:"我们不必咬文嚼字,在上述意义上,把'按劳分配'的法权叫作资产阶级式的法权,或者叫作资产阶级法权残余,或者叫作'资产阶级法权'都是可以的。"(第23页)

底废除"资产阶级式的法权"。在此前提之下,撒文做了一种微妙的"切分":用共产主义原则观察问题、训练干部、向工农群众进行宣传教育,但在实践上是否废除资产阶级法权则需根据社会发展的客观规律来确定。① 在作者看来,此种思路体现出共产党人"实现最终目的和从现实出发、变革现实的实事求是的精神的统一"②。当然,这一基本对策的提出,首先关乎当时对于"资产阶级法权"的把握:"生产资料所有制方面的社会主义革命"已经基本完成,因而生产资料占有方面的资产阶级法权已被废除(虽然还有残存,比如"定息")。如今主要问题在于消费品分配方面的"资产阶级式的法权"。③ 因此也就不难理解,1958年至1962年的"资产阶级法权讨论"尤其聚焦于"按劳分配"问题。就此一要点,撒文划出两条具有"原则"意味的"线":一、"按劳分配"是资产阶级式的法权,但它不是资本主义的分配原则,而是社会主义的分配原则。二、以共产主义原则破除"等价交换"的观念,而不是以资本主义思想去替代它。④ 或许是感觉到此种思想与实践之间的"切分"略显机械,撒仁兴在谈及废除资产阶级法权观念的具体策略时,赋予了"共产主义的劳动态度"极为重要的地位,特别是强调:"大破资产阶级法权观念,要和实践结合起来,这主要就是推行义务劳动和半供给制(有条件的地方)结合起来,结合对某些人所存在的糊涂观念和问题进行辩论,结合对劳动态度的批评和表扬,结合批判雇佣观点。"⑤这等于在暗示:单纯的政治思想教育无法从根本上扭转人们的劳动"习惯"及其"理性",因此需要制度因素介入。进言之,真正有效重塑劳动这一"第二天性",需要调动民主评议与形象—美学机制,同时配合新的制度实践。思想或观念如要有效地运作于"经济"领域,势必需要某种必要的"转码"。同时,"经济"

---

① 撒仁兴:《论破除资产阶级法权观念》,《哲学研究》1958年第7期,第21页。
② 同上书,第27页。
③ 同上书,第22页。撒文中还有"以资产阶级法权观念挂帅对待'按劳取酬'不过是一股小小的逆流"一语(同上书,第27页)。在"文革"后期语境中,资产阶级法权批判尤其指责1958—1962年讨论的"狭隘化",所谓"把本来是讨论人与人之间相互关系的问题,引导到工资问题的争论上"。
④ 撒仁兴:《论破除资产阶级法权观念》,《哲学研究》1958年第7期,第30页。
⑤ 同上书,第31页。

领域尤其是微观的日常经济实践与劳动行为,也无时无刻不在稳固或抵消某种特殊的观念形态。因此可以说,"物"的领域也在不断生产出某种"人"的特性。这个并非完全外在于"社会主义教育"但未被其完全穿透的领域,恰恰是社会主义实践最需谨慎对待的领域,也是我们的重读尤需注意的领域。也正是在 1958 年以降关于"按劳分配"的某些具体讨论中,此一维度彰显了出来。

首先,有讨论者强调"按劳取酬"的计算"总是只能算一个大概,如果都锱铢必较,那就是以资本主义的态度来对待社会主义的原则了"①。这不啻是希望在"按劳分配"内部设置一种"限制":为了抵御滑入"按酬付劳",就需限制个人层面上的经济理性——"锱铢必较",并且引入"不计报酬"的共产主义劳动态度。但作者同时强调,不计报酬的思想并非无根,只有客观上实现了"按劳分配"制度,使个人"用不着担心他自己的劳动有无报酬",主观上的"不计报酬"才成为可能。可以发现,这里已隐约勾勒出一种社会主义"按劳分配"的基本观念形态:对于所付出的劳动在社会主义体制中必有正当的回报持有信念;在此基础上,激发起为此社会制度无偿贡献剩余劳动的冲动与意志。但是,如何具体地克服"锱铢必较"的态度与习惯呢?这就要涉及"大跃进"时期对于"计件"工资的批评了。因为计件的弊端在于"时时刻刻要在集体和个人之间斤斤计较,就可能使有些人感到他和集体之间所存在的只是赤裸裸的金钱关系。事情发展到这个地步,就不只是不能各尽所能,连社会主义的生产关系都发生动摇了"②。显然,这里涉及"物"对于"人"的影响,更确切地说,是"计酬"形式对于人之劳动习惯的影响。有趣的是,作者并没有马上引入思想教育,而是认为"计件"与"计时"之争本就在施加"教育":

> 计时比计件要好一点的,是人们并不要在每日每时做每件活路时都只考虑到自己的收入;当然人们也有时会想到他的收入,想到要设法增加他的收入,但这种想法就很可能是和要求生产发达的想法相联系

---

① 刘敏:《"按劳分配"的历史使命是否已经完结》,《理论战线》1958 年第 9 期,第 12 页。
② 同上书,第 13 页。

的,因为只有生产大大地发达了才有可能普遍地提高工资。……不要钞票挂帅的意义也就在此;人们的脑筋总是不能同时想到两件事情的,只有更少的想到钞票,就可能更多地想到政治。①

很大程度上,作者是站在"常人"立场上来探讨计酬形式与人之改造的关系。其要点不在于让"政治"强行进入人的头脑,而是先在头脑中逐渐挤压"钞票挂帅"的空间,来为"政治"的进入清理"场地"。要实现这一点,就必须通过分配机制来调节"人"与"物"之间的固有联结方式。这也就在"政治挂帅"与"物质刺激"之间设立了诸多"过渡"环节。社会主义的"治理"特征亦可由此凸显。

因此,"计件"工资制度不能仅仅被视为一种经济分配形式,而更应注意其作为意识形态机制也在不断塑造人的行为倾向与心性状态。讨论中,有论者敏锐地指出,"计件工资制度矛盾突出的单位,不少也是政治思想工作很强的单位"②。也就是说,政治思想工作想要有效地渗透进经济体制,其实并不那么容易。原因正在于分配形式不断地释放出抵消政治思想工作的力量。计件工资制着眼于"人性"的低端——"见物不见人"。它呈现出"管理"压过"政教"的倾向:

> 计件工资制基本上是一种每时每刻地、直接无限地以劳动者个人的劳动数量与质量(更确切地说,主要是产品的数量)为转移的劳动报酬支付形式,也是一种单纯依靠物质刺激促使劳动者关心个人的劳动成果从而达到提高劳动生产率和改善企业经营管理的经营工具。③

进言之,这种"经营工具"无时无刻不在生产过分关心"物质利益"的"个人"意识。在当时的评论者看来,计件工资制绝非按劳分配的最好形式。正如上文所述,社会主义"按劳分配"的理念努力凸显的是朝向共产主义劳动的可能性,最终诉诸的则是"群众在生产过程中的主人翁感觉",诉诸一

---

① 刘敏:《"按劳分配"的历史使命是否已经完结》,《理论战线》1958 年第 9 期,第 13 页。
② 金若弼:《计件工资制是不是按劳分配的最好形式》,《学术月刊》1959 年第 3 期,第 50 页。
③ 同上书,第 51 页。

种劳动的主动性,一种将"劳动"从狭隘的经济理性中解放出来的集体意志。但这种新的"劳动理性"对于后革命时代来说是极为陌生的。值得我们注意的是,这种劳动理性的形塑,却也不是仅仅依靠政治思想工作,或者说"显白"的意识形态运作来实现的,而是纳入了必要的"管理"要素,即重视分配形式这一"物"的中介作用。当然,在当时的语境中,任何单纯聚焦于"物"的方式一定会被"祛魅"。任何尝试依托所谓"科学方法"与"技术测定"来全面"控制"经济活动的做法,都被视为已然先行压抑了"人"的要素,以至于放弃了形塑"新人"的承诺。①

也正是在批判"见物不见人"的脉络中,计件工资制就成了固化"资产阶级法权观念"的制度。在最坏的意义上,它不断强化旧有的劳动态度。这就将我们引向了"按劳分配"讨论中涌现出的另一处洞见——"资产阶级法权"的残留根本上是作为"习惯"而存在的,尤其表现为人在劳动过程中的心性、习惯。虽然在社会主义社会的"理性"—"计划"的"透明性"要求下,个人劳动直接是由全社会统一掌握的社会总劳动的一部分,"一切生产劳动都是为了整个社会而进行的,那么分配也必然要服从全社会的需要"②,但是困难在于,"分配形式并不是仅仅取决于生产资料的所有制的形式,还要直接取决于生产力发展水平,取决于产品的数量"③。更关键的是,"资本主义生产方式虽然被消灭了,但是[社会主义社会]还基本上保留了商品生产的经济形式。……几乎全部的个人消费品,都是通过商品交换形式而分配给消费者的"④。"按劳分配"无法从根本上触动商品交换形式;尤其是计件工资制这样立足于"物质刺激"的形式,反而会强化劳动者的"雇佣观点"。这种"雇佣观点"毋宁说是一种根深蒂固的"习惯":

---

① 参看金若弨:"技术测定对于经济活动的细致分析,无疑地有它一定的科学性和先进性。但这种限于物的作用以及当时条件下人的作用的分析,并没有把群众的主观能动性足够的估计在内,从这一点来说,技术测定又不是最科学的,也不是最先进的。"(《计件工资制是不是按劳分配的最好形式》,《学术月刊》1959 年第 3 期,第 53 页。)
② 黄逸峰:《试论破除资产阶级法权与按劳分配问题》,《财经研究》1958 年第 9 期,第 3 页。
③ 同上。
④ 同上书,第 4 页。

> 劳动者仍然习惯于把自己的劳动视为一种特殊的商品、一种赚钱谋生的手段,习惯于劳动和货币的这种交换关系,因而仍然把为社会而进行的劳动视为个人与社会的交换关系。这种观念是在几百年、甚至从商品生产最初产生时即已开始的几千年的长时期中所逐渐形成的,当然不是一下子可以完全改变的。①

此种劳动者自我"商品化"的倾向当然不限于经济领域,它也与现代"个人"意识紧密相关,因此会以种种变化了的形式存在于政治、伦理乃至审美领域。中国社会主义革命与建设在很大程度上不断压缩着此种观念及其变体。集体性、阶级性和党性的话语机器在政治、伦理与审美上获得了领导权——至少是显白层面的"领导权"。但是,在经济领域,特别是在具体的分配环节,资产阶级法权最终以历史必然性的名义潜伏了下来:

> 劳动力虽然已经不是商品,但是仍然被用来作为换取一定量的劳动产品或货币的手段,它仍然具有占有一定量的社会财富的权利,劳动者个人和社会的关系仍然在形式上表现为一种等价交换关系。②

此段引文中,"在形式上表现为一种等价交换关系"一语尤须注意。一方面,作者是想强调,在社会主义社会条件下,劳动者与社会(更确切地说,分为国家和集体所有制这两个层次)之间不是传统意义上的等价交换关系,即不是"商品"关系。但悖谬的是,在真正的共产主义社会实现之前,这种关系又不得不呈现为等价交换的形式甚至是依附于这种霸权性形式。由此,古老的习惯依旧能够找到它可以附着乃至"复活"的媒介。针对这种"形式"的持存,社会主义实践的一种回应可以借用里特尔(Alfred Rhetel)的理论来表述。在后者看来,资本主义商品生产、交换过程中,人的行动是社会性的,但头脑是个人的。③ 与之相对,在社会主义社会的"劳动"中,行动是社会的,头脑也要是"社会"的(当然,这是另一种意义上的"社会"),

---

① 黄逸峰:《试论破除资产阶级法权与按劳分配问题》,《财经研究》1958年第9期,第4页。
② 同上。
③ 参看 Alfred Sohn Rhetel, *Intellectual and Manuel Labour*, p.29。

甚至在残留的商品交换中,头脑也需要是"社会"的。但这是一个艰难而漫长的过程,无法通过急促而激进的方式改变。深陷于此种法权观念的人们也不应为其陷落而背负伦理乃至政治上的罪名。我更愿意强调的是,1958年的"按劳分配"讨论需被把握为一个呈现历史辩证法的瞬间。它使我们看到:"按劳分配"在资本主义社会中萌发,但不可能在社会主义中完全"实现"。因为在社会主义革命中,它只能是一个过渡。相比于资本主义社会的情况(按资分配),它是"实现"了,但又不能够固化而需扬弃自身。这个辩证瞬间即"按劳分配"的"矛盾"显现时刻,也可视为中国社会主义辩证法的一种提喻。它显示了社会主义政治—经济生活的强度,并且关联着集体性、新人的形塑,关联着价值规律的利用与限制等重大问题。事实上,单纯强调"按劳分配",在当时的历史语境中也确实是一种盲视。因为社会主义社会条件下,公有制是根本前提。劳动者的培养、福利体系的建设都是不可忽略的要素。更为关键的是,"按劳分配"不能提升为主观确定性,从而错误地养成一种"属我"的劳动的绝对性,最终生产出"个人主义"的任性。最后值得注意的是,"按劳分配"已经是在体脑劳动相互区分的框架里展开的,因此极容易产生出各种"意识形态":譬如能力等级论、劳动神话(压抑自然)、知识分子神话等。但是,这个辩证的瞬间也很容易就闭合起来。辩证的张力很可能在两个截然相反的方向上被耗尽:一是过度强调政治思想工作与人的主观能动性,以看似激进却在制度实践上无所创新的方式对付"雇佣观点",即放弃了社会主义实践治理上的复杂性。二是剥离经济活动的政治本质,恢复"按劳分配"的神话,引入受到超保护即被中性化的科技、管理手段介入经济。在此意义上,"见人"又"见物"的辩证法依旧需要获得其后世生命。值得继续追问的是,这种辩证法是否获得过叙事表现,是否被重写为文艺经验?

(二)

1962年以后逐渐明晰起来的"革命接班人"议题以及整个"千万不要忘记阶级斗争"的历史潮流,实际上包含着极为明确的政治经济学实质。特别是对于"日常领域"阶级斗争复杂性的确认,关联着对于"物"之难题性的承认。正如"按劳分配"讨论所揭示的那样,社会主义革命与建设的核心焦虑之一,正在于商品货币形式的持存以及在此基础上不断增殖的"物质刺激"要素。然而,现实的实践又无法绕开或无视这一"必然性"。如果说按劳分配的辩证法尚隶属于分配层面,那么,马克思主义政治经济学话语中的"价值规律"(亦译为"价值法则")概念及其引发的争论,则是此种"矛盾"更为普遍的表达。① 在1952年出版(同年十一月中译出版)的《苏联社会主义经济问题》中,斯大林关于"价值法则问题"的基本看法为:

> 价值法则首先是商品生产的法则。它像商品生产一样,在资本主义以前就存在过,而且在推翻资本主义以后,例如在我国,也继续存在着,诚然,它发生作用的范围是被限制了的。②

显然,斯大林是在马克思所规定的"价值"(劳动力的耗费)线索上展开讨论的。他既不承认价值规律是一种恒久的法则。在理论上,只要商品生产消失,价值规律就会消失。社会主义实践亦可有效地限制价值规律的作用范围:"价值法则发生作用的范围是被生产资料公有制、被国民经济有计划发展的法则的作用所限制的,因而,也被大致反映这个法则的要求的我国各个年度计划和五年计划所限制的。"③然而他也认为,价值规律并不是资本主义的基本经济法则(后者被确认为"剩余价值法则"④),它要远为古老,标志着旧社会的顽强生命力。只要社会主义条件下存在商品形态,那么价值

---

① 1950—1960年代中国关于"价值规律"的讨论主要有三次,相关触发事件分别为:一、1951年斯大林《苏联社会主义经济问题》的出版引发学习与讨论。二、1956年农业、手工业和资本主义工商业的社会主义改造取得决定性的胜利、社会主义经济已占绝对统治地位的时候,对商品生产和价值规律问题的讨论进一步展开。当时讨论的中心是:国营工业所生产的生产资料和消费品是不是商品?商品生产的范围和价值规律的作用还有多大?价值规律在国民经济的计划管理中是否还占重要地位?三、1958年人民公社的诞生使商品生产有了若干新的变化。见薛暮桥:《社会主义制度下的商品生产和价值规律》,《红旗》1959年第10期,第7页。
② 斯大林:《苏联社会主义经济问题》,北京:人民出版社,1958年,第28页。
③ 同上书,第17—18页。
④ 同上书,第28页。所谓"社会主义基本经济法则"为:用在高度技术基础上使社会主义生产不断增大和不断完善的办法,来保证最大限度地满足整个社会经常增长的物质和文化的需要。(见《苏联社会主义经济问题》,第30页。)

规律"总还影响生产"(譬如涉及经济核算问题)①。斯大林的这一论说成为中苏讨论"价值规律"的根本出发点。苏共二十大后,苏联经济学界开始"修正"斯大林的说法,强化"价值规律"的作用与地位。② 中国重估"价值规律"问题,一方面受到苏联相关讨论的影响,更源于1956年社会主义改造基本完成之后的历史情势,譬如中共八大通过一系列关于调整某些农副产品的价格、开放农民自由市场、自由选购、改善计划工作体制与方法的决定。③ 颇为戏剧性的是,1958年"大跃进"开始、人民公社诞生之后,"价值规律"问题再一次被推到经济论争的风口浪尖,其取向则与苏联政治经济学界判然有别。④ 我接下来的讨论并非经济史的梳理,也不是一般经济理论的讨论,而是针对几篇探讨"价值规律"的代表性论文展开症候式阅读。正如上文所示,"价值规律"根本上关联着"商品",与"市场"也有莫大关系。虽然商品与市场在社会主义条件下已然发生了巨大的转型,但是仍可视为旧世界顽强的持留。而从话语特征上来说,这一旧的力量被把握为"自发",新的力量则表现为"自觉"。在这个意义上,"价值规律"正是恩格斯所谓旧世界"如同异己的、统治着人们的自然法则一样与人们相对立"的"社会行动的法则"最为顽强的表达。社会主义政制则有信心驯服这一准"自然"法则:

> 在国家市场领域里,价值仍然是计划价格及其变动的基础,从而价值规律对于价格的调节作用是存在的。但是价值规律的作用形式决不是自发地,而是在服从社会主义基本经济规律和有计划发展规律的要求下,被自觉地加以利用的。……[在自由买卖的市场中]价值规律的"自动"调节作用,在可以约制的限度内,并不就会带来什么不好的后

---

① 斯大林:《苏联社会主义经济问题》,第14页。
② 可参看副岛种典:《社会主义政治经济学研究》,孙尚清译,北京:三联书店,1963年,第131—132页。
③ 参看陈克俭:《价值规律对社会主义生产作用的几个问题的研究》,《厦门大学学报》1956年第6期,第13页。
④ 副岛种典批苏联,褒中国,即在很大程度上源于中国经济的这一激进性。参看副岛种典:《社会主义政治经济学研究》,第29—30页。

果。……如果一切都靠计划规定,管得太多太死,对于生产与消费反而是不利的。①

此段引文的有趣之处,是希望在计划内部保留某种自发或自动的环节,从而形成一种自觉与自发的辩证配置。顾准发表于1957年3月的长文,更加彰显此种取向。当然,顾准的论述脉络本身十分值得注意。在他看来,那种以为商品生产之所以存在是因为两种所有制并存的斯大林式看法,未能看到问题的实质。社会主义"商品"及其价值规律之所以"必要"乃至"必然",是因为"经济核算制度的存在"。② 当整个社会尚无条件实行产品直接分配时,商品必将持存,资本主义复活的危险也始终存在。③只有接受这一历史前提,才能具体地讨论社会主义实践。现实地看,现实社会主义为了完成自身的社会再生产过程,必须实行经济核算,而且这是"保留着资本主义经济核算的形式,改革其内容而形成"④。顾准以一种决绝的语气指出:"社会主义同样必须严格核算所费劳动与有用效果间的关系……历史经验证明,让全社会成为一个大核算单位是不可能的。"⑤正是在经济核算所指向的"价值规律"的基础上,他质疑了"计划"的绝对性,提出"计划经济"与"经济核算"不可分离的观点:

> 于是经济计划就成为这样一种计划,它规定有关生产分配及产品转移的全局性的、关键性的项目;它规定各个生产企业的经济指标;但它不是洞察一切的,对全部产品分配与转移规定得具体详明,丝毫不漏,因而是绝对指令性的计划。……一个实行广泛社会分工的社会主义生产,只有实行计划经济,才能避免生产的无政府状态。但同时也只有它是实行经济核算制的计划经济,才能广泛动员群众的积极性,提高

---

① 汪旭庄:《价值规律在我国社会主义的统一市场中的作用》,《财经研究》1956年第2期,第3页。
② 参看顾准:《试论社会主义制度下的商品生产和价值规律》,《经济研究》1957年第3期,第32页。
③ 同上书,第31页。
④ 同上书,第32页。
⑤ 同上书,第33页。

劳动生产力，在计划所不能细致规定的地方（事实上过于细致的结果，一定与实际生活脱节）自动调节生产、分配、产品转移与消费之间的关系，同时也提供许多制订再生产计划的根据。生产规模愈大，生产分工愈细，消费水平愈高，经济核算制度就愈为必要。……社会主义经济是计划经济与经济核算的矛盾统一体。……经济核算制是存在于我们社会经济生活中的现实因素，由于经济核算制，社会产品全部转化为价值。可是人们常常不敢承认这一事实。①

顾准所秉持的是一种经济学家的"理性"，此种理性联通着强大的现代性建制——比如无法避免的生产分工。由于"经济"话语始终在处理"物"及其机制，因此，经济学家尤其抱有掌握"现实"的自信。但不能不说，此种"现实"多少是经由经济理性来表述的："经济核算制度与个人对消费品的选择，总是一种经常存在的力量，要购买便宜的东西，生产较贵的东西。"②顾准在这里强调一种运作于"底部"的、为俗常意识所领会的"规律"，而且他坚持认为此种"力量"内在于社会主义经济。因此，计划经济指令的全盘掌控，既不可能，也未必可欲。经济领域的适度"自动调节"成为计划经济体制良好运作的必要环节：

> 经济计划规定一个合理的限度（这个限度因各国社会经济发展水平的不同而有所差别），在此限度内，任令经济核算制发挥对生产、分配及产品转移的自动调节作用。所谓"自动"，就是不必事事规定在经济计划内，事事由经济领导机关决定，而是由生产企业之间，或生产企业与劳动者、消费者之间，经过价格结构，与工资率以外的劳动报酬补充规定，自动进行产品的转移或劳动报酬的分配。……[这种作用]是价值规律在经济计划规定限度之内，而又是在计划本身之外，调节生产

---

① 顾准：《试论社会主义制度下的商品生产和价值规律》，《经济研究》1957年第3期，第34、36页。
② 同上书，第41页。

与流通。①

既在计划之内又在计划之外的"矛盾"修辞,不失为一个富有意味的症候。顾准非常自信地认为,以斯大林社会主义政治经济学论述为依托的主流看法,在很大程度上只处理"事物的外观"而未及"事物的内部关系"。一旦触及"物"的真正秘密,就会得出价值规律制约经济计划的结论,而"经济计划要成为一个正确的计划,又非自觉运用价值规律不可"。② 我所关心的,并非顾准这一经济学说所具有的"思想解放"意义,而是其潜在的政教乃至美学"教义"。如果说计划理性生产出一种"透明性"与"自觉性"的政治—美学图式,那么,此种计划内部包含"自动"环节的经济设想又与何种"人性"的界定相关?它又能产生出何种意义与感觉的偏好?退而言之,这一构型在何种意义上成为干扰主导政教—美学话语的"潜文本"?

需要说明的是,顾准对于"价值规律"作用的阐释,只是当时四种主要阐释之一。③ 但它属于一种积极解释。人民公社化后,此种解释尤其遭到质疑。主流看法尝试切断经济核算与价值规律之间的内在联系,更加明确地将商品生产及其"价值规律"视为一种必将消逝的历史现象。④ 不过,相对于顾准而言显得更加"主流"的经济学家们,在讨论人民公社与商品生产的关系时,依旧强调了价值规律"无所在,无所不在"的特征。⑤ 譬如薛暮桥

---

① 顾准:《试论社会主义制度下的商品生产和价值规律》,《经济研究》1957 年第 3 期,第 45 页。
② 同上书,第 48 页。
③ 围绕"价值规律在当前作用问题",至 1958 年主要有四种不同看法:一、价值规律对流通领域有调节作用,对生产领域只发生影响;二、对生产、对流通都起作用,但都不起调节作用,而是起促进作用;三、对一切商品生产和流通都起调节作用;四、对流通起调节作用,对生产不仅是影响(那太消极了),而是有积极的促进作用。(大凡:《关于人民公社所有制的性质、商品生产、价值规律问题的学术讨论》,《财经研究》,1958 年第 9 期,第 33 页。)
④ 参看大凡:《关于人民公社所有制的性质、商品生产、价值规律问题的学术讨论》,《财经研究》1958 年第 9 期,第 34 页。
⑤ 薛暮桥:"所谓等价交换,就是每一种产品都按照它的价值(社会必要劳动量)来进行交换。……价值规律是'无所在,无所不在'的东西,当你没有违背它的时候,它似乎并不存在;如果违背了它,它就立刻出现了。"(《社会主义制度下的商品生产和价值规律》,《红旗》1959 年第 10 期,第 11 页。)

就指出,围绕人民公社问题产生了诸多混乱的认识,其中最极端的表现是认为人民公社接近于全民所有制而且快要进入共产主义,商品生产快要消亡,因此价值规律也快要不起作用。① 于此,价值规律在很大程度上被转写为"等价交换原则"。薛的看法是,人民公社执行了农林牧副渔、工农商学兵相结合的方针,并不就会朝着自给自足的方向发展。由于中国各个地区生产条件不同,将人民公社发展为一个自给自足的单位不可能,也"不合算"。相反,农民生活资料中的商品性部分所占比例可能会越来越大。② 薛的分析不失为一种提醒:中国社会主义实践远非走向所谓"自然经济",也不是传统的封闭乌托邦设想,而是深刻地卷入了现代性进程。在此,"自发"与"自觉"的话语配置又一次出现了。但薛暮桥很有意味地略去了顾准所谓的"自动调节作用":

> 价值规律是客观存在着的、不以人们的意志为转移的东西,而价格政策则是主观决定的、是人们对价值规律的具体运用。在社会主义社会,只要商品生产和商品交换还存在,价值规律就一定要起作用,要它不起作用是不可能的。但是,在社会主义社会,价值规律不是作为不受人们支配的自发力量而起作用的,在一般情况下,价值规律的作用已被国家自觉地、有计划的利用,利用它来达到加速完成社会主义建设的目的。③

乍一看,薛暮桥关于"价值规律"的核心看法与顾准并没有根本分歧。而且他更加明确地将价值规律类比为"自然规律":

> 价值规律是客观规律。既然是客观规律,它就不能由人们的意志来改变。人们按照自己的意图,有意识地运用客观规律,是完全可能的,但必须以遵守客观规律为条件。在社会主义制度下,人们有可能自觉地利用价值规律,而不使其自发地调节生产,发生破坏作用。但从可

---

① 薛暮桥:《社会主义制度下的商品生产和价值规律》,《红旗》1959 年第 10 期,第 7 页。
② 同上书,第 16—17 页。
③ 同上书,第 16 页。

能变为现实,还必须认识它、掌握它。假使你违反了客观规律,它就仍然要自发地起作用。天空中的闪电是自发地起作用的,电灯里的电就是听从人的指挥发生作用的。但如果你违反了电的自然规律,就是已被掌握的电,仍然会违反人的意志,烧死人、烧掉房子。价值规律也是如此。①

不过,我们也需注意,紧接着上文,薛暮桥用一种"增补"的方式划定了自己的立场,即在利用"价值规律"的同时,需对之加以限制:

> 当然,我们也不赞成对价值规律的作用作过高的估计。……在价值规律的作用问题上,如果无限制地利用价值规律来调节生产,调节消费品的销售,而否认国家计划的作用,像现代修正主义者所主张的那样,这显然是十分错误的。在社会主义国家,对各种重要产品的生产和流通,必须用国家计划来调节;当然国家在调节生产和流通的时候,仍然必须掌握正确的价格政策。对各种次要的产品,如果不可能通过国家计划来调节,也可以由国营商业机关通过供销关系计划,通过国营商业机关同各生产单位所订立的加工订货合同,通过某些消费品的定量供应制度,在必要时辅以调整价格作为辅助的手段。国家既不应当不考虑价值规律的作用,任意违反等价交换的原则;也不应当滥用价值规律来调节各种产品的生产和流通,更不应当抛弃了国家计划而依靠价格规律来进行调节。②

薛暮桥这里的论述包含着对于"价值规律作用"的某种"切分"。一方面价值规律要求各种产品的价格以其价值即所消耗的社会必要劳动量为基础。另一方面,如果某产品的价格高于或低于它的价值,就会影响它的生产数量或销售数量,此即价值规律所起的调节作用。薛认为这是"一种作用的两个方面"。在社会主义社会,价值规律的前一种作用必须受到重视,而后一种作用只有在自由竞争的条件下才充分发挥出来,因此在社会主义制度下

---

① 薛暮桥:《社会主义制度下的商品生产和价值规律》,《红旗》1959 年第 10 期,第 19—20 页。

② 同上书,第 20 页。

已然受到限制而且始终需对之警觉。① 与薛暮桥态度相近的,是王亚南关于价值规律的论述。后者认为,从积极处看,多费劳动吃亏、少费劳动得益这一朴素的价值规律表达形式,意味着先进与落后的分野,由此可形成一种"争先进赶先进的社会客观强制力"。在社会主义生产关系下确立的计划经济制度可以有效地遏制价值规律自发的消极作用,在劳动者与其劳动成果之间创造出更加"透明"的关系,从而"直接给予他们以生产刺激":"在这里,没有剥削阶级从中打埋伏、布疑阵、投机倒把,成本价格或生产价格能相当确定地反映价值;直接生产者的货币收入,能比较直接地反映他们的劳动质量。"②但王亚南坚持,以历史的辩证逻辑来说,价值规律是会终结也必须要终结的:"我们当前的任务,就是要促进商品生产,利用价值规律,来加速我们社会劳动生产率的发展,更快地来完成两种过渡,因而辩证地达到消灭商品生产、终结价值规律作用的结果。"③

在1959年写成的《论价值》一文中,孙冶方则同时质疑了薛暮桥与王亚南的看法。首先,他引用了薛暮桥这一类比,但进一步强化了"价值规律"的准自然规律特征。在他看来,薛暮桥后来一段"增补"是弄巧成拙了:

> 既然对于价值规律,同对于电、对于一切自然规律一样,应该主动地去遵守它才能自觉地运用它,使它听从我们的指挥;那么照斯大林的说法,对它有"任何的违反,即使是很小的违反,都只会引起事情的混乱,引起程序的破坏"。因此,在这里就无所谓"滥用"或"无限制地利用"。……他所说的"无限制地利用价值规律……而否认国家计划的作用,像现代修正主义者所主张的那样……"等等,显然是指放纵了资本主义自发势力,放弃了对资本主义经济和个体经济的社会主义改造,是政策问题,是政治路线问题,这与价值规律是两回事。④

---

① 薛暮桥:《社会主义制度下的商品生产和价值规律》,《红旗》1959年第10期,第19页。
② 王亚南:《充分发挥价值规律在我国社会主义经济中的积极作用》,《人民日报》1959年5月15日第7版。
③ 同上。
④ 孙冶方:《论价值——并试论"价值"在社会主义以至于共产主义政治经济学体系中的地位》,《经济研究》1959年第9期,第47页。

从此处可见,孙冶方也进行了一种"切分":将社会主义改造乃至国家经济计划视为政策,而以"价值规律"为更为客观的、独立性的"经济规律"。他要求经济学者"把资本主义这个鬼同'价值'和'价值规律'这两个概念分家"①,并且十分决绝地给出了"价值规律"的定义:形成价值实体的社会必要劳动的存在和运动的规律。孙冶方坚持说,只要承认这一点,那么就得承认:不管是在何种社会(包括未来的共产主义社会),社会必要劳动消耗量和个别劳动消耗量之间的差别将始终存在。这种微妙的"差别"之存在,被他视作推动社会前进、落后赶先进运动永远存在的基础。② 换言之,一种"经济理性"将始终存在:"计算社会必要劳动是意味着要把劳动耗费同劳动成果比较。因此,重视'价值'概念,在我们社会主义社会中,就意味着重视经济效果。……在共产主义社会不能只讲生产,而不计生产过程中的劳动代价。"③这样,孙冶方也就将"价值规律"与资本主义商品生产甚至社会主义条件下的商品生产之间的关联切割了开来。在此基础上,他质疑了王亚南一文最后的表述。其实,真正能体现孙冶方之关切的,是其对于"觉悟"措辞在处理经济生活时的限度之强调。那种仅从"思想意识问题"或"共产主义觉悟不高"入手来处理经济生活矛盾的想法,被孙斥为"唯心论"。④ 孙的做法是,完全切开"觉悟"与重视"经济效果"之间的关联,从而为经济生活领域赋予了某种相对自律性。有趣的是,这也暗示出,这里恰恰是社会主义实践需要悉心运作、谨慎对待的领域。某种意义上,孙冶方放弃了那种"自觉"与"自发"相对峙的话语,而是强化了"客观的政策"与"主观的政策"这一配置,并且非常明确地将社会主义体制视为一种高度理性的甚至是深深植入了经济理性的体制。这尤其表现在他对于劳动量可精确计算的设想中:

> 至于计算技术的困难,在发明了电子计算机的今天,正确计算产品

---

① 孙冶方:《论价值——并试论"价值"在社会主义以至于共产主义政治经济学体系中的地位》,《经济研究》1959 年第 9 期,第 48 页。
② 同上书,第 63 页。
③ 同上书,第 61 页。
④ 同上。

的全部劳动消耗(包括直接的和间接的消耗)是完全可以办到的,问题也在于大家先要有重视计算社会必要劳动的认识。而且据专家意见,如果不按每一产品来计算,而以每一行业(产业部门)来计算,就是不求助于电子计算机,就用数学中的近似法也可以计算得出全部劳动消耗。至于各种复杂程度和熟练程度的劳动的折算,我们可以按照工资收入标准折算,因为我们应该承认我们的工资制度基本上是合乎按劳分配的原则的。因此,以计算上的困难作为理由(不论这困难是技术的原因或是社会的原因造成的)是不成立的。①

这里显然有着计算机托邦(computopia)设想的痕迹。更重要的是,这种精确计算的欲望与上文"按劳分配讨论"所提出的不可"锱铢必较"的看法,形成耐人寻味的对照。孙冶方对于觉悟措辞之无力的确认,难道不是在暗示,现实的经济生活自身恰恰在生产一种抵消的力量,一种另类的"觉悟"?孙的言说从根本上动摇了王亚南所谓"三驾马车"——社会主义基本规律、国民经济有计划发展规律、价值规律②——之间的平衡,而以"价值规律"为真实的客观规律。但是,这种以准自然规律来理解经济活动及其运作法则,却可能会不断强化"物"的逻辑以及"人"自身幽暗的一面。或者可以说,这里在呼唤着一种更加深刻的辩证法,即在主动性与被动性、在"唯物"即立足于事物内部关系与"觉悟"之间找到一种中介。"社会主义经济规律"在这个意义上就不能是传统意义上的"规律"概念。日本马克思主义经济学家副岛种典在同一时期对苏联经济学的批判在此值得征引:

> 我丝毫也不想否认,社会主义社会的发展是有客观规律的,不过必须指出,上面的那样的流行的说法忘记了两件最重要的事情。第一,资本主义的经济规律,是在各个资本家要攫取最大限度剩余价值的盲目行为中,自发地发生作用的,而社会主义的经济规律,是在认识了那些

---

① 孙冶方:《论价值——并试论"价值"在社会主义以至于共产主义政治经济学体系中的地位》,《经济研究》1959年第9期,第53页。

② 参看王亚南:《价值规律在我国社会主义经济中的作用》,《人民日报》1959年1月17日第7版。

客观经济规律的人们自觉的、合乎规律的行为中起作用的。第二,所说的社会主义经济规律,并不是从资本家手里把生产资料夺取过来、宣布了国有化,它就开始起作用了。从资本家那里夺取了生产资料的工人阶级(更正确地说,是它的先进分子),还必须以该生产资料为基础,来建立自己新的社会共同体。所谓社会主义建设,最根本的问题不外就是建立新的社会共同体,并不断加以整顿、改进、使之更加完善。①

也就是说,社会主义经济规律必定是新的社会共同体"自觉"后的产物。客观经济规律一定是受人们有意无意的经济活动所形塑的。所谓"规律"只是指明,社会共同体的实践一定会对个体产生某种强制性,以及未必运作于个体的自觉层面。当然,这还是一种较为理想的设想。现实的社会主义实践,不但包含了这种新的要求(在很大程度上通过计划来实行),而且残留着旧的惯性;它本身表现为一种矛盾的构造。"市场"是此矛盾的核心表达之一。也可以说,它正是"价值规律"运作的现实空间,也成为可感的矛盾的空间。在 1950—1970 年代,其形态之一即"集市"等机制的存在。这也是从文艺实践切入激进时代"心物"问题的根本前提。

二 "新人"与"物":从《丰收之后》到《艳阳天》

在 1962 年八届十中全会召开之后,"千万不要忘记阶级斗争"日益明确地与"物"的问题关联起来。深究一下就会发现,这一"物"的难题呈现为无法简单跨越的客观历史必然性,以及在此历史条件下对之进行辩证否定的尝试与困局。譬如在"按劳分配"与"价值规律"讨论中皆能捕捉到此种难题性。这也构成中国社会主义实践的某种深层焦虑。用更加明确的语言来表述,就是:"在社会主义制度下,在存在着个体私有制残余的历史时期内,总还是存在着个体私有制残余超越必要限度,并由此滋生资本主义经济的现实可能性。"②当然,此种难题并不能直接"反映"在文学表征当中。毋

---

① 副岛种典:《社会主义政治经济学研究》,第 100 页。
② 刘诗白:《试论社会主义制度下的个体私有制经济残余》,《新建设》1964 年 1 月号,第 14 页。

宁说这里存在的是一种十分复杂的"转码"实践。暂且用一种颇为图示化的方式来表述：第一个层面坐落着社会主义实践的结构性矛盾，上述围绕"价值规律"等问题的讨论已然将之部分地形塑了出来。第二个层面可称之为"政教"机制，它为当时的多种话语实践所共享，有时会表现为一种较为稳定的叙事结构：不仅凸显矛盾并且提供解决矛盾的一般途径。某些话语装置则在此反复出现，譬如诉诸"新旧对比"、激活"阶级情感"等。当然，政教机制亦有其历史性，它会不断从中国革命实践中汲取有效的策略和手段，但也会生成一种惰性（有时会将某些特殊经验固化为一般手段）。另一方面，政教机制从根本上呼应着历史难题，但它所呈现的"矛盾"并不等同于第一层面的难题。这是一种特殊的"翻译"（当然不是唯一的一种），而且尝试给出示范性的解决途径。比如，"后1962年"语境中的"国家"与"集体"之间的矛盾及其引导性的解决方式（国家认同的再次强化），就是一例。或许可以说，政教机制已然表达出一种"社会主义精神"的理想型。由此，文艺实践才能确认其表达的"边界"何在。在文艺实践这个第三层面，具体的人物设置与叙事安排等会被政教机制反复修改。不过，前者终究是一种特殊化与具体化的运作，因此必然会牵扯出一般政教叙事难以触及的要素，比如地方性的风俗、维持下来的某些旧习惯、先进者与落后者共享的某些物质与文化前提等。同时，文艺实践多少会继承着已有的"传统"，故而也会有自身的体制惯性与惰性。

"千万不要忘记阶级斗争"无疑赋予了政教机制前所未有的强度。[1] 因此不难想见，1963年代左右兴起的一批现代剧更加直接地展示了政教机制

---

[1] 但需注意这一机制的运作早于且广于八届十中全会之后的"社教"运动。譬如，在1962年下半年以后红遍大江南北的剧目《夺印》（原为扬剧，后被改编为话剧、电影等形式），原非为了配合八届十中全会而编创。其最初的底本是一则诞生在三年困难时期的通讯《老贺到了"小耿家"》，讲述的是江苏高邮县甘垛公社龙王大队的党支部书记贺文杰帮助相邻的小耿家生产大队摆脱困境的事迹。这则通讯以"并队""阴谋""扎根""反扑""捉鬼""欢腾"为叙事线索，着重刻画了贺文杰与混入干部队伍的坏分子耿景宜等斗争的过程，旨在强调"坏人当道，满地草荒，好人当家，满田庄稼"。如果说这则通讯还只是以一种较为朴素的方式传递出人民公社内部有"坏人"的信息（文本中未出现"阶级斗争"一语），那么后来对于此则通讯的改编则不啻政教机制对之的不断渗透。虽然这则通讯本身有着一种未点明的"阶级斗争"（转下页）

的在场。这些剧作旨在"以社会主义的思想、教育和鼓舞人们正确对待和积极参加当前的阶级斗争、生产斗争和科学实验的革命运动",其重心则在于"共产主义新人形象"的塑造。①由于政教机制这一中介的存在,文艺想要直接指向第一层面的难题,既不可能,也不可欲。毋庸回避的是,当时的文学批评在很大程度上也只是回到政教机制的解释上来而已。不同于此,我的想法是,如今的重读需要在充分考虑政教机制的理据性基础之上,进一步探究文艺形塑过程与第一层面即历史实践自身所蕴藏的难题性结构(尤其是无法回避的政治经济学矛盾)之间的关系。需要将政教机制本身视为一种对于根本难题的回应方式,此其一。同时,需要捕捉文艺实践对于政教方式的"增补"。

（一）

创作于 1963 年的五幕现代剧《丰收之后》是一个有助于澄清"后 1962 年"政教机制特征的典型案例。文本中那些细微而沉默的地方在某种读法的照耀下,亦能释放出别种信息。

毋庸讳言,《丰收之后》本就是奉命之作,缘起于中共山东省委"写个好的党支部书记"的倡议。在作者兰澄"深入生活"的过程中,小庄公社路家沟大队女支部书记栾志香的事迹引起了他的注意。这位已经四十八岁的"小脚妇女"据说在群众中有着极高的威信。兰澄特别提及这样一桩事迹:

> 供销社在她家分盐时丢了一条麻袋,她让那位同志第二天来拿;晚上开会时她对群众说:"多少年来大伙有什么困难来找我,我没让你们空着手回去过。用了我的,有就还,没有就算了,从没要过。这回丢了公家的麻袋,这影响不好,谁拿去了就送回来吧,若不好意思交到我手

(接上页)叙事的特点,但它毕竟指明的是一种特殊的现实案例。从 1960 年 11 月江苏省委将此通讯作为红头文件下发,并号召各地将其改编为各类文艺作品时,特殊经验已经开始转为某种普遍"教训"。偶然的事件书写就转为一种普遍的诗学展示了。可参看王鸿:《闲话〈夺印〉》,《扬州文学》2007 年第 3 期。

① 何明:《提倡现代剧》,《红旗》1964 年第 2—3 期合刊,第 58—59 页。

里,就半夜从墙上扔就来吧……"果然,半夜麻袋扔进来了。①

值得玩味的是,这一事件并没有出现在《丰收之后》的文本中,栾志香也并不是唯一的原型。② 也就是说,此种经验并未转化为文学叙事。这一富有意味的缺席,透露出"社会主义"文本生成的复杂性。需要明确的是,期待政教机制的"帮助",在那一语境中正是作者的自我要求,即渴望将自己的作品转化为更为普遍的书写。因此不难想见,《丰收之后》的生成过程包含着对于政教机制的积极"吸纳":

> 我明确既要写好人,就要让她办好事,于是我将另一大队丰收后卖余粮的事件挪了过来,从正面做文章,这样调子就明朗了。……由于党的帮助,才使我的思路集中到如何正确处理国家、集体、个人三者关系的问题上。……赵五婶这个人物是在党的阳光雨露下成长起来的,连"丰收之后"这个名字都是省委书记给起的。③

《丰收之后》之所以能够从相对局部、偶然与凌乱的经验中挣脱而出,触碰到社会主义革命与建设的核心问题——国家、集体与个人间的矛盾,无疑要归功于政教机制的导引。特别是,"丰收之后"的命名,直接把 1960 年代"社教"焦虑带了出来。一种立足于个人性创作的批评视野,则一定会错失此类"政论性的戏剧"的要义。在社会主义美学体制(可视为政教机制的一部分),有着一套界定"文学"与"生活"之关系的独特方法。其中,文学的虚构性反而与更高层面的"真实"相关。更关键的是,文学书写本身承担着"教育"的使命。因此,实证性的"真实"必定处在被扬弃的地位。从此一脉络出发,也就能够理解为何《丰收之后》里的人物形象的"设计性"极强:

> 特地设计了王小梅这个人物……又设计了王爷爷这个五保户老人。……环境越是困难,就越有利于突出英雄人物的性格。因此安排

---

① 兰澄:《为党的英雄儿女唱赞歌——话剧〈丰收之后〉创作的一些体会》,《山东文学》1964 年第 3 期,第 75 页。
② 同上书,第 74 页。
③ 同上书,第 75 页。

了赵大川作为她的对立面。……还给王小梅安排了赵志明这样一个爱人。……安排王学孔、王老四、老四妻这些反面人物,既是为赵大川和王宝山的思想寻找社会原因,也是为给赵五婶增加困难。……王学孔这个人物,原来安排他是历史反革命,他隐瞒了这段历史,当上了生产队长,这样处理对赵五婶显然有损伤。后来经领导帮助,删去了他的反革命历史,改成了副业组长。①

我并不认为《丰收之后》因为这一点而丧失其丰富的意味。相反,它由此反成为一个极为耐读的文本。因为"设计"涉及特别的"用心",即能彰显当时的政教机制之观念侧重。关键或许不在于这出戏剧呈现了多少真实事件,而是它展示了社会主义"精神"(黑格尔意义上的自我意识与实在的统一)的特征、限度与内在的张力。文艺实践的具体运作不仅呈现了显白的政教机制逻辑,也能展示政教机制自身的焦虑,言说其隐晦的困境。比如,当时的许多评论者都注意到,《丰收之后》的核心冲突并不是"新人"马志红(即"赵五婶")与具有资本主义自发倾向的王学孔、王老四之间的"斗争",而是好"当家人"与糊涂干部赵大川、落后干部王宝山之间的矛盾。② 此外,在点评马志红的形象时,不少评论者都对这一人物的"情感"活动给予高度评价,甚至谓之"内心深处的抒情","让我们看到了社会主义英雄的内心世界"。③ 换言之,《丰收之后》的重心扎扎实实地落在"国家"与"集体"的矛盾之上,并且尝试回应新人的情感世界是否充实的问题。但不止于此,文学书写还会进一步带出更加微妙的问题。比如,为何将赵大川与马志红设置为夫妇?为何马志红被设计为无儿无女?王宝山为女儿考虑嫁妆的问题是否可以简单归于"个人利益"?因此,评论者的论述既揭示了问题却又简化甚至是掩盖了问题。《丰收之后》的秘密实际上就在表面,就在字面上。针对这一文本的阅读必然是一种双重甚至三重阅读:阅读文本的表面但沉默

---

① 兰澄:《为党的英雄儿女唱赞歌——话剧〈丰收之后〉创作的一些体会》,《山东文学》1964年第3期,第76页。
② 阳翰笙:《谈话剧〈丰收之后〉的成就》,《戏剧报》1964年第3期。
③ 任孚先:《社会主义时代精神的光辉——谈话剧〈丰收之后〉》,《山东文学》1964年第3期。此外,可参看包雍然:《情与理——看话剧〈丰收之后〉一得》,《上海戏剧》1964年第7期。

的部分(未被政教机制完全吸纳、照亮),阅读政教机制的隐晦的一面,阅读历史实践的难题性。

首先需要挑明的是,《丰收之后》的叙事安排,尤其是结尾处理,并没有真正处理文本所展开的难题。它所挪用的毋宁说是较为传统的"大团圆"收尾法。从文本脉络来看,整部戏剧并不以之为解决矛盾的核心要素。最后国家支援了靠山庄大队"两匹大马和化肥五千斤",并非给人"雪中送炭"的感觉,仅仅只能算是"锦上添花"。原因正在于,在马志红、王小梅以及贫下中农"群众"的带动下,戏剧中的核心矛盾——好当家人与糊涂干部之间的对立——其实已经得到了解决,而破坏农业社的坏分子王学孔也已被揭穿。也就是说,《丰收之后》的叙述逻辑并未将赌注最后放在国家的"回馈"上。但另一方面,虽然这一设置在文本脉络中显得并不那么重要,却是一种必要的"增补"。赵大川对于赵五婶的"往后咱还能用上汽车呢"一语,曾有这样一句回应:"还是先说说眼前吧,眼前缺的是牲口。"①这一有如机械降神般的国家支援,旨在"缝合"赵大川这一诉诸"眼前"的追问。不过,这一缝合或许还没有那么严密,因为关于"眼前"的追问不止一处。"落后"干部王宝山与赵五婶有这么一段对答:

   王宝山:从前是从前,敌人逼到眼前,再苦也没话说,如今搞建设了,日子应该过的更好点,这才能调动群众的生产积极性。

   赵五婶:咱的日子过的不坏呀!你看咱现在吃的什么?用的什么?不光有吃的,有用的,还有钱花。好日子不能一天过,还得为将来打算打算,也得为国家想想。还有敌人,就得加强国防。工业农业现代化,哪点不得用钱用粮,咱就得自力更生,增产节约。增产了都吃了,还拿什么建设社会主义?我是这么想啊,每人多卖一斤粮,全国有五亿农民,就有五万万多斤粮,这个力量该有多大呀!

   王宝山:理是这么个理,可群众还没这个觉悟,硬牵着鼻子把粮卖给国家,怕惹起群众的不满,那时候后悔也来不及啦。

---

① 兰澄:《丰收之后》,《剧本》1964年第2期,第21页。

> 赵五婶:不会的,咱得信得过大多数。咱这儿是老区,把道理讲明了,群众会赞成的。再说,提出要分粮的,我了解就那几户。
>
> 王宝山:怕不那么容易吧?社员就是社员!没有脱产干部和工人那份觉悟。社员拿着粮食当眼珠子,里里外外全靠它。
>
> 赵五婶:这不假,可不是不能改变。就拿土地来说吧,从前咱庄稼人眼里光看见那二亩地了,可现在入社了,土地连片了,群众的思想不也变化了吗?可眼下又只看见粮食了,我寻思将来总有一天,在这方面也会提高的。再不用为卖余粮给国家费口舌了。
>
> 王宝山:这话就说远了,眼前的事你说怎么办吧?①

与赵大川立马为生产大队添置生产资料的要求不同,王宝山的"眼前"指向社员此刻的物质满足。但在1960年代语境中,政教机制并不允许此种"满足"。文学叙事不但不能以此为解决方式,而且视之为需要批判的现象。1960年代"物"的辩证法于此呈现:保留"物"的丰裕的远景,却力图扬弃"物"的诱惑。但王宝山所提出的挑战是实质性的。他的言说不仅涉及了"建设"所带来的"常态性"难题,而且暗示了社会内部的不平衡乃至不平等的状态——农业社社员与脱产干部、工人在经济地位上的差别。赵五婶接下来的回应既涉及"从前",也展望"将来",企图以这两者来缓解"眼下又只看见粮食"的状态。但要注意,王宝山早已承认"理是这么个理",但以为"觉悟"有时并不随着懂得这个"道理"而来。或者说,政教机制极其重视的"觉悟",如果被绝对化,反而会遮蔽日常行为的复杂性。这里就牵涉到社会主义政治经济学的难题了。因为赵五婶自己也无法回避"钱"的问题。在另一段对话中,赵五婶、王小梅与更加落后的王老四的妻子争论过类似的"觉悟"问题。这一次先进者们希望召唤出"政治主体性",但有一种幽灵般的存在仿佛在侵蚀其言说的力量:

> 赵五婶:他们[灾区人民]不光自己不交,反倒要吃国家的统销粮。国家征的粮少了,往外销的粮反倒多了,这个亏空打哪出?

---

① 兰澄:《丰收之后》,《剧本》1964年第2期,第31页。

老四妻:(被问住了,对王富山)你说呢?

王富山:你都答不上来,我更不行了。

赵五婶:再说还有城市人民和解放军呢,他们不种地,吃什么?粮食打哪出?

老四妻:管它打哪出,咱不当家,何必操这个心。

赵五婶:现在人民当家作主了,就该操操这份心呐。

老四妻:你行,你是支书,又是劳模;我们呐,普普通通的社员,管不了这么多闲事。

王小梅:你不织布为什么还穿衣裳呢?你看你还穿着花线呢呐!

老四妻:这个,这个……①

将"人民当家作主"的感觉内化,并且使之成为行动的指针,就能够达成上一引文中赵五婶"再不用为卖余粮给国家费口舌"的理想。而在这里,政治主体性与主动性,或者说"觉悟"受到了干扰。老四妻的意识依旧停留在"咱不当家"。这一方面有其主观原因——比如想退回以前的生产关系,但也可能是见证了"当家"的"分工"以及此种"分工"所掩藏的等级。由此而产生的虚无主义极易为一般群众所分享。而王小梅恰恰想用"分工"(背后是咱都是"主人")的逻辑来批驳老四妻。这种说辞容易用"互惠"掩盖实质的不平等状态。更关键的是,王小梅的话不经意间带出了沉默而始终在场的对象——商品与货币。老四妻的无语显然是文本对之的遏制。因为她非常自然的回应可以是:我穿花衣裳,用钱买的啊,手头没有粮,怎么换钱?怎么买我的衣裳?正是"钱"及其背后的政治经济学问题,构成《丰收之后》无法解决乃至抹除的真实矛盾。

政教机制并非对于这一问题没有把握。毋宁说,围绕货币与已被货币中介的"物"展开教育,构成了《丰收之后》的真正内核。戏一开场,反面人物王学孔见到满山小麦黄,碰到王老四的第一句话就是:"老四,发财的机会又到了!"②王老四对王学孔少报产量多分粮食的提议并不感冒,但王学

---

① 兰澄:《丰收之后》,《剧本》1964年第2期,第29—30页。

② 同上书,第6页。

孔的下一个想法却使之动心:利用赵大川欲为生产大队买牲口的机会,从中牟利。"丰收之后"的冲突也由此拉开序幕。然而,一开始就浮出水面的王学孔、王老四"投机倒把"的念头,算不得戏里的最大挑战。文本中的"经济"线索远比之复杂。在第一幕中,当赵大川提到"今年麦季的收入再加上果树和副业,咱们每个劳动日就可以够上两块钱呢!"赵五婶马上追问得知这一消息后喜上眉梢的群众:"大伙分到这么多粮和钱,打算怎么开销呢?"①她的期待是:靠山庄大队能够多卖余粮给国家来援助灾区、支援现代化建设。不过,这并不以行政命令的方式来执行,赵五婶诉诸的是"民主":"粮食是咱们大伙种出来的,应该咱们大家作主,都好好的想想!"也就是说,她希望社员们在"情理"上完全搞"通"。这就更加彰显出此剧的政教意味了。进言之,《丰收之后》试图凸显的是,政治与伦理始终能有效地规约"经济",由此回应"后1962年"中国的现实焦虑——如何抑制资本主义的自发倾向。不过,抑制或"转移"消费的欲望,仅仅是一个方面。更深的矛盾潜伏在赵大川的某个"念头"之中。这个念头被赵五婶斥责为"胡倒腾"。这也是她指出赵"政治上糊涂"、有"资本主义思想"的根由所在:

> 赵大川:我想等咱任务完成了以后,用剩下的余粮去换牲口,怎么样?
>
> 赵五婶:你这种想法就很不对头,上级党号召咱们丰收地区要多卖余粮支援国家建设。咱就得听党的话。咱卖了余粮有了钱一样添牲口,决不能走那些歪门邪道。
>
> 赵大川:你还没能算开这个账呢,卖给国家才卖几个钱,顶多能买几头小毛驴,管不了大用。要是拿这些粮食去换牲口,保险能牵回几头大骡子大马来。
>
> 赵五婶:大川呐,这账可不能光算咱这一头呀。国家供应了咱多少东西,你怎么不想想这个?粮食是国家建设的宝中宝,多余的粮食就应该卖给国家,不能拿到外边胡倒腾!

---

① 兰澄:《丰收之后》,《剧本》1964年第2期,第14页。

> 赵大川:国家,国家,我多会忘了国家啦? 过去我对上边交给的任务从没打过折扣,没讲过价钱;现在换了牲口,把咱队的生产搞好了,再多支援国家就不行吗?
>
> 赵五婶:离开了国家的支援,别队的帮助,光咱一个队,能好起来吗? 粮食倒腾到市场上去,不是给投机倒把分子开了大门吗? 我看你还真"本位"呢?①

历史地看,这一"胡倒腾"在当时并不违"法"。赵大川卖的是完成国家征购任务后可由生产大队自行支配的余粮。这里的"市场"应指"农村集市"。至少在1960年代前期,农村集市贸易还是作为"社会主义商业"组织的一部分被确认下来的,它被视为"现阶段我国社会主义经济的一种客观必然性"。② 虽然国家严格抑制投机商贩介入其中活动,可"集市贸易的成交价格受着供求关系的支配,价值规律的自发作用相当大"③。在当时的经济学家看来,要做到完全消除农村集市贸易的消极作用,就等于将之完全取消。④ 简单否定它做不到。然而在"千万不要忘记阶级斗争"的脉络里,又必须对之加以限制,而且须是多方面的共同协作:在经济上,增强社会主义全民所有制与集体所有制经济力量;在行政上,强调国家机器的进一步限制与管理;在思想与意识形态上,则是坚持不懈地进行社会主义政治思想教育。⑤ 把握住"农村集市"的历史现实性,就能够看到,赵大川的行为(注意,不是指思想与主观态度)确实与王学孔有着某种微妙的同一性。王学孔说得老四妻心花怒放的那句"〔余粮〕吃不了到集上一卖,有吃的有花的,多恣!"⑥依凭的也是体现价值规律自发作用的"集"。

在这个意义上,《丰收之后》里的政教机制及其文学表达所遭遇的硬核,正是商品形式持存的问题。这一社会主义内部的"他者"成为难以消散

---

① 兰澄:《丰收之后》,《剧本》1964年第2期,第21页。
② 贺政、纬文:《论农村集体贸易》,《经济研究》1962年第4期,第13页。
③ 同上。
④ 参看全景平:《农村集市贸易的领导和管理》,《江淮学刊》1964年第1期。
⑤ 参看刘诗白:《试论社会主义制度下的个体私有制经济残余》,《新建设》1964年1月号。
⑥ 兰澄:《丰收之后》,《剧本》1964年第2期,第25页。

的中介。但文本也尝试给出自身的回应。这就从"经济"线索过渡到了"伦理"线索。而这从一开始也已得到透露:反面人物名为王学孔,显然旨在以之讽刺"封建老残余"这一"旧习惯势力"。王学孔、王老四和王宝山,以及某种程度上的赵大川,都是男性—家庭—宗族规范或明或暗的认同者。而共青团员王小梅和赵五婶,则是这一权威的批判者与破坏者。在第一幕里,赵大川看到王小梅挑了一百来斤的麦子,颇为心疼,由此想到要添牲口,但他的说辞是:"姑娘也是妇女,妇女就比男人差。"①王宝山看到女儿王小梅坚持多卖余粮给国家而驳斥王学孔,教训她的言语是:"国有国法,家有家规,我是你爹,就能管着你!"②第二幕中,旧风俗与"钱""伦理"与"经济"的线索缠绕起来。王宝山想给女儿准备嫁妆③,但苦于没钱,王老四提醒他可以卖掉家里的几十斤花生米:

> 王宝山:哎,你去的那边花生米什么价钱?
> 王老四:那边就缺这个。一斤(握王宝山手指)这个数有把握。
> 王学孔:二叔。就叫老四捎着给你卖吧。
> 王宝山:咱村可不兴这个,我又是个干部。
> 王老四:咳,二叔,在外你是干部,在家咱是叔侄,只要你我不说,外边谁知道?就算知道了,这是咱们自己的东西,也犯不了什么法。④

在当时的语境中,国家规定参加集市贸易的成员可以是:国营商业,供销合作社,合作商店,合作小组,手工业单位,人民公社各级生产单位,社员个人和消费者个人。⑤ 因此王老四敢说"卖点自己的东西不犯法"。但王宝山显

---

① 兰澄:《丰收之后》,《剧本》1964 年第 2 期,第 8 页。
② 同上书,第 9 页。此外,王学孔对赵大川说:"可她是你老婆,到什么社会,老婆还是老婆。"同上书,第 26 页。
③ 关于"备嫁妆"这一点或许值得多说几句。这一方面是创作者的"设置",但另一方面也凸显了在婚丧问题上新风俗未能全然胜利。否则,何来剧中这么一句话:"嫁妆你可以不要,爹可不能不操办。我不能叫街坊邻居笑话。"这固然可以说王宝山的脑筋旧,但这一潜在的"街坊"的存在暗示:靠山庄大队的"群众"恐怕还不具备她女儿那般的觉悟,这才有了被"笑话"的担忧。
④ 兰澄:《丰收之后》,《剧本》1964 年第 2 期,第 19 页。
⑤ 贺政、纬文:《论农村集体贸易》,《经济研究》1962 年第 4 期,第 14 页。

然要承受一定的压力,因为他是干部,政教机制对之会施加抑制。支部书记赵五婶显然不赞成此种经济活动。不过,王老四一句"在外你是干部,在家咱是叔侄"似乎打消了王宝山的顾虑。此种宗族意识的残留(内外之别、亲疏远近之感)亦是政教机制极为头疼的对象。《丰收之后》因此有着双重批判对象,一是"经济",二即此种"伦理"。在赵五婶身上,可以看到一种双重批判——扬弃的进程。

简言之,赵五婶试图引入更大范围的亲密的共同体来取代人民公社内部保留下来的家庭,甚至扬弃生产大队这一集体本身,即她所谓"全国就好比一个大家庭,一家人哪好各顾各,咱们应该多卖点粮支援灾区,支援国家建设呀!"①赵五婶的实践仿佛走了一条类似于黑格尔"法哲学"的道路,这或许也是整个政教机制的路向:否定私人性的权利主体,否定市民社会——市场机制,但同时也否定传统的家庭伦理,最终上升到国家这一伦理实体。赵五婶给整个靠山庄大队带来的是"当家人"所具有的伦理温度。在此不仅有精神鼓励,也有别样的"物质"鼓舞。她无法取消商品交换领域,但可以从"内容"或者说"义理"层面影响甚至是改造整个"物"的世界,从而抵御王学孔、王老四夫妇乃至王宝山的"物欲"传染。赵五婶甫一登场,就给社员们捎来了"物":给王小梅这些学生仔们带来了垫肩(挑麦时保护肩膀);给曾经的雇工、独身老人王爷爷买来了供销社做的鞋(王爷爷没托她买,但她看见老人的鞋子早已破了);给老贫农徐大叔捎来了晚上看麦场用的电筒。这些"物"与生产活动有着紧密联系,却与任何享乐性消费甚至是单纯的物质享受绝缘。有趣的是,赵五婶对于富裕中农王富山"外边的小猪多少钱一斤"的提问,只做了"这个,我没问"的简单回应,不啻暗示她对于"倒腾",即农村集市的商品交换不感兴趣。赵五婶想要养成的是大伙如一家般的互助关系。因此,"无儿无女"的设置强化了这一企图。对于物的使用价值,更确切地说,是生产性用途的强调,则排挤了物的享受性功能。对于残存的自由市场的有意或无意的忽略,则为另一种政治——伦理性的集体生活留出了更多的空间。

---

① 兰澄:《丰收之后》,《剧本》1964年第2期,第14页。

但是,赵五婶的形象会碰到难题。如同当时政教机制所传播的一系列"新人"形象一样,赵五婶是时时作出表率的"当家人"。这是凭借一种可感的肉身介入经济、政治、伦理乃至审美领域,以此建构互助、互惠的集体性。但仅仅如此,赵五婶与赵大川之间的差别或许不会那么大(除了《丰收之后》赋予赵大川"好酒"这一能够暂时瓦解"自控"的特征之外)。这一肉身形象联通着更大的外部,化入"上级党"的政教吁求。① 因此,她不可能完全内在于这一集体,身上始终留有一种"自上而下"的痕迹。在形式上,这一形象无法摆脱与"上级"间的紧密关系,因此会招来老四妻泄愤式的嘲骂:"分给大伙? 那用什么向上级讨好?"② 这是"当家人"形象的结构性难题。在此难题性中,批评话语所赞赏的新人内心世界流露,反而成为一种症候:

> 赵五婶(痛苦地自语):马志红啊马志红! 你连和你一起工作二十多年的老同志都说服不了,还怎么去说服别人呢? 是他的心眼死还是你的心没尽到呢? 唉! 都怪你无能耐啊! 你对不起党对你的培养啊! (拭泪,少顷)大川呀! 我多么希望你能在这个时候帮帮我,可你怎么偏偏就跟我扭不到一块儿呢? 不行,我不能为了私情就不讲原则,我不能! (望外边)今晚儿有月亮,我趁月亮地奔趟公社党委吧? 对! 我这就去! ……不,家里的事我怎么能离开?! 不能走! 怎么办呢,我今天是怎么了,怎么连一点主意也没有了! (注视毛主席像,凝想)哦,毛主席他老人家常说,有事找群众商量,要依靠贫下中农,对,我这就找贫下中农商议商议。③

"内心世界"的呈现本身就是一种文学机制的产物。主流现代文学观似乎更乐于见证内心的脆弱、动摇与彷徨,乃至分裂。"内在性"被设想为不透明的、无法穿透的隐秘内核。但社会主义文学并不如此:

---

① "赵五婶:上级党号召咱们丰收地区要多卖余粮支援国家建设。咱就得听党的话。"(兰澄:《丰收之后》,《剧本》1964 年第 2 期,第 21 页。)"赵五婶:不错,是丰收了。可是有的地区还有灾情啊! 上级号召以丰补歉,越是丰收就越应该多支援国家。"(同上书,第 31 页。)

② 参看兰澄:《丰收之后》,《剧本》1964 年第 2 期,第 27 页。此外,老四妻还说过:"你是上级的红人,胳膊肘子朝外拐。"(同上书,第 30 页。)

③ 同上书,第 32 页。

> 在英雄人物内心的痛苦和矛盾,不是所谓"精神分裂",而是由于高度的政治责任感,对党的无限忠诚,对同志的深切的爱,在眼看着自己的战友陷入泥潭而不能自拔的时候,所掀起的感情的波涛,是考虑如何更快更好地解决矛盾,使同志醒悟过来的急切心情。这样,更进一步地敞开了英雄的心扉,让我们看到了社会主义英雄的内心世界。……如果离开了无产阶级的阶级性,离开了共产党员的党性,而追求所谓内心的矛盾和复杂性,都必然导致对社会主义英雄的歪曲。①

如今让人不适的,正是英雄人物的内心世界具有一种单纯性与透明性。她的内心世界与外部世界、与更高的原则(毛主席的话、党的政策),具有一种简单明了的、确定的关系。内心深处的声音,始终是他者的声音,或者说另一种声音的回响:

> 伴随着革命激情自然地流露出来的,她的精神世界的底层,到底是些什么呢?是党,是毛主席的声音,是社会主义、爱国主义思想,是革命原则,是群众。这是她性格的内容,精神世界的精华。这些东西在她的身上,不是抽象的政治概念,而是她的血肉,是她的精神,是她的灵魂。②

这种确定性,非常像青年卢卡奇《小说理论》一开头所提到的史诗时代之内心与世界的关系:

> 在那幸福的年代里,星空就是人们能走的和即将要走的路的地图,在星光朗照之下,道路清晰可辨。那时的一切既令人感到新奇,又让人觉得熟悉;既险象环生,却又为他们所掌握。世界虽然广阔无垠,却是他们自己的家园,因为心灵深处燃烧的火焰和头上璀璨之星辰拥有共

---

① 任孚先:《社会主义时代精神的光辉——谈话剧〈丰收之后〉》,《山东文学》1964年第3期,第87页。
② 伊兵:《人的高度革命化的战歌》(原载《解放日报》1964年2月9日),《山东文学》1964年第3期,第90页。

同的本性。①

但是,中国社会主义实践不可能回到某个乌托邦式的共同体。在激进的历史性中,我们已无法拥有卢卡奇笔下那种使人幸福的确定性。不管内心世界的状态如何,"自律"的现代幽灵已然存在。或者说,对于内心世界的移情本身就是一个深刻的现代性的后果。一旦内心世界与外部世界的政治—伦理联系弱化乃至断裂,此种心的透明性与确定性就会向机械性偏转,乃至整个机制转变为有"理"却无"情"无"心"的官僚机器。1960 年代苏联控制论讨论所牵扯出的人与机器关系问题,或许就折射出对于丧失人之"内在世界"的恐惧。想在内在性图式基础上追求"透明性"(往往表现为服从),必会遭遇此一矛盾。

最终,在戏里十分活跃的政教机制希望建构一种强有力的"革命"国家认同,以之作为对于经济与伦理矛盾的双重解决。但在国家的证成上,《丰收之后》亦成为一个症候。在第一幕伊始,王小梅关于国家的言说很值得注意:

> 王学孔:是啊! 丰收是靠山庄大伙出力气换来的,自己打的粮食自己吃,理直气壮!
>
> 王小梅:今年要是没有国家支援咱们农药、优良品种,你就丰收了? 你敢说从前歉收时没吃过国家的统销粮? 以后也保证不吃? 你敢说这话?
>
> 王学孔:(词穷)哎呀,我说小梅,你这嘴可也太厉害了;这叫我说什么好呢? 二叔,你说呢?②

王小梅的论述里潜伏着两条线索。一是强调集体的生存与发展(这一"集体"在某些历史条件下,能够被轻易地转写为"个体")无法离开国家,她用今年、从前、以后三个时间维度证明集体对于国家的依附不可避免。这一点

---

① 卢卡奇:《小说理论》,见《卢卡奇早期文选》,张亮、吴勇立译,南京:南京大学出版社,2004 年,第 3—4 页。
② 兰澄:《丰收之后》,《剧本》1964 年第 2 期,第 9 页。

让王学孔词穷。但潜伏在此的另一条线索是：集体与国家之间还是存在一种利益交换关系。在现实上亏欠国家、负有"债务"，却并没有完全取消整个集体的法权主体性。利益关系终究渗透着"物"的逻辑。这在后来的资产阶级法权批判中被进一步激进化，即担忧资本主义的商品交换原则侵入政治生活以至党内生活。耐人寻味的是，赵五婶等论述国家与集体关系时，也并未摆脱这一逻辑：

> 赵大川：我赵大川为了国家，拼过命，流过血；国家交给我赵大川的任务，我百分百的完成啦，我不能不顾集体。
>
> 王富山：可也不能忘了个人哪！
>
> 赵大川：集体当中就包括了个人。
>
> 赵五婶：国家给我们这多好处，从来也没计较过，我们现在丰收啦，就该多照顾国家，大河有水小河满，大河没水小河干，国家好了大伙都好了。
>
> 赵洪奎：没有一个富强的国家，我们就不能在这里安稳的生产。①

说到底，这还是一种功利性的利益交换关系，而这种关系至少在形式上会生产出两个形式性的法权—利益主体。决定这种关系的，恰是一种现实的政治经济学构造，即集体所有制与全民所有制之间存在差别。但赵五婶还激活了另一条线索："咱老革命根据地的群众不会把从前的光荣历史忘了。……大伙明白，没有革命战争的胜利，就没有我们的一切，为胜利什么都可以牺牲。"②这是一种极为关键的政治性增补。它也联通着1960年代大量涌现的革命回忆录写作实践。此种仪式性的情感召唤试图一次次地激活革命的"起源"瞬间，以此赋予此刻生活与制度以正当性。然而，这种认同的生产乃至强化需要一种独特的"见证"。回忆传递本身会发生稀释，特别是，如同赵大川、王宝山这样曾经的革命战士都在"建设"的常态性中转换了逻辑，更别提那些根本未经历过革命建国过程的年轻"接班人"了。

---

① 兰澄：《丰收之后》，《剧本》1964年第2期，第27页。
② 同上书，第32页。

《丰收之后》将青年们处理为响应时代号召的先进者。但在多大程度上他们仅仅是黑格尔所谓的"美丽的灵魂"呢？最终，政教机制还是诉诸革命家史与"牺牲"的回忆——王小梅的母亲在战争年代因为掩藏军粮而被国民党还乡团处死，这就将一种政治的债务关系留了下来。我的问题是：政治与经济、国家与生活世界、新人与物之间是否还有别种更为丰富的联结方式？浩然的小说《艳阳天》或许可以给出别一种回应。

（二）

《丰收之后》可以视作《艳阳天》的一个缩写版，更确切地说，其中所涉及的国家与集体之矛盾及解决，正是《艳阳天》的核心议题之一。而《艳阳天》在"分配"问题上证成国家的方式与《丰收之后》极为相似，即一方面涉及国家与集体间的利益交换关系，如小说主人公东山坞农业社党支部书记兼社主任萧长春在一开始就挑明了："去年的灾荒，要不是国家支援，咱们过的来吗？"[1]另一方面先进者们扣住了对于"牺牲者"的政治债务："这个江山是千千万万个先烈用心血、用脑袋换来的。"[2]同时还强调只有国家才是现代化（物质丰裕是其结果之一）的根本保障："不用最大的劲儿支援国家建设，不快点把咱们国家的工业搞得棒棒的，机器出产得多多的，咱农村的穷根子老也挖不掉哇！"[3]小说最终想要形塑的普遍的群众意识，则如东山坞农业社副主任韩百仲所言："国家是咱们自己的嘛！支援国家建设，也是支援咱们自己，一点不假。"[4]此种"重复"不啻暗示中国社会主义实践的展开受到诸种力量及其逻辑的塑造，因而必然呈现为富有活力与张力的矛盾体。

但不同于《丰收之后》，《艳阳天》需要呈现在萧长春等先进分子带动下整个东山坞的"成长"。1964年人民文学版《艳阳天》的"内容说明"中特别提到萧长春也在成长。这一"成长"即在于能将细微的日常经验与根本问

---

[1] 浩然：《艳阳天》第一卷，北京：作家出版社，1964年，第28页。
[2] 同上书，第43页。
[3] 同上书，第41页。
[4] 同上书，第490页。

题联结起来,而焦淑红的"视点"则将萧的"变化"进一步坐实,且将她自己的反省与自我改造直接敞露给读者。①《艳阳天》中充盈着一种转型的时间。不仅是萧长春这样的"当家人"在政治上不断"成熟"②,而且呈现了各类人物(除了马小辫这类怀有根深蒂固的阶级仇恨的"敌人",以及马之悦这种混进革命队伍中的投机者)的转型;就算是自私而顽固的中农弯弯绕,至少叙事者对之是留下余地的。③ 从政教意识显白化的叙述层面来说,《艳阳天》着力表现的是老军属喜老头那句话:"这是夺印把子的大事儿,是咱们穷人坐天下、传宗接代的大事儿呀!一代一代往下传,不能断了根儿。"④但小说叙事所展开的不仅是贫下中农阶级意识的强化,还有许多具有政治—伦理温度的场景;诸如中农马之悦在萧长春关于"个体的日子就是你挤我、我挤你"的提点后"动了心";落后妇女孙桂英在集体劳动中感受"热闹"与快乐等。⑤ 因此,文学叙事远非激进的"一分为二"哲学的转写,而是对整个政教机制有着很多"增补"。在我看来,小说中那个联通着"物"的感性维度尤其值得讨论。正如《丰收之后》已经展示了"新人"赵五婶面对"物"的态度及其隐晦而深刻的"政教"意义。《艳阳天》里"物"的呈现——包括物的消费、物的区隔、物的扬弃等——一方面为政教机制所中介,另一方面也刻写着已有生活世界的惯性与逻辑。其中的"感性分配"无疑诉说着历史矛盾与难题本身。这也回到了毛泽东所谓"物质刺激"批判问题,但并非重新构造"物质刺激"与"政治挂帅"的二元对立那么简单。

首先必须承认,在《艳阳天》中,"物质享受"有其正当性。憧憬物质丰

---

① 参看《艳阳天》第一卷,第461—462页。
② 比如,"王国忠笑了:'……眼前东山坞的问题,不是多分点麦子、少卖点余粮,或者要当个大干部的问题,不是的,归根到底是要不要社会主义的大问题。……'……萧长春被这句话震动了,心里像开了一点缝:闹土地分红,不光是为了多分些粮食,是要不要社会主义的问题;马之悦跟自己勾心斗角,不光是要揽点权势,是在支持走资本主义道路的人。对啦,对啦,根子就在这儿"(《艳阳天》第一卷,第353页)。
③ 可注意叙述者对弯弯绕(马同利)劳动工具——锄头的描绘:"主人用它付了多少辛苦,流了多少汗水呀!"(《艳阳天》第一卷,第125页。)
④ 浩然:《艳阳天》第二卷,北京:人民文学出版社,1966年,第782页。
⑤ 关于萧长春与马子怀的对话,参看《艳阳天》第一卷,第505—507页。孙桂英参与集体劳动,参看《艳阳天》第三卷,北京:人民文学出版社,1966年,第1262—1276页。

裕、陶醉于"物"所带来的快感,本身并不一定是否定性的,反而成为东山坞普通群众的念想。比如,青年积极分子马翠清就谈到她妈妈的状态:"躺炕上还跟我叨咕半天:麦子收来了,咱们的日子越过越红火啦!又盘算着给我买这样、置那样,絮絮叨叨,我都睡了一觉,她还在那儿叨咕。我当她说梦话,一捅她,她醒着,说是人得喜事精神爽,心里高兴睡不着。"①但同时必须注意,小说中的"贫下中农"群体——尤其以住在沟南的韩姓与焦姓人家为主——很少在此刻就去享受或想到去享受物质生活。与之形成对照的是,小说非常细致地描绘了富农马斋之子、社里的会计马立本家里之"物",而且富有意味的是,这是凭借先进者韩百仲的"视点"带出来的场景:

> 韩百仲不耐烦地等着。他看看炕上,炕上已经过早地铺上了印着花的大凉席,一对在城里才能见到的镶着边儿、绣着字儿的扁枕头,炕一头堆着好几条新被子、毯子、单子,全是成套的;墙上又挂上了一副新耳机子,又添了一个新的像片镜框;柜上放着漆皮的大日记本和一支绿杆钢笔,那笔帽闪着光……忽然,从外边传来"吱啦"一声响。那是对面房子里,油锅烧热了,正往里放葱花和青菜之类的东西。接着,铲刀声伴着香味儿也传过来了……②

这一无言的观视所呈现的"物",关联着韩百仲的某种怀疑:作为会计,马立本是否贪污了公家财产(作为一种叙事设置,这一怀疑最终得到了确认:马是个贪污犯)。但也可以说,韩的厌恶——比如"不耐烦"这种感觉——源于对此种生活方式的情绪性抵制。这以物的形象沉淀在趣味与审美之中。比如在他眼里,"马立本穿着那么白的背心,那么小的三角裤衩,非常不顺眼"③。马立本的物质生活之所以显得不合时宜,因为他在此刻"消费"过多(注意叙述话语中"过早"这一表述)。与当时农村的生活标准相比,这一状态是"溢出"的。有趣的是,在马立本的视点里,贫农的物质生活则令人感到极为不适:

---

① 《艳阳天》第一卷,第63页。
② 同上书,第767—768页。
③ 同上书,第767页。

> [五保户]五婶对这个难得请到的客人来家里,心里高兴。又拿烟,又倒水;拿笤帚扫扫炕,硬拉马立本坐下。
>
> 马立本一迈门槛,就觉着一股怪气难闻,赶紧捂鼻子。往炕上一看,土炕沿,更怕脏了新衣服;又看看五婶端碗的手,简直是要恶心。①

此种围绕"物"之享受的差异而产生的趣味、感觉与情感差别,早在新中国成立之初的小说《我们夫妇之间》中就已得到展示。在 1960 年代语境中,物质享受是否正当的问题一度成为青年(革命接班人)教育的议题。② 而且已经被赋予了比较明确的政教解决方式。小说叙事中,对于"物"之富有政教意义的展示,落实在萧长春这一"新人"的日常感受中:

> 焦淑红又把这个不整洁的屋子里里外外扫一眼,又看看旁边的一老一小,心里像堵着一块什么东西,忍不住说:"唉,萧支书,你这日子过得太苦了!"
>
> 萧长春仰起脸,沉静地一笑:"什么,苦?"
>
> 焦淑红激动地点点头:"瞧瞧,你从工地回来,根本还没有站住脚,忙了一溜遭,进家还得烟熏火燎地做饭吃……"
>
> 萧长春说:"有现成的柴米,回来动手做做;做好了好吃,做不好歹吃,怎么不装饱肚子,这有什么!淑红啊,你知道什么叫苦哇?"
>
> 萧老大在一边也半玩笑半抱怨地说:"不苦,甜着哪!淑红,听说没有,你表叔说,日子越这样,过着越有劲儿!"说着笑的喷出饭粒子。
>
> 萧长春用筷子轻轻地拄着碗底说:"这样的日子,过着没有劲儿,还有什么日子过着有劲儿呢?我七岁就讨饭吃,下大雪,两只脚丫子冻得像大葫芦,一步一挪擦,还得赶门口,好不容易要了半桶稀饭回来,过马小辫家门口,呼地蹿出一条牛犊子似的大黄狗,撕我的灯笼裤,咬我的冻脚丫子,打翻了我的饭桶,我命都不顾,就往桶里捧米粒儿……"
>
> 焦淑红听呆了,两个眼圈也红了,她使劲儿把小石头搂在怀里。

---

① 《艳阳天》第一卷,第 390—391 页。
② 关于 1960 年代"幸福观"论争的简明材料,可参考《南方日报》编辑部编:《幸福观讨论集》,广州:广东人民出版社,1964 年。

萧老大深有感触地说:"要比那个日子,这会儿应当知足了,是甜的……"

萧长春说:"这会儿的日子也是苦的,不过苦中有甜;不松劲地咬着牙干下去,把这个苦时候挺过去,把咱们农业社搞得好好的,就全是甜的了。所以我说,苦中有甜,为咱们的社会主义斗争,再苦也是甜的。淑红,你说对不对呀?"

这些话虽短,却很重,字字句句都落在姑娘的心上了。①

萧长春的爱慕者、东山坞的中学生、中农之女焦淑红在《艳阳天》中所处的位置正是"受教者"。此刻她的地位与小说预想中的读者高度重合。因此这一段落具有相当明确的政教指向。从中可以看出1960年代扬弃此刻"物质享受"的基本方式。对于贫下中农来说(但不限于贫下中农),诉诸"新旧对比"是一种核心修辞装置。然而,萧长春并没有强行把此刻的苦说成"甜",而是将此刻无法直接享受物质生活的问题,置于更高的政治—伦理使命之中("为咱们的社会主义斗争")②,同时他也许诺了"全是甜的"丰裕的未来。无疑,这里既确认了物质享受的正当性,也暗示了此刻物质享受的不正当性或弱正当性。一种革命性的"物质享受"观的强表述或许是:如果世界上还有任何一个贫苦者无法享受,那么我就没有理由提前享受。更为关键的是,"物质享受"的整个难题性在小说主人公的心物关系中已经得到了改造。以下一段叙述萧长春"满意",颇为重要:

这间屋子好几年不住人了,窗户上糊的纸都已经被雨淋坏,外边挂

---

① 《艳阳天》第一卷,第231—232页。
② 此种措辞在1960年代文艺作品中屡见不鲜。比如《丰收之后》里赵五婶的说辞:"这次在处理余粮的问题上,你主要是把国家、集体、个人三者关系摆错啦!要知道,我们国家富强了,对世界革命有多大的支援,咱们是共产党员,不能只关心自己的事,心里要想着全国、全世界。"(《丰收之后》,《剧本》1964年第2期,第38页。)在《祝你健康》里,丁海宽的说辞:"我们总有一天,能让全中国和全世界的人民,都穿上最好的衣裳!可是现在,世界上还有成千上万的人,连最坏的衣裳都穿不上!你们不是看过《激流之歌》那部电影吗?那里面不就有很多非洲的黑人奴隶赤身裸体吗?哦,你们大概看过就忘了,可是不能够忘记这个呀!要是你们光想着自己的毛料子,光惦记着多打几个野鸭子,那你们就会忘了开电门,忘了上班,忘了我们的国家正在奋发图强,忘了世界革命!"(丛深:《祝你健康》,《剧本》1963年10—11月合刊,第36页。)

着个苇草帘子,阳光被遮住,里边显得特别黑暗。炕上地下除了常用的家具,就是盛吃的盆盆罐罐。他扳着小缸看看,里边盛的玉米面;用手划啦划啦,不多了,小石头他们爷俩吃,还能对付十天半月的。他又拉过一条小布袋,伸进手去摸摸,里边装的是豆子,掂了掂,也不多了,对付几天没问题。还有个大盆子里边盛的是豆面。一个罐子里有半下子麦麸子。他轻轻地拍去手上的面屑,心想:"行,还算富足,满可以对付到分新麦子。"就满意地从屋子里走出来了。①

虽然当时的社会主义实践不否定物质享受,但显然试图形塑一种对于物质生活的全新态度乃至感觉结构。"新人"此处的"满意"看似单纯,却由相当扎实的"心"之要素支撑。这也是社会主义实践的最终赌注:建设新的物质基础的同时必须养成新人,譬如形塑出无私、对于共同体的关注等新的"第二天性",以取代自私与自我导向的心性结构。② 不过,正如萧长春的言说中始终保留了"物"之丰裕的维度,以其为必要的"激励"要素;任何"心"的改造无法绕开"物"的中介,尤其是那些历史条件给定的中介。因此,在社会主义实践中,"物"之扬弃就显得特别困难。特别是现代化、工业化进程不断将"国家"本身建构为"物"的巨大吸纳者。个人、集体与国家之间围绕"物"所展开的争执始终存在。同时由于短缺性经济一时无法克服,社会劳动分工的持留乃至社会阶级某种意义上的残存,以及商品货币关系所施加的"物"之教育,就使单纯以政教方式介入"物"之批判,显得效力有限——特别是当这一教化想要真正掌握那些游移不定的"中间"人物的时候。而一旦革命性的"物质享受"观的双重赌注——政治—伦理使命的动员与丰裕未来的承诺——之中有一方出现危机,那么,围绕"物"的革命性批判就会先行面临分崩离析的危险。

因此,"物"之改造的成败最终系于一种更为稳固的感觉结构的塑造。由此而言,最具有症候意义的,倒并不是"新人"与"物"的关系,而是相对更

---

① 《艳阳天》第一卷,第442页。
② 对于此种意图的当代解说,可参看 Michael A. Lebowitz, *The Contradictions of "Real Socialism": The Conductor and the Conducted*, pp. 11-12。

为落后的群众与"物"的关系。首先,在物之丰裕的"未来"向度上,萧长春们对于弯弯绕之类顽固中农的批判,具有"现代"大工业相对于"传统"小农的优势。弯弯绕之"创业梦"无非是《创业史》里梁三老汉曾做过的梦的重复;这一梦的实质内容无非是对曾经的剥削阶级的下意识模仿:

> 弯弯绕心里边有一个"宏图大志",梦想将来自己家能有这么一个场院,这么多的大垛是他的,这么多的麦子是他的,这么多的人,也是他的——儿子、媳妇、孙子,还有长工、小半活、车把式,说不定还有他的护院的、做饭的;那时候,他是老太爷子,往场上一站,摇着芭蕉扇子,捋着嘴上的胡子,就可以非常自豪地、自得其乐地说:"哼,孩子们,这家业,这财富,全是我给你们创出来的,好好地过吧,美美地过吧,别忘了我……"①

与之相比,在小说一开始,萧长春就清晰地交代了关于东山坞的"远景图":满村电灯明亮,满地跑着拖拉机,那时全中国都是一个样。② 一种有着平等诉求的现代化方案,带来了神奇的黄金世界图景。在小说第三卷,叙述者通过东山坞普通群众之口传递出这一超越弯弯绕式地主梦的"未来"。而触发这一愿景的,正是社里修水渠的方案。也正是这一方案使得前地主马小辫的祖坟将不保,从而进一步激化了小说的矛盾——直接造成萧长春儿子小石头的死亡。

"听萧支书说,咱们还要修一个小型发电站哪!"

"嗨,那就要点电灯了! 神!"

马长山冲着韩百安说:"大叔,您看看,走合作化道路多有奔头呀! 要是搞单干,您就是买下多少房子,置下多少地,也不用想让旱地里长出大米来,更不用说发电用电灯了。您说对不对?"

韩百安低着头,笑了笑说:"要是真能走到那一步,真是这么一回事!"

---

① 《艳阳天》第三卷,第 1225—1226 页。
② 同上书,第 18—19 页。

马长山说:"当然真能走到这一步啦! 咱们农业社说到哪儿,就办到哪儿,有咱们萧支书头边领着,大伙儿跟着干,准能办得到,不信您等着,说话要到了。"小伙子说着,不知道怎么想到地主身上了,又转了话题:"嗨,如今咱们农业社能办到的事儿,不要说咱们这些小门小户办不到,就是过去专会剥削人的地主,也不用想办到! 不信咱们摆摆看吧!"

人们附和着:"那是真的。过去财主们生着法儿发大财,可是哪个地主让这地里长出过这么好的麦子! 地还是那地,收成可不是那个收成了!"

"地主最会挖心挖肝地逼着长工给他们整治地,他们没有想到种大米;其实,他们就是想了,也办不到,多大的地主能挖来一条河呀!"

"地主最会坑害别人,自己享福,什么馊主意、鬼办法都想的出来,可是他们点过电灯吗? 我们说话之间就要点上了!"①

此种比优越性的思路——尤其表现为超越"自然经济"——经过一定的修改,就能转为"改革"话语。② 但不能忘记,农业合作化并不单纯是解放生产力的实践,毋宁说其经济、政治与伦理意义被整合在一起。但难度也在这里,即这种整合同时依赖政治、经济与伦理三者。如果经济出现问题,将损耗政治正当性。如果政治出现问题,则会损耗伦理的正当性。如果政治出现问题,经济和伦理则将同时从整体性结构中脱嵌出来。这是社会主义现代性自身的辩证结构所致。诸种证成机制在同一文学叙事中的并置,亦源于此。

虽然在两种未来之梦的竞争中,弯弯绕丝毫没有优势,从根本上说,它缺乏一种"敞开"的未来向度;但需注意,赋予前者以坚固性的终究是一种私有意识。而后者如要取得更为饱满的状态,需要增补一个同样稳固的集

---

① 《艳阳天》第三卷,第1295—1296页。
② 关于"自然经济""商品经济"及其扬弃的问题。可参看田光:《从自然经济、商品经济到社会主义"产品经济"的辩证发展》,《经济研究》1964年第1期。1980年代经济学界关于"自然经济"的讨论,则在很大程度上将"自然经济"的帽子扣在了"前三十年"头上。参看刘国光:《彻底破除自然经济论影响,创立具有中国特色的经济体制模式》,《经济研究》1985年第8期。

体性与集体意识的环节。更大的难度在于,这种集体意识需要将个体性、私我性和此刻享受的冲动扬弃在自身之内。而且,此种扬弃需表现在每时每刻的心物关系之中。因此,不能简单把落后者的意识视为应该予以排斥的另一极。也恰恰是在看似难以被政治"标记"的日常感知、情感表达、趣味倾向中,蕴藏着有待被读解的具体的历史性。当然,这就需要将这些感觉的"周边"一并纳入讨论。

在这个意义上,小说中关于孙桂英的一段细节处理,值得细读。这位东山坞农业社第一生产队队长马连福的娇妻,容易沉溺于此刻的物质享受。然而小说又没有将此种冲动刻画成阶级敌人式的"过剩"物欲(虽然她在男女关系上曾有污点,但叙述者也视之为另一类"受苦人"的遭际①)。就算她什么都不买,却能从商品浏览中获得快感:

> 大湾供销社一个下乡卖货的小车子,停在沟里的石碾子旁边了。业务员手里那个货郎鼓"叮铃铃,叮铃铃"地一响,那些做针线、哄孩子的闺女、媳妇们,立刻就你呼我叫,成群结伴地围过来了。
>
> 坐在家里替男人打点行装的孙桂英,也被这声音惊动。她把几件要洗的衣裳往盆子里一按,端着就朝外跑;到了小货车子跟前,把盆子往地下一放,又动手,又动嘴;看看这个,瞧瞧那个;问这多少钱,问那什么价;拿过来,放过去,又是品评,又是比较,闹了半天,一个小子儿的东西也没买,她却心满意足地端起盆子,要到河边洗衣裳。②

需要注意,孙桂英的形象在此嵌入"群像"之中:对于购物有着极大兴趣的年轻农村妇女。这里有主客观两个方面值得进一步绎读。在主观方面,孙的快感倒并不在于占有物,而是流连于选物、询价、品物的过程。概言之,源于最基本的商品"景观",以及某种潜在的择物自由。这已经成为一种相当普遍的感觉结构,是"闺女、媳妇们"十分喜爱的生活方式。从《艳阳天》的叙述笔调来看,小说显然没有直接否定此种物欲。在客观方面,特别需要注

---

① 关于孙桂英"受苦人"的定位,参看《艳阳天》第二卷,第836—837页。
② 《艳阳天》第二卷,第830—831页。

意"供销社一个下乡卖货的小车子"这句。这提示我们,此种商品交换的媒介与传统的自由市场以及小商小贩有所区别。在小说所写的那一时期,供销社已经被整合进社会主义商业体系。商品分工与城乡分工是其基本特征,即供销社负责领导农村市场,采购批发农业生产资料、土产原料、日用杂品、中药材、干鲜果品等。① 它在社会主义改造进程中曾承担三大任务:开展城乡物资交流,为农民生产服务,以支援国家工业化;根据国家计划和价格政策,通过有计划的供销业务,将小农经济和个体手工业纳入国家计划;在国营商业领导机关的领导下扩大有组织的商品流转,领导农村市场,实现对农村私商的改造,切断农民和城市资本主义的联系。② 社会主义改造完成之后,供销社依旧承载着在商业领域限制资本主义自发势力的任务。只不过在《艳阳天》里,这一供销社派出的卖货小车形象并没有表现出后来的《送货下乡》那样明确的政教指向——直接介入"正当需要"的界定。③

但小说叙事并非对孙桂英的此种"癖好"没有处置。孙能否转变,关乎《艳阳天》的政治—伦理承诺。第三卷中,叙述者让我们见证了孙桂英参加集体劳动时的"乐":"她觉着这比逛庙会、赶大集还有意思;跟孤另另地闷在屋里一比,更不是一个滋味儿了。"④这不啻暗示,逛庙会、赶大集未必一定会填满相对落后者的生活想象。但集体劳动的游戏性(比如妇女竞赛、拉歌)毕竟无法抹除身体的消耗。这决定了孙桂英此种"乐"无法长久维持:"孙桂英的确感到自己有点儿支持不住了,头昏脑裂,浑身发软,两腿打颤。她想:劳动这份苦是不好吃,下午是得请个假,明天……要不,就找克礼说说,到场上去,场上总是轻快一点儿,也有个荫凉,离家近,看个孩子也方便;要不,干脆,等着过了麦秋,活儿轻点再干……"⑤而就在孙桂英动摇、马

---

① 邓玉成:《中国供销合作社的发展下》,《山西财经学院学报》1989 年第 3 期,第 96 页。
② 伯云:《我国供销合作社的社会主义性质》下,《经济研究》1956 年第 5 期,第 57 页。
③ 参看株洲市文艺工作团创作组编剧、刘国祥执笔:《送货下乡》,北京:人民文学出版社,1974 年。关于此种围绕"正当的需要"的"政教指向",参看胡容:《商品交换中两种思想的斗争》,《红旗》1975 年第 4 期,第 69 页。
④ 《艳阳天》第三卷,第 1268 页。
⑤ 同上书,第 1273 页。

凤兰试图乘虚而入时,萧长春替她搬来了救兵——请来孙桂英的妈妈替女儿分忧。这毋宁说亦是一种伦理性的回应方式。

因此,《艳阳天》并没有动用"大跃进"歌谣式审美化劳动的方式。在孙桂英的生活世界里,对于逛庙会、赶大集的念想之外,有了集体劳动的位置,在这一劳动开始呈现否定性结果的时候,小说叙事又及时地补入了伦理性环节,而且这一家庭伦理背后还蕴含着萧长春的集体伦理回馈——他在请孙妈妈的时候,帮人家义务抹了门楼子。

除此之外,小说还动用了一个能即刻达成"物"之扬弃的方式——审美。紧接着上述孙桂英流连于货车的引文,有这样一段萧长春与孙桂英相逢的场景:

> 在家里,他[萧长春]听说供销社那位年轻的业务员下乡来送货,心里很高兴,就赶忙跑来,想帮帮忙,再问问带没带着小农具和避暑的药物,像仁丹、十滴水之类的东西,以便买些,留给社员在收麦子时候用。……
>
> 萧长春没有跟她[孙桂英]闲扯下去,就走到货郎担子跟前,跟年轻的业务员打招呼。
>
> 孙桂英也跟在后边,没话找话说:"大兄弟你瞧,新社会真是样样好,供销社的同志都把东西送上门口了。你看看那条毛巾,成色、花样多漂亮啊!等到打场的时候,蒙在头上,嗨……"她一伸手,从货郎担上扯过一条葱绿地、两头印着两枝梅花的毛巾,在自己的身上、头上,比比试试,朝围着的人得意地笑着:"我想买一条,一捉摸,算了。我这脑袋要蒙上它,又该有人说闲话儿了,又该说我光想打扮了。打扮有什么不好,人没有不爱美的,大兄弟你说对吧?你这支书反对不反对打扮?"
>
> 萧长春一边问业务员喝水不,有什么需要帮忙的事情没有,一边在挑子上寻找他要买的东西;听到孙桂英这么问,就笑笑回答说:"我们不主张总是讲究打扮,也不反对打扮。话说回来,人美不美不在打扮,也不在外表,心眼好,劳动好,爱社会主义,穿戴再破烂,再朴素,也是最美的。你们孩子他爷爷,就是这样美的人。我说的是闲话儿,该买你还

是买,买一条手巾用,也不是什么多余的事儿。"①

萧长春此处对于"物"的态度与《丰收之后》里的赵五婶极为类似:仿佛本能地关注与生产劳动相关的"有用"之物。但小说叙事借孙桂英之口进一步将"物"引向了"美"。萧长春此处的回应无疑中介着政教机制的引导。但需注意,他还是为孙的物欲及其背后的"审美"观留下了余地,虽然基本是从"有用性"的角度来界定是否"多余"。但是有趣的地方在于,《艳阳天》关于"美"的言说还不止于此,即不限于用政治—伦理置换事物的感性外观,反而是凸显了"新人"更加"纯粹"的审美能力:"北方的乡村最美,每个季节、每个月份交替着它那美的姿态,就在这日夜之间也是变幻无穷的。在甘于辛苦的人看来,夜色是美中之美,也只有他们对这种美才能够享受的最多最久。"②尤其在萧长春那里,敏感于"自然美",成为"新人"扬弃"物欲"的一种独特方式:

> 萧长春穿过大门道,直奔二门,一股子很浓烈的花香扑鼻子;接着,眼前又出现一片锦绣的天地:那满树盛开的紫丁香,穿成长串的黄银翘,披散着枝条的夹竹桃,好像冒着火苗儿似的月季花,还有墙角下背阴地方碧玉簪的大叶子,窗台上大盆小盆里的青苗嫩芽,把个小院子装得满满荡荡,除了那条用小石子嵌成图案的小甬路,再也没有插脚的地方了。
>
> 一夜没有睡好觉的萧长春,立刻感到精神一振,那英俊的脸上闪起了光彩:他被这美妙的景致迷住了。③

这一场景不啻让人想起1950—1960年代美学讨论中李泽厚关于"自然美"的看法。他特别区分了作为"内容"的自然美与作为"形式"的自然美,前者与"物欲"有着较近的联系(如牛羊瓜菜),而后者则指向对于物欲直接性的扬弃。萧长春的这一审美能力的设置无疑不是随意的。在共产主义新人的

---

① 《艳阳天》第二卷,第831—832页。
② 同上书,第732页。
③ 同上书,第777页。

文学谱系中,拥有审美能力是一项不可或缺的素质。① 相反,那些阶级敌人身上则丝毫见不到此种特质。

不过,围绕新人的日常感知所展开的叙事中,不仅有着"崇高"(政治—伦理)与"优美"(审美)这两种感性经验,而且还让"新人"直接卷入"散文化"的商品交换活动之中。在我看来,这是整部《艳阳天》中最为有趣的细节。它首先带出了社会主义商业内部的多样性与矛盾性。对于东山坞高级社来说,与送货下乡的供销社货车相比,更让人感到愉悦的是柳镇集市,这一交换空间无疑关联着曾被当时的经济学家称之为社会主义市场"根本问题"的农村市场。② 但是,赶集并不仅仅是一种经济活动,毋宁说是一种生活方式。这在农业社成立以后依旧没有改变。根据蒙文通的考证,中国自古以来就存在"广大人民群众的市":"古人常说'日中而市',这种'市',正是广大人民群众的市。周官说'五十里有市',正是这种市。五十里正是当天一往返的行程。"③柳镇大集应有此历史渊源。《艳阳天》第二卷自第64章至最后一章即第91章,写的都是东山坞的"三天假期",而"假日的第二天,正赶上柳镇大集",呈现赶集以及集市上种种场景与活动的部分,正处在第二卷的中间位置。叙述者也并没有将赶集视为单纯的经济活动,而是将之呈现为1950年代末北方农村的日常生活不可缺少的一个环节:

> 这是麦收前的最后一个集日了,家家户户都有事儿要办,就是没啥大事儿的人,也想着到集上转转,看看热闹,要不然,等到活儿一忙,哪

---

① 如工人作家胡万春笔下的"新人"王刚:"我路过四号码头旁边,在老远,我就看见一个赤膊的彪形大汉,坐在大木桩上作画。也许是由于好奇心,我就走到这位'画家'跟前来。走近以后,我发觉他的身体是多么强壮呀! 我以为,只有举重运动员才会有那么结棍的身体。他光着上身,有着宽大而滚圆的肩膀,熊似的背脊,粗腰身上围着一条扛棒工人通常用的蓝布做的垫肩布。我看见他那棕色的皮肤好象在烈日下冒油中。奇怪的是,这位'画家'一点也没有感觉到太阳灼人,一门心思的,一手拿着调色板,一手拿着画笔,在一幅很大的画纸上画着水彩画。他的注意力这么集中,似乎全身心都沉浸在他的作品中了。"(胡万春:《特殊性格的人》,见《特殊性格的人》,北京:人民文学出版社,1959年,第105页。)
② 参看贺政:《关于我国农村市场问题》,《新建设》1965年10月号。
③ 蒙文通:《从宋代的商税和城市看中国封建社会的自然经济》,《历史研究》1961年第4期,第51页。

> 还有功夫赶集呀!①

叙述者在这里显然诉诸了一种"常态"的视角,其口中的"家家户户"也不限于先进者。令人好奇的是,"新人"与这一赶集活动的关系是怎样来表述的。小说对于萧长春"赶集"之前因后果的叙述,极为明白:他家在土改那年分了地主马小辫祖坟上的几棵大树,盖完房子还剩下些枝枝杈杈,他想卖了给萧老大和小石头扯点布做衣服。当然,萧长春赶集还有一个主要目标:到柳镇派出所打听一下搜捕反革命分子范占山的消息。此外,他还想看看大牲口的行情,瞧瞧胶皮车的货色,顺便打听支援工地的东山坞社员的劳动情况。随着萧长春到了集市附近,叙述者将这一充满了笑声的空间铺陈了出来:

> 到了集市附近,人们聚拢到一起,就更加热闹喧哗了。小贩的叫卖声,饭摊上的刀勺声,牲口市上牛羊的叫声,宣传员们的广播声,嗡嗡地汇成一片。
>
> 小百货摊五光十色的招牌啦,供销社陈列货品的橱窗啦,摆在街头的农具、水果、青菜啦,平谷过来的猪石槽子,蓟县过来的小巧铁器,从潮白河上过来的欢蹦乱跳的大鲤鱼,从古北口外边过来的牛羊啦,这个那个,充塞了好几条街道。把乡村、城镇所有特产品的精华都聚集到这里来了,像个博物竞赛会。它既显示着北方农村古老的传统,优良的习惯,丰富的资源,又显示着新农村生产的发达和朝气蓬勃的景象。②

柳镇大集本身是一个贯通了数个历史时期的社会空间。在叙述者的口吻中,它颇为"有机"地整合进了社会主义生活方式之中。而从文本多次诉诸"笑"可以看出,赶集与集市将人的习惯、兴趣与行为自发性充分释放了出来,也暴露了心物关系的基本构造。但对于萧长春来说,他与整个人群之间的关系既亲密又有距离。他卖木材的具体细节,在文本中是缺席的,但叙述者还是写出了以下这一幕:

---

① 《艳阳天》第二卷,第868页。
② 同上书,第909页。

  萧长春把木柴挑到集市口上,就没有勇气往里挤了;把担子一放,立刻就有人围过来。他既不贪图大价钱,也不恋集,三言两语,就卖出去了。他把人民币塞进衣兜里,把绳子缠绕在扁担头上,这才一身轻松地朝里挤。他常常碰到熟人,除了本村和邻村的,还有一些在一块儿开过会的农业社干部和县里各部门的工作人员。他简单地跟他们打过招呼,谢绝喝酒请饭的邀请,不停步地朝里挤。有力气的庄稼汉,挤热闹是最不在行的。这一段"艰难的行程",在他的感觉里,简直比爬一趟瞪眼岭还要费力气。往少说也花了半个钟点,他才带着一头热汗,跨进柳镇派出所的门口。①

萧长春对于私人性的交换活动十分漠然。在很快完成交易之后,便一心扑向柳镇派出所了。热闹的集市、朋友的酒食招呼,对他丝毫没有诱惑,反而成为一段"艰难的行程"。但这种与集市的"距离"并不限于有事在身的情况。耐人寻味的是,萧长春与赶集的家家户户以及整个集市之间,首先表现为一种观看的关系:

  这会儿,萧长春把他急需要办的事情全办完了,别的事儿只能等消闲一下再说了。

  他挤出人群,走到一个人少的小角落里,心满意足地往那儿一站,搂着拄在地下的扁担,卷了一支烟;一边抽着,一边看热闹。他周围的人都在活动,都在吵嚷。在工地、山村奔波了几个月的庄稼人,偶尔来到这样繁华的闹市上,就像第一次进了北京城那么新奇,那么适意,又那么忍不住地想这想那——他那一颗火热的心,长了翅膀,飞起来了。

  他想,过了几年,这个集市上就会有东山坞的肥牛壮羊出售,也会有东山坞的桃子、李子挑卖;说不定还会有东山坞的苹果来增加这儿的光彩。那时候,社员们再赶集来,就用不着挑着担子,或者推着车子了,起码有足够的大胶皮车接送他们,说不定还有了汽车哪!嘿,到了那个

---

① 《艳阳天》第二卷,第909页。

>日子,大家的生活该是多美呀!①

萧长春之所以与此刻的集市存在距离,是因为他没能在这里看到东山坞的成分。而他那"飞起来"的"心",见到的正是未来柳镇大集的幻景:东山坞的牛羊瓜果占据了带有"节日"性质的交换空间。因此,这种"新人"与赶集诸众之间的叙述距离,这种"新人"直接卷入交换活动的简化处理,这种"新人"对此刻交换活动的置换,正是那一时期的社会形式的诗学。萧长春的思考单位与情感投入单位,始终是农业社。甚至可以说,萧长春的形象就是集体性本身的"道成肉身"。萧本来想在赶集时吃一顿便饭,可一想到社里黄瘦脸的马老四和儿子小石头,就放弃了吃饭的念头,用仅有的钱给马老四打了一瓶油,给儿子买了个鸟笼:

>他把手里的东西全部放在地下,紧了紧裤腰带;把布卷往衣裳兜里一塞,把油瓶子和鸟笼子拴在扁担的一头,随后又把扁担一扛,急忙往回走。那刀勺的响声,那诱惑人的叫卖声,那冒着热气、散着香味儿的东西,他都不去听,都不去看了。他眼前出现的是:饲养员马老四的碗里飘动的油珠子和小石头提起鸟笼子时候的笑脸。
>一股子满足的情绪,荡漾在他的心头。②

这为萧长春的赶集画上了一个句点。这里荡漾的是一种极为强烈的感情,一种"满足"。值得强调的是,"新人"克服"物质刺激"的动力是情感,而不仅仅是理性。但是请注意,此处萧长春与小石头间的亲情,同他对马老四的情感还是并置在一起的。因此,萧长春"丧子"成为文学叙事将政教机制的焦虑内化后的一种设置。马之悦在利用孙桂英勾引萧长春不成后,试图用亲情来摧毁他或至少是使之无措。但仿佛这一"考验"及其"解决"早已潜伏在理想读者心中了。齐泽克以为,切断与所珍爱对象之间的联系(珍爱之物是敌人要挟的砝码)以及绝对臣服于某一任务,正是革命主体性的最彻底状态。这一巨大的代价所换来的是主体永久的负疚感,却同时也换来

---

① 《艳阳天》第二卷,第910—911页。
② 同上书,第914页。

了令敌人恐惧的行动力,因为他已将自己转变为"活死人"。① 《艳阳天》的叙事高潮就是这一"打麦子"还是"找小石头"的设置。萧长春通过一种别样的交换(献祭),最终确认了不可交换之存在。但萧长春并没有向"非人"转化。或者说,他的形象在这一"考验"发生之后产生了分裂:在"敌人"面前,他变成了"非人"(资产阶级"人道主义"已经在此失效);但对于"朋友"来说,他依旧保持着伦理温度。此种"一分为二"无疑是 1960 年代"新人"的内在要求(如雷锋之语:"对党和人民要万分忠诚,对敌人越诡诈越好"②),但也是"新人"的难度——如何处理此种必要的"裂隙"。具有症候意味的是,在第 121 章,萧长春当着焦淑红的面释放出内心失去小石头的痛苦,并找到了情感转移方式之后(将痛苦"化开"而非"藏着")③,在小说以后的进程中,小石头的问题几乎就缺席了。特别是,最后一章即第 141 章里,小石头再也没有被提到,一切都显得稳稳当当,甚至是意料之中。这说明了小石头已经在集体性的"哀悼"中被升华,而没有成为挥之不去的"忧郁"的对象。④

小说之所以如此处理,很大程度上是因为萧长春"当家人"的特殊位置。一句"咱们这个社会最能感化人"在小说第一卷、第三卷重复出现。⑤ 小说字面上诉诸的是:党的政策,团结,拧成一股劲儿斗争,耐心的说服动员工作。但其实需要的是萧长春这样的肉身榜样。如同《丰收之后》,"当家人"形象是农业合作化文学叙事的核心要素,也是政教机制的依傍。根据博尔坦斯基的研究,历史中的"资本主义精神"理想型与六种正当性逻辑相关,即灵感型(高位人物属于圣哲与艺术家)、家庭型("大人物"是长者、祖

---

① Slavoj Žižek, *In Defense of Lost Causes*, p. 171.
② 雷锋:《雷锋日记》,北京:解放军文艺出版社,1963 年,第 30 页。此外更为知名的是雷锋在其日记中引用过的"对待同志要象春天般的温暖,对待工作要象夏天一样火热,对待个人主义要象秋风扫落叶一样,对待敌人要象严冬一样冷酷无情"(《雷锋日记》,第 15 页)。
③ 参看浩然:《艳阳天》第三卷,第 1543 页。有意思的是,就在萧长春抒发并升华完自己的丧子之痛后,焦淑红提出:从明天起就在她家吃饭。萧长春的回应是干干脆脆的"行"。
④ 在精神分析话语中,"哀悼"指的是对于失落能够承受下来,得以"扬弃"这一失落,因而是"正常的";而"忧郁"则坚持自我对于失落对象的自恋式附着,因而是病态的。
⑤ 《艳阳天》第一卷,第 530 页。

先、父亲)、声誉型(更高的地位决定于赋予信任和尊重的人数)、公民型(大人物是表达公意的集体机构之代表)、商业型(大人物是竞争性市场中的成功者)、工业型(高位取决于效能与专业能力级别)。第一种资本主义精神(相当于资本主义的古典时期)植根于家庭型和商业性相妥协后确立的正当性;第二种资本主义精神(1930年代以后至1970年代)植根于工业型与公民型达成妥协后的正当性。而如今主导世界的第三种资本主义精神,则与"全球化"及新技术的使用紧密相关。① 博尔坦斯基的理论模型有助于辨识文学史中各类主人公所展示的"精神"气质。对于确认社会主义文艺中的人物形象及其所依据的"社会主义精神",亦有参考价值。社会主义精神区别于资本主义精神,正可以从当家人形象入手来分析。譬如,当家人形象既是对于家庭型的扬弃——克服传统的身份与地位崇拜、克服血亲相隐,但保留亲情般的亲密性(这对于农村合作化实践来说尤其关键);也是公民型的扬弃——用"阶级性"超越抽象的民主,但依赖先锋党组织;更是工业型的扬弃——用"通情达理"来克服官僚制或科层制,但保留对于生产能力与技术水平的重视。他在一定程度上接近于声誉型——获得绝大多数人的信任与尊重,也基本与灵感型与商业型保持否定性的关系(但凸显审美能力似乎又与灵感型有一丝相关)。社会主义新人的精神实质在此种对比性框架中,或许可以获得更为清晰的界说。而其难度也在于:家庭型、公民型、工业型因为历史条件所限皆无法真正扬弃,灵感型与商业型在不断生产干扰性因素。声誉型在此种条件下会发生偏移。

从萧长春这一"当家人"形象中可以读解出颇为完整的"新人"之"心"的特质:首先,是有"心术",即有着细密的心思,讲策略,有手段。这从焦二菊、马之悦一正一反两方面得到确认。② 其次是能够自我控制,不使自己放

---

① 博尔坦斯基(Luc Boltanski)、希亚佩洛(Eve Chiapello):《资本主义的新精神》,高铦译,南京:译林出版社,2012年,第18—24页。
② "焦二菊:'我跟你说了,是要你办事儿,不是让你去发脾气吵架;也别像去年那个样,一见事儿就趴在炕上。要心缝宽着点儿,像人家长春那个样子,别看人家比你年纪轻,论心术,你俩捆一块儿也不顶个。'"(《艳阳天》第一卷,第52页。)"马之悦:'[萧长春]他是个有经验、有心术的人呀! 真实有点猜不透。'"(同上书,第87页。)

纵于激情。在小说中,叙述者的声音曾以此批评过韩百仲。① 再次即上文所论述的掌握审美能力,以此作为扬弃"物质刺激"的必要环节。又次,能够将"道路"意识内化,与上级党形成一种内在的精神联系,而非唯官是从(否则小说中就不会有萧长春与乡长李世丹的"对峙")。但在很大程度上亦包含着一种服从性——"我再告诉你一个分辨好坏的窍门儿,只要党号召干的,全是好事;只要谁说的话跟党说的是一样的,全是好话。"②

最后是能植根于地方,通情达理,具有伦理温度,萧长春开导马翠清关怀未来的公公韩百安,是为明证:"怎么没引子呢? 老头子跟大伙儿淋了半天,看受了凉没有,做饭吃没有。晚辈人嘛,他就是怎么落后,也得像晚辈人那个样子,知道关心他;这样一来,又是慰问,又是鼓励。……对什么的落后人,得开什么方子治他的病;百安大舅这会儿最担心的不是分麦子吃亏不吃亏的事儿了,是怕儿子跟他不亲、翠清你跟他不近。"③

在这最后一点上,伦理对于物质的扬弃,表现得非常明确。东山坞正是在萧长春的努力下,逐渐形塑成一个真正的集体或共同体。小说中关于"缝儿"的隐喻,由此就显得十分有趣了。在小说第二卷,叙述者借"反右"事件,将"右派"的基本行动逻辑比喻为"找缝儿下蛆,钻空子引虫"④。其实这是农业合作化小说乃至社会主义文学中反派人物的一般行动方式——利用人之心性上的弱点、利用其癖好与欲望,或者更确切地说,如马之悦般"玩弄没有狠心割尾巴的中农户"⑤。而萧长春想要形塑的东山坞,得将这些"缝儿"全都缝上:

> 大舅[指韩百安],还有一条:坏人要拉垫背的,决不会找我,也不

---

① "萧长春走过来,扯住韩百仲的手。他感到这只带有厚茧的手上在冒汗,浑身都在颤动。急性的人哪,你怎么不会冷静一下呢? 萧长春难道不比你急,不比你激动? 别看他还在说,还在道,有时候还开上几句玩笑,他是在用这些控制自己,不让自己暴跳起来,不让自己蛮干呀!"(《艳阳天》第一卷,第61页。)
② 同上书,第1064页。
③ 同上书,第1379页。
④ 同上书,第902页。
⑤ 同上书,第850页。

会找马老四、喜老头,也不会找哑叭,因为这些人跟农业社一条心,没缝儿可钻;他们专门要找马连福这类人的,也会专门找您这样的人,因为你们跟农业社还没有一条心,有缝儿让他们钻。①

马之悦对于东山坞集体性的侵蚀,取决于人身上的"缝儿"。而体现这一"缝儿"或"两条心"却又不能完全归于"敌人"之列的弯弯绕,构成了最为棘手的挑战。在弯弯绕身上,其实凝聚着中国革命的基本特质。在他与"反动富农"妹夫的对谈中,可以发现弯弯绕守着一条底线:

> 弯弯绕捉摸着说:"要我说,这天下,还是由共产党来掌管才好……"
>
> 妹夫奇怪地叫了一声:"哟嗬,看样子,你对共产党还有点情份啊?"
>
> 弯弯绕苦笑了一下。真的,是奇怪的事儿。这个顽固的富裕中农平时对共产党满腹不满,或者说结下了仇,怎么忽然听说共产党要"垮台",又不安,又害怕了呢?他的心里边乱了,没头没脑,自己也摸不着边儿了。过了一会儿,他像自言自语地说:"你说情份吗?唉,这真难说。想想打鬼子,打顽军,保护老百姓的事儿;想想不用怕挨坏人打,挨坏人骂,挨土匪'绑票儿'、强盗杀脑袋;想想修汽车路,盖医院,发放救济粮……这个那个的,唉,怎么说呢?只要共产党不搞合作化,不搞统购统销,我还是拥护共产党,不拥护别的什么党……"②

弯弯绕此种态度包含着对于革命国家的直觉性认知与认同("真的,是奇怪的事儿")。这可能是最普遍且切实的革命共识了。当他妹夫用"别的党掌了天下,也不会再搞旧社会那个样子的社会,完全是新的。打个比方吧,像人家美国那样……"来诱惑他时,弯弯绕的反应是迟疑甚至是惊惧的。对于他来说,只是要求"共产党改改制度,松松缰绳"。弯弯绕真正觉着困难的是,自己没办法变成萧长春这样的人。在第三卷中,他依旧没有将自己的"肠子"理顺,因为"要想肠子顺,除非让自己变得像萧长春、韩百仲、马老四

---

① 《艳阳天》第二卷,第 1064 页。
② 同上书,第 903 页。

这色人一样,把吃穿花用这些个人的事儿全抛到九霄云外,合着眼瞎干,干了今天,明天拉根子要饭吃,也干"①。他甚至退一步为萧长春着想:"你不照顾我们这些户,总得照顾马老四这些户吧?"在弯弯绕的脑海里,虽然直觉性地认同国家,但国家对他来说还是"外在的",如同《丰收之后》里的老四妻一样,在潜意识里认为"咱不当家":"你[萧长春]真傻呀,真傻呀,国家这么大,东山坞再多卖,再多交,放到大仓库里,不过是像一个沙子粒儿扔在地里,显不了眼,也富不了多少;再少交,就是一个粒儿不往国家交,大仓库还是大仓库,国家照样儿搞建设。"②这种"私心"的克服,不仅关乎"心"的改造,而且关乎"物"——尤其是作用于"物"的制度的创设——如何真正落实更为普遍的"当家作主"。中农马子怀的担忧则相对更平和一些——担心农业社不够稳当牢靠:

> 有一回,车把式焦振丛的鞭子折了,一时买不着,找他来借这把鞭子。他千嘱咐万嘱咐,使两天送回来。焦振丛说:"你家里还留着玩艺干什么呀?"他说:"等社散了,我还得过日子呀!"
>
> ……
>
> 马子怀缠着那把鞭子,心里头没着没落。这一阵,他甚至感到,自己这日子一点儿也不牢靠,并没有什么奔头。③

如何形塑出一种健康而向上的"第二自然",是社会主义建设面临的核心挑战。特别是,弯弯绕式的"私心"有其现实基础,1960年代的中国不可能完全将集市交换等带有私人性质的经济活动完全消灭:"农民所从事的某些个体经营、集市交换、自负盈亏等私有性质的经济活动,对他们的思想意识又不能没有影响,它会助长小生产者的思想与习惯,成为一些农民的私有意识顽固存在的客观条件。"④更大的危机在于赵树理在1963年曾谈及

---

① 《艳阳天》第三卷,第1224页。
② 同上书,第1225页。
③ 同上书,第123—124页。
④ 刘诗白:《试论社会主义制度下的个体私有制经济残余》,《新建设》1964年1月号,第13页。

的问题:"比如我们说,现在的日子比过去强,要保卫胜利果实,农民说现在不比过去强;我们说依靠集体就有办法,农民说没办法,还是靠自留地解决了问题。……农村住房有些坏了,公社不能修,农民靠在自由市场上买东西,把房子修上了。集体不管,个人管,越靠个人,越不相信集体。"①赵树理显然没有从先进分子或政教机制所凸显的"榜样"出发,而是从依旧无法摆脱"物质刺激"的普通农民视角出发来发言的。一旦再纳入国家,形成国家、集体与个人三重关系,那么围绕"物"所生发出的矛盾还要棘手。由政教机制所中介的文艺经验则尝试将这些人性较低的部分消弭在一种社会主义精神的理想型中。在这个意义上,《艳阳天》里"夺人"的议题有其深刻性,但本身亦成为一种症候。一方面"感化"中农以及贫农中的"堕落者",另一方面不断提升贫下中农的政治主动性。如此,赵树理式的难题完全可以在一种更具远景与政治觉悟的视野中被消弭掉。但是,这也有其限度。如今我们需要同情性地理解此种政教形态的意图,但不必停留在此。因为,"价值规律"论争中所点出的难题作为一种辩证的"现实性"依旧存在,《丰收之后》王宝山的焦虑依旧存在。结构性矛盾会在并不彻底的解决方式中积累起来,最终获得一种突破既有的政治、伦理与美学框架的强度。在《艳阳天》里,由"物"之命题带出的矛盾,远比文学叙事自身的解决路径要广阔。特别是,诉诸"当家人"这一肉身,必将面对局部、特殊个体的可朽性。因此,"物"的最终扬弃,显然无法依托政教形态与"当家人"的形象美学机制。不妨再次回到赵树理式思考的特征上来,值得追问的正是,社会主义实践中,是否存在介于"觉悟"与"物"的逻辑之间的经验?如果存在,又如何为之赋形?或者说,如何进一步思考其赋形的不可能性,以及此种"不可能性"本身的辩证契机,会将我们带入政治、经济、伦理与美学更为隐秘的总体性。

带着这一追问,我们也就抵达了本章的终点,或许这也仅仅是另一个思考的起点而已。在周谷城美学批判中,我们看到了"汇合"对于"分"的挑

---

① 赵树理:《在中国作协党组扩大会议上的发言(1963年6月)》,《赵树理全集》第五卷,太原:北岳文艺出版社,1994年,第355—356页。

战。在心理学批判话语中,我们看到了阶级意识特殊化、分化的可能,由此深化了"心"之转型方面的思考,同时也见证了控制论对于社会主义现代性的挑战。在按劳分配与价值规律论争中,我们看到了社会主义政治经济学的内在难题性,由此展开了关于"物"及其逻辑之顽强性的反思。最终,我们以1960年代带有政教色彩的文学叙事,拷问了社会主义心物关系的基本政治、伦理与美学构型及其限度。社会主义现代性对于"新人"的向往(在合作化叙事中表现为农民的"革命化"),本身必然伴随对于"现代"的物质追求。中国社会主义最激动人心之处,便是试图在"匮乏"之中克服"匮乏"本身,通过扬弃"物质刺激",重新建构概念、意义与感觉之间的联系。其中关键之处又在于用"不断革命"这样一种诉诸"未来"的方式——同时也扬弃了一种铁律般的、宿命的未来,在生产过程中改造"生产"本身的意义,在日常生活中改造"日常生活"本身的构造。此种文艺实践宣告了社会主义革命的"加速",也宣告了旧有杂糅"物质刺激"的合作化叙事向扬弃"物质刺激"的路径转化。这也是为什么,在相对匮乏时代,文学叙事却始终以"物质如果丰富,心物关系应该如何摆放"作为基本叙事前提之一。但历史的悖谬在于:在改革时期,萧长春所在意的"缝儿"被赋予了一种肯定性的、不可辩驳的"生存"意义。同时,持续地追求具有政治、伦理、美学统一性的"新人"的方案遭到质疑。要知道,如今"新人"的不可能性,正在于此。因为不可能存在单纯凸显"道德"的新人。政教—美学机制虽然有着一种家长式的关切与审慎,但依旧内化了社会主义实践的核心矛盾,无法取得全面的领导权。在文学叙事的细节中,可以见证革命实践自身的多元决定性。最终,此种机制本身成为历史形式的诗学。这种具有超前意识的"物质"批判视野,由于嵌入物质匮乏(部分是由于不得不完成高积累以实现工业化)的社会机制,最终使蕴藏在内部的诸矛盾爆发出来,甚至进一步瓦解了其基本的"语法"。政教机制本身亦有意无意地生成了自身的盲点,即对于"中间""之间""汇合"等经验领域的搁置或相对粗糙的处理。但不管是以自在还是自为的方式,正是这些领域"现实地"联结着两个"三十年",它们有待更具批判性的视野去将之重新勾勒出来。

结　语

　　正如本书一开始就强调的那样，1950—1960年代中国文艺实践不仅形塑出"作品"，更"形塑"出矛盾；尤其是对于诸种"自然"的形塑，必然会带入更为广阔的实践领域的难题。我们已经看到，从"自然"表象的构型，到内在世界的构成，再到"第二自然"的感性表达，一方面作为"问题"或"议题"到场，比如新山水、自然美、自觉性、无"缝儿"的"集体"等，另一方面也是"难题"的表达。后者呈现为一个个辩证的环节：无法完全剥离的"传统"（强韧的古典文化、地方风俗差异、积累不深但关系兹大的"近代文化"），政治主体性与文化教养的现实矛盾，革命精神与心性、情感的模糊地带之间的张力，"聚神"与"分心"的关系，"物"的逻辑及其克服之难，等等。

　　诚实地说，此一时期的文艺实践亦有其无法逃避的有限性与局限性。文艺表征的具体路径始终受到历史条件规定。这一方面使它本身成为"有意味的形式"，另一方面也部分为它卸下了再现"绝对"的重负。它无法表征一切，我们也不应对之有如此的期待。这也使本书的解读总是在"呈现"与"缺席"之间反复游走。权且让我征用一下本雅明—阿甘本式的姿态：解读这一时期的文艺实践与美学论争，其要义毋宁说是，阅读那未被写出的东西。这可以在两个意义上来理解。首先需要在更为广阔的思想与制度实践中重新定位文艺实践。虽然"显白"的政教文化尝试贯穿所有领域，但诸领域依旧保留着自己的"语法"。因此在此意义上，文学文本与艺术形象总是联通着某些得不到表达的"潜文本"。后者需在解读过程中"现身"。其次，这也是对于单纯怀旧以及封存式告别的拒绝（两者其实一体两面）。真正救赎过去，需要将"过去"作为"潜能"来阅读，将之视为尚有待实现的"起源"，同时使之向新的历史经验与技术条件开放。

这就首先需要将文艺实践的经验还原为"社会主义文化"的一个组成部分。严格来说,这一时期的文艺实践与美学论争,无法承担黑格尔所谓"绝对精神"的重负。社会主义的"主观精神"(情感与认知)、"客观精神"(礼法与制度)与"绝对精神"(艺术、哲学及一切高度自觉的创造性活动)尚需重新梳理与辨正。① "绝对精神"尚未到来,暗示历史运动尚未终结。如果仅仅只在实证的以及效用的意义上来把握社会主义文化,而缺失对其"自为"面向的理解,我们就会丧失与这一整体性文化实践的血肉关联。那只从虚无主义大门里伸出的手,就会将我们紧紧攫住。

因此,将中国社会主义文化实践视为一项尚待实现的集体精神事业,是激活这一文化可能性的前提。当然,正如"绝对精神"是精神运动的更高阶段而非分化后的特殊领域,这亦是不脱嵌于整体结构甚至是渗透在所有实践之中的"文化"问题。它是审美问题,也是伦理、政治的文化问题,更是生产、交换、分配、消费的文化问题。中国社会主义实践曾经试图在诸领域间形塑出一种整体文化,但并未全然成功,最终见证了"文化"分化乃至分裂。一种难以被"标记"的霸权文化(经济理性与功利主义)却势不可挡地蔓延开来。但此种进程也提供了一种可能性,即在这一更宏阔的"文化"层面上来思考整个六十年历史的辩证式连续性。自然,这必定会从文艺与审美领域过渡到更为繁复的领域,进而触及社会主义现代性的核心难题。

虽然迄今为止围绕社会主义现代性已有诸多讨论,但福柯在1979年法兰西学院演讲中的一席话却格外引起了我的注意:

> 社会主义所缺少的不是一套国家理由而是一个治理理由,所缺少的是对社会主义中的一个治理合理性的界定,也就是对治理行为的目标和样态之范围进行合理的、可计算的衡量。不管怎样,社会主义也确立了或者说提出了一种历史合理性。……我们说社会主义的经济合理性是一个可以讨论的问题。不管怎样,社会主义提出过一个经济合理性……我们也可以说社会主义掌握了、表明过在健康、社会保险等领域

---

① 关于"绝对精神"概念与"共产主义"的关系,可参考 Agnes Heller, *Theory of Need in Marx* (London: Allison&Busby, 1976), pp. 125-126。

掌握一些合理的干预技术、行政干预技术。社会主义的历史合理性、经济合理性、行政合理性，我们都应该予以承认，或者我们说无论如何问题都可以讨论，但不能以某种姿态抹杀所有这些形式的合理性。但是我认为并不存在自主的社会主义治理术。不存在社会主义的治理合理性。事实上历史已经表明，社会主义只有嫁接到各种治理术的类型之上才能运转。在那时候，它已经连接到自由主义治理术之上，社会主义及其各种形式的合理性，在面对内部危险时扮演着平衡力、缓和剂、镇静剂的作用。①

福柯的"治理理性"谱系学为西方现代性的生成提供了一种十分有趣且有力的叙事。② 至18世纪，我们见证了两个关键转型：首先是从依照自然法与神法来治理，转向16、17世纪的"国家理由"阶段；随后转为"自由主义"治理理性或治理术阶段。对于后者来说，核心问题变成了："我是否是在这个过多和过少的界限上来治理，是否是在事物的自然给我确定的这个最大和最小之间来治理？"③这里的"自然"，已经褪去了古典的色彩，成了"治理操作所内在固有的必然性"。18世纪以降的"治理理性"强调"内在调整"，即"事实调整"或"事实限制"。正是"政治经济学"而不是"法"，使这一自我限制的治理理性成为可能。一种分离于道德与法的"真理体制"则是这一自我限制所依据的原理。此种治理同时是全局化与个别化的（治理所有

---

① 福柯：《生命政治的诞生：法兰西学院演讲系列，1978—1979》，莫伟民、赵伟译，上海：上海人民出版社，2011年，第76页。
② 关于福柯的"治理"概念，可参考高登（Colin Gordon）的疏证：福柯在广狭两个意义上理解"治理"。他将一般的"治理"定义为"行为之引导或管理"，也就是说，一种旨在形塑、引导或影响某些人的活动。"自我与他人的治理"则是福柯最后两年法兰西学院讲座的主题，其中，治理是这样一种活动，它关注的是自我与自我之间的关系，即涉及某类控制或引导形式的私人性关系。这些关系在体制、社群中展开，最终则与政治主权的施行相关。见 Colin Gordon, "Government Rationality: an Introduction", in Graham Burchell, Colin Gordon and Peter Miller ed. *The Foucault Effect: Studies in Governmentality* (Chicago: The University of Chicago Press, 1991), pp. 2-3.
③ 福柯：《生命政治的诞生：法兰西学院演讲系列，1978—1979》，第16页。

人、治理每个人)。① 因此,福柯所谓社会主义缺乏自主的治理理性,需要在上述自由主义治理理性脉络里来把握。这一诊断的核心意旨是,以苏东为代表的现实社会主义实践,缺乏足以与此种强调"内在调整"与"事实限制"的治理理性相抗衡的对应物。后者的霸权力量并不单纯来自或主要不是来自"文本"或符合于"文本",而是植根于资本主义生产方式(从"事实"与"效用"中汲取"知识")。它一方面具有相当程度的灵活性,即不断进行所谓的"自我限制";另一方面又始终占据普遍性的位置,如"自然""真"。虽然福柯用"超级行政化的国家"来指称现实社会主义,多少有些落入俗套,甚至多少默认了新自由主义的某些指责,但他的某些看法值得进一步思考:社会主义实践究竟如何处理"治理"与"政教"的关系?是否需要将"治理"及其"理性"层面清晰地界定出来?治理理性是否可以成为生产方式与历史理性、政教文化之间的"中间地带"或"中介"?无论如何,社会主义文化无法认同自由主义治理理性,但却需要展开自身对于"界限""限制""真""自然"的别样思考。

在这个意义上,1966年3月,时任山西昔阳县大寨大队党支部书记的陈永贵发表于《人民日报》的一篇文章,或许可以成为重释"治理理性"问题的线索。虽然《人民日报》的"编者按"紧扣"政治挂帅"发言,但也清晰地表述出中国社会主义实践的张力性结构,比如落实在集体经济的分配制度上,就是既要承认"差别","又不能使差别过于悬殊"。由此,1963年以降贯穿在所有领域中的"一分为二"话语获得了"现实性"。陈永贵关于大寨大队劳动管理的谈话,呈现出真正置于"否定性"之中的社会主义集体经济的制度实践:在思维与实践中同时把握住历史的规定条件,始终容纳旧有因素的难度与挑战,同时尝试从"内部"逐渐形塑出别样的习惯与思维。也正是在这个意义上,"劳动管理"或更大范围的"经营管理",与"政治"或更确切地说,形塑"向上"之心性的"政教"之间,获得了相互渗透的可能性。

陈永贵非常敏锐地点出,社会主义实践无法截然分开"思想觉悟"与

---

① Colin Gordon, "Government Rationality: An Introduction", in Graham Burchell, Colin Gordon and Peter Miller ed. *The Foucault Effect: Studies in Governmentality*, p. 3.

"管理制度"。只有两方面都做好了,才称得上"坚持了政治挂帅"。这就打开了讨论社会主义治理理性的空间。陈的着眼点在于每时每刻的制度实践:"同每个社员有牵连,同每件农活有牵连,同每天的时间有牵连。"①但这一制度,用他的朴素言语来定位,就是:"说它是制度、办法吧,我说是,又不完全是。它有一套计酬的办法,但是当中也包含了不少的政治思想工作。"②具体说来,此种"劳动管理"的大寨经验即"标兵工分,自报公议":

> 具体作法是,在日常劳动中,记工员只记每个社员的工别和出勤天,分早上、上午、下午,谁做了啥活,到月底评比总结。方法是先看看这一段数哪些社员劳动态度最好,出勤最多,干的活质量最高,就评他们为"标兵",然后规定出标兵一天应得工分。有了标兵人和标兵分,就等于有了标尺,其余的人按照自己的体力强弱、技术高低、劳动态度,自报自己一天应得的工分。社员自报以后,让大家评议。大家对自报的工分没有意见,按自报记工。个别人自报的不合适,高啦低啦,由大家评议修正。③

显然,这不仅是一种劳动管理,而且体现出别样的"治理理性",或扬弃"治理理性"的可能性。首先,"标兵"与"典型"美学,与"新人"的伦理内涵形成呼应。政治荣誉与个人利益始终缠绕在一起。而且标兵被设置成"活"的,即可替换的,由此构成一种动态的"竞赛"。其次,"自报"环节使"个体与集体"同时出场。尤其是它并不回避自我的"理性"算计过程。"自报"的内心过程可以相当复杂,会同时涉及美学、伦理、政治与经济要素。"公议"则将"自我"开放给"集体"来品评。如果说"治理理性"意味着一种思考治理实践之本性的方式——谁可施加治理,何为治理,谁或什么可加以治理,同时为治理者与被治理者提供合理而可行的具体治理形态④,那么,此种

---

① 陈永贵:《毛泽东思想统帅一切 突出政治的生动一课——陈永贵谈大寨大队在劳动管理中坚持社会主义方向的经验》,《人民日报》1966年3月22日第1版。
② 同上。
③ 同上。
④ Colin Gordon, "Government Rationality: An Introduction", in Graham Burchell, Colin Gordon and Peter Miller ed. *The Foucault Effect: Studies in Governmentality*, p. 3.

"大寨经验"无疑包含着突破西方主流治理理性的契机。一方面,社会主义实践当然包含着"引导"与"管理",但另一方面,它在原则上不愿意固守于任何管理与被管理、引导与被引导的等级乃至权力关系。尊严、利益、快感与感性显现,于此获得了一种动态性的配置,由此产生一种形塑"天性"的力量。可以发现,陈永贵同样强调"按劳分配",但不止于"物质利益";承认差别,但限制过大的差别,同时在"差别"内部植入政治要素。更关键的是,陈始终强调"制度"与"自觉"的辩证法。一方面,社会主义制度有助于逐步改变人们的自私心理;另一方面,"管理制度建立在群众自觉的基础上"。"制度"与"自觉"或"觉悟"的辩证循环,正是理解社会主义治理理性的关键之一。西方主流的制度设计及其治理理性多少都建基于幽暗的人性意识之上,同时又对完美甚至是"自动"的制度抱有期待。但中国社会主义实践"祛魅"了制度("社员的思想觉悟不高,多严格的制度也难免出漏洞");扬弃了制度的"自然人性"基础①;同时要求制度具有客观的"公平"效果(不能"老实人吃亏,尖滑人沾光")。进言之,大寨的劳动管理制度凸显的是"自觉"与民主参与之间的血肉联系,其所要打破的是"干部是管人的,社员是人管的"这一传统的治理默识。这极大地改写了主流西方治理理性的基本"语法"。在这一基础上,扬弃单纯的经济理性、改造自私心理与习惯,才是可能的。"定额先定心",中国社会主义实践的创举与难度可谓凝缩在这句朴素的社员俚语中。这里的"心"具有丰富的内涵,不啻暗示出中国社会主义实践形塑崭新生活世界的企图。

值得一提的是,"标兵工分、自报公议"的正式确立,可追溯到某个非常时期——1963 年夏天的水灾。在此情况下,大寨大队的社员们"再也等不得有什么定额,要什么工分。白天干,黑夜干,男女老少一齐出动,能干啥就干啥,挨着干啥就干啥"②。干过一段后,灾情缓解,但针对这一时期的劳动,"应当怎样记分",成为一个迫切需要回应的问题。大寨大队这一劳动

---

① 关于此种"自然人性"的批判,社会主义心理学话语表述得极为清晰。参看曹日昌:《关于心理学的基本观点》,《心理学报》1965 年第 2 期,第 101—103 页。
② 陈永贵:《毛泽东思想统帅一切 突出政治的生动一课——陈永贵谈大寨大队在劳动管理中坚持社会主义方向的经验》,《人民日报》1966 年 3 月 22 日第 1 版。

管理的新形式正是诞生于在此一语境。可以看出,诸多社会主义的制度创新,往往和非常环境或非常时期有着现实关联。但社会主义实践的难度也在这里:如何通过不断的制度与文化创新,赋予诸多"非常态"的实践以"常态"的稳定性与持续性。这也就要求,社会主义实践需要将更为完整的生活世界包容在内。由此观之,陈永贵的发言亦包含了一种有趣的"增补"。他在最后提出:"光是改进了劳动管理,使用新的计酬办法,还不能算是突出了政治。"①这倒并不是轻视大寨劳动管理本身所蕴含的政治性——这正是陈之发言的精髓所在;而是暗示:劳动管理之外尚有诸多领域,尤其是"闲暇"问题,尚需谨慎对待。② 因此,大寨大队的社会主义集体经济实践,尤其是劳动管理方面的制度创新,称得上是社会主义"客观精神",或"第二自然"的局部成形。但它与整个生活世界的关系,还是有待考察。回到"治理理性"问题上来,那种依据"自然"来"自我限制的治理之理",对于社会主义实践来说,依旧构成挑战。甚至可以说,它确实始终存在于社会主义现代性内部。问题不在于将之作为"他者"排斥出去,而是如何将之扬弃在自身内部,使其成为自身的一个环节。在这个意义上,所谓社会主义缺乏自主的治理理性,既是一个事实陈述,但同时也是一种价值判断。社会主义实践并不希望治理及其理性的自主化,而是期待更高的、自为的总体性。从历史效果来看,前三十年的社会主义实践未能成功将"治理理性"扬弃在自身之内。"自然"之于"社会主义",呈现为一种顽强的"必然性",从而使西方主流治理理性能够在此扬弃失败的基础上反弹并日益扩张。

在此情境中,极有必要重启"自然"与"历史"的辩证法,而不是堕入"必然"及其种种"变体"之中。当下的知识生产需要勇于去重建一种总体性,即在历史的结构性难题、治理理性的历史位置、诸领域的"文化"表述,与真正"自觉"的政教机制之间重建一种关系。此种重建的可能性或不可能性,都将成为革命的 20 世纪获得其后世生命与自我意识的契机。

---

① 陈永贵:《毛泽东思想统帅一切 突出政治的生动一课——陈永贵谈大寨大队在劳动管理中坚持社会主义方向的经验》,《人民日报》1966 年 3 月 22 日第 1 版。

② 关于新中国"前三十年"闲暇问题的简明梳理,可参考王绍光:《私人时间与政治——中国城市闲暇模式的变化》,《中国社会科学辑刊》1995 年夏季卷。

图例来源

图 1. 张文俊:《梅山水库》,选自《中国近现代名家画集:张文俊》(北京:人民美术出版社,2008 年)。

图 2. 傅抱石、关山月:《江山如此多娇》,选自《新中国美术 60 年 1949—1979》(石家庄:河北美术出版社,2009 年)。

图 3. 李可染:《万山红遍》,选自《美术》1963 年第 6 期。

图 4. 钱松嵒:《延安颂》,选自《钱松嵒画集》(桂林:漓江出版社,2007 年)。

图 5. 李可染:《六盘山》,选自《中国革命博物馆藏画集》(北京:文物出版社,1991 年)。

图 6. 李可染:《阳朔胜境图》,选自《李可染(中国名画家全集)》(石家庄:河北教育出版社,2000 年)。

图 7. 贺友直:《山乡巨变》(上海:上海人民美术出版社,1965 年)。

图 8—16. 电影《内蒙人民的胜利》(王震之编剧、干学伟导演,东北电影制片厂,1950 年)剧照。

图 17. 于思孟:《政委下连当兵给战士讲战斗故事》,选自《美术》1958 年第 11 期。

图 18、19、21、22、24、25. 选自《苏北农民壁画集》(上海:上海人民美术出版社,1958 年)。

图 20.《我来了》插图,选自《新民歌三百首》(北京:中国青年出版社,1959 年)。

图 23. 选自《河北壁画选》(石家庄:河北人民出版社,1959 年)。

图 26—29 电影《球场风波》(唐振常编剧、毛羽导演,上海海燕电影制片厂,1957 年)剧照。

图 30—33 电影《今天我休息》(李天济编剧、鲁韧导演,上海海燕电影制片厂,1959 年)剧照。

参考文献

艾恒武、林青山(中共中央党校学员):《"一分为二"与"合二而一"——学习毛主席唯物辩证法思想的体会》,《人民日报》1964年7月17日第5版(原载《光明日报》1964年5月29日)。

艾青:《谈中国画》,《文艺报》1953年第15期。

艾思奇、赖若愚等:《学习〈矛盾论〉》第一辑,北京:新建设杂志社,1952年。

艾思奇等:《破除迷信大家学哲学》,北京:中国青年出版社,1958年。

艾思奇:《辩证唯物主义历史唯物主义》,北京:人民出版社,1961年。

艾思奇:《不容许用矛盾调和论和阶级调和论来偷换革命辩证法》,《人民日报》1965年5月20日第5版。

艾芜:《百炼成钢》,北京:人民文学出版社,2008年。

艾叶:《"球场"本无波》,《电影艺术》1958年第5期。

安宁:《致"球场风波"导演毛羽同志》,《中国电影》1958年第5期。

安子文:《培养革命接班人是党的一项战略任务》,《红旗》1964年第17—18期。

包定环:《试论旧社会的习惯势力》,《厦门大学学报》1964年第2期。

北京大学哲学系四年级王立庄"文化革命"调查队:《黄村人民公社王立庄新民歌调查报告》,《北京大学学报》1959年第1期。

北京师范大学教育系心理学教研组编:《心理学批判集——对北京师范大学心理学教研组所编心理学讲义的批判》第一、二辑,北京:高等教育出版社,1958年。

毕光明:《〈山乡巨变〉的乡村叙事及其文学价值》,《文艺理论与批评》2010年第5期。

伯云:《我国供销合作社的社会主义性质》,《经济研究》1956年第5期。

布赫:《一个蒙古人看一部蒙古片——〈内蒙春光〉》,《人民日报》1950年4月30日第5版。

蔡楚生、马少波、田汉等:《〈今天我休息〉座谈会》,《电影艺术》1960年第6期。

蔡青、潘宏艳、马新月:《20世纪中国学术论辩书系·中国美术论辩》,南昌:百花洲文艺出版社,2009年。

蔡若虹:《美好的生活和健康的形象》,《人民日报》1950年4月16日第5版。

蔡翔:《革命/叙述——中国社会主义文学—文化想象(1949—1966)》,北京:北京大学出版社,2010年。

蔡仪:《唯心主义美学批判集》,北京:人民文学出版社,1958年。

蔡仪:《蔡仪美学论著初编》上下,上海:上海文艺出版社,1982年。

曹日昌:《心理学界的论争》,《心理学报》,1959年第3期。

曹日昌:《关于心理学的基本观点》,《心理学报》1965年第2期。

陈克俭:《价值规律对社会主义生产作用的几个问题的研究》,《厦门大学学报》1956年第6期。

陈立:《随意运动的机制》,《心理学报》1960年第4期。

陈书:《巴甫洛夫的学说思想》,武汉:湖北人民出版社,1958年。

陈笑暇:《你追我赶(相声)》,上海:上海文艺出版社,1959年。

陈永贵:《毛泽东思想统帅一切 突出政治的生动一课——陈永贵谈大寨大队在劳动管理中坚持社会主义方向的经验》,《人民日报》1966年3月22日第1版。

陈元晖:《心理学的方法学》,《心理学报》1960年第2期。

陈越:《葛兰西的孤独》,《现代君主论》,上海:上海世纪出版集团,2006年。

陈越:《领导权与"高级文化"——再读葛兰西》,《文艺理论与批评》,2009年第5期。

程至的:《关于意境》,《美术》1963年第4期。

丛深:《祝你健康》,《剧本》1963年10—11月合刊。

丛深:《〈千万不要忘记〉主题的形成》,《中国戏剧》1964年第4期。

戴阿宝、李世涛:《问题与立场——20世纪中国美学论争辩》,北京:首都师范大学出版社,2006年。

邓玉成:《中国供销合作社的发展下》,《山西财经学院学报》1989年第3期。

《电影艺术译丛》编辑部编:《电影艺术译丛》第2辑,北京:中国电影出版社,1962年。

丁耘:《中国之道——政治·哲学论集》,福州:福建教育出版社,2015年。

丁瓒:《巴甫洛夫学说在中国的传播》,《科学大众》1954年第10期。

董义芳:《试论国画的特点》,《美术》1957 年第 3 期。
董之琳:《盈尺集》,郑州:河南大学出版社,2009 年。
杜书瀛:《我所知道的蔡仪先生》,《新文学史料》2005 年第 1 期。
方既:《论对待民族绘画遗产的保守观点》,《美术》1955 年第 3 期。
方闻:《心印:中国书画风格与结构分析研究》,西安:陕西人民美术出版社,2004 年。
废名:《废名全集》第六卷,王风编,北京:北京大学出版社,2009 年
费孝通等:《中华民族多元一体格局》,北京:中央民族学院出版社,1989 年。
费孝通:《乡土社会 生育制度》,北京:北京大学出版社,1998 年。
冯定:《平凡的真理》,北京:中国青年出版社,1955 年。
冯定:《共产主义人生观》,北京:中国青年出版社,1956 年。
冯征:《应该正确地塑造人民解放军的英雄形象!——评影片〈关连长〉》,《人民日报》1951 年 6 月 17 日第 5 版。
傅抱石、关山月:《万方歌舞声中谈谈我们创作"江山如此多娇"的点滴体会》,《美术》1959 年第 1 期。
傅抱石、钱松嵒等:《壮游万里话丹青》,南京:江苏人民出版社,1962 年。
甘阳等:《古典西学在中国(之一)》,《开放时代》2009 年第 1 期。
干学伟、张悦:《由〈内蒙春光〉到〈内蒙人民的胜利〉》,《电影艺术》2005 年第 1 期。
高觉敷:《中国心理学史》,北京:人民教育出版社,1985 年。
龚育之:《试论科学实验》,《红旗》1965 年第 1 期。
谷熊:《论典型的共性和阶级性的关系——兼评蔡仪、何其芳关于典型问题的论点》,《文史哲》1965 年第 2 期。
顾仲彝:《一部有恶劣倾向的影片》,《中国电影》1958 年第 5 期。
顾准:《试论社会主义制度下的商品生产和价值规律》,《经济研究》1957 年第 3 期。
郭沫若、周扬编:《红旗歌谣》,北京:红旗杂志社,1960 年。
郭念峰:《对冯定著〈平凡的真理〉一书中两个心理学额问题的初步批判》,《心理科学通讯》1965 年第 2 期。
郭一岑:《论心理学中的自然主义——评格式学派的物理主义》,《北京师范大学学报》1962 年第 4 期。
韩真:《列宁"政治遗嘱"中的"文化革命"问题》,《东欧中亚研究》1992 年第 3 期。
浩然:《艳阳天》第一卷,北京:作家出版社,1964 年。
浩然:《艳阳天》第二卷,北京:人民文学出版社,1966 年。

浩然:《艳阳天》第三卷,北京:人民文学出版社,1966年。
河北省文化局曲艺工作组辑:《夫妻关系》,上海:上海文化出版社,1956年。
河北省文化局选编:《河北壁画选》,石家庄:河北人民出版社,1959年。
何明:《提倡现代剧》,《红旗》1964年第2—3期合刊。
何溶:《山水、花鸟与百花齐放》,《美术》1959年第2期。
贺政、纬文:《论农村集体贸易》,《经济研究》1962年第4期。
《红旗》报道员:《哲学战线上的新论战——关于杨献珍同志的"合二而一"论的讨论报道》,《红旗》1964年第16期。
《红旗》杂志社:《用无产阶级的宇宙观创造我们的新世界》(社论),《红旗》1965年第11期。
洪宏:《论"十七年"电影与欧美电影的关系》,《当代电影》2008年第9期。
洪途:《斥"娱乐论"》,《人民日报》1974年6月4日第3版。
洪毅然:《论杨仁恺与王逊关于民族绘画问题的分歧意见》,《美术》1956年第8期。
洪子诚编:《中国当代文学史·史料选上下》,武汉:长江文艺出版社,2002年。
侯宝林等:《医生(相声选集)》,北京:大众出版社,1956年。
侯宝林:《相声的表演》,上海:上海文艺出版社,1959年。
侯金镜:《严肃准确地创造战士形象》,《人民日报》1951年2月25日第5版。
胡德才:《对十七年"歌颂性喜剧"的反思》,《南京大学学报》2005年第5期。
胡复旦:《为什么说新民歌是共产主义文学艺术的萌芽》,《兰州大学学报》1958年第2期。
胡靖:"70年代:农村集体经济的成败之间",《专题:70年代中国》,《开放时代》2013年第1期。
胡乔木:《胡乔木文集》第二卷,北京:人民出版社,1995年。
胡容:《商品交换中两种思想的斗争》,《红旗》1975年第4期,第69页。
胡万春:《特殊性格的人》,北京:人民文学出版社,1959年。
黄均:《从创作实践谈接受遗产问题》,《美术》1955年第7期。
黄逸峰:《试论破除资产阶级法权与按劳分配问题》,《财经研究》1958年第9期。
贾强:《又听〈朝阳沟〉》,《读书》1996年第1期。
翦伯赞:《翦伯赞全集第五卷:历史问题论丛续编》,石家庄:河北教育出版社,2008年。
简慧:《焕然一新的"朝阳沟"》,《电影艺术》1964年第1期。

姜维朴编:《农民大跃进壁画》,上海:上海人民美术出版社,1959年。
金宝山:《一部喜剧片连遭三大人物炮轰》,《世纪》2005年第2期。
金若弼:《计件工资制是不是按劳分配的最好形式》,《学术月刊》1959年第3期。
荆其诚:《自然科学与心理学理论》,《新建设》1962年12月号。
晋永权:《红旗照相馆——1956—1959年中国摄影争辩》,北京:金城出版社,
　　2009年。
酒泉:《反对轻佻和庸俗的感情》,《人民日报》1951年5月13日第5版。
柯庆施:《劳动人民一定要做文化的主人》,《红旗》第1期,1958年。
孔令保:《游西湖(相声集)》,长春:吉林人民出版社,1956年。
兰澄:《丰收之后》,《剧本》1964年第2期。
兰澄:《为党的英雄儿女唱赞歌——话剧丰收之后创作的一些体会》,《山东文学》
　　1964年第3期。
劳动部劳动经济科学研究所编:《大跃进中的劳动与工资问题》,北京:人民出版社,
　　1958年。
雷锋:《雷锋日记》,北京:解放军文艺出版社,1963年。
李成祥等著:《夸公社(相声集)》,长春:吉林人民出版社,1959年。
李道新:《新中国喜剧电影的历史境遇及其观念转型》,《电影艺术》,2003年第
　　6期。
李公明:《论李可染对于新中国画改造的贡献——以山水写生和红色山水为中心》,
　　《美术观察》2009年第1期。
李诃:《关于讽刺喜剧的几个问题》,《人民文学》1957年第1期。
李桦:《怎样提高年画的教育功能》,《美术》1950年第2期。
李华盛、胡光凡编:《周立波研究资料》,长沙:湖南人民出版社,1983年。
李华兴:《西学东渐和近代中国自然观的演进》,《上海社会科学院学术季刊》1989
　　年第1期。
李洁非:《工农兵创作与文学乌托邦》,《上海文化》2010年第3期。
李可染:《谈中国画的改造》,《美术》1950年第1期。
李可染:《漫谈山水画》,《美术》1959年第5期。
李可染:《李可染书画全集:山水卷》,天津:天津人民美术出版社,1991年。
李霖灿:《中国名画研究》,杭州:浙江大学出版社,2014年。
李猛:《自然社会——自然法与现代道德世界的形成》,北京:三联书店,2015年。

李天济:《吸取教训,大胆前进——略谈"球场风波"》,《中国电影》1958年第5期。

李习东:《周谷城的实用主义认识论》,《新建设》1965年2月号。

李阳:《一种新型的文学及其历史功能》,《枣庄学院学报》2008年第1期。

李泽厚:《炼钢和逛公园》,《美术》1959年第8期。

李泽厚:《李泽厚美学论集》,上海:上海文艺出版社,1980年。

李泽厚、王德胜:《关于哲学、美学和审美文化研究的对话》,《文艺研究》1994年第6期。

李泽厚、陈明:《浮生论学》,北京:华夏出版社,2002年。

李铮:《心理学的方法必须革命——与陈元晖同志商榷》,《心理学报》1966年第1期。

力群:《如何看待工农兵美术创作》,《美术》1958年第11期。

林蕴晖:《中华人民共和国史第四卷·乌托邦运动——从大跃进到大饥荒(1958—1961)》,香港:香港中文大学出版社,2008年。

刘长明:《抗战时期国民党"抗战建国"理论初探》,《文史博览》2010年第2期。

刘国光:《彻底破除自然经济论影响,创立具有中国特色的经济体制模式》,《经济研究》1985年第8期。

刘海粟:《谈中国画的特征》,《美术》1957年第6期。

刘敏:《"按劳分配"的历史使命是否已经完结》,《理论战线》1958年第9期。

刘诗白:《试论社会主义制度下的个体私有制经济残余》,《新建设》1964年1月号。

刘桐良:《国画杂谈》,《文艺报》1956年第12期。

刘垫:《关于资产阶级技术主义》,《自然辩证法研究通讯》1963年第1期。

柳青:《创业史》第一部,北京:中国青年出版社,1960年。

路工、张紫晨、周正良、钟兆锦编写:《白峁公社新民歌调查》,上海:上海文艺出版社,1960年。

鲁煤:《〈朝阳沟〉的人物描写》,《中国戏剧》1958年第13期。

鲁思:《没有风波的"球场风波"》,《中国电影》1958年第5期。

陆定一:《陆定一副总理在全国群英会上讲话》,《安徽教育》1959年11期。

陆锋:《主观唯心主义的大杂烩——评〈平凡的真理〉》,《红旗》1964年第21—22期。

陆叁:《围绕控制论科学成就的思想斗争——供讨论稿》,《自然辩证法研究通讯》1963年第1期。

罗尔纲主编:《太平天国艺术上下》,南京:江苏人民出版社,1994年。
罗平汉:《当代历史问题札记》二集,桂林:广西师范大学出版社,2006年。
吕荧:《美学书怀》,北京:作家出版社,1959年。
马丁:《我们同"合二而一"论的根本分歧在哪里?》,《新建设》1964年8—9月合刊。
马少波:《清除戏曲舞台上的病态和丑恶形象》,《人民日报》1951年9月27日第3版。
茅盾:《茅盾全集第十二卷》,北京:人民文学出版社,1986年。
毛泽东:《毛主席诗词十九首》,北京:人民文学出版社,1958年。
毛泽东:《毛泽东集第六卷:延安 II》,竹内实编,东京:北望社,1970年。
毛泽东:《毛泽东集第八卷·延安期 IV》,竹内实编,东京:北望社,1972年。
毛泽东:《毛泽东选集》第五卷,北京:人民出版社,1977年。
毛泽东:《毛泽东选集》第一卷至第四卷,北京:人民出版社,1991年。
毛泽东:《建国以来毛泽东文稿》第六册,北京:中央文献出版社,1992年。
毛泽东:《建国以来毛泽东文稿》第七册,北京:中央文献出版社,1992年。
毛泽东:《建国以来毛泽东文稿》第八册,北京:中央文献出版社,1993年。
毛泽东:《毛泽东读读社会主义政治经济学批注和谈话(简本)》,中华人民共和国史学会编,2002年。
梅秀:《论〈红旗歌谣〉的"伪民间"因素》,《当代小说》2010年第8期。
蒙文通:《从宋代的商税和城市看中国封建社会的自然经济》,《历史研究》1961年第4期。
《南方日报》编辑部编:《幸福观讨论集》,广州:广东人民出版社,1964年。
倪伟:《社会主义文化的视觉再现——"户县农民画"再释读》,《江苏行政学院学报》2007年第6期。
欧阳文彬:《〈年青的一代〉浅论》,《上海戏剧》1963年第12期。
潘维主编:《中国模式:解读人民共和国60年》,北京:中央编译出版社,2009年。
邳县农民:《苏北农村壁画集》,上海:上海人民美术出版社,1958年。
齐振海:《坚持革命的辩证法,反对调和矛盾的形而上学》,《新建设》1964年8—9月合刊。
钱松嵒:《钱松嵒画集》,桂林:漓江出版社,2007年。
钱痒理:《中华人民共和国史第五卷(1962—1965):历史的变局——从挽救危机到反修防修》,香港:香港中文大学出版社,2008年。

秦翼:《重读〈满意不满意〉——兼论"十七年"喜剧电影的艺术特点》,《南京师范大学学报》2010年第4期。

秦仲文:《中国画的特点》,《美术》1957年第5期。

瞿白音:《对影片"球场风波"的分析——在上海创作思想跃进大会上的发言》,《中国电影》1958年第7期。

全景平:《农村集市贸易的领导和管理》,《江淮学刊》1964年第1期。

人民出版社编辑部编:《武训和武训传批判》,北京:人民出版社,1953年。

任孚先:《社会主义时代精神的光辉——谈话剧〈丰收之后〉》,《山东文学》1964年第3期。

荣:《谈豫剧"朝阳沟"》,《剧本》1958年第8期。

茹行:《从哲学观点评周谷城先生的艺术观》,《新建设》1963年10月号。

撒仁兴:《论破除资产阶级法权观念》,《哲学研究》1958年第7期。

萨支山:《试论五十年代至七十年代"农村题材"长篇小说——以〈三里湾〉〈山乡巨变〉〈创业史〉为中心》,《文学评论》2001年第3期。

衫思:《几年来关于美学问题的讨论》,《哲学研究》1961年第5期。

单世联:《文化实验与政治工具:革命文艺的双重性质》,http://www.aisixiang.com/data/9899.html。

上钢五厂二车间铸钢工段理论组、复旦大学哲学系自然辩证法专业编写:《儒法斗争的自然观》,上海:上海人民出版社,1976年。

上海市实验幼儿园:《怎样培养孩子的爱憎分明的阶级情感》,《心理科学通讯》1966年第2期。

上海文化出版社编:《相声论丛》第一辑,上海:上海文化出版社,1957年。

上海文艺出版社编:《家庭会议(相声)》,上海:上海文艺出版社,1960年。

上海文化出版社编:《新相声集》第一集,上海:上海文化出版社,1965年。

沈峣:《一出社会主义的新戏曲》,《中国戏剧》1964年第1期。

《诗刊》编辑部编:《新民歌三百首》,北京:中国青年出版社,1959年。

《诗刊》编辑部编:《新诗歌的发展问题》第一、二集,北京:作家出版社,1959年。

《诗刊》编辑部编:《新诗歌的发展问题》第四集,北京:作家出版社,1961年。

石守谦:《风格与世变:中国绘画十论》,北京:北京大学出版社,2008年。

石守谦:《移动的桃花源:东亚世界中的山水画》,台北:允晨文化,2012年。

司马烽:《德育心理的研究必须贯彻阶级分析原则》,《心理学报》1965年第2期。

孙春山编:《合二而一》,重庆:重庆出版社,2001年。
孙美兰:《万山红遍层林尽染》,《美术》1963年第6期。
孙奇峰:《关于中国画的透视问题》,《美术》1958年第1期。
孙冶方:《论价值——并试论"价值"在社会主义以至于共产主义政治经济学体系中的地位》,《经济研究》1959年第9期。
孙晔:《用革命精神改进心理学教学和研究工作——北京心理学工作者座谈会纪要》,《心理科学通讯》,1965年第1期。
孙振陆:《非条件反射与条件反射》,《护理杂志》1955年第2期。
唐长孺:《唐长孺文存》,上海:上海古籍出版社,2006年。
唐小兵:《抒情时代及其焦虑:试论〈年青的一代〉所展现的社会主义新中国》,张清芳译,《海南师范大学学报》2008年第1期。
唐钺:《批判弗洛伊德的思想》,《北京大学学报》1960年第1期。
天鹰:《1958年中国民歌运动》,上海:上海文艺出版社,1959年。
田光:《从自然经济、商品经济到社会主义"产品经济"的辩证发展》,《经济研究》1964年第1期。
汪晖:《东西之间的"西藏问题"》,北京:三联书店,2011年。
汪旭庄:《价值规律在我国社会主义的统一市场中的作用》,《财经研究》1956年第2期。
王璨:《谈豫剧唱腔的抒情性表现特点》,《音乐研究》1986年第1期。
王德春:《〈对语言的人民性〉的商榷意见》,《厦门大学学报》1962年第4期。
王鸿:《闲话〈夺印〉》,《扬州文学》2007年第3期。
王华震:《未完成的喜剧——吕班讽刺喜剧的创作及对其的批判始末》,《电影新作》2009年第6期。
王家乙:《王家乙导演谈影片〈五朵金花〉创作》,《电影文学》2010年第1期。
王蒙:《关于"组织部新来的青年人"》,《人民日报》1957年5月8日第7版。
王启康:《关于情感规律的几个问题》,《江汉学报》1963年第4期。
王绍光:《私人时间与政治——中国城市闲暇模式的变化》,《中国社会科学辑刊》1995年夏季卷。
王先岳:《写生与新山水画图式风格的形成》,中国艺术研究院美术学专业博士论文,2010年。
王亚南:《价值规律在我国社会主义经济中的作用》,《人民日报》1959年1月17日第 7 版。

王亚南:《充分发挥价值规律在我国社会主义经济中的积极作用》,《人民日报》1959 年 5 月 15 日第 7 版。

王朝闻:《完整不完整?——文艺欣赏随笔》,《人民日报》1958 年 11 月 4 日第 7 版。

王朝闻:《工农兵美术,好!》,《美术》1958 年第 12 期。

王震之:《〈内蒙春光〉的检讨》,《人民日报》1950 年 5 月 28 日第 5 版。

王琢:《自然经济论还是有计划的产品经济论》,《经济研究》1985 年第 8 期。

卫兴华:《共产主义和分工问题》,《新建设》1958 年 11 月号。

《文艺报》编辑部编:《美学问题讨论集》,北京:作家出版社,1957 年。

《文艺报》编辑部编:《美学问题讨论集》第二集,北京:作家出版社,1957 年。

《文艺报》编辑部编:《美学问题讨论集》第三集,北京:作家出版社,1959 年。

《文艺报》编辑部编:《美学问题讨论集》第四集,北京:作家出版社,1959 年。

巫鸿著,郑岩、王睿编:《礼仪中的美术》,郑岩等译,北京:三联书店,2005 年。

吴重光:《驳冯定同志的人的气质论》,《自然辩证法通讯》1965 年第 3 期。

吴迪编:《中国电影研究资料:1949—1979》,北京:文化艺术出版社,2006 年。

吴继金:《"大跃进"时期的"新壁画运动"》,《艺苑》2008 年第 3 期。

吴江霖:《意识的本质及其发生和发展问题》,《自然辩证法研究通讯》1956 年号。

吴书东:《谈人的心理活动的共同规律问题》,《心理学报》1959 年第 1 期。

厦门大学中文系语言教研组:《语言的人民性》,《厦门大学学报》1960 年第 2 期。

夏永红、王行坤:《机器中的劳动与资本》,《马克思主义与现实》2012 年第 4 期。

现代汉语研究班新民歌研究小组:《谈新民歌的修辞特点》,《北京师范大学学报》1958 年第 6 期。

萧永清:《劳动教育是我国教育事业的重大方针》,《新建设》1958 年 4 月号。

谢晋:《情景交溶》,《电影艺术》1959 年第 6 期。

《新建设》编辑部编:《美学问题讨论集》第五集,北京:作家出版社,1962 年。

《新建设》编辑部编:《美学问题讨论集》第六集,北京:作家出版社,1964 年。

《新建设》编辑部编:《关于周谷城的美学思想问题》第一辑至第三辑(内部发行),北京:三联书店,1964 年。

邢贲思:《中国哲学五十年》,沈阳:辽海出版社,1999 年。

徐联仓:《苏联心理学研究中值得注意的两个动向》,《自然辩证法研究通讯》1964 年第 1 期。

徐廼翔编:《文学的"民族形式"讨论资料》,南宁:广西人民出版社,1986年。
徐中舒:《论自然经济、阶级和等级》(遗稿,作于1962年12月2日),《中华文化论坛》1988年第1期。
薛暮桥:《社会主义制度下的商品生产和价值规律》,《红旗》1959年第10期。
阎丽川:《论野、怪、乱、黑——兼谈艺术评论问题》,《美术》1964年第3期。
阳翰笙:《谈话剧〈丰收之后〉的成就》,《戏剧报》1964年第3期。
杨慧:《多重缠绕的词语政治——瞿秋白"文化革命"概念考辨》,《马克思主义美学研究》2010年第1期。
杨奎松:《从供给制到职务等级工资制——新中国建立前后党政人员收入分配制度的演变》,《历史研究》2007年第6期。
杨兰春:《朝阳沟》,北京:中国戏剧出版社,1958年。
杨念群:《何处是"江南"——清朝正统观的确立与士林精神世界的变异》,北京:三联书店,2010年。
杨清:《论情感底本质并批判詹姆斯底情感论》,《东北师范大学学报》1956年第3期。
姚文元:《不健康的趣味——评"球场风波"》,《电影艺术》1958年第5期。
姚文元:《冲霄集》,北京:作家出版社,1960年。
伊兵:《人的高度革命化的战歌》(原载《解放日报》1964年2月9日),《山东文学》1964年第3期。
易木:《与李天济同志商榷》,《中国电影》1958年第6期。
于光远:《谈谈改造自然的问题》,《哲学研究》1958年第4期。
雨田:《主动与被动——学习毛泽东著作的笔记》,《新建设》1965年11—12月合刊。
袁成亮:《电影〈五朵金花〉诞生记》,《党史文汇》2006年第3期。
袁明:《自然科学和阶级斗争——读马克思恩格斯关于达尔文进化论的书信》,《自然辩证法杂志》1974年第1期。
袁学超、迟守耕:《跃进中的小镜头(相声剧)》,南昌:江西人民出版社,1958年。
张春桥:《破除资产阶级法权思想》,《人民日报》1958年10月13日第7版。
张仃:《关于国画创作继承优良传统问题》,《美术》1955年第7期。
张京华:《从列宁到毛泽东——无产阶级"文化革命"概念述评》,《湖南科技大学学报》2006年第1期。
张景荣:《马克思〈1844年经济学—哲学手稿〉的主要中译本》,《天津社会科学》

1983年专号(12月)。

张黎:《"民族形式":1939—1942中国文学"现代性"方案的新想象》,《中南大学学报》2011年第5期。

张炼红:《历炼精魂——新中国戏曲改造考论》,上海:上海人民出版社,2013年。

张勐:《恒常与巨变——〈山乡巨变〉再解读》,《文艺争鸣》2008年第7期。

张启勋:"张启勋同志给本刊的来信",《红旗》1964年第17—18期。

张硕果:《"十七年"上海电影文化研究》,北京:社会科学文献出版社,2014年。

张文俊:《中国近现代名家画集:张文俊》,北京:人民美术出版社,2008年。

张闻天:《张闻天文集》第四卷,北京:中共党史出版社,1995年。

张执一:《中国革命的民族问题与民族政策讲话》,北京:中国青年出版社,1956年。

章志光:《论心理现象和社会现象的关系——和郭一岑先生商榷》,《新建设》1963年11月号。

赵林:《关于过渡时期阶级斗争的几个问题》,《新建设》1963年11月号。

赵树理:《赵树理全集》第四卷,太原:北岳文艺出版社,1990年。

赵树理:《赵树理全集》第五卷,太原:北岳文艺出版社,1994年。

《哲学研究》编辑部编:《外国自然科学哲学资料选辑第四辑(控制论哲学问题选辑)》(内部发行),上海:上海人民出版社,1965年。

《哲学研究》编辑部编:《工农兵谈共产主义道德》,北京:中国青年出版社,1966年。

曾里:《北京举行控制论哲学问题座谈会》,《自然辩证法研究通讯》1963年第2期。

郑工:《演进与运动——中国美术的现代化(1875—1976)》,南宁:广西美术出版社,2002年。

郑日昌、景白令(北京师范大学教育系四年级学生):《情感和认识能脱节吗?——对"试论情感的阶级性"一文的一点疑问》,《心理科学通讯》1966年第2期。

中共中央文献研究室编:《毛泽东年谱:一九四九——一九七六》第三卷,北京:中央文献出版社,2013年。

中共中央文献研究室编:《毛泽东年谱:一九四九——一九七六》第五卷,北京:中央文献出版社,2013年。

中共中央文献研究室编:《建国以来重要文献选编》第八册,北京:中央文献出版社,1994年。

中共中央文献研究室编:《建国以来重要文献选编》第九册,北京:中央文献出版社,1994年。

中共中央文献研究室编:《建国以来重要文献选编》第十册,北京:中央文献出版社,1994年。

中共中央文献研究室编:《建国以来重要文献选编》第十一册,北京:中央文献出版社,1995年。

中共中央文献研究室编:《建国以来重要文献选编》第十三册,北京:中央文献出版社,1996年。

中共中央文献研究室编:《建国以来重要文献选编》第十五册,北京:中央文献出版社,1997年。

中共中央文献研究室编:《建国以来重要文献选编》第十八册,北京:中央文献出版社,1998年。

中国电影出版社编:《喜剧电影讨论集》,北京:中国电影出版社,1963年。

中国革命博物馆编:《中国革命博物馆藏画集》,北京:文物出版社,1991年。

中国科学院文学研究所《十年来的新中国文学》编写组:《十年来的新中国文学》(试印本),北京:作家出版社,1963年。

中国民间文艺研究会研究部编:《民歌作者谈民歌创作》,北京:作家出版社,1960年。

《中国统计》资料室:《"文化革命"进入高潮——全国文教卫生事业突飞猛进》,《中国统计》,1958年第19期。

钟敬文主编:《中国近代文学大系·民间文学卷》,上海:上海书店出版社,1995年。

周来祥、石戈:《马克思列宁主义美学的原则》,武汉:湖北人民出版社,1957年。

周立波:《暴风骤雨》,北京:人民文学出版社,1955年。

周立波:《关于〈山乡巨变〉答读者问》,《人民文学》1958年第7期。

周立波:《山乡巨变》,北京:人民文学出版社,1959年。

周立波:《山乡巨变》续篇,北京:作家出版社,1960年。

周立波:《周立波文集》第二卷,上海:上海文艺出版社,1982年。

周立波:《周立波三十年代文学评论集》,上海:上海文艺出版社,1984年。

周立波:《周立波文集》第五卷,上海:上海文艺出版社,1985年。

周扬:《新民歌开拓了诗歌新道路》,《红旗》1958年第1期。

周扬:《〈红旗歌谣〉评价问题》,见《民间文学论坛》1982年创刊号。

周扬:《周扬文集》第一卷,北京:人民文学出版社,1984年。

朱本:《试论情感的阶级性与实践性——与王启康同志商榷》,《心理科学通讯》1965

年第 4 期。

朱光潜:《山水诗与自然美》,《文学评论》,1960 年第 6 期。

朱光潜:《朱光潜全集》第一卷,合肥:安徽教育出版社,1987 年。

朱光潜:《朱光潜全集》第五卷,合肥:安徽教育出版社,1989 年。

朱光潜:《朱光潜全集》第十卷,合肥:安徽教育出版社,1993 年。

朱智贤:《关于人的心理的阶级性问题》,《心理学报》1959 年第 1 期。

株洲市文艺工作团创作组编剧、刘国祥执笔:《送货下乡》,北京:人民文学出版社,1974 年。

祝新贻:《不要混淆人民性的阶级界线》,《中国戏剧》1960 年第 10 期。

《自然辩证法研究通讯》编辑部:《自然辩证法(数学和自然科学中的哲学问题)十二年(1956—1967)研究规范草案》,《自然辩证法通讯》创刊号(1956 年)。

《自然辩证法杂志》编辑部:"编者的话",《自然辩证法杂志》1973 年第 1 期(创刊号)。

邹谠:《二十世纪中国政治》,香港:牛津大学出版社,1994 年。

邹跃进:《新中国美术史:1949—2000》,长沙:湖南美术出版社,2011 年。

作家出版社编辑部编:《大跃进杂文选第一集——破除迷信》,北京:作家出版社,1958 年。

作家出版社编辑部编:《大跃进杂文选第三集——智慧的海洋》,北京:作家出版社,1958 年。

〔法〕阿多(Pierre Hadot):《伊西斯的面纱——自然的观念史随笔》,张卜天译,上海:华东师范大学出版社,2015 年。

〔法〕阿尔都塞:《马克思与黑格尔的关联(1968)》,见《黑格尔的幽灵——政治哲学论文集[I]》,唐正东、吴静译,南京:南京大学出版社,2005 年。

〔苏〕阿历克塞耶夫:《关于审美实质问题的讨论》,《学习译丛》1957 年第 8 期。

〔美〕阿伦特:《人的境况》,王寅丽译,上海:上海世纪出版集团,2009 年。

〔美〕安敏成(Marston Anderson):《现实主义的限制:革命时代的中国小说》,姜涛译,南京:江苏人民出版社。

〔苏〕巴赫金:《巴赫金全集第四卷:文本、对话与人文》,晓河等译,石家庄:河北教育出版社。

〔匈〕巴拉兹(Béla Balázs):《可见的人·电影精神》,安利译,北京:中国电影出版社,2000年。

〔美〕贝里(Christopher Berry):《奢侈的概念:概念及历史的探究》,江红译,上海:上海世纪出版集团,2005年。

〔德〕本雅明:《讲故事的人》,汉娜·阿伦特编:《启迪》,张旭东、王斑译,北京:三联书店,2008年。

〔日〕柄谷行人:《日本现代文学的起源》,赵京华译,北京:三联书店,2003年。

〔日〕柄谷行人:《跨越性批判——康德与马克思》,赵京华译,北京:中央编译出版社,2011年。

〔日〕柄谷行人:《作为隐喻的建筑》,应杰译,北京:中央文献出版社,2011年。

〔日〕柄谷行人:《世界史的构造》,赵京华译,北京:中央编译出版社,2012年。

〔法〕柏格森:《笑》,徐继曾译,北京:北京十月文艺出版社,2005年。

〔法〕布尔迪厄:《实践理性:关于行为理论》,谭立德译,北京:三联书店,2007年。

〔德〕布莱希特:《论史诗剧》,孙萌、李倩等译,北京:北京师范大学出版社,2015年。

〔美〕布雷弗曼(H. Braverman):《劳动与垄断资本:二十世纪中劳动的退化》,方生等译,北京:商务印书馆,1978年。

〔苏〕布罗夫:《美学应该是美学》,《学习译丛》1956年第9期。

〔苏〕布罗夫:《美学:问题和争论》,凌继尧译,上海:上海译文出版社,1987年。

〔英〕达比(Wendy J. Darby):《风景与认同:英国民族与阶级地理》,张箭飞、赵红英译,南京:译林出版社,2011年。

〔苏〕达维坚科夫:《神经官能病的预防原则》,周宗顺译,《人民军医》1955年第1期。

〔法〕福柯:《生命政治的诞生:法兰西学院演讲系列,1978—1979》,莫伟民、赵伟译,上海:上海人民出版社,2011年。

〔日〕副岛种典:《社会主义政治经济学研究》,孙尚清译,北京:三联书店,1963年。

〔美〕高居翰(James Cahill):《中国绘画史》,李渝译,台北:雄狮图书股份有限公司,1989年。

〔美〕高居翰:《中国山水画的意义和功能上》,杨振国译,《艺术探索》2006年第1期。

〔日〕沟口雄三编:《中国的思维世界》,孙歌等校译,南京:江苏人民出版社,2006年。

〔日〕谷川道雄:《中国中世社会与共同体》,马彪译,北京:中华书局,2002年。

〔德〕顾彬(Wolfgang Kubin):《中国文人的自然观》,马树德译,上海:上海人民出版社,1991年。

〔德〕哈贝马斯:《合法化危机》,曹卫东译,上海:上海人民出版社,2000年。

〔德〕海德格尔:《谢林论人类自由的本质》,薛华译,沈阳:辽宁教育出版社,1999年。

〔德〕海德格尔:《世界图像的时代》,《林中路》,孙周兴译,上海:上海译文出版社,2004年。

〔德〕海德格尔:《路标》,孙周兴译,北京:商务印书馆,2007年。

〔匈〕赫勒(Agnes Heller):《日常生活》,衣俊卿译,重庆:重庆出版社,1990年。

〔德〕黑格尔:《法哲学原理》,张企泰、范扬译,北京:商务印书馆,1961年。

〔德〕黑格尔:《美学》第一卷至第三卷,朱光潜译,北京:商务印书馆,1979年。

〔德〕黑格尔:《自然哲学》,梁志学等译,北京:商务印书馆,1980年。

〔德〕黑格尔:《精神现象学》,先刚译,北京:人民出版社,2013年。

〔法〕基拉尔(René Girard):《双重束缚——文学、摹仿及人类学文集》,刘舒、陈明珠译,北京:华夏出版社,2006年。

〔德〕伽达默尔:《真理与方法》,洪汉鼎译,北京:商务印书馆,2007年。

〔德〕康德:《判断力批判》,邓晓芒译,北京:人民出版社,2002年。

〔英〕柯林伍德(Robin George Collingwood):《自然的观念》,吴国盛、柯映红译,北京:华夏出版社,1999年。

〔英〕柯律格(Craig Clunas):《明代的图像与视觉性》,黄晓鹃译,北京:北京大学出版社,2011年。

〔苏〕列宁:《列宁选集》第四卷,中共中央马克思恩格斯列宁斯大林著作编译局编,北京:人民出版社,1972年。

〔匈〕卢卡契(Georg Lukács):《卢卡契文学论文集一》,刘半九译,北京:中国社会科学出版社,1980年。

〔匈〕卢卡奇(Georg Lukács):《小说理论》,见《卢卡奇早期文选》,张亮、吴勇立译,南京:南京大学出版社,2004年。

〔苏〕罗森塔尔、尤金编:《简明哲学辞典》,中共中央马克思恩格斯列宁斯大林著作编译局译,北京:三联书店,1958年。

〔德〕洛维特(Karl Löwith):《从黑格尔到尼采》,李秋零译,北京:三联书店,2006年。

〔德〕马克思:《资本论》第一卷,中共中央马克思恩格斯列宁斯大林著作编译局译,北京：人民出版社，1975年。

〔德〕马克思：《资本论》第三卷，中共中央马克思恩格斯列宁斯大林著作编译局译，北京：人民出版社，1975年。

〔德〕马克思、恩格斯：《马克思恩格斯选集》第一、三卷，中共中央马克思恩格斯列宁斯大林著作编译局译，北京：人民出版社，1995年。

〔德〕马克思、恩格斯：《马克思恩格斯全集》第三卷，中共中央马克思恩格斯列宁斯大林著作编译局译，北京：人民出版社，2002年。

〔法〕梅洛·庞蒂(Merleau-Ponty)：《辩证法的历险》，杨大春译、张尧均译，上海：上海译文出版社，2009年。

〔西〕诺格(Joan Nogué)：《民族主义与领土》，徐鹤林、朱伦译，中央民族大学出版社，2009年。

〔俄〕普罗普：《滑稽与笑的问题》，杜书瀛等译，沈阳：辽宁教育出版社，1998年。

〔苏〕萨哥罗夫斯基：《巴甫洛夫学说与儿童心理发展问题》，吴钧燮译，《科学通报》，1952年第5期。

〔德〕施密特(Alfred Schmidt)：《马克思的自然概念》，吴仲昉译，北京：商务印书馆，1988年。

〔美〕施密特(James Schmidt)编：《启蒙运动与现代性：18世纪与20世纪的对话》，上海：上海人民出版社，2005年。

〔德〕施米特(Carl Schmitt)：《政治的概念》，刘宗坤等译，上海：上海人民出版社，2004年。

〔德〕施密特(Carl Schmitt)：《宪法的守护者》，李君韬、苏慧婕译，北京：商务印书馆，2008年。

〔美〕施特劳斯(Leo Strauss)：《柏拉图式的政治哲学研究》，张缨等译，北京：华夏出版社，2012年。

〔苏〕斯大林：《马克思主义与语言学问题》，李立三译，北京：人民出版社，1953年。

〔苏〕斯大林：《苏联社会主义经济问题》，北京：人民出版社，1958年。

〔苏〕斯卡尔仁斯卡娅：《马克思列宁主义美学》，潘文学等译，北京：中国人民大学出版社，1957年。

〔苏〕斯杰潘宁：《约·维·斯大林的天才著作〈论辩证唯物论与历史唯物论〉解释》，方德厚译，上海：作家书屋，1953年。

〔加〕斯迈思(Dallas Symthe)：《自行车之后是什么——技术的政治与意识形态属

性》,王洪喆译,《开放时代》2014 年第 4 期。

〔苏〕斯特洛维奇:《论现实的美学特性》,《学习译丛》1956 年第 10 期。

〔日〕松本真澄:《中国民族政策之研究——以清末至 1945 年的"民族论"为中心》,北京:民族出版社,2003 年。

苏联高等教育部社会科学教学司编:《马克思列宁主义美学基础教学大纲》(初稿 1954),乐侠枢译、王智量校,北京:高等教育出版社,1956 年。

苏联科学院经济研究所编、中共中央马克思恩格斯列宁斯大林著作编译局译:《政治经济学教科书》下册,北京:人民出版社,1955 年。

《(苏联)心理学问题会议的决定》,朱智贤译,《人民教育》1953 年第 3 期。

苏联《哲学问题》杂志编辑部:《论马克思列宁主义美学的任务》,《学习译丛》1956 年第 1 期。

苏联《哲学译丛》编辑部编:《苏联哲学问题论文集(1961 年 11 月—1962 年 12 月)》,北京:商务印书馆,1963 年。

〔德〕韦伯(Max Weber):《经济与社会》第二卷上册,阎克文译,上海:上海世纪出版集团,2010 年。

〔英〕威廉斯(Raymond Williams):《关键词》,刘建基译,北京:三联书店,2005 年。

〔美〕韦勒克(René Wellek):《批判的概念》,张金言译,杭州:中国美术学院出版社,1999 年。

〔德〕席勒:《审美教育书简》,冯至、范大灿译,上海:上海世纪出版集团,2003 年。

〔古希腊〕亚里士多德:《诗学》,陈中梅译,北京:商务印书馆,1996 年。

T. W. Adorno, *Aesthetic Theory*, trans. Robert Hullot Kentor (Minneapolis: University of Minnesota Press, 1997).

Giogio Agamben, *The Kingdom and the Glory: For a Theological Genealogy of Economy and Government*, trans. Lorenzo Chiesa and Matteo Mandarini (Stanford, CA: Stanford University Press, 2011).

Henry E. Allison, *Kant's Theory of Taste: A Reading of the Critique of Aesthetic Judgment* (Cambridge: Cambridge University Press).

Alain Badiou, *Inaesthetics*, trans. Alberto Toscano (Stanford, CA: Stanford University Press, 2005).

Alain Baidou, *The Century*, trans. Alberto Toscano (Cambridge: Polity, 2007).

Walter Benjamin, "Paris, Capital of the Nineteenth Century: Exposé of 1939", in *Arcade Project*, trans. Howard Eiland and Kevin Mclaughlin (Cambridge and London: Havard University Press, 1999).

Walter Benjamin, "The Work of Art in the Age of Its Technological Reproducibility (Second Version)", in *Walter Benjamin: Collected Works vol. 3* (Cambridge and London: Harvard University Press, 2006).

Michael Billig, *Laughter and Ridicule: Toward a Social Critique of Humor* (London, Thousand Oaks and New Delhi: SAGE Publications, 2005).

Michael Burawoy, *The Politics of Production* (London: Verso, 1985).

Graham Burchell, Colin Gordon and Peter Miller ed. *The Foucault Effect: Studies in Governmentality* (Chicago: The University of Chicago Press, 1991).

Peter Button, *Configuration of the Real in Chinese Literary and Aesthetic Modernity* (Leiden and Boston: Brill Press, 2009).

Seymour Chatman, "What Novels Can Do That Film Can't and Vice Versa", in W. T. J. Mitchell ed. *On Narrative* (Chicago and London: The University of Chicago Press, 1981).

G. A. Cohen, *History, Labour and Freedom* (Cambridge and New York: Cambridge University Press, 1995).

G. A. Cohen, *If you're an Egalitarian, How Come You're So Rich?* (Cambridge and London: Harvard University Press, 2001).

Simon Critchley, *On Humor* (New York: Routledge, 2002).

Jacques Derrida, *The Truth in Painting*, trans. Geoff Bennington and Ian Mcleod (Chicago and London: The University of Chicago, 1987).

Evgeny Dobrenko, *Political Economy of Socialist Realism*, trans. Jesse M. Savage (New Haven and London: Yale University Press, 2007).

Terry Eagleton, *The Ideology of the Aesthetic* (Oxford: Blackwell Publishers, 1990).

Samuel Edgerton, *The Renaissance Rediscovery of Linear Perspective* (New York: Basic Books, 1975).

Andrew Feenberg, *Between Reason and Experience: Essay in Technology and Modernity* (Massachusetts: The MIT Press: 2010).

John Bellamy Foster, *Marx's Ecology: Materialism and Nature* (New York: Monthly Review Press, 2000).

Sigmund Freud, *The Joke and Its Relation to the Unconscious*, trans. Joyce Crick (London and New York: Penguin Books, 2002).

Christian Fuchs, *Digital Labor and Karl Marx*(New York and Oxon: Routledge Publisher, 2014).

Hans-Georg Gadamer, *The Relevance of the Beautiful and other Essays*, trans. Nicholas Walker, edited with introduction by Robert Bernasconi (Cambridge, London and NY: Cambridge University Press, 1986).

Martin Heidegger, *The Fundamental Concepts of Metaphysics: World, Finitude, Solitude*, trans. William McNeil and Nicholas Walker (Bloomington and Indianapolis: Indiana University Press, 1995).

Agnes Heller, *Theory of Need in Marx* (London: Allison&Busby, 1976).

Mikkel Borch-Jacobsen, "The Laughter of Being", *MLN*, Vol. 102, No. 4, French Issue (Sep. 1987).

Fredric Jameson, "Third World Literature in the Era of Multinational Capitalism", *Social Text*, No. 15 (Autumn, 1986).

Fredric Jameson, *Valences of the Dialectic* (London and New York: Verso, 2009).

Martin Jay, *Downcast Eyes: The Denigration of Vision in Twentieth Century French Thought* (Berkley, Los Angels and London: University of California Press, 1993).

Alexandre Kojeve, *Introduction to the Reading of Hegel*, ed. by Allan Bloom and trans. James H. Nichols (Ithaca and London: Cornell University Press, 1980).

Philippe Lacoue-Labarthe, "Oedipus as Figure", *Radical Philosophy* 118 (March/April 2003).

Thomas Lahusen and Evgeny Dobrenko ed. *Socialist Realism without Shores* (Durham: Duke University Press, 1997).

Bruno Latour, *Politics of Nature: How to Bring the Science into Democracy*, trans. Catherine Porter(Harvard: Harvard University Press, 2004).

Michael A. Lebowitz, *The Contradictions of "Real Socialism": The Conductor and the Conducted* (New York: Monthly Review Press, 2012).

Lin Chun, *The Transformation of Chinese Socialism* (Durham: Duke University, 2006).

Liu Kang, *Aesthetics and Marxism*(Durham: Duke University, 2000).

Georg Lukács, *The Theory of Novel*, trans. Anna Bostock (Cambridge, Massachusetts: The MIT Press, 1971).

Georg Lukács, , *The Young Hegel*, trans. Rodney Livingstone (Cambridge and Massachusetts: The MIT Press, 1976).

Catherine Malabou, *Future of Hegel: Plasticity, Temporality and Dialectic*, trans. Lisabeth During (London: Routledge, 2005).

William Marker ed. *Hegel and Aesthetics* (Albany: State University of New York Press, 2000).

Jean Luc-Nancy, *Multiple Arts: The Muse II*, ed. by Simon Sparks (Stanford, CA: Stanford University Press, 2006).

Friedrich Nietzsche, "Homer on Competition", in Keith Ansell-Pearson ed. *On the Genealogy of Morality* (影印本),北京:中国政法大学出版社,2003 年。

Terry Pinkard, *Hegel's Naturalism: Mind, Nature and Final End of Life* (Oxford: Oxford University Press, 2012).

Robert B. Pippin, "Hegel's Political Argument and the Problem of Verwirklichung", *Political Theory*, Vol. 9, No. 4 (Nov., 1981).

Robert B. Pippin, *The Persistence of Subjectivity: On the Kantian Aftermath* (Cambridge and New York: Cambridge University Press, 2005).

Moishe Postone, *Time Labor, and Social Domination: A Reinterpretation of Marx's Critical Theory* (Cambridge and NY: Cambridge University Press, 1993).

Alfred Sohn Rhetel, *Intellectual and Manuel Labour: A Critique of Epistemology* (London: Macmillan Press, 1978).

Nikolas Rose, *Inventing Our Selves: Psychology, Power and Personhood* (Cambridge and New York: Cambridge University Press, 1996).

Bernice Glatzer Rosenthal, *New Myth, New World: from Nietzsche to Stalinism* (University Park: The Pennsylvania State University Press, 2002).

James P. Scanlan, *Marxism in the USSR: A Critical Survey of Current Soviet Thought* (Ithaca and London: Cornell University Press, 1985).

Alfred Schmidt, *The Concept of Nature*, trans. Ben Fowkes (London: NLB, 1971).

Robert Stern, *Hegel, Kant and the Structure of the Object* (London and NY: Routledge, 1990).

Bernard Stiegler, *Technics and Time I: The Fault of Epimetheus*, trans. Richard Bearsworth and Georges Collins (Stanford: Stanford University Press, 1998).

Paul Sweezy, *Post-revolutionary Society* (New York: Monthly Review Press, 1980).

Victor Terras, *Belinskij and Russian Literary Criticism: The Heritage of Organic Aesthetics* (Madison, Wisconsin: The University of Wisconsin Press, 1974).

Sebastiano Timparano, *On Materialism*, trans. Lawrence Garner (London: NLB, 1975).

Alberto Toscano and Jeff Kinkle, *Cartographies of the Absolute* (New York: Zero Books, 2015).

Samuel Weber, "Laughing in the Meanwhile", *MLN*, Vol. 102, No. 4, French Issue (Sep., 1987).

Raymond Williams, *Culture and Materialism* (London and New York: Verso, 1980).

Slavoj Žižek, *The Abyss of Freedom* (Ann Arbor: University of Michigan Press, 1997).

Slavoj Žižek, "From History and Class Consciousness to The Dialectic of Enlightenment… and Back", *New German Critique*, No. 81, "Dialectic of Enlightenment" (Autumn, 2000).

Slavoj Žižek, *In Defense of Lost Causes* (London: Verso, 2008).

Rachel Zuckert, *Kant on Beauty and Biology* (Cambridge and NY: Cambridge, 2007).

Alenka Zupančič, *The Odd One In: On Comedy* (Cambridge and London: The MIT Press, 2008).

后　记

　　世上本来就很少"毕其功于一役"而得善果的事儿。但此书的"难产",却让人感觉我是在憋什么大招;甚至拖沓的修改过程,终使自己也有了"毕其功于一役"的错觉。然而害怕让它见人,确实是因为对之怀有过高的期待,我相信这是每一个写作第一本书的人都会患上的强迫症:不断改写,不断增补,乃至纠结于某一条注释、每一个标点,而且感到永远也写不完。但最后的句号终需画上。这个物质标记其实非常重要,它会强行宣告一种终止,然后使你和你的作品可以去接受评判,从而赢来它真正的生命。

　　很多人应该都能读出,这本书的字里行间充斥着某人将漫长的学徒生涯中所得到的一切予以展露的企图。那就会心一笑吧。我愿意让它成为这一学徒生涯的见证。在这条道路上,导师张旭东的目光(有时只需是我想象中的注视)对我影响至深。我至今还会不时强迫性地记起,2010年年初在纽约时因选题不顺而内心忐忑,然而同年暑假却因老师的一次评点而豁然开朗。老师的言传身教,既涉及思维方式,也触及行文言说。这种影响就驻留在此书的肉身中——倒未必一定要扣上"影响的焦虑"的帽子,反而会有一种踏实的感觉。

　　这本书的"种子"之所以能够进入土壤,还要感谢蔡翔老师、王鸿生老师、郭春林老师和董丽敏老师。从博士论文的开题到最终的答辩,老师们一路陪伴。其实蔡老师早在我大四时已远远见过,对鸿生老师也早有印象,两位皆是长者但让年轻人感到格外亲切。与郭老师、董老师则可以说颇有缘分。

　　当然,之所以会有"种子",必须归功于倪文尖老师和罗岗老师。在我的学徒生涯里,倪、罗二师的位置非常独特,真正"一言难尽"。大三结束的那个夏天,第一次见到倪老师。一个将"理论"学得略显迂讷的本科生会引发他的兴趣,实在出人所料;此前只是在"当代文化研究网"BBS 上有过几次帖子往来而已。大四时候,罗岗老师让我去帮忙记录内格里与哈特的演讲,更是让人吃惊,其实也不过是因为看到了我在 BBS 上的几则发言。这十数年来,在我每一个人生与学术的关节点上,都渗透着倪、罗二师的心血。

也就是在大四时候,遇到了尚在读研的朱康,由此开启了我们小圈子读书会的历史。一开始是在 2005 年夏天吧,顶着烈日,背着黑格尔和本雅明的书,赶到曹阳新村朱康租住的屋子里一句一句地阐释。后来有了王钦的参与,再后来是林凌。那种纯粹的求知的快感于今几乎已无法重复。

随着学徒生涯的展开,更多回忆鲜活起来。2007 年至 2008 年在王晓明老师组织的"十七年小说"研讨班上,与池田智慧、李阳、邱雪松、朱杰等从赵树理读到浩然,每次课上都争得风生水起,王老师亦常常介入,大家七嘴八舌,收获良多。

2009 年至 2010 年到纽约大学访学,在师兄师姐及其他师友的关心下,身心得以安顿。感谢汪静老师、廖世奇老师、刘卓、何翔、崔问津、孙怡、平磊、王璞、黄芷敏、俞亮华、谢俊、Jenny、Julian、Todd、冯淼;诸种聚餐、讨论,课上课下,屋里屋外,从纽约的初秋到寒冬,无法忘怀。特别是刘卓师姐、王璞师兄在学业上,平磊师姐在生活上,对我帮助尤多。刘卓师姐带我参加各种讲座,王璞师兄邀我一起赴新奥尔良开会,至今历历在目。屡屡浮现于脑海的,还有协助谢俊从布鲁克林搬家到 Newport,以及圣诞夜与谢俊、亮华及其他朋友一同醉倒在谢俊新居的场景。2011 年赴夏威夷开会,使我终于见到了大师兄蒋晖,见证了他游向海洋的体力与勇气,以及谈论学问时的轻松与自信。

我在此要再次提及师兄朱康,他的学与思、言与文,拥有一种让人感到心安的力量。开题之前与他的一次长谈,替我进一步理清了思路;论文写成之后,他亦于不同场合对我的论文多有提点。王钦则是我尤为钦佩的学友,他曾是我论文最初版本的读者,并为之写下了批判性的批注。还要感谢师弟薛羽和好友林凌,无论是一起读书还是相互论辩,都是值得珍惜的回忆。

博士论文写成之后,个别章节曾修改后在不同会议场合发表,在此感谢倪伟老师、薛毅老师、毛尖老师、张炼红老师、吴晓东老师、贺照田老师、何吉贤老师、程凯兄、何浩兄、吴志峰兄、张慧瑜兄、罗成兄、金浪兄、符鹏兄、蒋洪生兄、李国华兄等师友的评点、指正与提醒。

尤其难忘的是2012年延安之行与2014年陕南之行，感谢陕西师范大学可爱的师友：陈越老师、苏仲乐老师、赵文兄、霍炬兄、杨国庆兄等。觥筹交错之中，尤有学问之光辉。

不能忘记且应特别感谢的是，在此书的修改过程中，四川大学的鲁明军老师给我这个国画理论门外汉指明了基本的学术线索；台湾淡江大学的黄文倩老师在阅读了第一章第一节后，曾寄来富有启发性的评论；韩煜博士将她整理的1950—1960年代少数民族电影资料慷慨地提供给我；同样关心喜剧议题的陈思博士读过论文第四章之后，写来了令人赞叹的长信；谢俊则针对我的整本论文给出了整体性的评议。

此书多个章节曾发表于《文学评论》《文艺理论与批评》《现代中文学刊》《扎根》等期刊与文集，在此感谢何吉贤、费冬梅、崔柯、黄平、徐志伟、罗岗、李浴洋等师友对本书内容的肯定。在此还要特别感谢北京大学出版社的艾英与延城城，正是他们的辛勤付出，才使此书最终顺利地以最佳面貌示人。

入职上海大学之后，发现蔡翔老师虽然总是调侃自己是"老年人"，实则却有着超越一般年轻人的劲头。正是在他的领导之下，上海大学中文系中国现当代文学学科点拥有了令人艳羡的学术氛围。在定期举行的学科点学术沙龙以及近期展开的"1950—1970年代文献读书会"上，同蔡老师、董老师、王光东老师、杨位俭兄、孙晓忠兄、周展安兄、吕永林兄、李海霞、李云等师友的讨论，使我获益匪浅。

同样令人无法忘怀的，是初入上海大学时与葱葱、张帆、陈泉、高明、刘佳、周敏，以及时时会特地赶来的林凌一起消耗的白天与夜晚。这一帮朋友，加上西门的啤酒与烧烤，真是特别棒。

最后，我要将此书献给我的爱人张晶晶，她早已先于我工作，却始终支持乃至支撑着我的学徒生涯。爱情的萌发当然有一个神话般的起点，但偶然终会生成本质。而在此书修改接近尾声的时刻，我们的孩子楷洛也出生了。于是在被分割成碎片的时间里,在抱娃、哄娃的间隔里,那个句号终究是被画上了。所以,此书也要献给你,我的孩子,你和我一起见证了它的到场。

我更要将此书献给"50后"的父母——地道的工人阶级、插队内蒙古的知青。没有他们无私的付出,这漫长的求学生涯根本无法完成。或许他们并不能完全读懂我所写的内容,但这里面浸透着我对于自己出身的一种忠贞的情感,包含着对于他们这一代,尤其是平凡如他们(包括同样身为工人阶级的我爱人的父母)的劳动者的致敬。

2016年初稿
2018年改定